INHALT

ISSN 0044-2267

ZEITSCHRIFT FÜR ANGEWANDTE MATHEMATIK UND MECHANIK

INGENIEURWISSENSCHAFTLICHE FORSCHUNGSARBEITEN

HERAUSGEGEBEN VON G. SCHMIDT, BERLIN

CHEFREDAKTEUR: G. SCHMIDT REDAKTEURE: W. HEINRICH, H. WEINERT

BAND 61 1981 HEFT 5

INHALT

Vorträge der Wissenschaftlichen Jahrestagung der Gesellschaft für Angewandte Mathematik und Mechanik 1980 in Berlin(West)

TEIL II

AKADEMIE-VERLAG · BERLIN

ZAMM Bd. 61 Nr. 5 Seite T 203 bis T 360 Berlin, Mai 1981

EVP 18,— M 34115

ISSN 0044-2267

HAUPTVORTRÄGE

ZAMM 61, T 203 – T 212 (1981)

K. BEHNEN

Nichtparametrische Statistik: Zweistichproben Rangtests

Die Beschränkung auf die relativ vertraute und übersichtliche Fragestellung „Vergleich zweier Behandlungen" erfolgt, um die Probleme und Vorschläge, die hier diskutiert werden sollen, klarer herausstellen zu können. Dazu beschreiben im folgenden die reellwertigen Zufallsvariablen X und Y die Behandlung I bzw. die Behandlung II. Weiter beschränken wir uns auf die Nullhypothese „Beide Behandlungen sind gleichwertig", im folgenden durch H_0 bezeichnet, und die Gegenhypothese „Behandlung I ist besser als Behandlung II", im folgenden durch H_1 bezeichnet. Als Stichprobe seien schließlich stochastisch unabhängige Wiederholungen $X_1, \dots, X_m$, $Y_1, \dots, Y_n$ von X bzw. Y gegeben.

In der *parametrischen Statistik* werden dann spezielle Verteilungsannahmen für die Zufallsvariablen X und Y gemacht, z. B., eine Normalverteilungsannahme

$$\mathcal{L}(X) = \mathcal{L}(Y + \delta)\,, \qquad \mathcal{L}(Y) = \mathcal{N}(a, \sigma^2) \tag{1}$$

mit den Hypothesen

$$H_0\colon\ \delta = 0 \text{ („I gleich II")}\,, \qquad H_1\colon\ \delta > 0 \text{ („I besser als II")}\,.$$

In dieser Situation ist die *optimale Antwort* bekannt: Ist σ^2 bekannt, so ist der GAUSS-Test gleichmäßig bester Test zum vorgegebenen Niveau $\alpha \in (0, 1)$ für H_0 gegen H_1, und zwar ist der Ablehnungsbereich von H_0 gerade der Bereich

$$T > \sigma u_\alpha\,,$$

wobei u_α das (obere) α-Quantil der $\mathcal{N}(0, 1)$-Verteilung und T die GAUSS-Statistik bezeichnet,

$$T = \sqrt{\frac{mn}{m+n}}\left(\frac{1}{m}\sum_{i=1}^{m} X_i - \frac{1}{n}\sum_{j=1}^{n} Y_j\right). \tag{2}$$

Ist σ^2 unbekannt, so ist bekanntlich der entsprechende t-Test optimal.

In der *nichtparametrischen Statistik* verzichtet man auf spezielle Verteilungsannahmen, die ja u. U. völlig ungesichert sind oder doch höchstens angenähert erfüllt sind. Eine solche nichtparametrische Verteilungsannahme ist z. B.

$$\mathcal{L}(X) = \mathcal{L}(Y + \delta)\,, \qquad \mathcal{L}(Y) = \text{unbekannte stetige Verteilung}\,. \tag{3}$$

Die Hypothesen lassen sich in diesem allgemeineren Fall mit *Translationsparameter* δ formal offenbar in gleicher Weise wie im Fall (1) darstellen:

$$H_0\colon\ \delta = 0\,, \qquad H_1\colon\ \delta > 0\,.$$

Die historische Entwicklung von Rangtests für diese Fragestellung erfolgte nach dem *heuristischen Rezept* „Substituiere in den parametrischen Verfahren die Beobachtungswerte durch die Ränge der Beobachtungswerte in der Gesamtstichprobe".

Wenden wir dieses Rezept auf die GAUSS-Statistik (2) an, so ergibt sich mit den Bezeichnungen

$$N = m + n\,,$$

$$Z = (Z_1, \dots, Z_N) = (X_1, \dots, X_m, Y_1, \dots, Y_n) \quad \text{(Gesamtstichprobe)}\,,$$

$$R_{1i} = \#\{k \in \{1, \dots, N\} : Z_k \leqq X_i\} \quad \text{(Rang von } X_i)\,,$$

$$R_{2j} = \#\{k \in \{1, \dots, N\} : Z_k \leqq Y_j\} \quad \text{(Rang von } Y_j)$$

die WILCOXON-*Rangstatistik* (WILCOXON [12])

$$S_W = \sqrt{\frac{mn}{m+n}}\left(\frac{1}{m}\sum_{i=1}^{m} R_{1i} - \frac{1}{n}\sum_{j=1}^{n} R_{2j}\right). \tag{4}$$

Der Vorteil und Grund für die Verwendung des Rangtupels $R = (R_1, \dots, R_N) = (R_{11}, \dots, R_{1m}, R_{21}, \dots, R_{2n})$ statt des Beobachtungstupels Z besteht natürlich in der *Verteilungsunabhängigkeit* von R unter H_0. Genauer besitzt R unter H_0 (unabhängig von der tatsächlich zugrunde liegenden stetigen Verteilung) eine Gleichverteilung über den $N!$ Permutationen von $(1, \dots, N)$. Insbesondere ist also auch S_W verteilungsunabhängig unter H_0, und die *Prüfverteilung* $\mathcal{L}_{H_0}(S_W)$ ist im Prinzip bekannt. Für nicht zu große m und n ist diese Verteilung (bzw. ihre gebräuchlichen Quantile) vertafelt oder kann auf der Maschine berechnet werden. Für große m und n stellte sich die Frage einer Approximation durch eine Limesverteilung für $m \to \infty$, $n \to \infty$. Über diese Frage, die nach geeigneter Standardisierung positiv beantwortet werden kann, und über die entsprechende Frage bei anderen Rangstatistiken gibt es eine umfangreiche Literatur, auf die ich im einzelnen nicht eingehen will.

Parallel entwickelten sich andere Formen der Substitution und damit verbunden die Frage nach dem Güteverlust solcher Rangverfahren gegenüber optimalen Verfahren in speziellen parametrischen Modellen.

Das Beispiel des VAN DER WAERDEN-*Rangtests* (VAN DER WAERDEN [11]) sei hier näher erläutert:

Bezeichnet Φ die Verteilungsfunktion der $\mathcal{N}(0, 1)$-Verteilung, so können wir (2) umschreiben zu

$$T = \sqrt{\frac{mn}{m+n}} \left(\frac{1}{m} \sum_{i=1}^{m} \Phi^{-1}(\Phi(X_i)) - \frac{1}{n} \sum_{j=1}^{n} \Phi^{-1}(\Phi(Y_j)) \right).$$

Substituieren wir nun $\Phi(X_i)$ bzw. $\Phi(Y_j)$ durch $R_{1i}/(N+1)$ bzw. $R_{2j}/(N+1)$, so erhalten wir die unter H_0 verteilungsunabhängige VAN DER WAERDEN-*Rangstatistik*

$$S_{vW} = \sqrt{\frac{mn}{m+n}} \left(\frac{1}{m} \sum_{i=1}^{m} \Phi^{-1}\left(\frac{R_{1i}}{N+1}\right) - \frac{1}{n} \sum_{j=1}^{n} \Phi^{-1}\left(\frac{R_{2j}}{N+1}\right) \right). \tag{5}$$

Für diese Statistik gilt

$$\mathcal{L}_{H_0}(S_{vW}) \xrightarrow[(m,n)\to\infty]{} \mathcal{N}(0, 1), \tag{6}$$

so daß für den zugehörigen approximativen Test zum Niveau $\alpha \in (0, 1)$ gilt:

$$\{S_{vW} > u_\alpha\} = \text{Ablehnungsbereich von } H_0. \tag{7}$$

Außerdem stellte sich heraus, daß dieser Test in der parametrischen Situation der Normalverteilungsannahme (1) asymptotisch (lokal) die gleiche Güte erreicht wie der für diese Situation optimale GAUSS-Test bzw. t-Test (CHERNOFF, SAVAGE [5]).

Analoge Aussagen gelten für den WILCOXON-Rangtest unter Translationsalternativen bei logistischen Verteilungen. Allgemeiner kann man feststellen, daß eine Substitution von $F(Z_i)$ durch $R_i/(N+1)$ *unter der Verteilungsannahme* F besonders gut ist.

Einen bisherigen Höhepunkt in der Entwicklung einer geeigneten Theorie zur einheitlichen Behandlung der angedeuteten Fragen stellte das Erscheinen des Buches von HÁJEK und ŠIDÁK: Theory of Rank Tests, 1967 [9] dar. Auf der einen Seite findet sich dort z. B. eine einheitliche Darstellung der asymptotischen Normalität von Rangstatistiken der Form

$$S = \sqrt{\frac{mn}{m+n}} \left(\frac{1}{m} \sum_{i=1}^{m} b\left(\frac{R_{1i}}{N+1}\right) - \frac{1}{n} \sum_{j=1}^{n} b\left(\frac{R_{2j}}{N+1}\right) \right), \tag{8}$$

wobei die *Gewichtsfunktion* $b\colon (0, 1) \to \mathbb{R}$ lediglich als endliche Summe von quadrat-integrablen, monotonen Funktionen vorausgesetzt wird. Ohne Einschränkung der Allgemeinheit wird im folgenden zusätzlich angenommen

$$\int_{(0,1)} b(x)\, dx = 0 .$$

Auf der anderen Seite wird für jedes parametrische Modell mit Translationsalternativen,

$$\mathcal{L}(X) = \mathcal{L}(Y + \delta), \quad \mathcal{L}(Y) = \text{stetige Verteilung mit bekannter Verteilungsfunktion } F \text{ und hinreichend regulärer Dichte } f,$$

gezeigt, daß es einen asymptotisch (lokal) besten Rangtest für

$$H_0\colon \ \delta = 0 \quad \text{gegen} \quad H_1\colon \ \delta > 0$$

in diesem parametrischen Modell gibt, nämlich den (einseitigen) Rangtest mit einer Statistik gemäß (8), wobei die Gewichtsfunktion (scores function) $b\colon (0, 1) \to \mathbb{R}$ gemäß

$$b = -(f' \circ F^{-1})/(f \circ F^{-1}) \tag{9}$$

zu wählen ist.

Das *Problem der Wahl von b* stellt sich schon hier, denn i. a. ist F nicht bekannt; andernfalls würde man gleich einen (optimalen) parametrischen Test wählen können. (In der Situation allgemeinerer Alternativen stellt sich dieses Problem noch deutlicher, wie wir später sehen werden.)

Unter der Annahme von *Translationsalternativen* (3) und zusätzlichen Regularitätsvoraussetzungen wird schon in HÁJEK, ŠIDÁK [9] dieses Problem aufgegriffen und durch geeignete Schätzung von

$$-(f' \circ F^{-1})/(f \circ F^{-1})$$

gelöst (wenn auch vom Gesichtspunkt der Anwendbarkeit her unbefriedigend).

Ein Teil der weiteren Entwicklung konzentriert sich auf die Entwicklung von praktikablen Rangverfahren mit geschätzten Gewichtsfunktionen (*adaptive Rangtests*), allerdings ebenfalls unter der Annahme von Translationsalternativen (3) mit hinreichender Regularität (vgl. hierzu HOGG [10]; BERAN [3]).

Ein anderer Teil der Entwicklung beschäftigt sich mit der Behandlung allgemeinerer Modellannahmen, z. B., Verzicht auf Translationsalternativen und Verzicht auf die Annahme stetiger Verteilungen, also insbesondere auch mit der Frage der Behandlung von mehreren gleichen Beobachtungswerten (*Bindungen*) (vgl. hierzu BEHNEN [1, 2]).

Eine allgemeinere Modellannahme läßt sich mit Hilfe einer reellwertigen Zufallsvariablen Δ in folgender Weise formulieren

$$\mathcal{L}(X) = \mathcal{L}(Y + \Delta) \quad \text{mit} \quad \mathcal{L}(X) \quad \text{und} \quad \mathcal{L}(Y) \quad \text{unbekannte stetige Verteilungen}. \tag{10}$$

Das *Testproblem* lautet dann

H_0: $\Delta = 0$ mit Wahrscheinlichkeit 1 („I gleich II"),
H_1: $\Delta \geqq 0$ mit Wahrscheinlichkeit 1,
$\Delta > 0$ mit positiver Wahrscheinlichkeit („I besser als II").

Mit Hilfe der Verteilungsfunktionen F und G von X bzw. Y läßt sich das Testproblem einfacher, aber weniger anschaulich formulieren als

$$H_0:\ F = G\,, \qquad H_1:\ F \leqq G\,, \quad F \neq G\,, \tag{11}$$

F und G unbekannte stetige Verteilungsfunktionen.

In diesem Modell läßt sich jeder einseitige Rangtest mit Statistik gemäß (8) als asymptotisch optimal nachweisen für eine (nichtparametrische) Teilklasse von H_1, die in folgender Weise durch die Gewichtsfunktion b definiert werden kann:

$$\frac{dF}{dH} = 1 + \frac{n}{N}\sqrt{\frac{m+n}{mn}}\, b_N \circ H\,, \quad \frac{dG}{dH} = 1 - \frac{m}{N}\sqrt{\frac{m+n}{mn}}\, b_N \circ H\,, \tag{12}$$

$$\int_{(0,1)} (b_N - b)^2\, dx \xrightarrow[N\to\infty]{} 0\,, \qquad H \text{ beliebige stetige Verteilungsfunktion}.$$

Außerdem ist das Güteverhalten von Rangtests unter solchen (nichtparametrischen) Alternativen unabhängig von der zugrundeliegenden Verteilungsfunktion H. Dies bedeutet insbesondere, daß die Gewichtsfunktion b nicht aus der geordneten Gesamtstichprobe (konsistent) geschätzt werden kann und daß die Schätzung von b durch Schätzung von

$$-(f' \circ F^{-1})/(f \circ F^{-1})$$

bei Abweichung vom Translationsmodell (3) vollständig versagt. Insbesondere sind also alle bisher vorgeschlagenen adaptiven Rangtests unbefriedigend.

Analoge Aussagen lassen sich im Falle nicht-stetiger Verteilungen für die entsprechenden Rangstatistiken mit gemittelten Gewichten beweisen (vgl. BEHNEN [2]). Aus Gründen der Vereinfachung werden wir uns daher im folgenden ausschließlich mit dem Modell (10) (stetige Verteilungen) und den Hypothesen (11) beschäftigen.

Lösungsvorschläge, ein Versuch: Im restlichen Teil dieser Diskussion werde ich versuchen, aus einer „nichtparametrischen Denkweise" heraus (im Gegensatz zum parametrischen Ansatz der Translationsalternativen, der offenbar in eine Sackgasse geführt hat) das Verhalten von Rangtests zu skizzieren und Vorschläge für adaptive Rangverfahren zu machen.

Die bisherigen Nachweise der finiten und asymptotischen lokalen Optimalität von Rangtests folgten dem Schema: Zeichne bestimmte Punkte der Nullhypothese H_0 aus und wähle hierzu eine geeignete parametrisierte Teilmenge der Gegenhypothese H_1. Durch Vergleich mit dem entsprechenden (optimalen) NEYMAN-PEARSON-Test wird dann die Optimalität des vorgegebenen Rangtests für H_0 gegen die ausgewählte Teilmenge von H_1 nachgewiesen.

Als Beispiel mögen die *Translationsalternativen* unter Regularitätsannahmen dienen: Vorgegeben sei eine Verteilungsfunktion F_0 mit hinreichend glatter LEBESGUE-Dichte f_0 (z. B. die Verteilungsfunktion Φ mit Dichte φ der $\mathcal{N}(0, 1)$-Verteilung). Als ausgezeichneten Punkt der Nullhypothese H_0 wählen wir

$$(F, G) = (F_0, F_0)\,.$$

Für die asymptotisch lokalen Überlegungen wählen wir als parametrisierte Teilmenge von H_1 die Translationsalternativen

$$\{(F_\vartheta, G_\vartheta) : \vartheta > 0\} \quad \text{mit} \quad F_\vartheta(x) = F_0\left(x - \vartheta \frac{1}{m}\sqrt{\frac{mn}{N}}\right), \quad G_\vartheta(x) = F_0\left(x + \vartheta \frac{1}{n}\sqrt{\frac{mn}{N}}\right).$$

Für den zugehörigen log-*Likelihoodquotienten* gilt dann

$$\frac{1}{\vartheta}\log\left(\prod_{i=1}^{m}\frac{f_\vartheta(X_i)}{f_0(X_i)}\prod_{j=1}^{n}\frac{g_\vartheta(Y_j)}{f_0(Y_j)}\right) = \sqrt{\frac{mn}{N}}\left(-\frac{1}{m}\sum_{i=1}^{m}\frac{f_0'(X_i)}{f_0(X_i)} + \frac{1}{n}\sum_{j=1}^{n}\frac{f_0'(Y_j)}{f_0(Y_j)}\right)(1 + o_p(1))\,.$$

Setzen wir

$$T = \sqrt{\frac{mn}{N}}\left(\frac{1}{m}\sum_{i=1}^{m} b_0(F_0(X_i)) - \frac{1}{n}\sum_{j=1}^{n} b_0(F_0(Y_j))\right)$$

mit (vgl. (9))

$$b_0 = -(f_0' \circ F_0^{-1})/(f_0 \circ F_0^{-1})\,,$$

so können wir einerseits den optimalen NEYMAN-PEARSON-Test approximativ mit Hilfe der Statistik T darstellen, und zwar sowohl unter $(F, G) = (F_0, F_0)$ als auch unter $(F_\vartheta, G_\vartheta)$, andererseits können wir unter den gleichen Bedingungen diesen asymptotisch optimalen Test approximieren durch den entsprechenden (auf ganz H_0 verteilungsunabhängigen) Rangtest mit der Statistik

$$S = \sqrt{\frac{mn}{N}}\left(\frac{1}{m}\sum_{i=1}^{m} b_0\left(\frac{R_{1i}}{N+1}\right) - \frac{1}{n}\sum_{j=1}^{n} b_0\left(\frac{R_{2j}}{N+1}\right)\right).$$

(Im Fall $F_0 = \Phi$ ergibt sich $b_0 = \Phi^{-1}$, während sich im Fall der logistischen Verteilung $F_0(x) = 1/(1 + e^{-x})$ gerade $b_0(u) = 2u - 1$ ergibt.)

Die *Problematik eines solchen Ansatzes* liegt darin, daß die Gewichtsfunktion b_0 wesentlich durch F_0 und die Art der hierzu definierten Alternativen (z. B. Translation) bestimmt wird. Ist die Art der Alternativen nicht gesichert, was in der Regel der Fall zu sein scheint, so liefert eine Schätzung von $-(f_0' \circ F_0^{-1})/(f_0 \circ F_0^{-1})$ noch keine Schätzung für die „optimale" Gewichtsfunktion b in (8).

Zur Vermeidung solcher Probleme werden wir nun einen *„dualen" Ansatz* diskutieren: Unter den Modellvoraussetzungen (10) und (11) wählen wir einen beliebigen Punkt (F, G) aus der Gegenhypothese H_1. Zu diesem Punkt wählen wir einen (geeigneten) Punkt (H, H) aus der Nullhypothese H_0. Dann untersuchen wir den (optimalen) NEYMAN-PEARSON-Test für (H, H) gegen (F, G) und versuchen, eine Approximation durch einen Rangtest zu finden.

Im folgenden seien F und G stetige Verteilungsfunktionen und H die (stetige) Verteilungsfunktion gemäß

$$H = \eta F + (1 - \eta) G \quad \text{mit} \quad \eta \in (0, 1) . \tag{13}$$

(Das Gewicht η werden wir später in geeigneter Weise festsetzen.) Für die zugehörigen W-Maße über $(\mathbb{R}, \mathbb{B})$, die wir ohne Gefahr mit den gleichen Symbolen bezeichnen können, gilt dann offensichtlich, daß F und G durch H dominiert werden, daß also nach RADON-NIKODYM H-Dichten von F und G existieren, die wir mit

$$\frac{\mathrm{d}F}{\mathrm{d}H} \quad \text{bzw.} \quad \frac{\mathrm{d}G}{\mathrm{d}H}$$

bezeichnen. Offenbar gilt H-fast sicher

$$\eta \frac{\mathrm{d}F}{\mathrm{d}H} + (1 - \eta) \frac{\mathrm{d}G}{\mathrm{d}H} = 1 \tag{14}$$

und

$$0 \leqq \frac{\mathrm{d}F}{\mathrm{d}H} \leqq \frac{1}{\eta}, \quad 0 \leqq \frac{\mathrm{d}G}{\mathrm{d}H} \leqq \frac{1}{1 - \eta}. \tag{15}$$

Da F und G (und damit auch H) als stetige Verteilungsfunktionen über $\mathbb{R}$ vorausgesetzt wurden, läßt sich leicht zeigen, daß

$$F \circ H^{-1} \quad \text{und} \quad G \circ H^{-1}$$

Verteilungsfunktionen über dem Intervall (0, 1) sind, d. h., monoton nicht-fallende, rechtsseitig stetige Funktionen von (0, 1) nach [0, 1] mit

$$\lim_{t \downarrow 0} (F \circ H^{-1})(t) = 0 , \qquad \lim_{t \uparrow 1} (F \circ H^{-1})(t) = 1 ,$$

$$\lim_{t \downarrow 0} (G \circ H^{-1})(t) = 0 , \qquad \lim_{t \uparrow 1} (G \circ H^{-1})](t) = 1 .$$

(H^{-1} bezeichnet die Pseudo-Inverse $H^{-1}(t) = \inf \{x \in \mathbb{R}: H(x) \geqq t\}$ von H.) Weiter besitzen die zugehörigen W-Maße $F \circ H^{-1}$ und $G \circ H^{-1}$ eine LEBESGUE-Dichte (λ-Dichte) über (0, 1), und zwar gemäß

$$\frac{\mathrm{d}(F \circ H^{-1})}{\mathrm{d}\lambda} = \frac{\mathrm{d}F}{\mathrm{d}H} \circ H^{-1} , \qquad \frac{\mathrm{d}(G \circ H^{-1})}{\mathrm{d}\lambda} = \frac{\mathrm{d}G}{\mathrm{d}H} \circ H^{-1} . \tag{16}$$

Zum Nachweis genügt es zu zeigen:

$$(F \circ H^{-1})(t) = \int_{(0,t]} \frac{\mathrm{d}F}{\mathrm{d}H} \circ H^{-1} \, \mathrm{d}\lambda \quad \text{für alle } t \in (0, 1) .$$

Sei also $t \in (0, 1)$. Dann gilt wegen der Stetigkeit von H

$$\int_{(0,t]} \frac{\mathrm{d}F}{\mathrm{d}H} \circ H^{-1} \, \mathrm{d}\lambda = \int_{(0,t)} \frac{\mathrm{d}F}{\mathrm{d}H} \circ H^{-1} \, \mathrm{d}\lambda$$

$$= \int (1_{(0,t)} \circ H) \left(\frac{\mathrm{d}F}{\mathrm{d}H} \circ H^{-1} \circ H \right) \mathrm{d}H = \int 1_{(-\infty, H^{-1}(t))} \frac{\mathrm{d}F}{\mathrm{d}H} \, \mathrm{d}H = (F \circ H^{-1})(t) .$$

Aus (16) erhalten wir dann leicht H-Dichten von F und G in der Form

$$\frac{\mathrm{d}F}{\mathrm{d}H} = \frac{\mathrm{d}(F \circ H^{-1})}{\mathrm{d}\lambda} \circ H , \quad \frac{\mathrm{d}G}{\mathrm{d}H} = \frac{\mathrm{d}(G \circ H^{-1})}{\mathrm{d}\lambda} \circ H . \tag{17}$$

Definieren wir schließlich b: $(0, 1) \to \mathbb{R}$ durch

$$b = \frac{\mathrm{d}(F \circ H^{-1})}{\mathrm{d}\lambda} - \frac{\mathrm{d}(G \circ H^{-1})}{\mathrm{d}\lambda} \tag{18}$$

so ist wegen (13) bis (17) b insbesondere *meßbar und beschränkt* mit

$$\frac{\mathrm{d}F}{\mathrm{d}H} = 1 + (1 - \eta) \, b \circ H , \qquad \frac{\mathrm{d}G}{\mathrm{d}H} = 1 - \eta b \circ H . \tag{19}$$

Wir haben also für jeden Punkt der Gegenhypothese H_1 eine zu (12) analoge (nichtparametrische) Darstellung gefunden.

Bevor wir die gefundenen Ergebnisse zur Darstellung und Approximation des optimalen NEYMAN-PEARSON-Tests verwenden, seien noch einige Eigenschaften von $F \circ H^{-1}$, $G \circ H^{-1}$ und b (in Abhängigkeit von F und G) angegeben, die bei der späteren Diskussion der Verfahren eine Rolle spielen werden:

a) $\int\limits_{(0,1)} b \, d\lambda = 0 , \qquad -1/(1-\eta) \leqq b \leqq 1/\eta ;$

b) $F \underset{\neq}{<} G \Leftrightarrow \int\limits_{(0,t]} b \, d\lambda \leqq 0$ für alle $t \in (0, 1)$

$\neq 0$ existiert ein $t \in (0, 1)$;

c) b monoton nicht-fallend $\Rightarrow F \leqq G$;

d) $F = (F \circ H^{-1}) \circ H , \qquad G = (G \circ H^{-1}) \circ H$, sogar ohne die Voraussetzung der Stetigkeit von F und G; (20)

e) $F = G \Leftrightarrow F \circ H^{-1} - G \circ H^{-1} = 0$,

$F \underset{\neq}{<} G \Leftrightarrow F \circ H^{-1} - G \circ H^{-1} \underset{\neq}{<} 0$,

$F \underset{\neq}{>} G \Leftrightarrow F \circ H^{-1} - G \circ H^{-1} \underset{\neq}{>} 0$.

D. h. ein Vergleich zwischen F und G wird vollständig beschrieben durch das Verhalten von $F \circ H^{-1} - G \circ H^{-1}$.

Nun zurück zu der Testsituation (H, H) gegen (F, G) bei unabhängigen Wiederholungen $X_1, \dots, X_m, Y_1, \dots, Y_n$ von X bzw. Y. Wegen (19) lautet dann der log-Likelihoodquotient als Statistik des besten Tests für (H, H) gegen (F, G):

$$L = \sum_{i=1}^{m} \log \left(1 + (1-\eta)\, b(H(X_i))\right) + \sum_{j=1}^{n} \log \left(1 - \eta b(H(Y_j))\right) . \tag{21}$$

Wählen wir (mit $N = m + n$)

$$\eta = \frac{m}{N} \quad \text{bzw.} \quad 1 - \eta = \frac{n}{N}, \tag{22}$$

so gilt offenbar für die entsprechende Linearkombination

$$\hat{H}_N = \frac{m}{N} \hat{F}_m + \frac{n}{N} \hat{G}_n$$

der empirischen Verteilungsfunktionen der ersten bzw. zweiten Stichprobe

$$\hat{F}_m(x) = \frac{1}{m} \sum_{i=1}^{m} 1_{(-\infty, x]}(X_i) , \qquad \hat{G}_n(x) = \frac{1}{n} \sum_{j=1}^{n} 1_{(-\infty, x]}(Y_j) , \tag{23}$$

die Beziehung

$$\hat{H}_N(x) = \frac{1}{N} \sum_{i=1}^{N} 1_{(-\infty, x]}(Z_i) . \tag{24}$$

Bei dieser Wahl von η approximiert also sowohl unter (H, H) als auch unter (F, G) die empirische Verteilungsfunktion der Gesamtstichprobe (für große Stichprobenumfänge m und n) die Verteilungsfunktion H. Wegen

$$N\hat{H}_N(Z_i) = \text{Rang von } Z_i \text{ in Gesamtstichprobe}$$

können wir also $H(X_i)$ bzw. $H(Y_j)$ approximieren durch $R_{1i}/(N + 1)$ bzw. $R_{2j}/(N + 1)$. Führen wir diese Substitution in (21) durch, so erhalten wir als *„exakte" Rangstatistik* für das Problem (H, H) gegen (F, G) die Statistik

$$T = \sum_{i=1}^{m} \log \left(1 + \frac{n}{N} b\left(\frac{R_{1i}}{N+1}\right)\right) + \sum_{j=1}^{n} \log \left(1 - \frac{m}{N} b\left(\frac{R_{2j}}{N+1}\right)\right), \tag{25}$$

die wegen der Verteilungsunabhängigkeit auf der gesamten Nullhypothese H_0 einen approximativ optimalen Test zum Niveau α nicht nur für (H, H) gegen (F, G), sondern sogar für ganz H_0 gegen (F, G) liefert.

Es sollte darauf hingewiesen werden, daß hier bisher an (F, G) keine Forderungen in Abhängigkeit von (m, n) gestellt wurden. Bei asymptotisch lokalen Untersuchungen wird die Gegenhypothese (F, G) in Abhängigkeit von (m, n) i. a. so gewählt, daß gilt

$$\sqrt{\frac{mn}{N}}\, b \underset{\substack{m \to \infty \\ n \to \infty}}{\longrightarrow} b_0 . \tag{26}$$

Im Beispiel der oben diskutierten asymptotisch lokalen Translationsalternativen

$$F(x) = F_0\left(x - \vartheta \frac{1}{m} \sqrt{\frac{mn}{N}}\right), \qquad G(x) = F_0\left(x + \vartheta \frac{1}{n} \sqrt{\frac{mn}{N}}\right)$$

ergibt sich aus (18)

$$b(H(x)) = \frac{f_0\left(x - \vartheta \frac{1}{m}\sqrt{\frac{mn}{N}}\right) - f_0\left(x + \vartheta \frac{1}{n}\sqrt{\frac{mn}{N}}\right)}{\frac{m}{N} f_0\left(x - \vartheta \frac{1}{m}\sqrt{\frac{mn}{N}}\right) + \frac{n}{N} f_0\left(x + \vartheta \frac{1}{n}\sqrt{\frac{mn}{N}}\right)}.$$

Wegen $H^{-1} \xrightarrow[m,n\to\infty]{} F_0^{-1}$ folgt daher in diesem Fall

$$\sqrt{\frac{mn}{N}}\, b \xrightarrow[\substack{m\to\infty \\ n\to\infty}]{} -\vartheta(f_0' \circ F_0^{-1})/(f_0 \circ F_0^{-1}) .$$

Generell kann man in einer asymptotisch lokalen Situation (26) die Statistik (25) approximieren durch

$$S = \frac{mn}{N}\left(\frac{1}{m}\sum_{i=1}^{m} b\left(\frac{R_{1i}}{N+1}\right) - \frac{1}{n}\sum_{j=1}^{n} b\left(\frac{R_{2j}}{N+1}\right)\right). \tag{27}$$

Zwei Bemerkungen scheinen hier angebracht: Erstens ist sowohl in der „exakten" Situation (25) als auch in der „lokalen" Situation (26) die gleiche Gewichtsfunktion b (vgl. (18)) zu schätzen, um ein gleichmäßig gutes Verfahren zu erhalten. — Zweitens kann man vermuten, daß eine Verwendung der „richtigen" Gewichtsfunktion b in (27) im Bereich von Stichprobenumfängen $m \leq 50$, $n \leq 50$ und Mindestschärfen von 90% bei einem Höchstniveau von 5% weniger einbringt als die Verwendung der „exakten" Statistik (25) mit grob geschätztem b. Wir werden später versuchen, die zweite Bemerkung, die in dieser vagen Form sicher nicht beweisbar ist, an Beispielen zu verdeutlichen.

Zunächst möchten wir jedoch eine plausible Schätzung von b angeben und die zugehörige „lokale" Statistik gemäß (27) diskutieren: Nach (18) und (20) ist klar, daß alle Information über b und auch über einen Vergleich zwischen F und G in

$$F \circ H^{-1} - G \circ H^{-1}$$

enthalten ist. Diese Funktion ist zwar unbekannt, kann jedoch durch die entsprechenden empirischen Verteilungsfunktionen, die zur Verfügung stehen, approximiert werden. Mit den in (23) und (24) eingeführten empirischen Verteilungsfunktionen $\hat{F}_m$, $\hat{G}_n$, $\hat{H}_N$ läßt sich leicht nachrechnen

$$\begin{aligned} (\hat{F}_m \circ \hat{H}_N^{-1})(t) &= \frac{1}{m}\sum_{i=1}^{m} 1_{(0,k/N]}\left(\frac{R_{1i}}{N}\right), \quad \text{falls} \quad \frac{k-1}{N} < t \leq \frac{k}{N}, \\ (\hat{G}_n \circ \hat{H}_N^{-1})(t) &= \frac{1}{n}\sum_{j=1}^{n} 1_{(0,k/N]}\left(\frac{R_{2j}}{N}\right), \quad \text{falls} \quad \frac{k-1}{N} < t \leq \frac{k}{N}, \quad k = 1, \dots, N . \end{aligned} \tag{28}$$

Also läßt sich $F \circ H^{-1} - G \circ H^{-1}$ approximativ darstellen durch die Differenz D: $[0, 1] \to [0, 1]$,

$$D(t) = \tilde{F}_m(t) - \tilde{G}_n(t) = \frac{1}{m}\sum_{i=1}^{m} 1_{(0,t]}\left(\frac{R_{1i}}{N}\right) - \frac{1}{n}\sum_{j=1}^{n} 1_{(0,t]}\left(\frac{R_{2j}}{N}\right), \tag{29}$$

der empirischen Verteilungsfunktionen $\tilde{F}_m$ und $\tilde{G}_n$ von

$$\frac{R_{11}}{N}, \dots, \frac{R_{1m}}{N} \quad \text{bzw.} \quad \frac{R_{21}}{N}, \dots, \frac{R_{2n}}{N}.$$

Die Funktion (29), die nur von den Rängen der Beobachtungen abhängt, enthält unter dem Modell (10) die für einen Vergleich von F und G relevante Dateninformation. Nach Möglichkeit sollte bei einer Auswertung nicht nur ein (mehr oder weniger willkürlich ausgewählter) Test angewendet werden, sondern es sollte auch der Graph der Funktion (29) dargestellt werden, der die volle Information in sehr anschaulicher Weise enthält und Fehlinterpretationen zu vermeiden hilft. (Ein Vorschlag der in eine vergleichbare Richtung zielt, nach meiner Ansicht aber weniger dem Modell angemessen ist, ist der „empirical probability plot" von DOKSUM [6].) Wir werden für (29) später ein Beispiel angeben.

Zur Schätzung von b aus (18) ist zu berücksichtigen, daß man im Testproblem (11) „H_0 gegen H_1" natürlich nur unter H_1 an einer Schätzung von b interessiert ist. (Unter H_0 ist b aus (18) die Nullfunktion.) Wegen (20) e) sollte daher b durch die „Ableitung" von

$$B := D 1_{\{D<0\}} = (\tilde{F}_m - \tilde{G}_n)\, 1_{\{\tilde{F}_m - \tilde{G}_n < 0\}} \tag{30}$$

geschätzt werden.

Möglichkeiten zur Schätzung von b ergeben sich dann etwa nach den Methoden für Dichteschätzer. Es wurde jedoch schon an früherer Stelle die Vermutung geäußert, daß eine „Überschätzung" von b insbesondere bei Verwendung der „lokalen" Statistik (27) keinen Gewinn bringt. Daher möchten wir uns im Moment damit begnügen, die Statistik (27) unter Verwendung der sehr groben Schätzung

$$\hat{b}\left(\frac{i}{N+1}\right) := N\left(B\left(\frac{i}{N}\right) - B\left(\frac{i-1}{N}\right)\right), \quad i = 1, \dots, N , \tag{31}$$

etwas genauer zu untersuchen: Wegen (29) gilt

$$D\left(\frac{k}{n}\right) - D\left(\frac{k-1}{N}\right) = \frac{1}{m}\sum_{i=1}^{m} 1_{\{k\}}(R_{1i}) - \frac{1}{n}\sum_{j=1}^{n} 1_{\{k\}}(R_{2j}) = \frac{1}{m} 1_{\{R_{11},\dots,R_{1m}\}}(k) - \frac{1}{n} 1_{\{R_{21},\dots,R_{2n}\}}(k). \tag{32}$$

Andererseits erhalten wir aus (27)

$$S = \frac{mn}{N}\sum_{k=1}^{N} b\left(\frac{k}{N+1}\right)\left(\frac{1}{m} 1_{\{R_{11},\dots,R_{1m}\}}(k) - \frac{1}{n} 1_{\{R_{21},\dots,R_{2n}\}}(k)\right).$$

Somit ergibt sich allgemein die folgende Darstellung von S aus (27):

$$S = \frac{mn}{N}\sum_{i=1}^{N}\left(D\left(\frac{i}{N}\right) - D\left(\frac{i-1}{N}\right)\right) b\left(\frac{i}{N+1}\right). \tag{33}$$

Setzen wir nun die Schätzung (31) ein und lassen dabei aus Standardisierungs-Gründen den Faktor N fort, so erhalten wir als *neue* (*adaptive*) *Rang-Teststatistik*

$$S^* = \frac{mn}{N}\sum_{i=1}^{N}\left(D\left(\frac{i}{N}\right) - D\left(\frac{i-1}{N}\right)\right)\left(B\left(\frac{i}{N}\right) - B\left(\frac{i-1}{N}\right)\right). \tag{34}$$

Im Fall $\tilde{F}_m - \tilde{G}_n \leqq 0$ gilt $B = D$, und S^* nimmt wegen (32) seinen Maximalwert 1 an. Im Fall $\tilde{F}_m - \tilde{G}_n \geqq 0$ gilt $B = 0$, und S^* nimmt seinen Minimalwert 0 an.

Insbesondere gilt also

$$0 \leqq S^* \leqq 1. \tag{35}$$

Der Annahmebereich von H_1 ist natürlich von der Form

$$\{S^* > c\}, \qquad c = \text{oberes } \alpha\text{-Quantil von } \mathcal{L}_{H_0}(S^*). \tag{36}$$

Die Prüfverteilung $\mathcal{L}_{H_0}(S^*)$ kann wegen der Gleichverteilung des Rangtupels über den $N!$ Permutationen von $(1, \dots, N)$ unter H_0 im Prinzip berechnet werden. Bezüglich einer expliziten Formel bzw. einer einfachen Approximation für große m und n lassen sich überraschend konkrete Aussagen machen:

a) Glättet man D aus (29) durch lineare Interpolation zwischen den Punkten $\left(\frac{i}{N}, D\left(\frac{i}{N}\right)\right)$, $i = 0, 1, \dots, N$, und nennt die geglättete Funktion $\bar{D}$, so gilt für S^* aus (34)

$$S^* = \text{LEBESGUE-Maß von } \{t \in [0, 1]: \bar{D}(t) < 0\}. \tag{37}$$

Im Fall $m = n$ läßt sich diese Aussage leicht aus der dann gültigen Darstellung

$$S^* = \frac{1}{N}\#\left\{i \in \{1, \dots, N\}: D\left(\frac{i-1}{N}\right) \leqq 0, D\left(\frac{i}{N}\right) \leqq 0\right\} = \frac{1}{m}\#\left\{k \in \{1, \dots, m\}: D\left(\frac{2k-1}{N}\right) < 0\right\} \tag{38}$$

gewinnen. (Im allgemeinen Fall ist der Beweis etwas komplizierter.)

b) Nach HÁJEK, ŠIDÁK [9], Abschnitt V.3.5 ist unter H_0 der stochastische Prozeß $\sqrt{\frac{mn}{N}}\,\bar{D}$ über $C[0, 1]$ verteilungskonvergent ($m \to \infty$, $n \to \infty$) gegen die BROWNsche Brücke W^0. Nach BILLINGSLEY [4], S. 85/86 ist aber die Verteilung von

$$\text{LEBESGUE-Maß von } \{t \in [0, 1] : W^0(t) < 0\}$$

die (stetige) Gleichverteilung über dem Intervall [0, 1]. Aus (37) folgt daher

$$\lim_{\substack{n\to\infty\\ m\to\infty}} \mathsf{P}_{H_0}(S^* \leqq t) = t \quad \text{für alle} \quad t \in [0, 1]. \tag{39}$$

c) Im Fall $m = n$ läßt sich aus (38) die Gleichheit

$$mS^* = \#\{k \in \{1, \dots, m\}: R_2^{(k)} < R_1^{(k)}\} \tag{40}$$

ableiten, wobei $R_1^{(1)} < \dots < R_1^{(m)}$ bzw. $R_2^{(1)} < \dots < R_2^{(m)}$ die geordneten Ränge der ersten bzw. der zweiten Stichprobe in der Gesamtstichprobe bezeichnen. Dies ist aber gerade die sogenannte GALTON-*Rang-Statistik*, die unter H_0 eine (diskrete) Gleichverteilung über den $m + 1$ Punkten $0, 1, \dots, m$ besitzt (vgl. FELLER [7], S. 94 oder HÁJEK, ŠIDÁK [9], S. 150). In diesem Spezialfall gilt also

$$\mathsf{P}_{H_0}\left(S^* = \frac{i}{m}\right) = \frac{1}{m+1}, \qquad i = 0, 1, \dots, m. \tag{41}$$

Beispiele:

1. Normalverteilungen mit Translationsparameter

Setzen wir für $\delta \geqq 0$

$$F(x) = \Phi(x - \delta), \qquad G(x) = \Phi(x), \qquad x \in \mathbb{R},$$

wobei Φ die Verteilungsfunktion (φ die Dichte) der $\mathcal{N}(0, 1)$-Verteilung bezeichnen möge, so hat der für

$$\text{H}_0\colon \delta = 0 \quad \text{gegen} \quad \text{H}_1\colon \quad \delta > 0$$

optimale Gauss-Test zum Niveau $\alpha \in (0, 1)$ (vgl. (2)) die (maximale) Schärfe

$$1 - \Phi\left(u_\alpha - \sqrt{\frac{mn}{m+n}}\,\delta\right).$$

Soll für $\alpha \leqq 0.05$ und $m \leqq 50$, $n \leqq 50$ die Schärfe eines Tests mindestens 90% erreichen, so hat notwendigerweise zu gelten

$$1 - \Phi\left(u_{0,05} - \sqrt{\frac{50 \cdot 50}{50 + 50}}\,\delta\right) \geqq 0{,}9\,.$$

Hieraus folgt

$$\delta \geqq (1{,}645 - \Phi^{-1}(0, 1))/5 = 0{,}585\,.$$

Wir werden daher für $\delta = 1/2$, $\delta = 1$ und $\delta = 2$ die Graphen der „lokalen" Gewichtsfunktion b (vgl. (18), (27)) mit den entsprechenden Graphen der „exakten" Gewichtsfunktionen (vgl. (25))

$$b_1 := \frac{N}{n}\log\left(1 + \frac{n}{N}b\right), \qquad b_2 := -\frac{N}{m}\log\left(1 - \frac{m}{N}b\right) \tag{42}$$

vergleichen, und zwar für

$$\frac{m}{N} = \frac{1}{2} \quad \text{bzw.} \quad \frac{m}{N} = \frac{3}{4}.$$

Mit der Abkürzung $\eta = m/N$ ergibt sich hier nach (18)

$$b\big(H(x)\big) = \frac{\varphi(x - \delta) - \varphi(x)}{\eta\varphi(x - \delta) + (1 - \eta)\,\varphi(x)}, \qquad x \in \mathbb{R}\,,$$

mit

$$H(x) = \eta\Phi(x - \delta) + (1 - \eta)\,\Phi(x)\,.$$

Insbesondere gilt also

$$\lim_{t\downarrow 0} b(t) = -1/(1 - \eta)\,, \qquad \lim_{t\uparrow 1} b(t) = 1/\eta\,,$$

$$\lim_{t\downarrow 0} b_1(t) = -\infty\,, \qquad \lim_{t\uparrow 1} b_1(t) = \frac{1}{1-\eta}\log\left(\frac{1}{\eta}\right),$$

$$\lim_{t\downarrow 0} b_2(t) = -\frac{1}{\eta}\log\left(\frac{1}{1-\eta}\right), \qquad \lim_{t\uparrow 1} b_2(t) = +\infty\,.$$

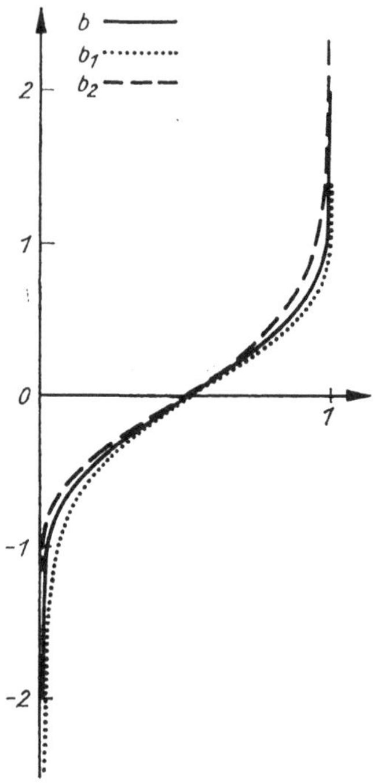

Abb. 1.1. $F(x) = \Phi\left(x - \frac{1}{2}\right)$, $G(x) = \Phi(x)$
$H(x) = \frac{1}{2}F(x) + \frac{1}{2}G(x)$

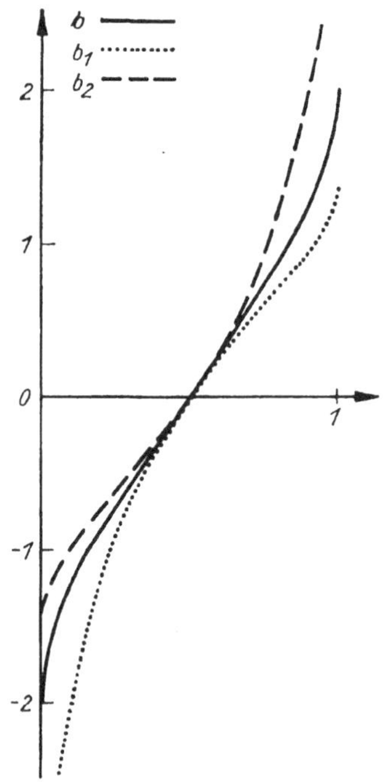

Abb. 1.2. $F(x) = \Phi(x - 1)$, $G(x) = \Phi(x)$
$H(x) = F(x) + \frac{1}{2}G(x)$

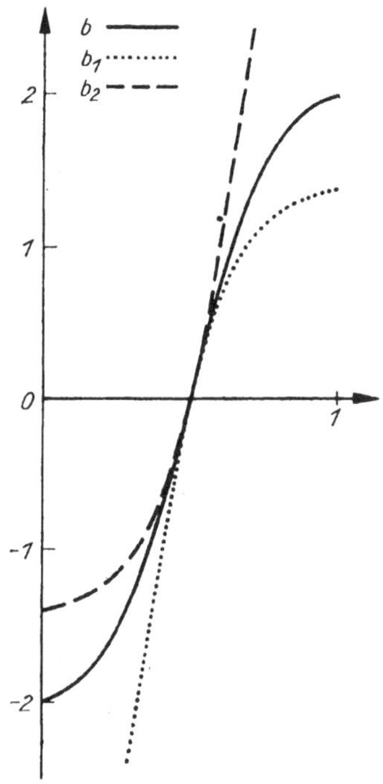

Abb. 1.3. $F(x) = \Phi(x - 2)$, $G(x) = \Phi(x)$
$H(x) = \frac{1}{2}F(x) + \frac{1}{2}G(x)$

Im *Fall* $\eta = 1/2$ gilt außerdem

$$b(t) = -b(1-t)\,, \qquad 0 < t < 1\,,$$

und damit

$$b_2(t) = -b_1(1-t)\,, \qquad 0 < t < 1\,.$$

In diesem Fall erhalten wir die in Abbildung 1.1 bis Abbildung 1.3 dargestellten Graphen.

Im *Fall* $\eta = 3/4$ verlieren die Funktionen b, b_1, b_2 die obigen Symmetrie-Eigenschaften. Die Graphen sind in Abbildung 1.4 bis Abbildung 1.6 dargestellt.

Die Unterschiede zwischen b und b_1, b_2 werden mit wachsendem $\delta \geqq 1/2$ relativ groß, so daß eine zu genaue Schätzung von b bei Verwendung von (27) sicher nicht gerechtfertigt ist.

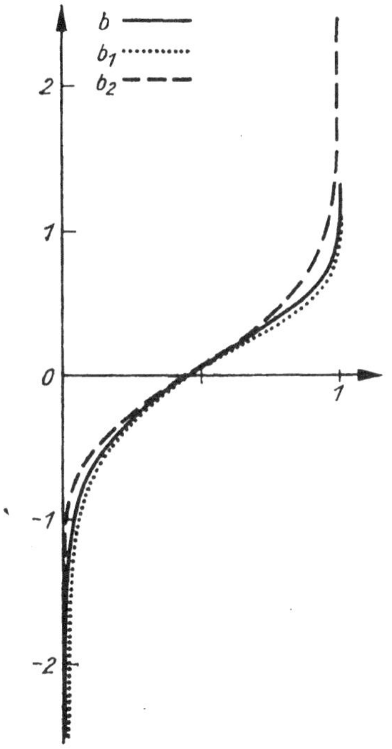

Abb. 1.4. $F(x) = \Phi\left(x - \frac{1}{2}\right)$, $G(x) = \Phi(x)$
$H(x) = \frac{3}{4} F(x) + \frac{1}{4} G(x)$

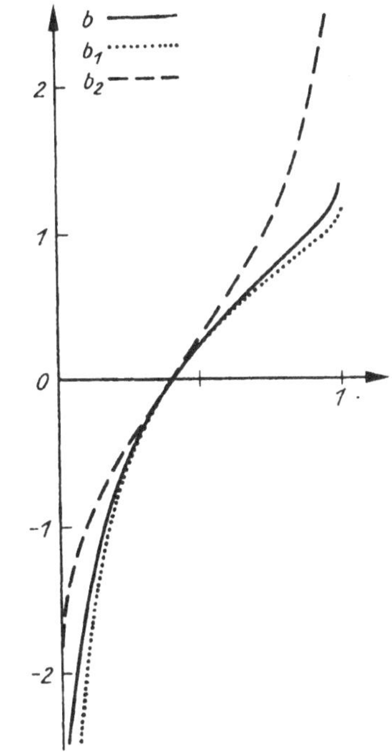

Abb. 1.5. $F(x) = \Phi(x - 1)$, $G(x) = \Phi(x)$
$H(x) = \frac{3}{4} F(x) + \frac{1}{4} G(x)$

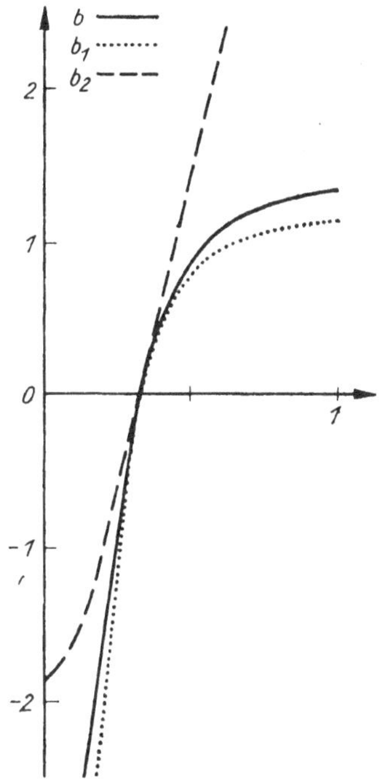

Abb. 1.6. $F(x) = \Phi(x - 2)$, $G(x) = \Phi(x)$
$H(x) = \frac{3}{4} F(x) + \frac{1}{4} G(x)$

2. Logistische Verteilungen mit Translations- und Skalenparameter

Setzen wir für $\delta \geqq 0$ und $\tau \geqq 1$

$$F(x) = G\left(\frac{x-\delta}{\tau}\right), \qquad G(x) = 1/(1 + e^{-x})\,, \qquad x \in \mathbb{R}\,,$$

so gilt unter diesen Voraussetzungen

$$H_0{:}\ \ \delta = 0\,,\ \ \tau = 1 \quad \text{bzw.} \quad H_1{:}\ \ \delta > 0\,,\ \ \tau = 1\,,$$

während der Bereich $\{\delta \geqq 0$ und $\tau > 1\}$ weder zu H_0 noch zu H_1 gehört. Für $\delta/\tau = 3/4$ und $\tau = 1$ bzw. $\tau = 2$ werden wir in den Abbildungen 2.1 bis 2.4 einerseits an einer simulierten Stichprobe vom Umfang $m = 50$, $n = 50$ die zugehörige Differenzfunktion D aus (29) darstellen und eine Auswertung des S^*-Tests und des WILCOXON-Tests vornehmen, andererseits werden wir zu diesen Parameterwerten zum Vergleich die entsprechenden Funktionen $(F - G) \circ H^{-1}$ und die zugehörigen Ableitungen b darstellen. Es stellt sich (zumindest in diesem Beispiel) heraus, daß der WILCOXON-Test in unerwünschter Weise auf Skalenparameter reagiert, während der S^*-Test sich wunschgemäß verhält.

Für die simulierten Daten im *Translationsfall* $\tau = 1$, $\delta = 0.75$ ergaben sich folgende (geordnete) Ränge der ersten Stichprobe in der Gesamtstichprobe (vgl. auch Abb. 2.1)

5, 10, 11, 12, 13, 17, 18, 19, 20, 22, 26, 28, 29, 32, 34, 35, 36, 40, 44, 45, 46, 50, 54, 56, 57, 60, 65, 66, 68, 69, 70, 77, 78, 80, 81, 82, 83, 84, 85, 86, 87, 89, 90, 91, 93, 94, 95, 96, 97, 99.

Dies führt für die Statistik S^* aus (38) bzw. für die standardisierte WILCOXON-Statistik

$$S_W = \sqrt{\frac{12}{mn(N+1)}}\left(\sum_{i=1}^{m} R_{1i} - \frac{m(N+1)}{2}\right) \tag{43}$$

zu den Werten

$$S^* = 49/50 \quad \text{bzw.} \quad S_W = 2.06\,.$$

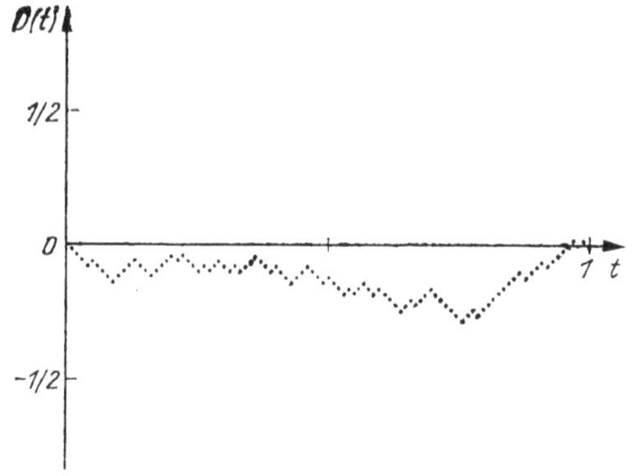

Abb. 2.1. $m = n = 50$ Beobachtungen aus $F(x) = G(x - 0.75)$ bzw. aus $G(x) = 1/(1 + e^{-x})$; $S^* = 49/50$

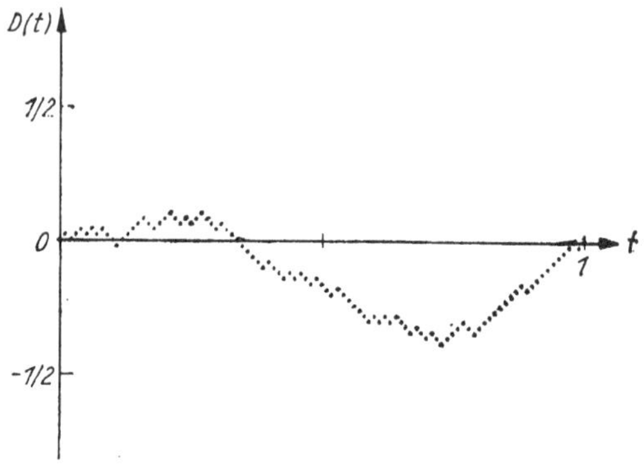

Abb. 2.3. $m = n = 50$ Beobachtungen aus $F(x) = G((x - 1.5)/2)$ bzw. aus $G(x) = 1/(1 + e^{-x})$; $S^* = 34/50$

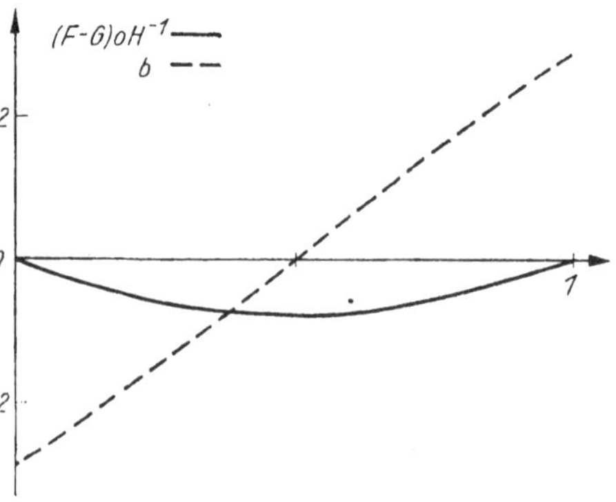

Abb. 2.2. $F(x) = G(x - 0.75)$, $G(x) = 1/(1 + e^{-x})$, $H(x) = \frac{1}{2} F(x) + \frac{1}{2} G(x)$

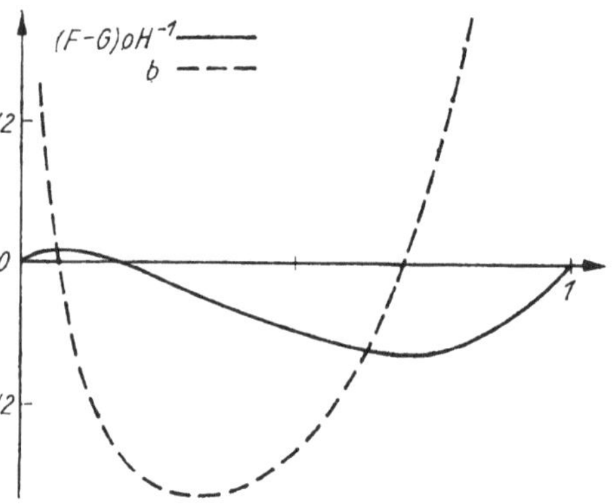

Abb. 2.4. $F(x) = G((x - 1.5)/2)$ $G(x) = 1/(1 + e^{-x})$ $H(x) = \frac{1}{2} F(x) + \frac{1}{2} G(x)$

Unter Verwendung von (41) für S^* bzw. der Normalapproximation für S_W erhalten wir hier:

a) Der S^*-Test lehnt H_0 zu jedem Niveau $\geqq 4\%$ ab.

b) Der WILCOXON-Test lehnt H_0 zu jedem Niveau $\geqq 2\%$ ab.

Für die simulierten Daten im *Fall eines zusätzlichen Skalenparameters* $\tau = 2$, $\delta = 1.50$ ergaben sich folgende (geordnete) Ränge der ersten Stichprobe in der Gesamtstichprobe (vgl. auch Abb. 2.3):

1, 3, 4, 6, 8, 12, 13, 14, 15, 16, 19, 20, 21, 24, 26, 27, 31, 40, 44, 46, 49, 53, 60, 62, 64, 68, 71, 74, 75, 76, 77, 80, 81, 82, 83, 84, 85, 86, 87, 88, 90, 91, 92, 93, 94, 95, 96, 97, 98, 100.

Dies führt auf

$$S^* = 34/50 \quad \text{bzw.} \quad S_W = 2.04\,.$$

Daher erhalten wir hier:

a) Der S^*-Test lehnt H_0 zu Niveaus $< 33\%$ nicht ab.

b) Der WILCOXON-Test lehnt H_0 zu jedem Niveau $> 2\%$ ab.

Literatur

1 BEHNEN, K., A characterization of certain rank-order tests with bounds for the asymptotic relative efficiency, Ann. Math. Statist. **43**, 1839–1851 (1972).
2 BEHNEN, K., Asymptotic comparison of rank tests for the regression problem when ties are present, Ann. Statist. **4**, 157–174 (1976).
3 BERAN, R., Asymptotically efficient adaptive rank estimates in location models, Ann. Statist. **2**, 63–74 (1974).
4 BILLINGSLEY, P., Convergence of Probability Measures, J. Wiley, New York 1968.
5 CHERNOFF, H.; SAVAGE, I. R., Asymptotic normality and efficiency of certain nonparametric test statistics, Ann. Math. Statist. **29**, 972–994 (1958).
6 DOKSUM, K., Empirical probability plots and statistical inference for nonlinear models in the two-sample case, Ann. Statist. **2**, 267–277 (1974).
7 FELLER, W., An Introduction to Probability Theory and its Applications. Vol. I, 3rd ed., J. Wiley, New York 1968.
8 HÁJEK, J., Asymptotic sufficiency of the vector of ranks in the BAHADUR sense, Ann. Statist. **2**, 75–83 (1974).
9 HÁJEK, J.; ŠIDÁK, Z., Theory of Rank Tests, Academic Press, New York 1967.
10 HOGG, R. V., Adaptive robust procedures; a partial review and some suggestions for future applications und theory, J. Amer. Statist. Assoc. **69**, 909–925 (1974).
11 VAN DER WAERDEN, B. L., Ein neuer Test für das Problem der zwei Stichproben, Math. Ann. **126**, 93–107 (1953).
12 WILCOXON, F., Individual comparisons by ranking methods, Biometrics Bull. **1**, 80–83 (1945).

Anschrift: Professor Dr. KONRAD BEHNEN, Universität Hamburg, Institut für Mathematische Stochastik, Bundesstraße 55, D-2900 Hamburg 13, BRD

ZAMM 61, T 213 – T 219 (1981)

W. Muschik

Thermodynamische Theorien, Überblick und Vergleich

Jede zusammenfassende Darstellung eines Fachgebietes beruht auf einer subjektiven Auswahl und Bewertung des Stoffes, die nicht ohne Willkür vorgenommen werden können. Da außerdem Details zugunsten einer Strukturierung unterdrückt werden sollen, kann also eine sich fein verzweigende Darstellung der zahlreichen thermodynamischen Theorien hier nicht gegeben werden. Vielmehr sollen einige repräsentative Fakten dieser Theorien stellvertretend für alle nicht genannten besprochen werden, ohne daß dabei Vollständigkeit angestrebt werden könnte. So werden z. B. Variationsprinzipe der Thermodynamik nicht behandelt [1, 2].

Ausgehend von Bekanntem sollen die folgenden als repräsentativ ausgewählten Teildisziplinen etwa in der Reihenfolge ihres historischen Werdegangs vorgestellt werden:

Thermostatik
Lineare irreversible Thermodynamik
Rationale Thermodynamik
Nichtklassische Thermodynamik
Theorien mit Evolutionskriterien.

In der Theorie der Wärme werden grundsätzlich zwei völlig unterschiedliche, sich ergänzende Vorgehensweisen zur Behandlung makroskopischer Systeme unterschieden: Die *phänomenologischen* und die *statistischen* Theorien (Abb. 1). Die ersten berücksichtigen den molekularen Aufbau der Materie nicht, wogegen die statistischen Theorien diesen Aufbau durch mikroskopische Modelle mit zugehörigen Mastergleichungen oder durch repräsentative Ensemble einbeziehen [3].

Theorien makroskopischer Systeme unter Berücksichtigung ihrer Wärmebewegung							
Berücksichtigung ihres molekularen Aufbaus							
ohne					mit		
phänomenologische Theorien					statistische Theorien		
Nichtgleichgewichtsthermodynamik					Kinetik	statistische Physik	
makroskopische Variable					Master-Gleichungen	repräsentative Ensemble	
Thermostatik	Klassische irreversible Thermodyn.	Rationale Thermodynamik	Nichtklass. Thermodynamik	Evolutionskriterien	Transporttheorien	Gleichgewicht	Nichtgleichgewicht

Abb. 1

Hier wird ausschließlich die *phänomenologische Nichtgleichgewichtsthermodynamik* angesprochen. Grundlegend für phänomenologische Theorien ist der Begriff der *makroskopischen Variablen*. Diese Größen sind Zustandsparameter des betrachteten Systems, die sich unmittelbar oder auch mittelbar auf Meßgrößen zurückführen lassen. Beispiele dafür sind etwa Volumen, Druck, Temperatur, Massendichte, Ladungsdichte, Magnetisierung, Spannungstensor, innere Energie u. ä.

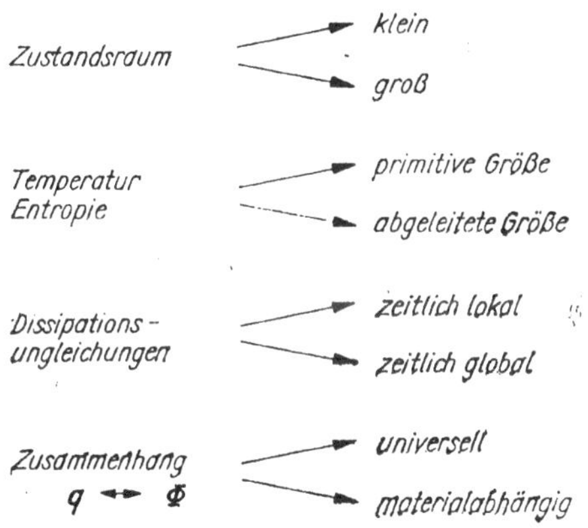

Abb. 2

Im folgenden soll nun kurz motiviert werden, warum es viele ähnliche, sich aber in der Interpretation prinzipiell unterscheidende thermodynamische Theorien gibt. Der Übergang von der Mechanik zur Thermostatik wird dadurch vollzogen, daß zu den mechanischen Größen weitere thermodynamische hinzutreten. Das sind neben anderen insbesondere die Temperatur und die Entropie. Da beide Größen durch Meßvorschriften im Gleichgewicht definiert sind, ist der Übergang aus der Mechanik in die Thermostatik problemlos. Da Temperatur und Entropie auch im Nichtgleichgewicht, also thermodynamisch benutzt werden sollen, erhebt sich die Frage nach ihrer Definition im Nichtgleichgewicht. Da diese Frage prinzipiell unterschiedlich beantwortet werden kann, gibt es keine sozusagen natürliche Verallgemeinerung der Thermostatik zur Thermodynamik [4]. Entweder Temperatur und Entropie werden für das Nichtgleichgewicht neu definiert oder sie werden als primitive Größen angesehen, d. h. ihre mathematische Existenz wird vorausgesetzt und eine physikalische Verifikation bleibt zunächst offen (Abb. 2).

Neben die Temperatur-Entropie-Problematik treten beim Übergang zur Thermodynamik weitere unterschiedliche Verallgemeinerungsmöglichkeiten. So können die benutzten Zustandsräume auf verschiedenen Zustandsdefinitionen beruhen, die Dissipationsungleichungen zeitlich lokal oder global formuliert sein, der Zusammenhang zwischen Wärmestromdichte $\boldsymbol{q}$ und Entropiestromdichte $\boldsymbol{\Phi}$ universell oder materialabhängig sein (Abb. 2).

1. Zustandsräume

Die phänomenologische Systembeschreibung benötigt Zustandsräume $\mathfrak{Z}$, die wegen der physikalischen Meßinstrumente mindestens Hausdorff-Räume sind. Trajektorien in einem solchen Zustandsraum

$$P: [i, f] \subset R^1 \to Z(\cdot) \subset \mathfrak{Z}; \qquad t \in R^1 \to Z(t) \in \mathfrak{Z} \tag{1.1}$$

repräsentieren Prozesse, die das System durchläuft. Nun gibt es zwei Arten von Zustandsräumen, die als groß und klein bezeichnet werden und in denen sich Materialeigenschaften $\mathbb{M}$ unterschiedlich darstellen:

Definition: Ein Zustandsraum $\mathfrak{Z}$ heißt *groß*, wenn Materialeigenschaften $\mathbb{M}$ durch zeitlich lokale Abbildungen definiert sind

$$\mathbb{M}: \quad \mathfrak{Z} \to \mathfrak{M} \text{ Hausdorffsch}, \qquad Z(t) \to M(t), \quad \text{für alle } t. \tag{1.2}$$

Ein großer Zustandsraum enthält definitionsgemäß so viele Variable, daß alle Materialeigenschaften zu einem Zeitpunkt t durch die Zustandsvariablen $Z(t)$ zum gleichen Zeitpunkt bestimmt sind. Solche „komfortablen" Zustandsräume gibt es etwa für thermoelastisches Material [5] oder in der Thermostatik [6]. Im allgemeinen jedoch sind nicht alle Variablen bekannt, die große Zustandsräume aufspannen. Die Materialeigenschaften werden dann von der Geschichte der Zustandsvariablen abhängig.

Definition: Für feste Zeit t, $s \geqq 0$ und mit

$$Z^t(s) := Z(t-s), \qquad t - s \in [i, f]$$

heißt

$$Z^t(\cdot) \subset \mathfrak{Z}, \qquad Z^t(\cdot) \in \mathfrak{Z}^t(\cdot) \tag{1.3}$$

die *Geschichte des Prozesses* $Z(\cdot)$ *bis zur Zeit* t.

Die Geschichte eines Prozesses ist somit als ein Stück Prozeßtrajektorie definiert, das aus der Vergangenheit kommend bis t reicht.

Definition: Ein Zustandsraum $\mathfrak{Z}$ heißt *klein*, wenn Materialeigenschaften $\mathbb{M}$ durch Abbildungen auf Prozeßgeschichten nicht lokal in der Zeit definiert sind

$$\mathbb{M}: \quad \mathfrak{Z}^t(\cdot) \to \mathfrak{M}, \qquad Z^t(\cdot) \to \mathbb{M}(t) \quad \text{für alle } t. \tag{1.4}$$

Definitionsgemäß sind daher die Zustandsräume für Stoffe mit Nachwirkungen klein.

2. Zweiter Hauptsatz

Weitere Unterschiedlichkeiten thermodynamischer Theorien entstehen durch die Formulierung des zweiten Hauptsatzes. Weil es keine natürliche Erweiterung der Gleichgewichtsentropie gibt [7], ist zutreffend gesagt worden, daß es so viele Fassungen des zweiten Hauptsatzes wie Autoren gäbe [8]. Trotz aller Vielfalt lassen sich alle Formulierungen in *zeitlich lokale* und *zeitlich globale* einteilen. Dabei beziehen sich die globalen auf Linienintegrale längs Prozeßtrajektorien. Da auch die üblichen verbalen Formulierungen des zweiten Hauptsatzes (z. B. es gibt keinen Thomson-Prozeß) zeitlich global sind, wurden diese gegenüber zeitlich lokalen Aussagen (z. B. die Entropieproduktionsdichte ist nicht negativ) bevorzugt. Dies ist ungerechtfertigt, weil inzwischen ein Existenzsatz für nicht negative zeitlich lokale Entropieproduktionen bekannt ist [9].

3. Entropie-Wärmestromdichte-Beziehung

In der Entropiebilanzgleichung tritt das Feld der Entropiestromdichte $\boldsymbol{\Phi}$ auf, die in Einkomponentensystemen homogen und lokal vom Wärmeübergang $\boldsymbol{q}$ abhängt

$$\boldsymbol{\Phi}(\boldsymbol{x}, t) = \Lambda(\ldots)\, \boldsymbol{q}(\boldsymbol{x}, t).$$

Thermodynamische Theorien unterscheiden sich nun danach, ob Λ, die Kältefunktion [10], universell oder materialabhängig ist.

4. Thermostatik

Zur Erinnerung seien die Ergebnisse der Thermostatik zusammengestellt: Der Zustandsraum der Thermostatik wird durch den nullten Hauptsatz axiomatisch festgelegt. Er besteht aus (Abb. 3)

— den Arbeitsvariablen $\boldsymbol{a}$,
— den Molzahlen $\boldsymbol{n}$ und
— einer thermischen Zusatzvariablen, innere Energie U oder thermostatische Temperatur T

(W Leistung, $\boldsymbol{A}$ generalisierte Kräfte).

THERMOSTATIK

Nullter Hauptsatz: Zustandsraum $(\boldsymbol{a}, \boldsymbol{n}, *) \equiv (\cdot) \in \mathbb{Z}$ $\boldsymbol{a}$ = Arbeitsvariable, $W = \boldsymbol{A} \cdot \dot{\boldsymbol{a}}$ $\boldsymbol{n}$ = Molzahlen, $*$ = U oder T	
Thermostatische Temperatur T: thermostatisches Gleichgewicht erzeugt eine Äquivalenzklasseneinteilung der Systeme, die T definiert	
Thermostatische Entropie S: $\dot{S} := \dot{Q}/T + \boldsymbol{s} \cdot \dot{\boldsymbol{n}}^e$	CLAUSIUSsche Ungleichung $\oint((\dot{Q}/T) + \boldsymbol{s} \cdot \dot{\boldsymbol{n}}^e)\, dt \leqq 0$
Zustandsfunktionen: $H(\cdot), F(\cdot), G(\cdot), S(\cdot)$	

Abb. 3

Dabei ist T an Systemen im thermischen Gleichgewicht über eine Äquivalenzklasseneinteilung definiert [11]. Wie auch T ist die Entropie S in der Thermostatik keine primitive Größe, sondern ihr Differential ist über die GIBBSsche Fundamentalgleichung definiert

$$T\,\mathrm{d}S := \mathrm{d}U - \boldsymbol{A} \cdot \mathrm{d}\boldsymbol{a} - \boldsymbol{\mu} \cdot \mathrm{d}\boldsymbol{n} \tag{4.1}$$

($\boldsymbol{\mu}$ chemische Potentiale), woraus sich mit dem ersten Hauptsatz [12]

$$\mathrm{d}U = DQ + DW + \boldsymbol{h} \cdot \mathrm{d}\boldsymbol{n}^e \tag{4.2}$$

(DQ Wärmeübergang, $\boldsymbol{h}$ molare Enthalpien, $\mathrm{d}\boldsymbol{n}^e$ externe Molzahländerungen)

$$\mathrm{d}S = DQ/T + \boldsymbol{s} \cdot \mathrm{d}\boldsymbol{n}^e \tag{4.3}$$

ergibt ($\boldsymbol{s}$ molare Entropien). Werden die Ableitungen längs Prozeßtrajektorien mit einem Punkt gekennzeichnet, so folgt aus (4.3) die in Abb. 3 angeführte Entropieänderung.

Die Dissipationsungleichung der Thermostatik ist die zeitlich globale CLAUSIUSsche Ungleichung, die für diskrete Nichtgleichgewichtssysteme gilt, wobei T und $\boldsymbol{s}$ Größen der Führungsreservoire sind. Der Zustandsraum der Thermostatik ist ein großer, Materialgleichungen stellen sich als Zustandsfunktionen dar. Einige historische Hinweise finden sich in Abb. 4.

THERMOSTATIK:

CARNOT	1824	Kreisprozesse
MAYER	1842	1. Hauptsatz
JOULE	1843	
HELMHOLTZ	1847	
THOMSON	1848	absolute Temperatur
CLAUSIUS	1850	2. Hauptsatz
THOMSON	1851	
CARATHEODORY	1909	Unerreichbarkeitsaxiom
BORN	1921	Unerreichbarkeitsaxiom

Abb. 4

5. Klassische irreversible Thermodynamik

Die klassische irreversible Thermodynamik beruht auf dem Postulat des lokalen Gleichgewichts (Abb. 5). Falls es gilt, sind in einer Feldformulierung lokal, d. h. an jedem Ort zu allen Zeiten, die Variablen der Thermostatik ausreichend. Damit sind dann Temperatur und Entropie aus der Statik definiert, und die Bilanzgleichungen für Masse, Impuls, Energie und Entropie sind ohne besondere Zusatzannahmen zur Thermostatik formulierbar. Der Zustandsraum ist daher wie in der Thermostatik ein großer. Die Entropiestromdichte ist universell gleich dem Wärmestrom geteilt durch die thermostatische Temperatur. Die Entropieproduktion ist als ein Skalarprodukt aus sogenannten Kräften und Flüssen darstellbar und wird im Sinne einer zeitlich lokalen Dissipationsungleichung als nicht negativ vorausgesetzt [13]. Neben den vier klassischen Irreversibilitäten der Diffusion, Wärmeleitung, inneren Reibung und

KLASSISCHE IRREVERSIBLE THERMODYNAMIK

Lokales Gleichgewicht:

$\mathbb{R}^4 \to \mathbb{Z}: (\boldsymbol{a}, \boldsymbol{n}, *)\,(\boldsymbol{x}, t)$

Bilanzgleichungen:

Masse, Impuls, Energie, Entropie: $\varrho \dot{s} = -\nabla \cdot \boldsymbol{\Phi} + \sigma$

$\boldsymbol{\Phi} = \boldsymbol{q}/T, \quad \sigma = \boldsymbol{X} \cdot \boldsymbol{Y} \geqq 0,$ Diffusion
Wärmeleitung
innere Reibung
chem. Reaktionen

Materialgleichungen: $\boldsymbol{Y} = \boldsymbol{L} \cdot \boldsymbol{X}, \quad \boldsymbol{X}(-t) = \boldsymbol{\Lambda} \cdot \boldsymbol{X}(t)$

CORB: $\boldsymbol{L}(-\boldsymbol{B}, -\omega, \ldots) = \boldsymbol{\Lambda} \cdot \tilde{\boldsymbol{L}}(\boldsymbol{B}, \omega, \ldots) \cdot \tilde{\boldsymbol{\Lambda}}$

Abb. 5

den chemischen Reaktionen lassen sich auch elektromagnetische Phänomene und polarisierte Medien in die Theorie einschließen. Allerdings werden die Materialgleichungen linearisiert und führen dann wegen der Benutzung des Zustandsraumes der Thermostatik auf Ausbreitungsparadoxa [14]: Diffusions- und Wärmeleitungsgleichung sind parabolisch, was physikalisch wegen der beschränkten Ausbreitungsgeschwindigkeiten nicht zutreffen kann. Die Koeffizienten der linearisierten Materialgleichungen erfüllen die CASIMIR-ONSAGERschen Reziprozitätsbeziehungen (CORB, Abb. 5). Das sind Einschränkungen, die über den zweiten Hauptsatz hinausgehen und die aus Symmetrieeigenschaften gegen Zeitumkehr folgen [15]. Solche einschränkenden Bedingungen für die Materialgleichungen sind in den anderen — noch zu besprechenden — Disziplinen der Nichtgleichgewichtsthermodynamik bisher nicht gefunden worden, was zu lebhaften Diskussionen über die Bedeutung der CORB geführt hat [16].

Einige geschichtliche Daten zur klassischen irreversiblen Thermodynamik finden sich in Abb. 6 (N = NOBEL-Preis).

KLASSISCHE IRREVERSIBLE THERMODYNAMIK

	THOMSON	1854	Thermo-elektrische Phänomene
	DE DONDER	1927	Affinität
(N 1968)	ONSAGER	1931	Reziprozitätsbeziehungen
	MEIXNER	1943	Prozesse in chem. reagierenden Medien
	CASIMIR	1945	Reziprozitätsbeziehungen
(N 1977)	PRIGOGINE	1947	Lehrbuch
		1951	Helium II
	DE GROOT	1952	Lehrbuch

Abb. 6

6. Rationale Thermodynamik

Die Rationale Thermodynamik ist historisch aus der von der TRUESDELLschen Schule entwickelten *Rationalen Mechanik* als thermodynamische Erweiterung entstanden. Obgleich vielfältig, lassen sich *repräsentative Prototypen* angeben (Abb. 7) [8].

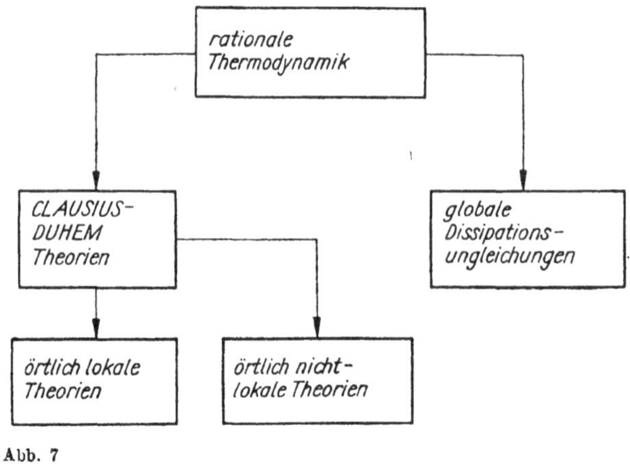

Abb. 7

Zunächst sollen die CLAUSIUS-DUHEM-Theorien besprochen werden, die alle eine in der Zeit lokale Form der CLAUSIUS-DUHEMschen Dissipationsungleichung (CDU, Abb. 8) als Ausdruck für den zweiten Hauptsatz benutzen. Dabei sind Entropiedichte s und Temperatur Θ primitive, d. h. physikalisch nicht definierte Größen (σ Entropieproduktionsdichte, γ Entropiezufuhrdichte, r Wärmezufuhrdichte).

CLAUSIUS-DUHEM THEORIEN

CDU: $\varrho s + \nabla \cdot \boldsymbol{\Phi} - \gamma = \sigma \geqq 0, \quad \boldsymbol{\Phi} = \boldsymbol{q}/\Theta + \boldsymbol{k}$

Entropiedichte und Temperatur undefiniert

	TRUESDELL COLEMAN NOLL 1973ff	I. MÜLLER 1971	GREEN NAGHDI 1972	ERINGEN 1972
$\boldsymbol{\Phi}$	$\boldsymbol{k} = 0$	$\Lambda(\vartheta, \dot{\vartheta})\,\boldsymbol{q}$	$\boldsymbol{k} \neq 0$	$\boldsymbol{k} = 0$
γ	$\varrho(r/\Theta)$	$\boldsymbol{\lambda} \cdot \boldsymbol{f} + \lambda r$	$\varrho(r/\Theta) - \varrho\mu$	$\varrho(r/\Theta) + \varrho\hat{s} + \hat{\varrho}s$
Zustandsraum	klein	groß	klein	klein
Lokalität im Ort	+	+	— $\int \varrho\mu \, dV = 0$	— $\int \varrho\hat{s} \, dV = 0$
Nebenbedingungen	—	+	—	—

Abb. 8

Zwei der ausgewählten Theoriengruppen, TRUESDELL u. a. [16—19] sowie MÜLLER [5], sind lokal im Ort, zwei andere, GREEN u. a. [20] und ERINGEN [21], nichtlokal. Dabei unterscheiden sich die Nichtlokalitäten in charakteristischer Weise: Während GREEN u. a. die üblichen Bilanzgleichungen nur in integraler Form für hinreichend kleine, aber nicht beliebig kleine Gebiete anschreiben, sind in der nichtlokalen Theorie von ERINGEN die Bilanzgleichungen durch sogenannte Residuen $\hat{\varrho}$, $\hat{s}$, ... modifiziert, die über hinreichend große Gebiete integriert keinen Beitrag zu den integralen Bilanzgleichungen geben. Die MÜLLERsche Theorie benutzt im Gegensatz zu den drei anderen große Zustandsräume. Daher ist die Entropiedichte eine Zustandsfunktion, und es gibt in dieser Theorie Analoga zu den MAXWELL-Relationen der Thermostatik.

Ein weiterer charakteristischer Unterschied besteht in der Auswertung der Dissipationsungleichung, die in den CLAUSIUS-DUHEM-Theorien als Einschränkung für die Materialgleichungen angesehen wird. Üblicherweise werden diejenigen Materialfunktionale (1.4) verboten, die für beliebige Prozesse (1.1) — d. h. ohne Berücksichtigung der Bilanzgleichungen — der Dissipationsungleichung widersprechen. MÜLLER dagegen berücksichtigt die Bilanzgleichungen als Nebenbedingungen. Er sondert nur diejenigen Materialfunktionen (großer Zustandsraum!) aus, die für tatsächlich ablaufende Prozesse der Dissipationsungleichung nicht gehorchen.

In Theorien mit $\boldsymbol{k} = 0$ (Abb. 8) ist der Zusammenhang zwischen $\boldsymbol{\Phi}$ und $\boldsymbol{q}$ universell, für solche mit $\boldsymbol{k} \neq \boldsymbol{0}$ kann er materialabhängig sein. Der Funktionswert der MÜLLERschen Kältefunktion [10] $\Lambda(\vartheta, \dot{\vartheta})$ (ϑ empirische, physikalisch nicht definierte Temperatur) wird ebenfalls als universell angesehen, was wegen ihrer $\dot{\vartheta}$-Abhängigkeit fraglich ist und sich bisher auch für Mehrkomponentensysteme nicht bestätigen ließ [22].

Den rationalen Theorien mit zeitlich globalen Dissipationsungleichungen (Abb. 9) haftet ebenfalls die schon erläuterte Problematik der Primitivität des Temperaturbegriffs an. Auszunehmen davon ist die klassische CLAUSIUSsche Ungleichung, weil hier die auftretende Temperatur und Entropie wohl definiert sind und zu den Führungs-

GLOBALE DISSIPATIONSUNGLEICHUNGEN

Klassische Thermostatik	$\oint [(\dot{Q}/T) + \boldsymbol{s} \cdot \dot{\boldsymbol{n}}^e]\, dt \leqq 0$
MEIXNER 1969	$\int_A^B [\dot{s}^{GL} + (1/\varrho)\nabla \cdot (\boldsymbol{q}/\Theta)]\, dt \geqq 0$
DAY 1972 COLEMAN, OWEN 1974	$\oint [(1/\varrho)\nabla \cdot (\boldsymbol{q}/\Theta) - r/\Theta]\, dt \geqq 0$

Abb. 9

reservoiren des Systems gehören. MEIXNER [23], DAY [24], COLEMAN u. a. [19] verwenden Θ als primitive Feldgröße. Eine Nichtgleichgewichtsentropie tritt in diesen Dissipationsungleichungen nicht auf. MEIXNER verwendet eine Gleichgewichtsentropie, die sich als Entropie eines speziellen begleitenden Prozesses interpretieren läßt [25], wobei dieser Begriff aus der Nichtklassischen Thermodynamik stammt [9], die jetzt skizziert werden soll.

7. Nichtklassische Thermodynamik

Ein dynamischer Temperaturbegriff ist charakteristisch für die nichtklassische Thermodynamik. Das bedeutet, daß eine Nichtgleichgewichtstemperatur operational durch eine dynamische Meßvorschrift definiert und in die Theorie eingeführt wird. Typisch für die Vorläufer der nichtklassischen Thermodynamik ist der gleichberechtigte Gebrauch verschiedener Temperaturbegriffe. So benutzen GURTIN u. a. [26] (Abb. 10) neben der Feldtemperatur Θ eine von

NICHTKLASSISCHE THERMODYNAMIK

GURTIN WILLIAMS 1967	$\dot{S}_B(t) + \oint_{\partial B}(\boldsymbol{q}/T) \cdot \mathrm{d}\boldsymbol{f} - \int_B (\varrho r/\Theta)\, \mathrm{d}V \geqq 0$ (↑ unter T und Θ)
MEIXNER 1969	$\oint(\dot{Q}/T)\, \mathrm{d}t \leqq 0,\ \partial s_{eq}/\partial u = 1/T_{\text{eq}}$
Kontakt-temperatur	$\dot{Q}\mathfrak{F}[(1/\Theta) - (1/T)] \geqq 0$ 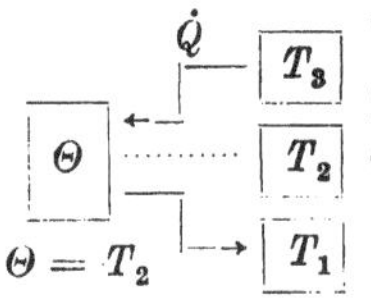 $\searrow \Theta = \Theta(\boldsymbol{x}, t)$; $\oint [(\dot{Q}/\Theta) + \boldsymbol{s} \cdot \dot{\boldsymbol{n}}^e]\, \mathrm{d}t \leqq 0$; $\boldsymbol{\Phi} = \boldsymbol{q}/\Theta$

Abb. 10

dieser verschiedene Oberflächentemperatur $\mathcal{T}$. MEIXNER [23] verwendet neben der Feldtemperatur T die thermostatische Temperatur T_{eq} der begleitenden U-Projektion [9, 27], die durch eine spezielle Projektion der Nichtgleichgewichtstrajektorie (1.1) auf den Gleichgewichtsteilraum entsteht. Die dynamische Meßvorschrift für eine Nichtgleichgewichtstemperatur, die Kontakttemperatur Θ, wird am thermischen Kontakt zweier diskreter Systeme definiert, von denen das eine ein Nichtgleichgewichts- das andere ein Gleichgewichtssystem ist [28, 29]. Abhängig von der thermostatischen Temperatur T des Gleichgewichtssystems (Abb. 10) ist die Richtung des Wärmeübergangs $\dot{Q}$ bei der Kontaktierung beider Systeme verschieden. Es existiert genau eine Temperatur T_2 des Gleichgewichtssystems, für die $\dot{Q}$ mit Vorzeichenwechsel verschwindet. Diese Temperatur $\Theta = T_2$ wird als Kontakttemperatur des Nichtgleichgewichtssystems bezeichnet. Sie ist von seinem Zustand als auch von der Art des thermischen Kontaktes abhängig.

Für die an diskreten Systemen definierte Kontakttemperatur läßt sich eine Feldformulierung und eine Verschärfung der CLAUSIUSschen Ungleichung angeben [30, 31]. Der Zusammenhang zwischen Entropie- und Wärmestromdichte kann universell gewählt werden (Abb. 10).

8. Theorien mit Evolutionskriterien

Die CLAUSIUS-DUHEM-Theorien benutzen Dissipationsungleichungen zur Einschränkung der Materialfunktionale. In den nun zu besprechenden Theorien, die als Weiterentwicklung der klassischen irreversiblen Thermodynamik anzusehen sind, und die deren Grundlagen benutzen, dienen Dissipationsungleichungen als Stabilitätskriterien. Die Entropieproduktion σ (Abb. 5) stationärer Zustände in offenen Systemen (Abb. 11) ist nach PRIGOGINE u. a. [32]

EVOLUTIONSKRITERIEN

PRIGOGINE, DE GROOT 1954	Stationäre Zustände in offenen Systemen $\sigma \to \min, (\dot{\sigma} \leqq 0)$ CHÂTELIER-BRAUN-Prinzip $\sigma = \boldsymbol{X} \cdot \boldsymbol{Y} \geqq 0,\ \boldsymbol{Y} \cdot \delta\boldsymbol{X} \geqq 0$
GLANSDORFF, PRIGOGINE 1964	$\sigma_x := \boldsymbol{Y} \cdot \dot{\boldsymbol{X}} \leqq 0$
GLANSDORFF, NICOLIS, PRIGOGINE 1974	$\partial_t \delta^2 s \lesseqgtr 0$ Stabilität / Instabilität

Abb. 11

verglichen mit nichtstationären Zuständen minimal. Auf der (parabolischen) Fläche der Entropieproduktion im Raum der Kräfte $\boldsymbol{X}$ liegen die stationären Zustände so „tief" wie es die Nebenbedingungen zulassen (Abb. 12). Die Stabilität des stationären Zustands ist durch $\dot{\sigma} \leqq 0$ gesichert. Das CHÂTELIER-BRAUN-Prinzip [33] folgt für lineare phänomenologische Gleichungen (Abb. 5) unmittelbar. Dabei bedeutet δ eine Variation des stationären Zustands (unmöglicher Prozeß). Für nichtlinearen Zusammenhang zwischen $\boldsymbol{X}$ und $\boldsymbol{Y}$ gilt das Evolutionskriterium von GLANSDORFF u. a. [34] (Abb. 11). Ein Zusammenhang mit der LJAPUNOW-Stabilität und der Exzeßentropie $\delta^2 s$ haben GLANSDORFF u. a. [35] postuliert.

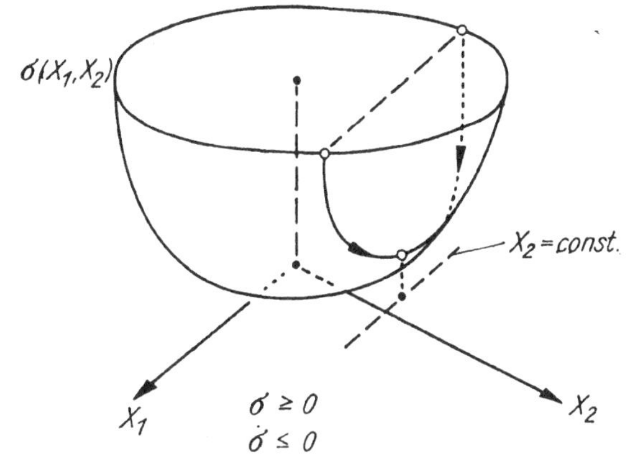

Abb. 12

Literatur

1 GYARMATI, I., Non-Equilibrium Thermodynamics, Engineering Science Library, Berlin 1970.
2 LAVENDA, B. H., Thermodynamics of Irreversible Processes, London 1978, Kap. 6 und 9.
3 REIF, F., Physikalische Statistik und Physik der Wärme, Berlin 1975, Kap. 3, 6, 13 und 14.
4 MEIXNER, J., Entropie im Nichtgleichgewicht, Rheol. Acta 7, 8 (1968).
5 MÜLLER, I., Thermodynamik, Düsseldorf 1973, Kap. III. 5.
6 KESTIN, J., A Course in Thermodynamics, Washington 1979, Bd. I, Kap. 3.
7 KERN, W., Zur Vieldeutigkeit der Nichtgleichgewichtsentropie in kontinuierlichen Medien, Dissertation RWTH Aachen 1972.
8 HUTTER, K., The foundations of thermodynamics, Its basic postulates and implications, Acta Mechanica 27, 1–54 (1977).
9 MUSCHIK, W., Fundamentals of dissipation inequalities. I, J. Non-Equilib. Thermodyn. 4, 277–294 (1979).
10 MÜLLER, I., The coldness, a universal function in thermoelastic bodies, Arch. Rat. Mech. Analysis 41, 319–332 (1971).
11 Siehe [6], Bd. I, Kap. 2.
12 HAASE, R., Thermodynamik der irreversiblen Prozesse, Darmstadt 1963, § 1.7.
13 Siehe [12], § 1.24, § 4.12.
14 SWENSON, R. J., Heat conduction — finite or infinite propagation, J. Non-Equilib. Thermodyn. 3, 39–48 (1978).
15 MUSCHIK, W., A phenomenological foundation of non-linear ONSAGER-CASIMIR reciprocity relations, J. Non-Equilib. Thermodyn. 2, 109–124 (1977).
16 TRUESDELL, C., Rational Thermodynamics, New York 1969, Lect. 7.
17 TRUESDELL, C.; NOLL, W., The Non-Linear Field Theories of Mechanics, Handbuch der Physik III/3, Berlin 1965, sec. 79.
18 NOLL, W., A new mathematical theory of simple materials, Arch. Rat. Mech. Analysis 48, 1–50 (1972).
19 COLEMAN, B. D.; OWEN, D. R., A mathematical foundation for thermodynamics, Arch. Rat. Mech. Analysis 54, 1–104 (1974).
20 GREEN, A. E.; NAGHDI, P. M., On continuum thermodynamics, Arch. Rat. Mech. Analysis 48, 352–378 (1972).
21 ERINGEN, A. C., Continuum mechanics at the atomic scale, Crystal Lattice Defects 7, 109–130 (1977) (Literaturhinweise).
22 Siehe [5] Kap. VI. 2.
23 MEIXNER, J., Thermodynamik der Vorgänge in einfachen fluiden Medien und die Charakterisierung der Thermodynamik irreversibler Prozesse, Z. Physik 219, 79–104 (1969).
24 DAY, W. A., The Thermodynamics of Simple Materials with Fading Memory, Springer Tracts in Natural Philosophy, Vol. 22, Berlin 1972, sec. 3.4.
25 KELLER, J. U., Ein Beitrag zur Thermodynamik fluider Systeme, Physica 53, 602 (1971).
26 GURTIN, M. E.; WILLIAMS, W., An axiomatic foundation for continuum thermodynamics, Arch. Rat. Mech. Analysis 26, 83–117 (1967).
27 MUSCHIK, W., Skizze der thermodynamischen Theorien irreversibler Prozesse, in [3], Abschn. 15.19.
28 MUSCHIK, W.; BRUNK, G., A concept of non-equilibrium temperature, Internat. J. Engng. Sci. 15, 377 (1977).
29 MUSCHIK, W., Empirical foundation and axiomatic treatment of non-equilibrium temperature, Arch. Rat. Mech. Analysis 66, 379 (1977).
30 MUSCHIK, W., Fundamentals of dissipation inequalities. II, J. Non-Equilib. Thermodyn. 4, 377–388 (1979).
31 MUSCHIK, W.; RIEMANN, H., Intensification of CLAUSIUS' inequality, J. Non-Equilib. Thermodyn. 4, 17–30 (1979).
32 GLANSDORFF, P.; PRIGOGINE, I., Sur les propriétés différentielles de la production d'entropie, Physica 20, 773–780 (1954).
33 Siehe [1], Kap. V. 1.
34 GLANSDORFF, P.; PRIGOGINE, I., On a general evolution criterion in macroscopic physics, Physica 30, 351–374 (1964).
35 GLANSDORFF, P.; NICOLIS, G.; PRIGOGINE, I., The thermodynamic stability theory of non-equilibrium states, Proc. Nat. Acad. Sci. USA 71, 197–199 (1974).

Anschrift: Prof. Dr. W. MUSCHIK, Technische Universität Berlin, Institut für Theoretische Physik, Hardenbergstr. 4–5, Sekr. HAD 1, 1000 Berlin-West 10

ZAMM 61, T 220 – T 230 (1981)

W. WENDLAND

Funktionentheoretische Methoden bei partiellen Differentialgleichungen, insbesondere elliptischen Systemen in der Ebene

Elliptische Systeme in der Ebene zeigen zum Teil Verwandtschaft zur komplexen Funktionentheorie. Hier wird versucht, einen Überblick über die Erweiterung der klassischen Theorie der verallgemeinerten analytischen Funktionen von Vekua, Bers und Haack auf elliptische Systeme erster Ordnung mit mehr als zwei gesuchten reellen Funktionen zu geben. Dabei werden neben allgemeinen mathematischen Fragen auch Aspekte numerischer Lösungsverfahren erläutert. Behandelt werden Normalformproblem, funktionentheoretische Eigenschaften (Ähnlichkeitsprinzip, Nullstellen, Spiegelungsprinzip und Runge-Eigenschaft), Index-Satz, Fredholm-Eigenschaft und a-priori-Abschätzungen für Randwertprobleme sowie die Lösungsverfahren: Integralgleichungen, Differenzenverfahren und eine finite-Element-Approximation nach der Methode der kleinsten Fehlerquadrate.

Einleitung

Funktionentheoretische Methoden werden heute in so vielen verschiedenen Bereichen bei partiellen Differentialgleichungen eingesetzt, daß ich mich außerstande sehe, einen umfassenden Überblick über dieses Gebiet zu geben. Damit Sie mir glauben, habe ich im folgenden einige der Bereiche zusammengestellt, die mir zum Vortragsthema einfielen. Dabei erhebe ich keinen Anspruch auf Vollständigkeit.

1. Verallgemeinerte CAUCHY-RIEMANN-Systeme im $\mathbb{R}^2$.
2. Überbestimmte Systeme und harmonische Vektorfelder im $\mathbb{R}^n$, insbesondere für $n > 2$.
3. Quasikonforme Abbildungen in $\mathbb{C}$ und $\mathbb{C}^n$.
4. Nichtlineare Gleichungen, z. B. Minimalflächenprobleme.
5. Komplexe Strukturen und Mannigfaltigkeiten.
6. Singuläre Integralgleichungen.
7. BERGMAN-VEKUA-Operatoren.
8. Analytische Fortsetzung partieller Differentialgleichungen nach $\mathbb{C}^n$; gewöhnliche sowie partielle Differentialgleichungen im Komplexen.
9. Gleichungen vom wechselnden Typ sowie zusammengesetzte Gleichungen.
10. Inverse Probleme sowie freie Randwertprobleme.
11. Probleme aus der Quantenfeldtheorie und zugehörige komplexe Methoden.
12. Methoden der FOURIER- und LAPLACE-Transformation sowie der Spektraltheorie.

Ich will mich hier nur auf den ersten Problemkreis beschränken, nämlich *Systeme elliptischer partieller Differentialgleichungen in zwei Unabhängigen* betrachten. Hierzu gibt es eine ganze Reihe von Lehrbüchern [16, 29, 30, 46, 48, 50, 53, 96, 97, 98, 99, 106]; in den folgenden Lehrbüchern sind diesen Systemen Abschnitte gewidmet: [17, 33, 59, 62, 63].

Während dort meist verallgemeinerte CAUCHY-RIEMANN-Systeme mit zwei gesuchten Funktionen im Vordergrund stehen, will ich hier vor allem auf Systeme mit mehr gesuchten Funktionen eingehen und dabei im wesentlichen aus meinem Buch [106] vortragen.

Obwohl die allgemeine Lösungstheorie linearer elliptischer Randwertprobleme durch die Arbeiten von S. AGMON, A. DOUGLIS, L. NIRENBERG [3], L. HÖRMANDER [67] und vielen anderen Autoren inzwischen als weitgehend abgeschlossen gelten kann, gibt es bei zwei unabhängigen Veränderlichen wegen des engen Zusammenhangs mit der komplexen Funktionentheorie viele Eigentümlichkeiten, die eine gesonderte Darstellung rechtfertigen. Dabei können wir hier bei der reichen Literatur nur auf einige Teilfragen eingehen; auch die hier zitierten Arbeiten können nur eine kleine und unvollständige Auswahl sein. Im folgenden will ich einige der Entwicklungen der Theorie skizzieren, wobei aber auch Lösungsverfahren nicht zu kurz kommen sollen. Naturgemäß wird bei einem solchen Übersichtsvortrag auch auf einige wohlbekannte Ergebnisse zurückgegriffen werden müssen.

Es werden reelle elliptische Systeme für $2n$ gesuchte Funktionen $\boldsymbol{u} = (u_1, \dots, u_{2n})^\top$ im Gebiet $G \subset \mathbb{R}^2$ betrachtet, die im linearen Fall die folgende Gestalt haben:

$$Du := \boldsymbol{u}_x + B\boldsymbol{u}_y + C\boldsymbol{u} = \boldsymbol{f}\,. \tag{1}$$

Hierbei ist $\boldsymbol{f}(x, y)$ eine gegebene Vektor-wertige Funktion, $B(x, y)$ und $C(x, y)$ sind gegebene $2n \times 2n$ Matrixwertige Funktionen. Lineare elliptische Gleichungen in der Ebene lassen sich durch die Einführung genügend vieler gesuchter Funktionen immer in die Gestalt (1) bringen. Diese Transformation ist aber i. a. nicht trivial. Für das System (1) fordern wir **Elliptizität** im Sinne von PETROVSKI, das heißt die Matrix $B(x, y)$ hat für $(x, y) \in G$ nie reelle Eigenwerte. Das bedeutet, das reelle System (1) ist „eigentlich elliptisch", [79] S. 271.

Elliptische Systeme der Gestalt (1) treten in vielen Anwendungen auf, z. B. bei Strömungsproblemen, bei der Wellenausbreitung und in der Elastizitätstheorie. So erfüllen etwa die Komponenten des Spannungstensors

$$\begin{gathered} u_1 = \{2\mu + \lambda\}\,(v_{1x} + v_{2y})\,, \qquad u_2 = \mu(v_{2x} - v_{1y})\,, \qquad u_3 = \{2\mu(2\mu + \lambda)/(\mu + \lambda)\}\,(-v_{1x} + v_{2y})\,, \\ u_4 = \{2\mu(2\mu + \lambda)/(\mu + \lambda)\}\,(v_{1y} + v_{2x})\,, \end{gathered} \tag{2}$$

bei ebenen elastischen Deformationen von isotropen Materialien mit Verschiebungsvektor (v_1, v_2) ein System erster Ordnung von der Gestalt

$$\boldsymbol{u}_x + \begin{pmatrix} 0 & -1 & 0 & 0 \\ 1 & 0 & 0 & 0 \\ 0 & 2 & 0 & -1 \\ -2 & 0 & 1 & 0 \end{pmatrix} \boldsymbol{u}_y + C\boldsymbol{u} = \boldsymbol{f}\,. \tag{3}$$

Die Umformung in ein System erster Ordnung muß nicht immer vorteilhaft sein. Jedoch sind es oft die physikalisch interessanten Feldgrößen, die ein System erster Ordnung erfüllen, wie die Komponenten des Spannungstensors in obigem Beispiel, die des Geschwindigkeitsvektors bei Strömungsproblemen oder etwa die Komponenten des elektrischen und des magnetischen Feldes in der Elektrodynamik. Ich will hier deshalb nur Systeme (1) betrachten.

Im Falle $n = 1$, d. h. bei Systemen mit nur zwei gesuchten Funktionen kann man immer (zumindest theoretisch) eine Transformation in die sogenannte „HILBERTsche Normalform" mit CAUCHY-RIEMANNschem Hauptteil durchführen. In diesem Fall führt die schon klassische Theorie der verallgemeinerten analytischen Funktion von L. BERS, I. N. VEKUA und W. HAACK zu besonders vielen Eigenschaften der Funktionentheorie. Für mich ist es eine besondere Freude, über die Weiterentwicklung dieser Theorie gerade in Berlin vortragen zu dürfen, von wo neben den Schulen von I. N. VEKUA in der UdSSR und von L. BERS in den U.S.A. durch die Arbeiten von W. HAACK, G. HELLWIG und ihren Schülern die Theorie der Randwertprobleme für verallgemeinerte analytische Funktionen ihren Ausgang nahm.

Der Vortrag gliedert sich wie folgt: Zunächst wird das Problem der Normalformen erläutert. Sodann soll in § 2 auf funktionentheoretische Eigenschaften der Lösungen von (1) eingegangen werden, die eng mit der Normalform zusammenhängen. In § 3 formuliere ich Randwertprobleme zu (1) und ihre FREDHOLM-Eigenschaften. Die §§ 4—6 sind den drei Lösungsverfahren Integralgleichungen, finite Differenzen und finite Elemente für die Randwertprobleme zu (1) gewidmet. Dabei werden wir sehen, daß die Verwendung von Systemen erster Ordnung gerade für die Methode der finiten Elemente einige Vorteile bringt.

§ 1. Das Normalformproblem

Funktionentheoretische Eigenschaften und entsprechende Methoden hängen eng zusammen mit möglichen Normalformen von (1).

Zu $B(x, y)$ und den Eigenwerten $\lambda_+^j(x, y)$ mit positivem Realteil sei $\boldsymbol{p}_+^1(x, y), \ldots, \boldsymbol{p}_+^n(x, y)$ ein System linear unabhängiger Haupt- und Eigenvektoren (Zeilenvektoren), d. h. sie erfüllen die Gleichungen

$$\boldsymbol{p}_+^j(x, y)\, B(x, y) = \lambda_+^j(x, y)\, \boldsymbol{p}_+^j(x, y) + \mu_+^j(x, y)\, \boldsymbol{p}_+^{j-1}(x, y)\,, \qquad j = 1, \ldots, n\,. \tag{4}$$

Hierbei sind die Funktionen μ_+^j entweder Null oder können geeignet gewählt werden. Im allgemeinen gibt es für $n \geqq 2$ selbst bei C^∞-Koeffizienten $B(x, y)$ kein System $\boldsymbol{p}_+^1(x, y), \ldots, \boldsymbol{p}_+^n(x, y)$, das in G von (x, y) glatt abhängt (siehe z. B. in [100]). Bei Verzweigungen mehrfacher Eigenwerte $\lambda_+^j(x, y)$ können nämlich die Haupt- und Eigenvektoren unstetig werden ([72]) S. 111). Solche Verzweigungen treten z. B. in den Isotropiepunkten bei anisotropen Platten auf ([106] S. 392, dort aber nicht explizit ausgeführt.) In jedem Fall aber kann man eine Basis $\tilde{\boldsymbol{p}}_+^1(x, y), \ldots, \tilde{\boldsymbol{p}}_+^n(x, y)$ des durch $\boldsymbol{p}^1, \ldots, \boldsymbol{p}^n$ aufgespannten Vektorbündels konstruieren, die von (x, y) genauso glatt abhängt wie $B(x, y)$ [101], [106] S. 116ff. Diese Konstruktion kann mit Hilfe einer Kombination von SCHAUDERscher Kontinuitätsmethode, SCHMIDTschem Orthogonalisierungsverfahren und DUNFORDschen Spektralprojektoren durchgeführt werden. Sie spielt nicht nur bei den Differentialgleichungen (1) sondern auch bei singulären Integralgleichungen eine wichtige Rolle [37]. Mit dieser Basis wird die Transformation

$$w^j(x, y) := \tilde{\boldsymbol{p}}_+^j(x, y)\, \boldsymbol{u}(x, y)\,, \qquad j = 1, \ldots, n\,, \tag{5}$$

für die gesuchten Funktionen durchgeführt.

Statt der ursprünglich $2n$ reellwertigen Funktionen haben wir jetzt n komplexwertige gesuchte $w^1, \ldots, w^n$. Das Differentialgleichungssystem (1) geht dann mit den *komplexen Richtungsableitungen*

$$\partial_z = 1/2 \cdot (\partial_x - i\partial_y)\,, \qquad \partial_{\bar z} = 1/2 \cdot (\partial_x + i\partial_y) \tag{6}$$

in die „*Quasinormalform*"

$$\mathscr{D}\boldsymbol{w} := \boldsymbol{w}_{\bar z} - Q\boldsymbol{w}_z + (a\boldsymbol{w} + b\bar{\boldsymbol{w}}) = \boldsymbol{g} \tag{7}$$

über.

Im Falle $n = 1$ ist $\lambda_+^j(x, y)$ immer einfacher Eigenwert und $\boldsymbol{p}_+^1(x, y) = \tilde{\boldsymbol{p}}_+^1(x, y)$ ist deshalb glatt. Das bedeutet, die komplexe Funktion

$$Q(x, y) = q(x, y) := \big(\lambda_+(x, y) - i\big)/\big(\lambda_+(x, y) + i\big) \tag{8}$$

erfüllt die Abschätzung

$$|q(x, y)| < 1\,. \tag{9}$$

Für gleichmäßig elliptische Systeme gilt (9) gleichmäßig. Zu q kann man Lösungen $\zeta(x, y) = \xi(x, y) + i\eta(x, y)$ des BELTRAMIschen Systems

$$\zeta_{\bar z} = q\zeta_z \tag{10}$$

finden, die einen (globalen) Homöomorphismus $z = x + iy \mapsto \zeta(x, y)$ von $\mathbb{C}$ auf sich definieren.

Eine lokale Konstruktion mit Hilfe analytischer Fortsetzung nach $\mathbb{C}^2$ wurde schon von C. F. GAUSS angegeben [49], lokale Existenzbeweise unter sehr schwachen Voraussetzungen an q stammen von C. B. MORREY [80] und L. BERS und S. S. CHERN [33]. Globale Existenzbeweise wurden von L. AHLFORS [4] und B. BOJARSKI und I. N. VEKUA [98] geführt.

Dann wird aus (7) die „HILBERT*sche Normalform*"

$$w_{\bar\zeta} + \tilde a w + \tilde b \bar w = c \tag{11}$$

in den neuen unabhängigen Veränderlichen ξ, η mit $\zeta = \xi + i\eta$.

Auch für $n > 1$ kann es natürlich Fälle geben, in denen die Eigen- und Hauptvektoren $\boldsymbol{p}^j_+(x, y)$ differenzierbare Funktionen von (x, y) sind. Dann ist $\begin{pmatrix} Q & 0 \\ 0 & \bar{Q} \end{pmatrix}$ die JORDANsche Normalform zu B, und Q hat Dreiecksgestalt. In der Diagonalen von Q stehen dann die Eigenwerte zu Q, diese sind immer

$$q^j(x, y) = (\lambda^j_+ - i)/(\lambda^j_+ + i)\,, \qquad |q^j| < 1\,. \tag{12}$$

In den folgenden Spezialfällen läßt sich die Funktionentheorie für die Lösungen von (7) besonders weit aufbauen:

1. BOJARSKIS Normalform [21, 22]:

$$Q(x, y) = \begin{pmatrix} \triangle & & 0 \\ & \triangle & \\ 0 & & \triangle \end{pmatrix}. \tag{13}$$

Q besteht im gesamten Gebiet G aus unteren Dreiecksmatrizen, deren Gestalt sich nicht ändert. Außerdem bestehen Diagonalen und Nebendiagonalen jeder einzelnen Dreiecksmatrix jeweils aus übereinstimmenden Funktionen, das heißt,

$$Q_{j+1,k+1} = Q_{j,k} \quad \text{gilt in jeder Untermatrix.}$$

2. DOUGLIS-Normalform [35, 55]:

$$Q(x, y) = \begin{bmatrix} q(x, y) & & & 0 \\ & \ddots & & \\ \beta_1(x, y) & & \ddots & \\ \vdots & \ddots & & \\ \beta_n(x, y), \ldots, & \beta_1(x, y) & & q(x,y), \end{bmatrix} \tag{14}$$

$Q(x, y)$ ist eine einzige Dreiecksmatrix von denen aus (13). Dies bedeutet, daß $\lambda_+(x, y)$ einziger Eigenwert von B und daß die geometrische Vielfachheit von λ_+ nur 1 ist.

3. PASCALIS Normalform [83]:

$$Q_{jk}(x, y) = q(x, y)\, \delta_{jk}\,. \tag{15}$$

Hierbei ist δ_{jk} das KRONECKER-Symbol, Q also eine reine Diagonalmatrix. Das bedeutet, daß $\lambda_+(x, y)$ einziger Eigenwert von B ist und daß zu ihm n linear unabhängige Eigenvektoren gehören. In diesem Fall geht (7) mit Hilfe des durch (10) definierten Homömorphismus in ein System mit CAUCHY-RIEMANNschem Differentialoperator entsprechend (11) über.

§ 2. Einige funktionentheoretische Eigenschaften

Für $n = 1$ ist die Funktionentheorie der verallgemeinerten analytischen Funktionen von L. BERS und I. N. VEKUA weit entwickelt worden [16, 98]. Bei Systemen mit $n > 1$ scheint die Funktionentheorie jedoch stark mit der Normalform zusammenzuhängen. Allgemeine Sätze wie etwa die CAUCHYsche Integralformel findet man für BOJARSKI-Systeme in [22], DOUGLIS-Systeme in [52, 53, 55] und PASCALI-Systeme in [83].

2.1 Das Ähnlichkeitsprinzip

Wie stark im Falle $n = 1$ Lösungen des homogenen Systems

$$w_{\bar{z}} + aw + b\bar{w} = 0 \tag{16}$$

und holomorphe Funktionen zusammenhängen, wird durch das Ähnlichkeitsprinzip deutlich, das auf T. CARLEMAN zurückgeht und von L. BERS und I. N. VEKUA unabhängig voneinander unter verschiedenen Voraussetzungen gezeigt wurde [16, 99]. Es lautet:

Satz 1: *Zu jeder HÖLDER-stetigen Lösung w von (16) gibt es eine holomorphe Funktion $f = f(z)$ und zu jeder holomorphen Funktion $f(z)$ eine HÖLDER-stetige Lösung w von (16), so daß gilt*

$$w = f(z)\, e^{\tilde{w}(z,\bar{z})} \tag{17}$$

mit einer geeigneten HÖLDER-stetigen Funktion $\tilde{w}$.

Hieraus folgt sofort die

CARLEMAN-Eigenschaft: *Die Nullstellen von $w \neq 0$ sind isoliert und von endlicher Ordnung.*

Für Systeme (7) gilt aber das Ähnlichkeitsprinzip im allgemeinen nicht mehr. Es ist für $n \geqq 2$ nur noch in schwacher Form für DOUGLIS-Systeme bekannt sowie für PASCALI-Systeme im Kleinen. So wird von R. P. GILBERT und G. HILE in [55] für DOUGLIS-Systeme mit speziellen Kopplungsmatrizen a, b eine Variante des Satzes von LIOUVILLE gezeigt. Ein lokales Ähnlichkeitsprinzip für allgemeine DOUGLIS-Systeme findet man bei R. P. GILBERT, K. HABETHA und E. KÜHN in [52, 60, 75], welches besagt, daß die

Lösung von den entsprechenden Gleichungen (7) lokal als Produkt einer invertierbaren Matrix-wertigen Funktion E mit einem Lösungsvektor $\boldsymbol{\Phi}$ des BELTRAMI-Systems

$$\boldsymbol{\Phi}_{\bar{z}} - E_{\cdot}^{-1} Q E \boldsymbol{\Phi}_z = 0$$

geschrieben werden kann. Für PASCALI-Systeme kann $\boldsymbol{\Phi}$ sogar als holomorpher Vektor gewählt werden [60].

Leider folgt aus diesem schwachen Ähnlichkeitsprinzip noch nicht einmal die CARLEMAN-Eigenschaft. Diese muß gesondert gezeigt werden und ist nur für DOUGLIS-Systeme mit speziellen Matrizen a, b, [55, 75] für PASCALI-Systeme [61] sowie für Systeme mit reell analytischen Koeffizienten bekannt [60, 106].

Aus der CARLEMAN-Eigenschaft folgen *Eindeutigkeit des* CAUCHY-*Problems* und die *eindeutige Fortsetzbarkeit* der Lösung. Beide Eigenschaften sind darüber hinaus noch für Systeme (1) mit normaler Matrix B, das heißt $B^*B = BB^*$, von G. HILE und M. PROTTER in [65] gezeigt worden.

2.2 BERGMAN-VEKUA-Operatoren

In [99] konstruierte I. N. VEKUA für $n = 1$ und Systeme mit $\mathbb{C}^2$-analytischen Koeffizienten einen Integraloperator, indem er (7) zu einem formal hyperbolischen System in $\mathbb{C}^2$ fortsetzte, der holomorphe Funktionen $\varkappa(z)$ auf verallgemeinerte analytische Funktionen abbildet (siehe dazu auch [63]). Eine Verallgemeinerung von R. P. GILBERT und W. WENDLAND findet man für DOUGLIS-Systeme in [57]. Eine ganze Reihe von Autoren befaßt sich mit der Frage, wann der BERGMAN-VEKUA-Operator in einen Differentialoperator nach K. W. BAUER überführt werden kann, der (gegebenenfalls andere) holomorphe Funktionen auf Lösungen abbildet [10, 74, 84].

BERGMAN-VEKUA-Operatoren wurden auch zur konstruktiven und numerischen Lösung von (7) und zugehörigen Randwertproblemen eingesetzt [13, 14, 15, 20, 38, 51, 56, 76].

Die Methode der BERGMAN-VEKUA-Operatoren hängt eng zusammen mit der analytischen Fortsetzung ins Komplexe. Hier ist insbesondere für transsonische Strömungen zur Ermittlung superkritischer Flügelprofile von P. R. GARABEDIAN et al. in [9] eine sehr wirksame Methode entwickelt worden.

2.3 Spiegelungsprinzip

In [109] wird VEKUAS Operator von CHUNG LING YU benutzt, um mit H. LEWYS Methode [77] ein Spiegelungsprinzip für verallgemeinerte analytische Funktionen zu beweisen. Dies läßt sich mit [57] auf DOUGLIS-Systeme übertragen [106]. Hat Q reine Diagonalgestalt, so folgt das Spiegelungsprinzip nach P. R. GARABEDIAN aus [47].

2.4 RUNGE-Approximationseigenschaft

Diese Eigenschaft besagt, daß man jede Lösung $\boldsymbol{w}$ des Systems in $\mathcal{U} \subset G$ durch nach G fortsetzbare Lösungen approximieren kann, die in jeder kompakten Teilmenge von $\mathcal{U}$ gegen $\boldsymbol{w}$ gleichmäßig konvergieren. Dies ist bisher nur für $n = 1$ nach L. BERS in [16], für $n > 1$ für spezielle DOUGLIS-Systeme nach B. GOLDSCHMIDT in [58] und für Systeme (1) mit normaler Matrix B nach einem Ergebnis von G. FICHERA [40] bekannt.

Zur numerischen Lösung von Randwertproblemen wurden vollständige Lösungssysteme in [31, 91] verwendet.

§ 3. Randwertprobleme

In den Anwendungen sind für (1) meist Randwertaufgaben zu lösen: Finde $\boldsymbol{u}$, so daß gilt:

$$D\boldsymbol{u} = \boldsymbol{u}_x + B\boldsymbol{u}_y + C\boldsymbol{u} = \boldsymbol{f} \quad \text{in } \mathcal{G}, \qquad 2r\boldsymbol{u} = \boldsymbol{\psi} \quad \text{auf } \Gamma. \tag{18}$$

Hierbei sei $\mathcal{G}$ ein m-fach zusammenhängendes beschränktes Gebiet mit genügend glattem Rand $\Gamma := \partial\mathcal{G}$, der sich aus einer äußeren und $m - 1$ disjunkten inneren glatten doppelpunktfreien Kurven zusammensetzt, $\overline{\mathcal{G}} = \mathcal{G} \cup \Gamma \subset G$. r auf Γ ist eine gegebene $n \times 2n$ reelle Matrix-Funktion, die genügend glatt, zum Beispiel $C^{1+\gamma}$, das heißt einmal HÖLDER-stetig differenzierbar sein soll. Um zu formulieren, wann (18) korrekt gestellt ist, führen wir wieder mittels (5) die Transformation auf die Quasinormalform durch. Dann geht das Randwertproblem über in

$$\Phi\boldsymbol{w} := \begin{cases} \mathcal{D}\boldsymbol{w} = \boldsymbol{g} & \text{in } \mathcal{G}\,, \\ \operatorname{Re}(\mathcal{R}\boldsymbol{w}) = \boldsymbol{\psi} & \text{auf } \Gamma\,. \end{cases} \tag{19}$$

Hierbei ist $\mathcal{D}$ durch (7) gegeben und die linearen Randbedingungen in (18) und (19) sind durch

$$2r\boldsymbol{u} = \operatorname{Re}\left\{ r \begin{pmatrix} \tilde{\boldsymbol{p}}_+^1 \\ \vdots \\ \tilde{\boldsymbol{p}}_+^n \\ \bar{\tilde{\boldsymbol{p}}}_+^1 \\ \vdots \\ \bar{\tilde{\boldsymbol{p}}}_+^n \end{pmatrix}^{-1} \boldsymbol{w} \right\} = \operatorname{Re}(\mathcal{R}\boldsymbol{w}) = \boldsymbol{\psi} \quad \text{auf } \Gamma \tag{20}$$

miteinander verknüpft.

Die *erste Grundaufgabe der ebenen Elastizitätstheorie zu* (2), (3) *in komplexer Schreibweise* lautet für $\boldsymbol{w} = \begin{pmatrix} u_1 + iu_2 \\ -u_3 - iu_4 \end{pmatrix}$:

$$\boldsymbol{w}_{\bar{z}} - \begin{pmatrix} 0 & 0 \\ 1 & 0 \end{pmatrix} \boldsymbol{w}_z + a\boldsymbol{w} + b\overline{\boldsymbol{w}} = \boldsymbol{g} \quad \text{in } \mathcal{G}\,, \tag{21}$$

$$\boldsymbol{\psi} = \operatorname{Re}\begin{pmatrix} 2\dot{x}(2\mu + \lambda)^{-1} + 2i\dot{y}\mu^{-1}, & (\lambda + \mu)\,(2\mu + \lambda)^{-1}\,(\dot{x} + i\dot{y}\mu^{-1}) \\ 2\dot{y}(2\mu + \lambda)^{-1} - 2i\dot{x}\mu^{-1}, & -\mu^{-1}(2\mu + \lambda)^{-1}\,(\dot{y} - i\dot{x}(\lambda + \mu)) \end{pmatrix} \boldsymbol{w}|_\Gamma \text{ auf } \Gamma\,. \tag{22}$$

Betrachtet man die Abbildung Φ (19) in geeigneten Räumen, etwa von $C^{1+\gamma}(\overline{\mathcal{G}})$ in $C^\gamma(\overline{\mathcal{G}}) \times C^{1+\gamma}(\Gamma)$, wobei $C^{r+\gamma}$ den jeweiligen linearen BANACH-Raum über $\mathbb{R}$ der r-mal HÖLDER-stetig differenzierbaren n komplex-(bzw. reell-)

Vektor-wertigen Funktionen mit den üblichen HÖLDER-Normen,

$$||v||_{C^r+\gamma(\bar{\mathfrak{G}})} = \sum_{0\leq j,k}^{0\leq j+k\leq r} \operatorname*{Max}_{(x,y)\in\bar{\mathfrak{G}}} \left|\frac{\partial^{j+k}}{\partial x^j \partial y^k} v(x,y)\right| + \sum_{j+k=r} \sup_{\bar{\mathfrak{G}}\ni(x,y)\neq(\xi,\eta)\in\bar{\mathfrak{G}}} \times$$
$$\times \left\{\left|\frac{\partial^{j+k}}{\partial x^j\, \partial y^k} v(x,y) - \frac{\partial^{j+k}}{\partial \xi^j\, \partial \eta^k} v(\xi,\eta)\right| \Big/ |(x,y)-(\xi,\eta)|^\gamma\right\},$$

bezeichnet mit $0 < \gamma < 1$ und der entsprechenden Definition der Randnormen, so gilt bekanntlich der folgende Satz.

Satz 2 [3, 21, 67, 78, 99, 100, 102]: *Falls die Randbedingungen $\mathfrak{R}$ die* LOPATINSKI-SHAPIRO-*Bedingung*

$$\operatorname{Det} \mathfrak{R} \neq 0 \quad \text{auf } \Gamma \tag{23}$$

erfüllen, ist Φ FREDHOLM-*Operator, und sein* FREDHOLM-*Index ist*

$$\nu(\Phi) = (2-m)\,n - \frac{1}{\pi}\int_\Gamma \mathrm{d} \arg \operatorname{Det} \mathfrak{R} = \dim(\text{Kern } \Phi) - \operatorname{codim}(\text{Wertebereich } \Phi) = \alpha - \beta\,. \tag{24}$$

Man kann diesen Satz recht einfach beweisen, indem man Φ mit einem zerfallenden PASCALI-System für holomorphe Funktionen, $Q = a = b \equiv 0$ und Diagonalmatrix $\mathfrak{R}$ homotop in der Klasse der Semi-FREDHOLM-Operatoren verbindet ([106] Kap. 3 und 4). Der Satz 2 gilt wörtlich auch in SOBOLEV-Räumen mit Φ: $W_2^s(\mathfrak{G}) \to$ $\to W_2^{s-1}(\mathfrak{G}) \times W_2^{s-1/2}(\Gamma)$, $s > 1/2$. (Zur Definition der SOBOLEV-Räume und ihren Eigenschaften siehe [1].)

In Satz 2 wird mit (24) ein Zusammenhang zwischen topologischen Eigenschaften, nämlich der Windungszahl von Det $\mathfrak{R}$ auf Γ und m, sowie den Abbildungseigenschaften von Φ hergestellt. Dieser tiefliegende Sachverhalt wurde für $n = 1$ erstmals von I. N. VEKUA und von W. HAACK und G. HELLWIG (voneinander unabhängig) entdeckt. Für Literaturhinweise auf diese Arbeiten verweisen wir auf [59, 62, 106].

Wenn das Randwertproblem (19) $\alpha > 0$ linear unabhängige Eigenlösungen hat, kann man durch Hinzunahme geeigneter reeller linearer Nebenbedingungen

$$L_l w = \varkappa_l\,, \qquad l = 1, \ldots, \alpha\,, \tag{25}$$

immer für Eindeutigkeit sorgen. Dabei müssen die linearen Funktionale L_l stetig auf $C^{1+\gamma}(\bar{\mathfrak{G}})$ (bzw. stetig auf $W_2^s(\mathfrak{G})$) sein. Zum Beispiel zusätzliche Punktbedingungen $L_l w = \operatorname{Re} w(z_l)$ sind stetig für $w \in C^{1+\gamma}(\bar{\mathfrak{G}})$ aber nicht mehr stetig auf $W_2^1(\mathfrak{G})$.

Fundamentales Hilfsmittel zum Beweis des Satzes 2 ist neben den Homotopiemethoden die *a*-priori-Abschätzung von AGMON, DOUGLIS und NIRENBERG [3, 67]:

$$||w||_{C^{1+\gamma}(\bar{\mathfrak{G}})} \leqq k\{||\mathfrak{D}w||_{C^\gamma(\bar{\mathfrak{G}})} + ||\operatorname{Re} \mathfrak{R}w||_{C^{1+\gamma}(\Gamma)} + ||w||_{C^\gamma(\mathfrak{G})}\} \leqq k'||w||_{C^{1+\gamma}(\bar{\mathfrak{G}})} \tag{26}$$

mit geeigneten Konstanten k und k'. (26) gilt auch in den vorhin genannten SOBOLEV-Räumen, wenn man den Spursatz von J. LIONS und E. MAGENES [78] hinzunimmt. (26) kann man natürlich auch aus Satz 2 folgern. Die a-priori-Abschätzung (26) tritt an Stelle der GÅRDINGschen Ungleichung bei koerzitiven Problemen.

Nimmt man gegebenenfalls die Nebenbedingungen (25) hinzu, so hat man statt (26) die a-priori-Abschätzung

$$||w||_{C^{1+\gamma}(\bar{\mathfrak{G}})} \leqq k\left\{||\mathfrak{D}w||_{C^\gamma(\bar{\mathfrak{G}})} + ||\operatorname{Re} \mathfrak{R}w||_{C^{1+\gamma}(\Gamma)} + \sum_{l=1}^{\alpha} |L_l(w)|\right\} \leqq k'\,||w||_{C^{1+\gamma}(\bar{\mathfrak{G}})} \tag{27}$$

beziehungsweise die entsprechende Abschätzung in oben genannten SOBOLEV-Räumen.

Wesentliche Voraussetzungen für Satz 2 sind die LOPATINSKI-SHAPIRO-Bedingung (23) und die Glattheit der Randkurve Γ. Hier einige Verallgemeinerungen:

3.1 Verletzte LOPATINSKI-SHAPIRO-Bedingung

Ist Det $\mathfrak{R} = 0$ in isolierten Punkt en mit vorgeschriebener Ordnung, dann gilt Satz 2 in anderen geeigneten Funktionenräumen. Das wurde für $n = 1$ von G. BRUHN [28] und J. JAENICKE [71] gezeigt. Für PASCALI-Systeme liegen unter zusätzlichen Nebenbedingungen Ergebnisse von P. KOPP [73], S. PRÖSSDORF [86] und W. WENDLAND [106] vor. Ist Det $\mathfrak{R} \equiv 0$ auf Γ, dann ist das Randwertproblem nicht mehr FREDHOLMsch. N. TOVMASJAN hat in [93] untersucht, wann solche Randwertprobleme immer noch lösbar sind.

3.2 Nichtglatter Rand Γ oder unstetiges $\mathfrak{R}$

Hier liegen bisher nur für Systeme von CAUCHY-RIEMANN-Gleichungen Ergebnisse von I. DANILJUK [34] vor, falls Γ nicht glatt ist. Probleme mit unstetiger Randmatrix $\mathfrak{R}$ entsprechen gemischten Randwertproblemen. Sowohl diese als auch Randkurven Γ mit Ecken korrespondieren zu gewissen singulären Integralgleichungen vom CAUCHYschen Typ mit unstetigen Symbolen. Für diese sind in jüngster Zeit von R. DUDUCHAVA [36] und M. COSTABEL [32] erhebliche Fortschritte erzielt worden, so daß die Übertragung dieser Ergebnisse auf (7) für die nächste Zeit zu erwarten steht.

3.3 Nichtlineare Probleme

Nichtlineare elliptische Probleme sind sehr intensiv untersucht worden, und ich verweise auf den Übersichtsartikel von L. NIRENBERG [82]. Für Systeme erster Ordnung sind semilineare Gleichungen mit linearen Randbedingungen von I. N. VEKUA [98], von H. BEGEHR und R. P. GILBERT [11] und von W. WENDLAND [103] untersucht worden. Für $n > 1$ und DOUGLIS-Systeme mit $\mathfrak{R}$ = Identität behandeln R. P. GILBERT in [54] und mit $\mathfrak{R}$ = spezielle Dreiecksmatrix W. WENDLAND in [104] semilineare Randwertprobleme. Im Falle $n = 1$ gibt es auch eine Reihe von Untersuchungen stark nichtlinearer Gleichungen, so von L. BERS und L. NIRENBERG [18], B. BOJARSKI und T. IWANIEC [23] (siehe auch [106] S. 71), C. B. MORREY [80], L. NIRENBERG [81] und I. N. VEKUA [98].

W. TUTSCHKE behandelt in [95] allgemeine nichtlineare Systeme für $n \geq 1$, die als nichtlineare Störungen linearer Systeme in Quasinormalform aufgefaßt werden können. Lineare Gleichungen mit nichtlinearen Randbedingungen wurden von K. BEYER [19], Mme. PRZEWORSKA-ROLEWICZ [89], Mme. WOLSKA-BOCHENEK [108] und E. ZEIDLER [110] behandelt.

§ 4. Integralgleichungsmethoden

Mit Hilfe von Fundamentallösungen zu (7) oder zum Hauptteil (d. h. $a = b = 0$) sind Integralgleichungen zur Lösung von Randwertproblemen (18) von den verschiedensten Autoren angegeben worden: S. AGMON [2], B. BOJARSKI [22], G. FICHERA [39], R. P. GILBERT und G. HILE [55], D. PASCALI [83] (siehe auch [106] Kap. 5 und 6). Die Anfänge dieser Methoden findet man schon bei C. F. GAUSS und S. POISSON.

Im folgenden will ich mich auf Systeme (7) in BOJARSKIscher Normalform beschränken. Für diese kann man eine untere Dreiecksmatrix $\Xi(z, \bar{z})$ von der gleichen Gestalt wie Q in (13) als Lösung des BELTRAMI-Systems

$$\Xi_{\bar{z}} - Q\Xi_z = 0 \tag{27}$$

so bestimmen, daß die Diagonalelemente von Ξ in jeder Teilmatrix in Dreiecksgestalt je einen BELTRAMI-Homöomorphismus definieren. Die Matrizenschar $\Xi(z, \bar{z})$ bildet dann für $z \in G$ eine kommutative Matrizenalgebra. Ξ heißt erzeugende Funktion. Bezeichnen wir

$$Z := \Xi(z, \bar{z}) \,, \qquad T := \Xi(t, \bar{t}) \,, \tag{28}$$

dann liefert die CAUCHYsche Integralformel zusammen mit den Sprungrelationen von PLEMELJ-SOCHOZKI das folgende System von Integralgleichungen:

$$\boldsymbol{w}(z, \bar{z}) = \frac{1}{2\pi i} \oint_{\Gamma} \frac{\boldsymbol{v}(t)\,\mathrm{d}T}{T - Z} + \frac{1}{2\pi i} \iint_{\mathscr{G}} \frac{a\boldsymbol{w} + b\bar{\boldsymbol{w}} - \boldsymbol{g}(t)}{T - Z} [\mathrm{d}T \wedge \mathrm{d}\bar{t}] + i\boldsymbol{k} \quad \text{in } \mathscr{G} \,, \tag{29}$$

$$2\boldsymbol{\psi}(z) = \frac{1}{2} (\mathscr{R} + \bar{\mathscr{R}}) \boldsymbol{v} + \frac{1}{2\pi i} (\mathscr{R} - \bar{\mathscr{R}}) \int_{\Gamma} \frac{\boldsymbol{v}(t)\,\mathrm{d}T}{T - Z} + \frac{1}{\pi} \bar{\mathscr{R}} \oint_{\Gamma} \boldsymbol{v}(t) \operatorname{Im} \frac{\mathrm{d}T}{T - Z} + i(\mathscr{R} - \bar{\mathscr{R}})\, \boldsymbol{k} +$$

$$+ 2 \operatorname{Re} \frac{1}{2\pi i} \mathscr{R}(z) \iint_{\mathscr{G}} \frac{a\boldsymbol{w} + b\bar{\boldsymbol{w}} - \boldsymbol{g}}{T - Z} [\mathrm{d}T \wedge \mathrm{d}\bar{t}] \quad \text{auf } \Gamma . \tag{30}$$

Unbekannte sind die Lösung des Randwertproblems $\boldsymbol{w}$ in $\bar{\mathscr{G}}$, die reellwertigen Belegungsdichten $\boldsymbol{v}$ auf Γ und die reellen Konstanten $\boldsymbol{k}$. (29) ist eine Gebietsintegralgleichung mit dem CAUCHY-Integral als Kopplungsglied, (30) ist ein System singulärer Integralgleichungen auf Γ mit dem Gebietsintegral als Kopplungsglied, und bei erfüllter LOPATINSKI-SHAPIRO Bedingung ist (30) vom sogenannten Normaltyp [85].

Falls Q DOUGLISsche Normalform hat, bildet die erzeugende Funktion Ξ die Grundlage der hyperkomplexen Funktionentheorie von A. DOUGLIS, R. P. GILBERT und G. HILE [35, 53, 55]. Dort findet man auch weitere speziellere Integralgleichungen. Hat Q die PASCALIsche Normalform, dann können wir mit ζ (10) das System in eines mit $Q \equiv 0$ überführen sowie $Z = z1$ (1 Einheitsmatrix) wählen, wodurch sich (29), (30) erheblich vereinfachen.

Das System (29), (30) ist natürlich nur eines von vielen möglichen Integralgleichungen, die man (19) zuordnen kann.

Zur numerischen Behandlung von (29), (30) bieten sich viele Möglichkeiten an. Wir wollen hier einige herausgreifen:

1.) Die Gebietsintegrale in (29) und (30) können nach Umformung mit Polarkoordinaten um z mit numerischer Integration approximiert werden, während man für $\boldsymbol{w}$ eine punktweise Approximation in den Knotenpunkten wählt. Man erhält eine kollektiv kompakte Approximation im Sinne von P. ANSELONE [5].

2.) Die CAUCHYschen Integrale und $\boldsymbol{v}$ approximiert man mit FOURIER-Reihen. Mit Hilfe der schnellen FOURIER-Transformation (siehe P. HENRICI [64]) erhält man die von S. PRÖSSDORF und B. SILBERMANN untersuchten wirksamen Kollokationsmethoden, die von optimaler Ordnung konvergieren [88].

3.) Man approximiere $\boldsymbol{w}$ durch finite-Element-Funktionen in $\bar{\mathscr{G}}$ und $\boldsymbol{v}$ durch stückweise Polynome auf Γ. Sodann wende man entweder das GALERKIN-Verfahren als GALERKIN-Kollokation an [107] oder verwende einfache Kollokation. Für [30] ergibt sich eine Randelement-Methode. Diese konvergiert allerdings nur, wenn (30) zusätzliche Eigenschaften hat (nämlich „stark elliptisch" ist [87, 107]).

4.) In vielen Fällen gelingt es für spezielle Randbedingungen, (30) in eine FREDHOLMsche Integralgleichung zweiter Art mit glattem Kern umzuformen ([106] S. 185). Für solche Gleichungen sind viele gute numerische Approximationsverfahren vorhanden [6, 12].

5.) Von G. FICHERA und P. RICCI [39, 41, 90], G. C. HSIAO und MAC CAMY [69] sowie in [106] S. 185 wurden für viele Systeme (1) Randbedingungen charakterisiert, für die (30) durch eine Integralgleichung erster Art mit logarithmischem Kern ersetzt werden kann. Für solche Gleichungen erweist sich die Approximation von $\boldsymbol{v}$ durch stückweise Polynome und die Verwendung geeigneter GALERKIN-Kollokationen als numerisch sehr wirksam [68, 70, 106, 107]. Diese Randelementmethoden konvergieren sogar mit optimaler Fehlerordnung.

6.) In speziellen Fällen wie $Q \equiv 0$ und $\mathscr{R} \equiv 1$ und für ein einfach zusammenhängendes Gebiet $\mathscr{G}$ kann mit Hilfe konformer Abbildungen und deren Approximation eine zu (18) äquivalente FREDHOLMsche Integralgleichung im Gebiet $\mathscr{G}$ allein für $\boldsymbol{w}$ aufstellen. Ihre Approximation und Fehlerabschätzungen werden unter anderem in [106] Kap. 6 beschrieben.

§ 5. Finite Differenzen

Für die finite Differenzenapproximation gibt es heute zwei Methoden: Entweder man ersetzt die Differentialoperatoren direkt durch geeignete Differenzenoperatoren oder die Differenzengleichungen werden indirekt durch eine finite-Element-Approximation aus den GALERKIN-Gleichungen mittels numerischer Integration definiert [93].

Die zweite Methode ordnet sich den finiten Elementen unter. In diesem Abschnitt soll deshalb nur auf die direkte Methode kurz eingegangen werden. Für die Konvergenz zieht man wegen der erforderlichen Stabilität das Maximum-Prinzip heran und ist deshalb auch bei den Systemen erster Ordnung auf spezielle Fälle beschränkt. Wir betrachten deshalb nur PASCALI-Systeme mit $Q \equiv 0$.

Differentiation von (7) nach z liefert ein System zweiter Ordnung mit dem LAPLACEschen Differentialoperator im Hauptteil:

$$\boldsymbol{w}_{\bar{z}z} = \tfrac{1}{4}\Delta \boldsymbol{w} = \tfrac{1}{4}(\boldsymbol{w}_{xx} + \boldsymbol{w}_{yy}) = (\boldsymbol{g} - a\boldsymbol{w} - b\overline{\boldsymbol{w}})_z . \tag{31}$$

Des weiteren wollen wir spezielle Randbedingungen

$$\operatorname{Re} \boldsymbol{w}|_\Gamma = \boldsymbol{\psi} , \tag{32}$$

mit Punktbedingungen

$$\operatorname{Im} \boldsymbol{w}(p_0) = \boldsymbol{v}_0 . \tag{33}$$

In einem einfach zusammenhängenden Gebiet $\mathcal{G}$ betrachten. Da wir (7) durch (31) ersetzt haben, müssen wir noch gemäß (7) auf Γ eine weitere Randbedingung stellen, nämlich

$$\frac{\partial}{\partial n}(\operatorname{Im} \boldsymbol{w})|_\Gamma = -\frac{d\boldsymbol{\psi}}{ds} + 2\operatorname{Re}\left\{(\boldsymbol{g} - a\boldsymbol{w} - b\overline{\boldsymbol{w}})\left(\frac{dx}{ds} - i\,\frac{dy}{ds}\right)\right\}. \tag{34}$$

Hierbei bedeutet $\partial/\partial n$ die Ableitung nach der äußeren Normalen von Γ und d/ds die Ableitung bezüglich der Bogenlänge s von Γ. Dies ist eine Besonderheit bei Systemen erster Ordnung: Trotz „erster Randbedingung" (32) für (7) werden wir bei Differenzenverfahren noch die Normalableitung in (34) zu approximieren haben!

Wie üblich, wählen wir in $\mathcal{G}$ ein quadratisches Gitter der Maschenweite h und auf Γ die Schnittpunkte von Γ mit den Gitterlinien. Zur Differenzen-Approximation Δ_h von Δ in (31) wählen wir die wohlbekannte symmetrische 5-Punkte-Formel der Ordnung h^2 in $\mathcal{G}$, soweit möglich, und nahe Γ die unsymmetrische Approximation der Ordnung h [44] S. 201. Die Differentialquotienten erster Ordnung auf der rechten Seite von (31) ersetzen wir in $\mathcal{G}$, soweit möglich, durch zentrale Differenzenquotienten der Ordnung h^2 und nahe Γ durch unsymmetrische der Ordnung h. (32) wird in den Randgitterpunkten verlangt und in (33) $p_0 \in \mathcal{G}$ als Gitterpunkt gewählt. Die NEUMANN-Bedingung (34) dagegen muß approximiert werden, und wir wählen die Approximation nach J. BRAMBLE und B. HUBBARD [26] (siehe [106] § 7.5).

Für $a = b \equiv 0$ zerfällt das System (31—34) und seine Differenzengleichungen in n DIRICHLET-Probleme und n NEUMANN-Probleme für die POISSON-Gleichung. Hierfür ist die Konvergenz der Differenzenverfahren längst bekannt [24, 25]. Sind aber a und b nicht identisch Null, dann machen die Kopplungsterme in (31) und (34) wegen der Verknüpfung von DIRICHLET- und NEUMANN-Randbedingungen erhebliche Schwierigkeiten. Durch punktweise Abschätzungen der diskreten und kontinuierlichen GREEN- und NEUMANN-Funktionen des LAPLACE-Operators und seiner Differenzen-Approximation ist mir in [106] Kap. 7 ein Konvergenzbeweis für das Differenzenverfahren gelungen. Dabei werden die Eigenschaften harmonischer Funktionen und der konformen Abbildung ausgenutzt. Man erhält schließlich die folgende Fehlerabschätzung:

Satz 3: *Für die Differenz der Differenzenlösung $\boldsymbol{w}_h$ und der Lösung $\boldsymbol{w}$ von* (7), (32), (33) *gilt in den Gitterpunkten eine Fehlerabschätzung*

$$|\boldsymbol{w} - \boldsymbol{w}_h| \leq c_\varepsilon \cdot h^{1/2-\varepsilon}\, \|\boldsymbol{w}\|_{C^{4+10\varepsilon}(\overline{\mathcal{G}})} \tag{35}$$

mit einer von $\boldsymbol{w}$ und h unabhängigen Konstanten c_ε mit jedem $\varepsilon > 0$. Wenn auf dem Rand $a|_\Gamma = b|_\Gamma = 0$ gilt, verbessert sich (35) *zu*

$$|\boldsymbol{w} - \boldsymbol{w}_h| \leq c' h^2\, |\log h|\, \|\boldsymbol{w}\|_{C^{4+\varepsilon}(\overline{\mathcal{G}})} . \tag{36}$$

Für allgemeinere Randwertprobleme (19) ist die Konvergenz direkter Differenzenverfahren nicht bekannt.

Für die implizit durch finite Elemente definierten Differenzengleichungen zu (31—34) erhält man das Ergebnis (36) mittels der punktweisen Abschätzungen der entsprechenden diskreten GREEN- und NEUMANN-Funktionen von W. HÖHN [66], R. SCOTT [92] und J. FREHSE und R. RANNACHER [45] mit der Methode in [106].

§ 6. Finite Element Approximation

Für die finite Element Approximation des elliptischen Randwertproblems erster Ordnung

$$D\boldsymbol{u} = \boldsymbol{u}_x + B\boldsymbol{u}_y + C\boldsymbol{u} = \boldsymbol{f} \ \text{ in } \mathcal{G}, \qquad r\boldsymbol{u} = \boldsymbol{\psi} \ \text{ auf } \Gamma, \qquad \Lambda_l \boldsymbol{u} = \varkappa_l\,, \quad l = 1, \ldots, \alpha\,, \tag{37}$$

muß man die Methode der kleinsten Fehlerquadrate benutzen. Da die Erfüllung der Rand- und Nebenbedingungen durch die Ansatzfunktionen im allgemeinen Schwierigkeiten bereitet, wollen wir diese durch geeignete zusätzliche Ausdrücke aus (37) mit approximieren.

Für (37) setzen wir voraus, daß die Randbedingungen die LOPATINSKI-SHAPIRO-Bedingung (23) erfüllen und daß (37) für jede Wahl von Vorgaben $\boldsymbol{f} \in W_2^{s-1}(\mathcal{G})$, $\boldsymbol{\psi} \in W_2^{s-1/2}(\Gamma)$, $\varkappa_l \in \mathbb{R}$, $l = 1, \ldots, \alpha$, $s > 1/2$, eindeutig lösbar ist, das heißt $\beta = 0$ in (24). Der Fall $\beta > 0$ kann durch eine geeignete Modifikation mit erfaßt werden, [106] S. 356ff.

Mit $\tilde{H}(h)$ bezeichnen wir eine Folge von regulären finiten Element-Räumen, $\tilde{H}(h) \subset W_2^m(\mathcal{G})$, $m \geq 1$ ist eine natürliche Zahl.

Als Beispiel können wir eine Familie von regulären Triangulierungen betrachten, die $\overline{\mathcal{G}}$ überdecken. Maximale Seitenlänge der Dreiecke einer Triangulierung sei h. Wir verlangen die übliche Regularität, nämlich daß in jedes Dreieck ein Kreis vom Radius $c \cdot h$ einbeschrieben werden kann, wobei $c > 0$ eine von h unabhängige Konstante für die ganze Familie ist. Für die Dreiecke T_k, die Punkte von Γ enthalten, verlangen wir darüber hinaus, daß jeweils ein Kreis vom Radius $c \cdot h$ in $T_k \cap \mathcal{G}$ einbeschrieben werden kann. $\tilde{H}(h)$ definieren wir durch stückweise Polynome über der zu h gehörenden Triangulierung mit der zusätzlichen Bedingung

$\tilde{H}(h) \subset W_2^m(\mathfrak{G}) \cap C^{m-1}(\bar{\mathfrak{G}})$. Etwa für $m = 1$ erhält man die stückweise linearen COURANT-Elemente. Darüber hinaus verlangen wir, daß $\tilde{H}(h)$ eine Basis χ_j von Ansatzfunktionen besitzt, welche die „uniformity condition" [43] erfüllt.

Dann gelten für die finiten-Element-Approximationen die folgenden beiden Eigenschaften:

Konvergenzeigenschaft: *Für $k \leqq r$ mit $-m-1 \leqq k \leqq m$, $-m \leqq r \leqq m+1$ und für jedes $\boldsymbol{v} \in W_2^r(\mathfrak{G})$ gibt es ein $\boldsymbol{v}_h \in \tilde{H}(h)$, so daß*

$$\|\boldsymbol{v} - \boldsymbol{v}_h\|_{W_2^k(\mathfrak{G})} \leqq c_{rk} h^{r-k} \|\boldsymbol{v}\|_{W_2^r(\mathfrak{G})} \tag{38}$$

gilt, wobei $\boldsymbol{v}_h$ unabhängig von k ist und die Konstante c_{rk} unabhängig von $\boldsymbol{v}_h$, $\boldsymbol{v}$ und h ist.

Stabilitätseigenschaft: *Für $k \leqq r$ mit $|k|$, $|r| \leqq m$ gilt*

$$\|\boldsymbol{w}_h\|_{W_2^r(\mathfrak{G})} \leqq M_{rk} h^{k-r} \|\boldsymbol{w}_h\|_{W_2^k(\mathfrak{G})} \quad \text{für alle } \boldsymbol{w}_h \in \tilde{H}(h) \tag{39}$$

mit einer von h und $\boldsymbol{w}_h$ unabhängigen Konstanten M_{rk}.

Nach J. BRAMBLE und A. SCHATZ [7, 8, 29] approximieren wir (37) gemäß [106] § 8.4 durch:

Man bestimme eine finite-Element-Funktion $\boldsymbol{u}_h \in \tilde{H}(h)$, so daß

$$\varrho_h^2(\boldsymbol{u}_h) = \operatorname*{Minimum}_{\boldsymbol{w}_h \in \tilde{H}(h)} \varrho_h^2(\boldsymbol{w}_h)$$

$$= \operatorname*{Minimum}_{\boldsymbol{w}_h \in \tilde{H}(h)} \left\{ \iint_{\mathfrak{G}} |D\boldsymbol{w}_h - \boldsymbol{f}|^2 \, dx \, dy + h^{-1} \oint_{\Gamma} |r\boldsymbol{w}_h - \boldsymbol{\psi}|^2 \, ds + \sum_{l=1}^{\alpha} |\Lambda_l \boldsymbol{w}_h - \varkappa_l|^2 \right\} \tag{40}$$

erfüllt ist.

Zu (40) gehören die GAUSS-Gleichungen für $\boldsymbol{u}_h \in \tilde{H}(h)$:

$$\iint_{\mathfrak{G}} (D\boldsymbol{u}_h - \boldsymbol{f}) \cdot D\boldsymbol{w}_h \, dx \, dy + h^{-1} \oint_{\Gamma} (r\boldsymbol{u}_h - \boldsymbol{\psi}) \cdot r\boldsymbol{w}_h \, ds + \sum_{l=1}^{\alpha} (\Lambda_l \boldsymbol{u}_h - \varkappa_l) \Lambda_l \boldsymbol{w}_h = 0 \tag{41}$$

für alle finite Element-Funktionen $\boldsymbol{w}_h \in \tilde{H}(h)$.

(41) ist bekanntlich äquivalent zu einem linearen Gleichungssystem für die Koeffizienten γ_j in $u = \sum_{j=1}^{M} \gamma_j \chi_j$, welches immer lösbar ist.

Die für die im allgemeinen nicht koerzitiven Probleme (37) benutzte Methode der kleinsten Fehlerquadrate (41) ist eine nicht konforme Methode zur Lösung allgemeinster Randwertprobleme (37). Die GAUSS-Gleichungen (41)sind von der gleichen Bauart wie die energetische Bilinearform bei Systemen zweiter Ordnung. Unter Verwendung geeigneter Quadraturformeln und Basisfunktionen χ_j mit möglichst kleinem Träger bekommt das lineare Gleichungssystem zu (41) eine schwach besetzte Matrix. So verbindet diese Methode die Vorteile der Variationsmethoden mit der Lösung allgemeinster Randwertprobleme. Sie entspricht übrigens der (unabhängig von [106]) in [42] gewählten Methode.

Benutzt man (41) für unser einfaches Beispiel (3), (22), so erhält man eine nichtkonforme (gemischte) Methode, bei welcher der Spannungstensor (2) direkt approximiert wird.

Mit Hilfe der (27) entsprechenden a-priori-Abschätzung zu (37),

$$\|\boldsymbol{u}\|_{W_2^s(\mathfrak{G})} \leqq k\{\|\boldsymbol{f}\|_{W_2^{s-1}(\mathfrak{G})} + \|\boldsymbol{\psi}\|_{W_2^{s-1/2}(\Gamma)} + \sum_{l=1}^{\alpha} |\varkappa_l|\} \quad \text{für } s > \tfrac{1}{2}$$

und einer geeigneten allgemeineren Abschätzung auch für $s < 1/2$ kann man die Konvergenzabschätzungen von J. BRAMBLE und A. SCHATZ verallgemeinern und erhält:

Satz 4: ([106] S. 353) *Das Verfahren* (41) *konvergiert von optimaler Ordnung, d. h. es gilt die Fehlerabschätzung*

$$\|u - \boldsymbol{u}\|_{W_2^t(\mathfrak{G})} \leqq c h^{s-t} \|\boldsymbol{u}\|_{W_2^s(\mathfrak{G})} \tag{42}$$

für $0 \leqq t \leqq s \leqq m+1$, $1 \leqq s$, $t \leqq m$, wobei die Konstante c nicht von $\boldsymbol{u}$, u oder h abhängt.

Die obige Methode bildet die Grundlage einer Kontinuitätsmethode mit NEWTON-Verfahren, die auch für semilineare Gleichungen eingesetzt werden kann [105]. Dort wurde die asymptotische Konvergenz gezeigt und unter anderem (42) zu Maximum-Abschätzungen auch für Punktbedingungen erweitert.

Literatur

1 ADAMS, R. A., SOBOLEV Spaces, Academic Press, New York-San Francisco-London 1975.

2 AGMON, S., Multiple layer potentials and the DIRICHLET problem for higher order elliptic equations in the plane, Commun. Pure Appl. Math. **10** (1957), 179–239.

3 AGMON, S.; DOUGLIS, A.; NIRENBERG, L., Estimates near the boundary for solutions of elliptic partial differential equations satisfying general boundary conditions. I; II, Commun. Pure Appl. Math. **12** (1959), 623–727; **17** (1964), 35–92.

4 AHLFORS, L., Conformality with respect to RIEMANNian metrics, Ann. Acad. Sci. Fenn., Ser A. I. **206** (1955), 22–63.

5 ANSELONE, P. M., Collectively Compact Operator Approximation Theory, Prentice-Hall Inc., Englewood Cliffs, New Jersey 1971.

6 ATKINSON, K. A., A Survey of Numerical Methods for the Solution of FREDHOLM Integral Equations of the Second Kind, SIAM, Philadelphia 1976.

7 AUBIN, J. P., Approximation of Elliptic Boundary Value Problems, Wiley-Interscience, New York-London-Sydney-Toronto 1972.

8 BAKER, G., Simplified proofs of error estimates of the least squares method for DIRICHLET's problem, Math. Comput. **27** (1973), 229–235.

9 BAUER, F.; GARABEDIAN, P.; KORN, D., A Theory of Supercritical Wing Sections, with Computer Programs and Examples, Lecture Notes in Economics and Mathematical Systems **66**, Springer-Verlag, Berlin-Heidelberg-New York 1972.

10 BAUER, K. W., Polynomoperatoren bei Differentialgleichungen der Form $w_{z\bar{z}} + Aw_{\bar{z}} + Bw = 0$, J. Reine Angew. Math. **283/284** (1976), 364–369.

11 BEGEHR, H.; GILBERT, R. P., Über das Randwert-Normproblem für ein nichtlineares System, In: Proc. Conf. Function Theoretic Methods for Partial Differential Equations, Lecture Notes in Math. **561**, Springer-Verlag Berlin-Heidelberg-New York 1976, S. 112–123.

12 BEN NOBLE, Error analysis of collocation methods for solving FREDHOLM integral equations, In: MILLER, J. J. H. (Ed.), Topics in Numerical Analysis, Proc. Royal Irish Acad., Conf. Numer. Analysis, Academic Press, London 1973, S. 211–232.

13 BERGMAN, S., Determination of subsonic flows around profiles, In: Proc. First United States Nat. Congr. Appl. Mechanics 1952, S. 705–713

14 BERGMAN, S.; EPSTEIN, B., Determination of a compressible fluid flow past an oval shaped obstacle, J. Math. Physics **26** (1947), 105–122.

15 BERGMAN, S.; HERRIOT, J. G., Numerical solution of boundary value problems by the method of integral operators, Numer. Math. 7 (1965), 42–65.

16 BERS, L., Theory of Pseudoanalytic Functions, Lecture Notes, New York Univ., New York 1953.

17 BERS, L.; JOHN, F.; SCHECHTER, M., Partial Differential Equations, Interscience Publ., New York-London-Sydney 1964.

18 BERS, L.; NIRENBERG, L., On linear and nonlinear elliptic boundary value problems in the plane, Atti del Convegno intern. sulle equazioni alle derivate parzialli, Trieste 1954, S. 141–167.

19 BEYER, K., Nichtlineare Randwertprobleme für elliptische Systeme 1. Ordnung für zwei Funktionen von zwei Variablen, Beiträge zur Analysis **4** (1972), 31–34.

20 BISCHOFF, G., Zur numerischen Lösung von Randwertproblemen partieller Differentialgleichungen elliptischen Typs mit Methoden der komplexen Funktionentheorie, In: TUTSCHKE, W. (Ed.), Komplexe Analysis und ihre Anwendung auf partielle Differentialgleichungen, Halle 1977, S. 91–92.

21 BOJARSKI, B., Some boundary value problems for systems of $2m$ equations of elliptic type in the plane, Doklady Akad. Nauk SSSR **124**, I (1958), 15–18.

22 BOJARSKI, B., Theory of generalized analytic vectors, Ann. Polon. Math. **17** (1966), 281–320.

23 BOJARSKI, B.; IWANIEC, T., Quasiconformal mappings and non-linear elliptic equations in two variables. I, II, Bull. Acad. Polon. Sci., sér. math. astr. phys. **22** (1974), 473–478, 479–484.

24 BRAMBLE, J. H.; HUBBARD, B. E., A theorem on error estimation for finite difference analogues of the DIRICHLET problem for elliptic equations, In: LA SALLE (Ed.) Contributions to Differential Equations, John Wiley, New York 1963, S. 319–340.

25 BRAMBLE, J.; HUBBARD, B., A finite difference analog of the NEUMANN problem for POISSON's equation. J. Numer. Analysis **2** (1964), 1–14.

26 BRAMBLE, J.; HUBBARD, B. E., Approximation of solutions of mixed boundary value problems for POISSON's equations by finite differences, J. Assoc. Comput. Machin. **12** (1965), 114–123.

27 BRAMBLE, J.; SCHATZ, A., RAYLEIGH-RITZ-GALERKIN-methods for DIRICHLET's problem using subspaces without boundary conditions, Commun. Pure Appl. Math. **23** (1970), 653–675.

28 BRUHN, G., Stetig lösbare Randwertprobleme für elliptische Systeme bei Randvorgaben mit endlich vielen Unstetigkeiten 1. Art, Math. Nachr. **31** (1966), 363–378.

29 COLTON, D., Partial Differential Equations in the Complex Domain, Pitman Publ., London-San Francisco-Melbourne 1976.

30 COLTON, D., Solution of Boundary Value Problems by the Method of Integral Operators, Pitman Publ., London-San Francisco-Melbourne 1976.

31 COLTON, D., Complete families of solutions for parabolic equations with analytic coefficients, SIAM J. Math. Analysis **6** (1975), 937–947.

32 COSTABEL, M., Singular integral operators on curves with corners, erscheint demnächst in: Integral Equations Oper. Theory.

33 COURANT, R.; HILBERT, D., Methods of Mathematical Physics. II, Interscience Publ., New York-London-Sydney 1962.

34 DANILJUK, I. I., Nichtreguläre Randwertaufgaben in der Ebene, Izdat. Nauka, Moskau 1975 (Russisch).

35 DOUGLIS, A., A function theoretic approach to elliptic systems of equations in two variables, Commun. Pure Appl. Math. **6** (1953), 259–289.

36 DUDUCHAVA, R. V., On bisingular integral operators with discontinuous coefficients, Math. Sbornik **30** (1976), 515–537 (Russisch).

37 DZURAEV, A., On a class of systems of singular integral equations on a bounded domain, Proc. Royal Soc. Edinburgh 83A (1979), 347–364.

38 EISENSTAT, S., On the rate of convergence of the BERGMAN-VEKUA method for the numerical solution of elliptic boundary value problems, SIAM J. Numer. Analysis **11** (1974), 654–680.

39 FICHERA, G., Linear elliptic equations of higher order in two independent variables and singular integral equations, In: LANGER, R. (Ed.), Part. Diff. Equ. and Conf. Mech., University Wisconsin Press 1961, S. 55–80.

40 FICHERA, G., The problem of the completeness of systems of particular solutions of partial differential equations, In: ANSORGE, R.; GLASHOFF, K.; WERNER, B. (Ed.), Numerische Mathematik, ISNM **49**, Birkhäuser-Verlag Basel 1979, S. 25–41.

41 FICHERA, G.; RICCI, P., The single layer potential approach in the theory of boundary value problems for elliptic equations, In: Proc. Conf. Function Theoretic Methods for Partial Differential Equations, Lecture Notes in Math. **561**, Springer-Verlag, Berlin-Heidelberg-New York 1976, S. 39–50.

42 FIX, G. J.; GUNZBURGER, M. D.; NICOLAIDES, R. A., On finite element methods of the least squares type, Comput. Math. Appl. 5 (1979), 87–98.

43 FIX, G. J.; STRANG, G., An Analysis of the Finite Element Method, Prentice Hall, Englewood Cliffs, N.J., 1973.

44 FORSYTHE, G.; WASOW, W., Finite Difference Methods for Partial Differential Equations, John Wiley, New York-London-Sydney 1960.

45 FREHSE, J.; RANNACHER, R., Eine L^1-Fehlerabschätzung für diskrete Grundlösungen in der Methode der finiten Elemente, In: Finite Elemente. Tagungsband, Bonn. Math. Schriften **89**, (1976) S. 92–114.

46 GAKHOV, F. D., Boundary Value Problems, Pergamon Press, London 1966, (Orig, Russisch, Gos. Izdat. Fiz.-Mat. Lit., Moskau 1958).

47 GARABEDIAN, P. R., Analyticity and reflection principle for plane elliptic systems, Commun. Pure Appl. Math. **14** (1961), 315–322.

48 GARABEDIAN, P. R., Partial Differential Equations, John Wiley, New York-London-Sydney 1964.

49 GAUSS, C. F., Gesammelte Werke, Königl. Ges. d. Wiss., Göttingen **4** (1873), S. 193–216.

50 GILBERT, R. P., Function Theoretic Methods in Partial Differential Equations, Academic Press, New York 1969.

51 GILBERT, R. P., Integral operator methods for approximating solutions of DIRICHLET problems, In: Iterationsverfahren, Numerische Mathematik, Approximationstheorie, ISNM **15**, Birkhäuser, Basel 1970, S. 129–146.

52 GILBERT, R. P., Pseudo hyperanalytic function theory, In: RUSCHEWEY, ST. (Ed.), Funktionentheoretische Eigenschaften von Lösungen partieller Differentialgleichungen, Ber. Ges. Mathematik u. Datenverarb. Bonn **77** (1973), S. 53–63.

53 GILBERT, R. P., Constructive Methods for Elliptic Equations, Lecture Notes in Math. **365**, Springer-Verlag, Berlin-Heidelberg-New York 1974.

54 GILBERT, R. P., Nonlinear boundary value problems for elliptic systems in the plane, In: Lakshmikantham (Ed.), Nonlinear Systems and Applications, Academic Press, New York, San Francisko, London 1977, S. 97–124.

55 GILBERT, R. P.; HILE, G., Generalized hypercomplex function theory, Trans. Amer. Math. Soc. **195** (1974), 1–29.

56 GILBERT, R. P.; LINZ, P., The numerical solution of some elliptic boundary value problems by integral operator methods, In: Constructive and Comp. Methods for Solving Differential and Integral Equations, Lecture Notes in Math. **430**, Springer-Verlag, Berlin-Heidelberg-New York 1974, S. 237–252.

57 GILBERT, R. P.; WENDLAND, W. L., Analytic generalized, hyperanalytic function theory and an application to elasticity, Proc. Royal Soc. Edinburgh **73A** (1975), 317–331.

58 GOLDSCHMIDT, B., COUSIN-Probleme bei partiellen Differentialgleichungen, Dissertation, Martin-Luther-Universität Halle-Wittenberg 1975.

59 HAACK, W.; WENDLAND, W. L., Vorlesungen über Partielle und PFAFFsche Differentialgleichungen, Birkhäuser, Basel-Stuttgart 1969.

60 HABETHA, K., On zeros of elliptic systems of first order in the plane, In: GILBERT, R. P.; WEINACHT, R. J., (Ed.), Function Theoretic Methods in Differential Equations, Pitman Publ., London-San Francisco-Melbourne 1976, S. 45–62.

61 HEINZ, E.; HILDEBRANDT, ST., Some remarks on minimal surfaces in RIEMANNian manifolds, Commun. Pure Appl. Math. **23** (1970), 371–377.

62 HELLWIG, G., Partielle Differentialgleichungen, Teubner-Verl. Stuttgart 1960.

63 HENRICI, P., A survey of I. N. Vekua's theory of elliptic partial differential equations with analytic coefficients. ZAMP 8 (1957), S. 169–203.

64 HENRICI, P., Fast Fourier methods in computational complex analysis. SIAM Review **21**, (1979), S. 481–527.

65 HILE, G. N.; PROTTER, M. H., Unique continuation and the CAUCHY problem for first order systems of partial differential equations, Commun. Partial Differ. Equ. **1** (1976), 437–465.

66 HÖHN, W., Numerische Behandlung nichtlinearer NEUMANN-Probleme mit finiten Elementen, Dissertation, Technische Hochschule Darmstadt 1976.

67 HÖRMANDER, L., Linear Partial Differential Operators, Springer-Verlag Berlin-New York-Heidelberg 1964.

68 HSIAO, G. C.; KOPP, P.; WENDLAND, W. L., A GALERKIN-collocation method for some integral equations of the first kind, Computing, **25** (1980), S. 89–130.

69 HSIAO, G. C.; MAC CAMY, R. C., Solution of boundary value problems by integral equations of the first kind, SIAM Review **15** (1977), 449–481.

70 HSIAO, G. C.; WENDLAND, W., A finite element method for some integral equations of the first kind, J. Math. Analysis Appl. **58** (1977), 449–481.

71 JAENICKE, J., Über lineare Randwertprobleme der Systeme von zwei linearen partiellen Differentialgleichungen erster Ordnung vom elliptischen Typus, Dissertation, Technische Universität Berlin 1957.

72 KATO, T., Perturbation Theory for Linear Operators, Springer-Verlag, Berlin-Heidelberg-New York 1966.

73 KOPP, P., Über eine Klasse von Randwertproblemen mit verletzter LOPATINSKI-Bedingungen für elliptische Systeme erster Ordnung in der Ebene, Dissertation, Technische Hochschule Darmstadt 1977.

74 KREYSZIG, E., On BERGMAN operators for partial differential equations in two variables, Pacific J. Math. **36** (1971), 201–208.

75 KÜHN, E., Über die Funktionentheorie und das Ähnlichkeitsprinzip einer Klasse elliptischer Differentialgleichungssysteme in der Ebene, Dissertation, Universität Dortmund 1974.

76 LANCKAU, E., Zur Lösung gewisser partieller Differentialgleichungen mittels parameterabhängiger BERGMAN-Operatoren, Nova Acta Leopoldina Nr. 201, Band **36**, 1971.

77 LEWY, H., On the reflection laws of second order differential equations in two independent variables, Bull. Amer. Math. Soc. **65** (1959), 37–58.

78 LIONS, J. L.; MAGENES, E., Non-Homogeneous Boundary Value Problems and Applications. I., Springer-Verlag, Berlin-Heidelberg-New York 1972.

79 MIRANDA, C., Partial Differential Equations of Elliptic Type, Springer-Verlag, Berlin-Heidelberg-New York 1970.

80 MORREY, C. B., On the solution of quasilinear elliptic partial differential equations, Trans. Amer. Math. Soc. **43** (1938), 126–166.

81 NIRENBERG, L., On nonlinear partial differential equations and HÖLDER continuity, Commun. Pure Appl. Math. **6** (1953), 103–156.

82 NIRENBERG, L., An application of generalized degree to a class of nonlinear problems, Coll. Analyse Fonctionelle, Liège 1972, S. 57–74.

83 PASCALI, D., Vecteurs analytiques généralisés, Revue Roumaine Math. Pure Appl. **10** (1965), 779–808.

84 PESCHL, E., Über die Verwendung von Differentialinvarianten bei gewissen Funktionenfamilien und die Übertragung einer darauf gegründeten Methode auf partielle Differentialgleichungen vom elliptischen Typus, Ann. Acad. Sc. Fennicae, Scr. AI 336/6, 1963.

85 PRÖSSDORF, S., Some Classes of Singular Equations, North Holland Publ., Amsterdam-New York-Oxford 1978.

86 PRÖSSDORF, S., Über entartende RIEMANN-HILBERT Probleme, erscheint demnächst (Russisch).

87 PRÖSSDORF, S.; SCHMIDT, G., A finite element collocation method for singular integral equations, erscheint demnächst

88 PRÖSSDORF, S.; SILBERMANN, B., Projektionsverfahren und die näherungsweise Lösung singulärer Gleichungen, Teubner Verl. Leipzig 1977

89 PRZEWORSKA-ROLEWICZ, D., Problème non linéaire d'HILBERT pour un système infini de fonctions, Ann. Polon. Math. **3** (1958).

90 RICCI, P., Sui potenziale di semplice strato per le equazioni ellittiche di ordine superiore in due variabili, Rend. Mat. 7 (1974), 1–39.

91 SCHRYER, N. L., Constructive approximation of solutions to linear elliptic boundary value problems, SIAM J. Numer. Analysis 9 (1972), 546–572.

92 SCOTT, R., Finite element convergence for singular data, Numer. Math. **21** (1973), 317–327.

93 STRANG, G., The finite element method and approximation theory, In: HUBBARD, B. (Ed.), Synspade 1970, Numerical Solution of Partial Differential Equations II, Academic Press, New York 1971, S. 547–583.

94 TOVMASJAN, N. E., Über eine Methode zur Lösung von Randwertaufgaben für elliptische Systeme von Differentialgleichungen zweiter Ordnung in der Ebene, Mat. Sbornik **89** (131) No. 4 (12) (1972), 599–615 (Russisch).

95 TUTSCHKE, W., Lösung nichtlinearer partieller Differentialgleichungssysteme erster Ordnung in der Ebene durch Verwendung einer komplexen Normalform, Math. Nachr. **75** (1976), 283–298.

96 TUTSCHKE, W., Partielle komplexe Differentialgleichungen, Dt. Verl. d. Wiss., Berlin 1977.

97 VEKUA, I. N., Systeme von Differentialgleichungen erster Ordnung vom elliptischen Typus und Randwertaufgaben, Dt. Verl. d. Wiss., Berlin 1956 (Orig. Russisch, Mat. Sbornik **31** (1952), 217–314)

98 VEKUA, I. N., Verallgemeinerte analytische Funktionen, Akademie Verlag, Berlin 1963 (Orig. Russisch, Goz. Izdat. Fiz.-Mat. Lit., Moskau 1959).

99 VEKUA, I. N., New Methods for Solving Elliptic Equations. North Holland 1967 (Orig. Russisch, OGIZ Moskau/Leningrad 1948).

100 VINOGRADOV, V. S., On a method of solution of a boundary value problem for a first-order elliptic system on the plane, Soviet Math. Dokl. **12** (1971), 1699–1703 (Orig. Russisch, Dokl. Akad. Nauk SSSR, **201** (1971)).

101 VINOGRADOV, V. S., A boundary value problem for a first order elliptic equation on the plane, Differential'nye Uravn. 77 No. 8 (1971), 1440–1448, 1541 (Russisch).

102 VOL'PERT, A., On the index and normal solvability of boundary value problems for elliptic systems of differential equations in the plane, Trudy Moskovsk. Mat. Obsts. **10** (1961), 41–87.
103 WENDLAND, W. L., An integral equation method for generalized analytic functions, In: Constructive and Computional Methods for Solving Differential and Integral Equations, Lecture Notes in Math. **430**, Springer-Verlag, Berlin-Heidelberg-New York 1974, S. 414–452.
104 WENDLAND, W. L., On a class of semilinear boundary value problems for certain elliptic systems in the plane, In: Complex Analysis and its Applications, Izdat. Nauka, Moskau 1978, S. 108–119.
105 WENDLAND, W. L., On the embedding method for first order elliptic systems and related finite element methods, In: WACKER, H. (Ed.), Continuation Methods, Academic Press, New York-San Francisco-London 1978, S. 277–336.
106 WENDLAND, W. L., Elliptic Systems in the Plane, Pitman Publ., London-San Francisco-Melbourne 1979.
107 WENDLAND, W. L., On GALERKIN collocation methods for integral equations of elliptic boundary value problems, In: COLLATZ, L.; ALBRECHT, J. (Ed.), Numerische Behandlung von Integralgleichungen, ISNM **53**, Birkhäuser Basel, 1980, S. 244–275.
108 WOLSKA-BOCHENEK, J., A compound non-linear boundary value problem in the theory of pseudoanalytic functions, Demonstratio Mathematica **4** (1972), 105–117.
109 YU, CHUNG LING, Reflection principle for systems of first order elliptic equations with analytic coefficients, Trans. Amer. Math. Soc. **164** (1972), 489–501.
110 ZEIDLER, E., Über eine Klasse nichtlinearer singulärer Randwertaufgaben, Math. Nachr. **43** (1970), 1–6.

Anschrift: Professor Dr.-Ing. WOLFGANG WENDLAND, Technische Hochschule Darmstadt, Fachbereich Mathematik, Schloßgartenstraße 7, D-6100 Darmstadt, BRD

Angewandte Analysis und Mathematische Physik

Applied Analysis and Mathematical Physics

ZAMM 61, T 231 – T 232 (1981)

E. D'Ambrogio

Über die lineare Zeitabhängigkeit der Vlasovschen Eigenfunktionen

Für die Lösung der Vlasovschen Gleichung ohne Stöße gibt es mehrere Verfahren. Wir möchten hier einige Beobachtungen über die Äquivalenz zwischen der Integraldarstellungsmethode und der Normal-Mode-Analysis darstellen.

Für ein eindimensionales Elektronenplasma werden die hochfrequenten Eigenschaften durch die Vlasov-Poissonschen Gleichungen in Fourier-Darstellung beschrieben:

$$\left[\frac{\partial}{\partial t} + ikv + \frac{e}{m}\,E(t)\,\frac{\partial}{\partial v}\right] f(v, t) = 0\,, \tag{1}$$

$$ikE(t) = 4\pi e \int_{-\infty}^{\infty} \mathrm{d}v\, f(v, t) + ikE^{\mathrm{ext}}(t)\,, \tag{2}$$

wobei E^{ext} ein gewisses bekanntes Außenfeld ist.

Unter dem *Problem der Plasma-Instabilität* versteht man die Untersuchung des Verhaltens einer kleinen Störung $f_1(v, t)$ des Gleichgewichtswertes $f_0(v)$ bei angegebenem Anfangswert für große Zeitwerte t.

Behandeln wir das Problem nach der sogenannten *Normal-Mode-Methode* [1], so gehen wir von der Entwicklung

$$f_1(v, t) = \int_{-\infty}^{\infty} \mathrm{d}\omega\, a(\omega)\, \Psi(v, \omega)\, \mathrm{e}^{-i\omega t} + \sum\nolimits_n b_n \Psi_n(v)\, \mathrm{e}^{-i\omega_n t} \tag{3}$$

aus, wobei die Eigenfunktion des Streckenspektrums $-\infty < \omega < \infty$ die Gestalt

$$\Psi(v, \omega) = P\,\frac{\eta(v)}{kv - \omega} + \lambda(v)\,\delta(kv - \omega) \tag{4}$$

hat mit

$$\eta(v) = \frac{4\pi e^2}{k}\, f_0'(v) \tag{5}$$

und

$$\lambda(v) = 1 - P \int_{-\infty}^{\infty} \mathrm{d}v\, \frac{\eta(v)}{kv - \omega}\,. \tag{6}$$

Die Eigenfrequenzen ω_n werden aus den Wurzeln der Dispersionsfunktion

$$\varepsilon(\omega) = 1 - \int_{-\infty}^{\infty} \mathrm{d}v\, \frac{\eta(v)}{kv - \omega} \tag{7}$$

bestimmt, während

$$\Psi_n(v) = \frac{\eta(v)}{kv - \omega_n} \tag{8}$$

die zugehörigen Eigenfunktionen sind. Da sich aus komplexen Eigenwerten Instabilität ergibt, ist der Fall diskreter Eigenwerte, die im Streckenspektrum liegen, von besonderer Bedeutung.

Ausdruck (3) entspricht der Fragestellung des Anfangswertproblems

$$f(v, t = 0) = \int_{-\infty}^{\infty} \mathrm{d}\omega\, a(\omega)\, \Psi(v, \omega) + \sum\nolimits_n b_n \Psi_n(v)\,. \tag{9}$$

Somit sind die Vollständigkeitseigenschaften für die Gesamtheit der Eigenfunktionen Ψ und Ψ_n zu untersuchen.

Aus der Integraldarstellung der Lösung, die man aus dem System (1) (2) erhält, d. h.

$$f_1(v, t) = f(v, t = 0)\cdot \mathrm{e}^{-ikvt} - i\eta(v) \int_0^t \mathrm{d}t'\, \mathrm{e}^{ikv(t'-t)} \int_{-\infty}^{\infty} \mathrm{d}v'\, f_1(v', t') \tag{10}$$

ist ersichtlich, daß die Mikroverteilung die Information wiedergeben muß, die mit der Bewegung der einzelnen Teilchen verbunden ist, u. zw. exp $(-ikvt)$.

Wenn wir (um es kurz zu sagen) den Fall einer einzelnen reellen Nullstelle ω_1 der Funktion (7) betrachten, also $\lambda(\omega_1) = \eta(\omega_1) = 0$, so hat das Problem (9) für einen beliebigen Anfangswert $f(v, t = 0)$, der Lipschitz-stetig ist, keine Lösung. In der Tat läßt sich zeigen [2], daß die vollständige Lösung für den betrachteten Fall von folgender Form ist:

$$f_1(v, t) = \int_{-\infty}^{\infty} d\omega\, a(\omega)\, \Psi(v, \omega)\, e^{-i\omega t} + b_1 \Psi_1(v)\, e^{-i\omega_1 t} + c_1 \Phi_1(v)\, e^{-ikvt}. \tag{11}$$

Die Zeitabhängigkeit in (11) bezieht sich auf beide Beiträge, die sowohl der Kinetik der kollektiven als auch den individuellen Erscheinungen im Plasma zuzuschreiben sind. (Von einem formalen Gesichtspunkt aus läßt sich das Problem statt durch den Ansatz exp $(-i\omega t)$ von Anfang an in der Form exp $(-ikvt)$ ansetzen.)

Obwohl statistische Effekte zu starker Dämpfung des zugehörigen Feldes führen sollen (RIEMANN-LEBESGUE-Lemma), d. h.

$$\int_{-\infty}^{\infty} dv\, \Phi_1(v)\, e^{-ikvt} = 0\,, \tag{12}$$

ist jedoch der einzelne Pol von Bedeutung, bei dem nicht-lineare Terme erscheinen wie z. B. bei Wellenwechselwirkungsproblemen und Interferenzeffekten im Plasma.

Wenn die Möglichkeit besteht, das nichtlineare Problem (1) (2) durch Entwicklungen von Typ (11) zu lösen, haben wir einen Test für die Vollständigkeitseigenschaften der eingeführten Eigenfunktionen.

Literatur

1 VAN KAMPEN, N. G., Physica 21, 949 (1955).
2 SIEWERT, C. E., J. Math. Phys. 18, 12 (1977).

Anschrift: Professor Dr. ENOS D'AMBROGIO, Istituto di Meccanica, Università degli Studi di Trieste, Trieste, Italien

ZAMM 61, T 232 – T 234 (1981)

H. BLUM

Eckensingularitäten bei Lösungen nichtlinearer Probleme der Kontinuumsmechanik

Auf einem polygonal bzw. stückweise glatt berandeten Gebiet $\Omega \subset \mathbb{R}^2$ wird das asymptotische Eckenverhalten schwacher Lösungen des schwach nichtlinearen Randwertproblems

$$\Delta^2 u - \sum_{i=1}^{2} \frac{\partial}{\partial x_i} F_i(., u, \nabla u, \nabla^2 u) + F_0(., u, \nabla u, \nabla^2 u) = f \quad \text{in } \Omega, \tag{1}$$

$$u = u_n = 0 \quad \text{auf } \partial\Omega \tag{2}$$

untersucht. Die Funktionen F_i, $i = 0, 1, 2$ seien genügend glatt bezüglich ihrer Argumente und erfüllen $F_i(x, 0, 0, 0) \equiv \equiv 0$, $x \in \Omega$. Ferner seien die folgenden Wachstumsbedingungen erfüllt,

$$\begin{aligned} |F_0(x, \xi, \zeta, \eta)| &\leqq c\{1 + g(\xi) + |\zeta|^n + |\eta|^2\}\,, \\ |F_i(x, \xi, \zeta, \eta)| &\leqq c\{1 + h(\xi) + |\zeta|^m + |\eta|^{1+\lambda}\}\,, \qquad i = 1, 2\,, \end{aligned} \tag{3}$$

gleichmäßig in $x \in \Omega$, $\xi \in \mathbb{R}$, $\zeta \in \mathbb{R}^2$ und $\eta \in \mathbb{R}^{2\times 2}$, sowie entsprechende Bedingungen an die partiellen Ableitungen der $F_i(g, h \in C(\mathbb{R}), \lambda \in [0, 1), m, n \in \mathbb{N})$. Dieses Problem umfaßt als Spezialfälle zwei Modelle der Kontinuumsmechanik:

A) Plattentheorie

Das bekannte KIRCHHOFF'sche Plattenmodell

$$\Delta^2 u + \sum_{i,j=0}^{2} a_{ij} u_{ij} = f \quad \text{in } \Omega\,, \qquad u = u_n = 0 \quad \text{auf } \partial\Omega\,,$$

beschreibt die Auslenkung u einer eingespannten Platte nur für den Fall kleiner Auslenkungen aus der Ruhelage. Bei „großen" Auslenkungen verwendet man das geometrisch nichtlineare VON-KÁRMÁN-Modell

$$\left.\begin{aligned} \Delta^2 u + a[u, v] &= f \\ \Delta^2 v + b[u, u] &= 0 \end{aligned}\right\} \text{ in } \Omega\,, \qquad u = u_n = v = v_n = 0 \quad \text{auf } \partial\Omega\,, \tag{4}$$

mit $[v, w] = v_{11} w_{22} + v_{22} w_{11} - 2 v_{12} w_{12}$. Dabei beschreibt u die Auslenkung, v die AIRY'sche Spannungsfunktion.

B) Strömungsmechanik

Die Strömung einer zähen, inkompressiblen Flüssigkeit läßt sich im 2-dimensionalen und im rotationssymmetrischen 3-dimensionalen Fall durch die Stromfunktionsformulierung der NAVIER-STOKES-Gleichung

$$\Delta^2 u + a[(u_2\,\Delta u)_1 - (u_1\,\Delta u)_2] + \sum_{i,j=0}^{2} a_{ij}u_{ij} = \operatorname{div} f \quad \text{in } \Omega\,, \qquad u = u_n = 0 \quad \text{auf } \partial\Omega\,, \tag{5}$$

beschreiben. Das gesuchte Geschwindigkeitsfeld ist dann gegeben durch

$$v = \operatorname{rot} u = (u_2, -u_1)^t\,.$$

Die Probleme (4) und (5) sind vom Typ (1), (2) und erfüllen (3) mit beliebig kleinem $\lambda > 0$.

Wir setzen die Existenz einer schwachen Lösung u von (1), (2), d. h. von $u \in H_0^2(\Omega)$ mit

$$a(u, \varphi) + b(u; \varphi) = (f, \varphi) \qquad \forall \varphi \in H_0^2(\Omega) \tag{6}$$

voraus. Dabei ist $\nu \in (0, 1)$,

$$a(v, w) = \int_\Omega \Delta v \Delta w - (1-\nu)\,(v_{11}w_{22} + v_{22}w_{11} - 2v_{12}w_{12})\,dx\,,$$

$$b(v; w) = \sum_{i=1}^{2} \int_\Omega F_i(x, u, \nabla u, \nabla^2 u)\,\varphi_i\,dx + \int_\Omega F_0(x, u, \nabla u, \nabla^2 u)\,dx\,.$$

Für (4) und (5) ist die Existenz gesichert.

Bei glatt berandeten Gebieten garantieren die Wachstumsbedingungen (3) die Gültigkeit der Shift-Theoreme:

$$\Omega_1 \subset \Omega\,, \qquad f \in H^{-k}(\Omega_1) \cap H^{-2}(\Omega)\,, \quad k \in \{0, 1\} \;\Rightarrow\; u \in H^{4-k}(\Omega_1) \cap H_0^2(\Omega)\,.$$

Hat jedoch Ω die Gestalt der Abb. 1, so weisen in der Regel die höheren Ableitungen Singularitäten auf, welche durch den Öffnungswinkel ω bestimmt sind. Dieses asymptotische Verhalten wurde für lineare elliptische Differen-

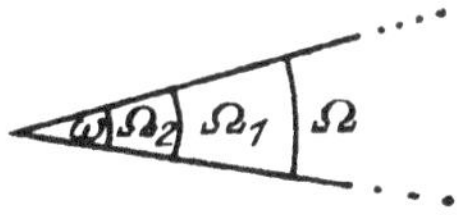

Abb. 1

tialgleichungen zunächst von KONDRAT'EV [2] untersucht, welcher auch die NAVIER-STOKES-Gleichung unter der Zusatzvoraussetzung $\nabla u \in L^\infty$ behandelt hat ([3]). Für weitere Resultate vgl. die in [1] angegebene Literatur. Für die hier betrachteten nichtlinearen Probleme erhält man den [1] bewiesenen

Satz: *Eine zu $f \in H^{-2}(\Omega) \cap H^{-k}(\Omega_1)$, $k \in \{0, 1\}$ gehörende schwache Lösung $u \in H_0^2(\Omega)$ von* (6) *besitzt die asymptotische Entwicklung*

$$u = \sum_{z_\nu \in Z} \sum_{\mu=1}^{m_\nu} a_{\nu\mu} r^{z_\nu} \ln^{(\mu-1)} r\,\psi_{\nu\mu}(\varphi) + \tilde{u}$$

mit $\tilde{u} \in H^{4-k}(\Omega_2)$. Dabei ist $Z = \{z \in \mathbb{C} \mid 1 < \operatorname{Re} z < 3 - k\}$, die Exponenten $z_\nu \in \mathbb{C}$ genügen der Gleichung $\sin^2(z-1) \times \omega = (z-1)^2 \sin^2 \omega$, $m_\nu = 1$ für fast alle Öffnungswinkel, $m_\nu = 2$ für gewisse in [1] *charakterisierte Ausnahmen. $\psi_{\nu\mu}(\varphi)$ sind die charakteristischen und zugeordneten Funktionen des biharmonischen Operators auf dem unendlichen Kegel mit Öffnungswinkel ω. ω ist so gewählt, daß kein z_ν auf der Geraden $\operatorname{Re} z = 3 - k$ liegt und daß das Aggregat $u - \tilde{u}$, eingesetzt in die Nichtlinearität, ebenfalls ein Funktional aus $H^{-k}(\Omega_1)$ liefert (d. h. $\omega < 2\pi$ im Fall $k = 0$ in den Beispielen* (4) *und* (5)). *Die Koeffizienten $a_{\nu\mu}$ und $\|u\|_{4-k;\Omega_2}$ hängen stetig von $\|f\|_{-k;\Omega_1}$ und $\|u\|_{2;\Omega}$ ab.*

Bemerkung: Der Vergleich mit den Resultaten für das lineare Problem zum biharmonischen Operator (Rannacher, GAMM -Tagung 1979, [1]) zeigt, daß lediglich die Koeffizienten der asymptotischen Terme von der Nichtlinearität beeinflußt werden, nicht aber die Exponenten z_ν und die Winkelfunktionen.

Die numerische Berechnung der Exponenten z_ν wurde in [4] dargestellt und man erhält die Abhängigkeit von $\operatorname{Re} z_\nu$ als Funktion des Öffnungswinkels ω wie in Abb. 2 dargestellt. Dieser Graphik entnimmt man das

Korollar: *Liegt kein Exponent z_ν im Bereich $1 < \operatorname{Re} z < 3 - k$, so erhält man das Regularitätsresultat $u = \tilde{u}$. Genauer gilt:*

$$\omega < 180^\circ\,, \qquad f \in H^{-1}(\Omega_1) \cap H^{-2}(\Omega) \Rightarrow u \in H^3(\Omega_2) \cap H_0^2(\Omega)\,,$$

$$\omega < 126,\ldots^\circ, \quad f \in L^2(\Omega_1) \cap H^{-2}(\Omega) \Rightarrow u \in H^4(\Omega_2) \cap H_0^2(\Omega)\,.$$

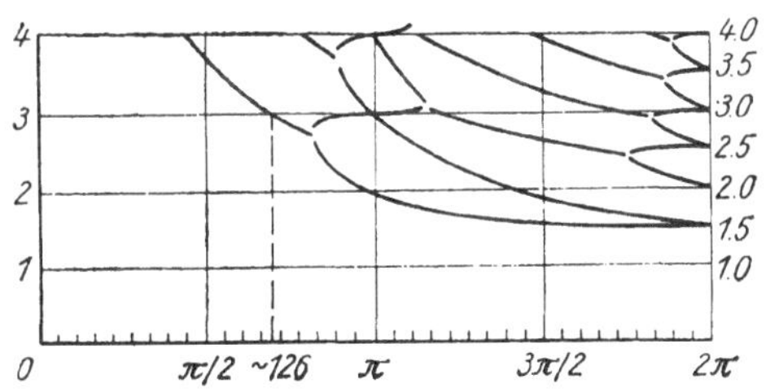

Abb. 2

Literatur

1 BLUM, H., RANNACHER, R., On the boundary value problem of the biharmonic operator on domains with angular corners, Preprint, Universität Bonn 1980, erscheint in Math. Meth. Appl. Sc.
2 KONDRAT'EV, V. A., Boundary problems for elliptic equations in domains with conical of angular points, Trans. Moscow Math. Soc. **16** (1967), 227–313.
3 KONDRAT'EV, V. A., Asymptotic of a solution of the NAVIER-STOKES equation near the angular part of the boundary, J. Appl. Math. Mech. **31** (1967), 125–129.
4 MELZER, H., RANNACHER, R., Spannungskonzentrationen in Eckpunkten der KIRCHHOFFschen Platte, Der Bauingenieur 1980, Preprint Nr. 270, SFB 72, Universität Bonn, 1979.

Anschrift: HERIBERT BLUM, Institut für Angewandte Mathematik und Informatik, Universität Bonn, Wegelerstr. 6, D-5300 Bonn 1, BRD

ZAMM 61, T 234 – T 235 (1981)

A. BONGERS

Über ein Rayleigh-Ritz-Verfahren zur Bestimmung kritischer Werte

1. Einleitung

Wir betrachten nichtlineare Eigenwertprobleme der Form

$$f'(u) = \lambda g'(u) \tag{1}$$

dabei bezeichnen f, g zwei stetig FRÉCHET-differenzierbare Funktionale auf einem gleichmäßig konvexen BANACH-Raum X, deren Gradienten f', g' ungerade Operatoren von X nach X^* sein sollen, d. h.: für beliebiges $u \in X$ gelte:

$$f'(-u) = -f'(u)\,, \qquad g'(-u) = -g'(u)\,.$$

Insbesondere löst dann $u = 0$ für alle Werte des Parameters $\lambda \in \mathbb{R}$ das Problem (1), und wir fragen, unter welchen Voraussetzungen an f bzw. g auch nichttriviale Lösungen zu (1) existieren bzw. wann Lösungsverzweigung von der trivialen Lösung $(u, \lambda) = (0, 0)$ auftritt.

Als Beispiel betrachten wir das Eigenwertproblem für folgende gewöhnliche Differentialgleichung 2. Ordnung:

$$-u''(x) + \varphi(x)\,|u(x)|^\sigma\, u(x) = \lambda u(x)\,, \qquad u(0) = 0\,, \qquad u \in L_2(0, \infty) \tag{2}$$

mit φ: $\mathbb{R}_+ \to \mathbb{R}$ stetig und einer positiven Konstante $\sigma \in \mathbb{R}_+$. Das Problem (2) wurde erstmals von T. KÜPPER als *Modellproblem für Verzweigung aus dem kontinuierlichen Spektrum* behandelt. Infolge des unbeschränkten Grundintervalls $(0, \infty)$ besitzt das in $u = 0$ *linearisierte* Problem

$$-u''(x) = \lambda u(x)\,, \qquad u(0) = 0\,, \qquad u \in L_2(0, \infty) \tag{3}$$

ausschließlich kontinuierliches Spektrum. Standardmethoden, die immer die Existenz isolierter Eigenwerte voraussetzen, sind also nicht anwendbar. T. KÜPPER konnte jedoch mit Variationsmethoden beweisen, daß aus dem Punkt $(\lambda, u) = (0, 0)$ ein stetiger Zweig positiver Lösungen verzweigt, sofern φ die folgenden beiden Bedingungen (H1) und (H2) erfüllt:

(H1) $\quad 0 < \varrho \leqq \varphi(x) \quad$ für alle $x \in \mathbb{R}_+$;

(H2) $\quad \int_T^\infty \varphi(x)^{-2/\sigma}\, dx \quad$ für ein $T \in \mathbb{R}_+$.

Wir wollen zeigen, wie man mit Hilfe der LJUSTERNIK-SCHNIRELMANN-Theorie nicht nur die Existenz eines Lösungszweiges, sondern sogar die Existenz einer unendlichen Schar von Lösungszweigen nachweisen kann. Dies wird dadurch erreicht, daß an die Stelle der globalen PALAIS-SMALE-Bedingung (C) eine rein lokale Betrachtung möglicher kritischer Werte tritt (streng normale Werte) und außerdem nicht nur wie bisher üblich beschränkte Niveaumengen betrachtet werden.

2. Bezeichnungen

Im folgenden wollen wir die Menge der kritischen Werte des Funktionals f auf einer Niveaumenge M_r des zweiten Funktionals g betrachten; $M_r := \{u \in X \mid g(u) = r\}$. Dabei heißt $d \in \mathbb{R}$ *kritischer Wert* von f auf M_r, wenn die Menge $K_d := \{u \in M_r \mid f(u) = d$ und $f'(u) = \lambda g'(u)\}$ nicht leer ist. Die Niveaumenge M_r soll von jedem Strahl aus Null genau einmal getroffen werden, sie muß jedoch nicht notwendig beschränkt sein. Genauer verlangen wir:

(A): f, g sind gerade C^1-Funktionale auf einem gleichmäßig konvexen, unendlichdimensionalen, separablen BANACH-Raum X mit $f(0) = g(0) = 0$. Ihre Gradienten F, G: $X \to X^*$ sind gleichmäßig stetig auf beschränkten Teilmengen von X.

(B) Für $u \in X\{0\} \setminus$ ist $(G(u), u) > 0$, für $u \in M_r$ gilt: $(G(u), u) \geq d(r) > 0$. f ist auf M_r nach unten beschränkt.

Die zum Nachweis der Existenz kritischer Werte benötigte Kompaktheitsvoraussetzung läßt sich leicht formulieren mit Hilfe der Menge der streng normalen Werte von f auf M_r. Dabei heißt $d \in \mathbb{R}$ *streng normaler Wert* von f auf M_r genau dann, wenn gilt:

α) jede Folge $u_n \in M_r$ mit $f(u_n) \to d$ und $F(u_n) - \dfrac{(F(u_n), u_n)}{(G(u_n), u_n)} \cdot G(u_n) \underset{x^*}{\to} 0$ enthält eine konvergente Teilfolge.

β) es gibt Zahlen $\varepsilon, \delta > 0$, derart daß die durch $g(s(u)\, u) = r$ implizit auf $X \setminus \{0\}$ definierte Strahlabbildung s beschränkt ist auf der Menge

$$U_{\varepsilon,\delta} := \{v \in X \mid \exists u \in M_r \, |f(u) - d| < \varepsilon \text{ und } ||u - v|| < \delta\} .$$

Seit langem ist bekannt, daß als Kandidaten für kritische Werte die folgenden Größen c_j in Frage kommen:

$$c_j := \inf_{\substack{\gamma(A) \geq j \\ A \subseteq M_r}} \sup_{u \in A} f(u) ,$$

Hier bezeichnet $\gamma(A)$ das *Kompaktgenus der* Menge A, das folgendermaßen für abgeschlossene, symmetrische Teilmengen A von $X \setminus \{0\}$ definiert ist:

$$\gamma(A) := \sup \{\text{Genus } (K) \mid KA \text{ kompakt, symmetrisch}\} ,$$

wobei

$$\text{Genus } (K^* := \inf \{n \in \mathbb{N} \mid \exists \varphi \in C(K, \mathbb{R}^n \setminus 0) \ \varphi \text{ ungerade}\}$$

ebenfalls für beliebige abgeschlossene, symmetrische Teilmengen von $X \setminus \{0\}$ definiert ist.

Neben diesen Kandidaten c_j wollen wir noch RAYLEIGH-RITZ-*Approximationen* dazu untersuchen: durch Einschränkung der inf-Bildung auf endlichdimensionale Unterräume X_N von X erhält man obere Schranken $c_{j,N}$ zu c_j:

$$c_{j,N} := \inf_{\substack{\gamma(A) \geq j \\ A \subseteq M_r \cap X_N}} \sup_{u \in A} f(u) \ (\geq c_j) .$$

3. Ergebnisse

Über einen Konvergenznachweis für die Folge der RITZ-Approximationen gelangt man zu dem folgenden

Satz:

Voraussetzungen: *f, g erfüllen Voraussetzungen* (A) *und* (B). *Für ein $c \in \mathbb{R}$ besteht $(-\infty, c]$ aus streng normalen Werten des Paares f, M_r, und es ist $\gamma(\{u \in M_r \mid f(u) \leq c\}) \geq m$ für ein $m \in \mathbb{N}$. Für beschränkte Intervalle J in $(-\infty, c]$ ist $f^{-1}(J) \cap M_r$ beschränkt in X. $\{X_N\}_{N=1}^{\infty}$ ist eine aufsteigende Folge endlichdimensionaler Unterräume von X mit in X dichter Vereinigung. P_N: $X_N \to X$ bezeichnen die zugehörigen Einbettungsabbildungen von X_N nach X.*

Behauptung:

a) *Es gibt mindestens 2m verschiedene Lösungen von $F(u) = \lambda G(u)$ mit $u \in M_r$.*

b) *Die Zahlen c_j sind für $j = 1, \ldots, m$ kritische Werte von f auf M_r. Im Falle von Entartung, d. h. falls $c_j = c_{j+1} = \ldots = c_{j+q-1}$, folgt: $\gamma(K_{c_j}) \geq q$.*

c) *Die Ritz-Approximationen $c_{j,N}$ sind wohldefiniert für $N \geq j$, und es existieren zu jedem Paar von Zahlen N, j Punkte $u_{i,N}$ in $M_r \cap X_N$ mit $f(u_{j,N}) - c_{j,N}$ sowie*

$$P_N^* F(P_N(u_{j,N})) = \Lambda_{j,N} P_N^* G(P_N(u_{j,N})) .$$

d) *Das in c) beschriebene Näherungsverfahren ist konvergent: es gilt nämlich $\lim_{N \to \infty} c_{j,N} = c_j$ für $j \in \{1, \ldots, m\}$, und jede Folge $\{u_{j,N}\}_{N=j}^{\infty}$ enthält eine gegen eine Lösung von* (1) *konvergente Teilfolge.*

Abschließend wollen wir diesen Satz auf das Beispiel (2) anwenden. Man überlegt sich leicht, daß mit den Annahmen (H1) und (H2) und

$$f(u) := \frac{1}{2} \int_0^{\infty} u'(x)^2 \, dx + \frac{1}{\sigma + 2} \int_0^{\infty} \varphi(x) \, |u(x)|^{\sigma+2} \, dx , \qquad g(u) := \frac{1}{2} \int_0^{\infty} u(x)^2 \, dx ,$$

$$X := (\overline{C_0^{\infty}(0,), |||\ldots|||)} \quad \text{mit} \quad |||u||| := ||u||_{1,2} + \left(\int_0^{\infty} \varphi(x) \, |u(x)|^{\sigma+2} \, dx\right)^{1/\sigma+2}$$

alle Voraussetzungen (A), (B) erfüllt sind; insbesondere ist auch M_r in X unbeschränkt. Man kann ferner zeigen, daß ganz $\mathbb{R}$ aus streng normalen Werten von f auf M_r besteht und daß $\gamma(M_r) = +\infty$ ist.

Folglich erhält man das

Lemma:

a) $\forall r > 0 \ \exists \{u_j^r, \lambda_j^r\} \in M_r \times \mathbb{R}$: (u_j^r, λ_j^r) *löst* (2).

b) *das in obigem Satz beschriebene Ritz-Verfahren konvergiert, sofern das System der Unterräume $\{X_N\}$ vollständig ist in $(C_0^{\infty}(0, \infty), |||\ldots|||)$.*

c) $f(u_j^r) \to \infty$ *für* $j \to \infty$.

d) $(|||u_j^r|||, \lambda_j^r) \to (0, 0)$ *für $r \to \infty$, d. h.: $(0, 0)$ ist Verzweigungspunkt unendlicher Vielfachheit.*

Anschrift: Dr. ACHIM BONGERS, Fachbereich Mathematik, Joh.-Gutenberg Universität, Saarstr. 21, D-6500 Mainz, BRD

ZAMM 61, T 236 (1981)

R. COLGEN

Schrödinger-Operatoren mit Long Range-Potential

Sei $L^2(R^3)$ der HILBERT-Raum der (Klassen von) quadratisch integrablen meßbaren komplexwertigen Funktionen auf R^3. Mit „lim" bezeichnen wir *starke Grenzwerte* in $L^2(R^3)$ oder im Raum der beschränkten linearen Operatoren in $L^2(R^3)$. Für *selbstadjungierte lineare Operatoren* T in $L^2(R^3)$ stellt $D(T)$ den *Definitionsbereich des Operators* und $Q(T)$ *den der assoziierten quadratischen Form* dar, $H_{ac}(T)$ den *absolut stetigen Teilraum* und $P_{ac}(T)$ die *orthogonale Projektion* auf diesen. H_0 sei die *selbstadjungierte Realisierung* von $-\Delta$ in $L^2(R^3)$ und H ein SCHRÖDINGER-*Operator mit long range-Potential*, genauer eine selbstadjungierte Realisierung von $-\Delta + V$ in $L^2(R^3)$, wobei V nicht notwendig ein short range-Potential ist. (Ein Potential heißt *short range*, wenn $V(x) = O(|x|^{-1-\varepsilon})$ für $|x| \to \infty$ gilt mit $\varepsilon > 0$.) Schließlich definieren wir $T(t) := \exp(itH)\, T \exp(-itH)$ für selbstadjungierte lineare Operatoren T in $L^2(R^3)$ und $t \in R$.

Wir beschäftigen uns mit der Streutheorie für SCHRÖDINGER-Operatoren mit long range-Potential und verfolgen einen Ansatz von LAVINE [5], der in der Untersuchung der Konvergenz von Impulsoperatoren besteht, das heißt der Existenz von

$$\omega_\pm(T) := \lim_{t\to\pm\infty} T(t)\, P_{ac}(H)$$

für T aus einer Klasse von Impulsoperatoren.

Mit Spurklassenmethoden wird in [5] die Existenz dieser Grenzwerte für die Klasse der stetigen, im Unendlichen verschwindenden Funktionen des Impulses bewiesen, falls V zentralsymmetrisch ist und sich die Radialableitung wie $O(|x|^{-1-\varepsilon})$ für $|x| \to \infty$ verhält mit $\varepsilon > 0$. (LAVINE [6, 7] beweist weitere Resultate mit anderen Methoden.) In [2] wird (ebenfalls mit Spurklassenmethoden) die Existenz der Grenzwerte für die Klasse der stetigen und beschränkten Funktionen des Impulses gezeigt, was in der weiterführenden Arbeit von THOMAS [8] von Bedeutung ist; dabei sind etwas allgemeinere zentralsymmetrische SCHRÖDINGER-Operatoren zugelassen. (In diesem Zusammenhang sei darauf hingewiesen, daß sich lokale Singularitäten von V mit Hilfe der Methode von KUPSCH-SANDHAS behandeln lassen, falls $Q(H) \subset Q(H_0)$ gilt (siehe [1, Satz 3B.12]).)

Unter zusätzlichen Voraussetzungen an den singulären Teilraum von H folgt [1]) im Falle der Kompaktheit von $(i - H)^{-1} - (i - H_0)^{-1}$ (etwa für beschränktes V mit $V(x) \to 0$ für $|x| \to \infty$), daß die Elemente von $H_{ac}(H)$ Streuzustände im Sinne von DOLLARD [3] sind. Ferner erhält man

$$\left(\int \big||x|^{-1-\varepsilon} \exp(-itH) f(x)\big|^2 \,dx\right)^{1/2} = O(|t|^{-1-\varepsilon})$$

für $|t| \to \infty$ mit $\varepsilon > 0$ für f aus einer dichten Teilmenge von $H_{ac}(H)$; mittels des COOKEschen Lemmas [9, Satz 11.7] folgt hieraus die Existenz von

$$\lim_{t\to\pm\infty} \exp(itH_0) \exp(-itH)\,,$$

sofern V ein short range-Potential ist. Dies bedeutet die Vollständigkeit der Wellenoperatoren

$$W_\pm(H, H_0) := \lim_{t\to\pm\infty} \exp(itH) \exp(-itH_0)$$

(siehe [9, Abschnitte 11.1 und 11.3]). Dieses (in [1, 2, 4] auch mit Spurklassenmethoden bewiesene) Ergebnis weist darauf hin, daß das betrachtete Konzept auch für SCHRÖDINGER-Operatoren mit short range-Potential von Interesse ist. Tatsächlich ergeben sich analoge Aussagen für den Fall, daß V Rotationssymmetrie aufweist und sich die partiellen Ableitungen wie $O(|x|^{-2-\varepsilon})$ verhalten oder daß sich die partiellen Ableitungen von V verhalten wie $O(|x|^{-3-\varepsilon})$ für $|x| \to \infty$ mit $\varepsilon > 0$.

Eine Variante des betrachteten Konzepts besteht darin, sich auf die Untersuchung der Konvergenz von Radialimpulsoperatoren zu beschränken. Diese Variante, die es erlaubt, mit einfacheren und weiterführenden Methoden zu arbeiten, soll an anderer Stelle untersucht werden. Das Gleiche gilt für Anwendungen auf das Mehrteilchenproblem und auf DIRAC-Operatoren.

Literatur

1 COLGEN, R., Streutheorie unter Spurklassenbedingungen, Dissertation, Universität Frankfurt/Main 1978.
2 COLGEN, R., Some applications of drace class-scattering theory, in: BROSOWSKI, B.; MARTENSEN, E. (Eds.), Methoden und Verfahren der mathematischen Physik, Band 21.
3 DOLLARD, J. D., On the definition of scattering subspaces in nonrelativistic quantum mechanics, J. Math. Phys. 18, No. 2 (1977), 229–232.
4 KURODA, S., On a paper of GREEN and LANFORD, J. Math. Phys. 3 (1962), 933–935.
5 LAVINE, R. B., Scattering theory for long range potentials, J. Func. Analysis 5 (1970), 368–382.
6 LAVINE, R. B., Commutators and scattering theory. I: Repulsive interactions, Commun. Math. Phys. 20 (1971), 301–323.
7 LAVINE, R. B., Absolute continuity of positive spectrum for Schrödinger operators with long-range potentials, J. Func. Analysis 12 (1973), 30–54.
8 THOMAS, L., On the algebraic theory of scattering, J. Func. Analysis 15 (1974), 364–377.
9 WEIDMANN, J., Lineare Operatoren in HILBERT-Räumen, B. G. Teubner, Stuttgart 1976.

Anschrift: Dr. RAINER COLGEN, Fachbereich Mathematik, Universität Frankfurt/Main, Robert-Mayer-Str. 6–10, D-6000 Frankfurt/Main-1, BRD

[1]) mit Hilfe von Aussagen wie in [6, section 5].

ZAMM 61, T 237 – T 238 (1981)

H. W. Engl / R. Kress

Über ein singuläres Störungsproblem bei linearen Operatorgleichungen und das Grenzverhalten von Lösungen eines elektrostatischen Randwert- und Übergangsproblems

Es sei B ein unbeschränktes Gebiet im $\mathbb{R}^3$, dessen Rand ∂B aus endlich vielen disjunkten, abgeschlossenen, beschränkten C^2-Flächen bestehe. Das Komplement des Abschlusses $\bar{B}$ von B in $\mathbb{R}^3$ zerfalle in die disjunkten offenen Mengen G und D mit $n \geqq 1$ bzw. $m - n \geqq 1$ Komponenten:

$$\mathbb{R}^3 \setminus \bar{B} = G \cup D\,, \qquad G = \bigcup_{j=1}^{n} G_j\,, \qquad D = \bigcup_{j=n+1}^{m} D_j\,.$$

Das topologische Geschlecht von ∂G bzw. ∂D sei p bzw. $q - p$.

Wir wählen Flächen $S_1, \dots, S_p$ so, daß $(B \cup \bar{D}) \setminus (\bigcup_{j=1}^{p} S_j)$ einfach zusammenhängend ist. Der Einfachheit halber nehmen wir an, daß $S_j \cap \bar{D} = \emptyset$, $j = 1, \dots, p$. Ferner mögen $\partial S_1, \dots, \partial S_p$ eine Basis der ersten Homologiegruppe von G bilden, was z. B. der Fall ist, falls ∂G homöomorph zu einer Kugeloberfläche mit p Henkeln ist.

Die Beschreibung eines elektrostatischen Feldes bei Anwesenheit eines idealen Leiters G und eines Dielektrikums D mit Dielektrizitätskonstante $1/\varkappa > 0$ führt auf folgendes gemischtes Randwert- und Übergangsproblem:

Problem $(E_\varkappa)$: *Gesucht ist ein Vektorfeld*

$$E_\varkappa \in C^1(B \cup D) \cap C^{0,\alpha}(\bar{B}) \cap C^{0,\alpha}(\bar{D}) \qquad (0 < \alpha < 1)$$

mit

$$\operatorname{div} E_\varkappa = 0\,, \qquad \operatorname{rot} E_\varkappa = 0 \quad in \quad B \cup D\,,$$

$$[\nu, E_\varkappa]_+ = c_\varkappa \quad auf\ \partial G\,,$$

$$\left.\begin{aligned} &[\nu, E_\varkappa]_+ - [\nu, E_\varkappa]_- = d_\varkappa \\ &\varkappa(\nu, E_\varkappa)_+ - (\nu, E_\varkappa)_- = \delta_\varkappa \end{aligned}\right\} \quad auf\ \partial D\,,$$

$$E_\varkappa(x) = o(1)\,, \qquad |x| \to \infty\,, \quad \textit{gleichmäßig für alle Richtungen}\,.$$

Dabei ist ν die in B gerichtete Einheitsnormale an ∂B. Mit $[.,.]$, $(.,.)$ und $(.,.,.)$ bezeichnen wir *Vektor-*, *Skalar-* und *Spatprodukt*. Es seien $\delta_\varkappa \in C^{0,\alpha}$ eine gegebene Funktion und $c_\varkappa, d_\varkappa \in C^{0,\alpha}$ gegebene Tangentialfelder, welche die notwendigen Lösbarkeitsbedingungen

$$\operatorname{Div} c_\varkappa = 0\,, \qquad \operatorname{Div} d_\varkappa = 0$$

und

$$\int_{\partial S_j} (t, \nu, c_\varkappa)\, ds = 0\,, \qquad j = 1, \dots, p\,,$$

erfüllen mögen, wobei t der Tangentialeinheitsvektor an ∂S_j ist.

Unser Ziel ist die Untersuchung des Verhaltens von Lösungen für $\varkappa \to 0$. Es ist leicht zu sehen, daß die Bedingungen

$$\lim_{\varkappa \to 0} \left(\frac{1}{\varkappa} \int_{\partial D_j} \delta_\varkappa\, ds\right) =: s_j \text{ existiert}\,, \qquad j = n + 1, \dots, m\,, \tag{*}$$

notwendig sind für die gleichmäßige Konvergenz von $E_\varkappa$ gegen E_0 mit $\varkappa \to 0$. Um zu zeigen, daß diese Bedingungen auch hinreichen, ist es zweckmäßig, ein äquivalentes Integralgleichungsproblem zu behandeln. Wir setzen $\Phi(x, y) := (4\pi\, |x - y|)^{-1}$.

Satz 1: *Sei $E_\varkappa$ eine Lösung von $(E_\varkappa)$. Dann erfüllt $\varepsilon_\varkappa := (\nu, E_\varkappa)_+$ auf ∂B die Integralgleichung*

$$\varepsilon_\varkappa - K_\varkappa \varepsilon_\varkappa = \chi_\varkappa\,.$$

Dabei ist $K_\varkappa$ definiert durch

$$(K_\varkappa \varepsilon)(x) := \begin{cases} -2 \displaystyle\int_{\partial G} \varepsilon(y) \frac{\partial \Phi(x, y)}{\partial \nu(x)}\, ds(y) - 2(1 - \varkappa) \int_{\partial D} \varepsilon(y) \frac{\partial \Phi(x, y)}{\partial \nu(x)}\, ds(y)\,; & x \in \partial G \\[2ex] -\dfrac{2}{1 + \varkappa} \displaystyle\int_{\partial G} \varepsilon(y) \frac{\partial \Phi(x, y)}{\partial \nu(x)}\, ds(y) - 2\, \frac{1 - \varkappa}{1 + \varkappa} \int_{\partial D} \varepsilon(y) \frac{\partial \Phi(x, y)}{\partial \nu(x)}\, ds(y)\,, & x \in \partial D \end{cases}$$

und

$$\chi_\varkappa := \begin{cases} 2(\nu, F_\varkappa)_+ & auf\ \partial G \\[1ex] \dfrac{2}{1 + \varkappa} (\nu, F_\varkappa)_+ & auf\ \partial D \end{cases}$$

mit

$$F_\varkappa(x) := -\operatorname{grad} \int_{\partial D} \delta_\varkappa(y)\, \Phi(x, y)\, ds(y) + \operatorname{rot} \{\int_{\partial G} c_\varkappa(y)\, \Phi(x, y)\, ds(y) + \int_{\partial D} d_\varkappa(y)\, \Phi(x, y)\, ds(y)\} .$$

Ist umgekehrt $\varepsilon_\varkappa \in C^{0,\alpha}$ eine Lösung der Integralgleichung, dann löst

$$E_\varkappa := F_\varkappa - \operatorname{grad} \{\int_{\partial G} \varepsilon_\varkappa(y)\, \Phi(., y)\, ds(y) + \int_{\partial D} d_\varkappa(y)\, \Phi(., y)\, ds(y)\}$$

das Problem $(E_\varkappa)$.

Da die Konvergenz von Belegungen $\varepsilon_\varkappa$ in $C^{0,\alpha}(\partial B)$ die gleichmäßige Konvergenz der zugehörigen $E_\varkappa$ nach sich zieht, ist es naheliegend, $K_\varkappa$ als Selbstabbildung von $C^{0,\alpha}(\partial B)$ zu betrachten.

Satz 2: *$K_\varkappa$ ist kompakt. Für $\varkappa > 0$ gilt* $\dim N(I - K_\varkappa) = n$, *während* $\dim N(I - K_0) = m$.

Also kann man unser Problem in folgende abstrakte Form fassen: *Sei X ein Banach-Raum, $L_\varkappa := I - K_\varkappa$: $X \to X$ eine parameterabhängige Familie kompakter linearer Störungen der Identität, $f_\varkappa \in R(L_\varkappa)$. Es gelte* $\dim N(L_\varkappa) =: n > 0$ *für $\varkappa > 0$ und* $\dim N(L_0) =: m > n$. Für das Konvergenzverhalten von Lösungen von $L_\varkappa x = f_\varkappa$ für $\varkappa \to 0$ gilt folgender

Satz 3: *Der Riesz-Index von L_0 sei gleich 1, d. h., es gelte $X = N(L_0) \oplus R(L_0)$. Der hierdurch induzierte Projektor auf $N(L_0)$ sei P. Es gelte $L_\varkappa - L_0 = \varkappa^i M + o(\varkappa^i)$ mit $i \in \mathbb{N}$ und $\dim N(PM|_{N(L_0)}) \leqq n$. Ferner sei $||f_\varkappa - f_0|| = o(1)$ und $Pf_\varkappa = \varkappa^i s + o(\varkappa^i)$. Dann existiert eine n-dimensionale Untermannigfaltigkeit der m-dimensionalen Lösungsmannigfaltigkeit von $L_0 x = f_0$, deren sämtliche Elemente Limiten von Lösungen von $L_\varkappa x = f_\varkappa$ für $\varkappa \to 0$ sind. Diese Untermannigfaltigkeit ist gegeben durch $\{x \in X |\ L_0 x = f_0$ und $PMx = s\}$.*

Die Bedingungen von Satz 3 sind für die nach Satz 2 zum Problem $(E_\varkappa)$ äquivalente Integralgleichung erfüllt. Wir erhalten damit:

Satz 4: *Es gelte $||c_\varkappa - c_0||_{\alpha,\partial G} = o(1)$, $||d_\varkappa - d_0||_{\alpha,\partial D} = o(1)$, $||\delta_\varkappa - \delta_0||_{\alpha,\partial D} = o(1)$. Ferner sei (*) erfüllt. Dann ist neben dem Problem $(E_\varkappa)$, $\varkappa > 0$, auch das Grenzproblem (E_0) lösbar; seine m-dimensionale Lösungsmannigfaltigkeit hat eine n-dimensionale Untermannigfaltigkeit, deren sämtliche Elemente gleichmäßige Limiten von Lösungen des Problems $(E_\varkappa)$ für $\varkappa \to 0$ sind. Diese Untermannigfaltigkeit ist charakterisiert durch*

$$\int_{\partial D_j} (\nu, E_0)_+ \, ds = s_j , \qquad j = n + 1, \dots, m .$$

Eine ausführliche Diskussion dieser Resultate mit Beweisen findet sich in [1]. Dort wird Satz 3 auch zur Behandlung eines analogen magnetostatischen Problems herangezogen. Dabei ist G ein Supraleiter und D ein Para- oder Ferromagnet. Die Nullraumdimension des entsprechenden Integraloperators ist p für $\varkappa \neq 0$ und q für $\varkappa = 0$.

Literatur

1 Engl, H. W.; Kress, R., A singular perturbation problem for linear operators with an application to electrostatic and magnetostatic boundary and transmission problems, erscheint in Math. in the Appl. Sc.

Anschrift: Prof. Dr. Heinz Engl, Institut für Mathematik, Kepler-Universität, Altenberger Straße 69, A-4040 Linz, Österreich; Prof. Dr. Rainer Kress, Lehrstühle für Numerische und Angewandte Mathematik, Georg-August-Universität, D-3400 Göttingen, BRD

ZAMM 61, T 238 – T 240 (1981)

B. M. Garay

Metrics and Level Surfaces of Liapunov Functions

Let (X, d) be a metric space and T_t: $X \to X$, $t \in R$, a dynamical system on X. For $\emptyset \neq Y \subset X$ and $x \in X$, $d(x, Y) = \inf \{d(x, y) \mid y \in Y\}$, $d(x, Y)$ is the distance between x and Y. Assume that X is locally compact. Let $\emptyset \neq M \subset X$ be a compact asymptotically stable invariant set. Denote by $A(M)$ its region of attraction. It is known [1, p. 149] that $A(M)$ is open and there exists a sequence of compact sets $\{K_n\}_{n=0}^\infty$ such that $K_0 = M$, $K_n \subset \operatorname{int} K_{n+1}$, $n = 0, 1, 2, \dots$, and $A(M) = \bigcup_{n=0}^{\infty} K_n$. Further, [1, p. 150] there exists a continuous Liapunov function V: $A(M) \to R^+$ satisfying the following conditions:

C_m1: $V(x) = 0$ for $x \in M$ and $V(x) > 0$ for $x \in A(M) \setminus M$.

C_m2: for any $x \in A(M)$, the function k_x: $R \to R^+$ defined by $k_x(t) = V(T_t x)$ tends to zero as $t \to \infty$ and for $x \in A(M) \setminus M$, k_x is strictly decreasing.

We investigate the function f_x: $R \to R^+$ defined by $f_x(t) = d(T_t x, M)$. This function need not be monotonically decreasing though it tends to zero as $t \to \infty$. Naturally arises the question: Is it possible to define a metric ϱ on $A(M)$, topologically equivalent to d, such that for any $x \in A(M)$, the function g_x: $R \to R^+$ defined by $g_x(t) =$

$= \varrho(T_t x, M)$ be monotonically decreasing. The answer is affirmative in case of M being a retract of $A(M)$. The retraction map is denoted by r. Precisely, we have the following theorem:

Theorem 1.: *Under the previous conditions, there is a new metric ϱ on $A(M)$, topologically equivalent to d, such that for any $x \in A(M)$,*

$$V(x) = \varrho(x, M) = \varrho(x, r(x)) .$$

Outline of the proof: Using TIETZE's extension theorem, it is easy to construct a sequence of continuous functions $\{f_n\}_{n=0}^{\infty}$ with the following properties:

(i) f_n: $A(M) \to R^+$; for $x \in M, f_n(x) = 0$, and for $x \in A(M)$,

$$0 \leqq f_n(x) \leqq 2^{-n}, \qquad n = 0, 1, 2, \ldots;$$

(ii) $x, y \in A(M) \setminus M$ and $f_n(x) = f_n(y)$, $n = 1, 2, 3, \ldots$, implies $x = y$;

(iii) for $x \in A(M) \setminus M$ there is $f_0(x) > 0$, and $\sup \{f_0(x) \mid x \in K_{n+1} \setminus K_n\} = m_n$ tends to zero as $n \to \infty$;

(iv) for $x \in A(M)$ there is $\sum\limits_{n=0}^{\infty} f_n(x) \leqq V(x)$.

Now we are in a position to define ϱ. For $x, y \in A(M)$, let

$$\varrho(x, y) = d(r(x), r(y)) + |V(x) - V(y) - \sum_{n=0}^{\infty} (f_n(x) - f_n(y))| + \sum_{n=0}^{\infty} |f_n(x) - f_n(y)| .$$

A lengthy but straightforward calculation shows that ϱ is a metric on $A(M)$, topologically equivalent to d. Further, for $y \in M$, $x \in A(M)$ there holds $\varrho(x, y) = d(r(x), y) + V(x)$. Taking infimum for $y \in M$, the infimum is attained if and only if $y = r(x)$. Therefore, $V(x) = \varrho(x, M) = \varrho(x, r(x))$ which was to be proved.

Remark 1.: The condition M being a retract of $A(M)$ is not necessary for an affirmative answer to our original question. Indeed, let $X = \{(x, y) \in R^2 \mid |x| \leqq 1\}$ and $M = \{(x, y) \in R^2 \mid |x| = 1\}$. Let d be the usual Euclidean metric on X. Let the dynamical system defined as in Example 1.3.11. [1, p. 30], i.e. the origin (0, 0) is an equilibrium point and for any $x \in X \setminus (M \cup \{(0, 0)\})$, the trajectory through x spirals round the origin and has the origin as its α-limit set and M as its ω-limit set. It is not difficult to construct a metric ϱ on X, topologically equivalent to d, such that for any $x \in X \setminus (M \cup \{(0, 0)\})$ the function g_x: $R \to R^+$ defined by $g_x(t) = \varrho(T_t x, M)$ is strictly decreasing and tends to zero as $t \to \infty$ and the function h_x: $R \to R^+$ defined by $h_x(t) = \varrho(T_t x, (0, 0))$ is strictly increasing and tends to zero as $t \to -\infty$.

Remark 2.: We could not manage to find any example in which the answer to our original question would be negative if X is locally compact.

Remark 3.: Theorem 1. has close relationship to the following theorem [2, p. 219]: *A closed subset M of a metric space X is a retract of X if and only if there exists such a metrization of X that for every $x \in X$ there is exactly one $f(x) \in M$, so that $\varrho(x, M) = \varrho(x, f(x))$.*

The construction used in proving Theorem 1. can be applied in more general situations as well. From now on, assume that $\emptyset \neq M \subset X$ is a compact isolated invariant set [3], i.e. there is a compact neighbourhood N of M such that M is not a proper subset of any invariant subset of N. The boundary of N is denoted by ∂N. *Then there is an open neighbourhood G of M, $M \subset G \subset N$, and there is a continuous* LIAPUNOV *function $W : G \to R^+$ satisfying the following* conditions:

C_h1: there are upper semicontinuous functions $t_-, t_+ : G \to (0, \infty)$ such that for any $x \in G$,

$$\{T_t x \mid -t_-(x) < t < t_+(x)\} \subset G$$

and $T_{-t_-(x)}x \in \partial G$, $T_{t_+(x)}x \in \partial G$. G can be written as the disjoint union of H_1, H_2, H_3 and H_4 where

$$H_1 = \{x \in G \mid t_-(x) = t_+(x) = \infty\}, \qquad H_2 = \{x \in G \mid t_-(x) < t_+(x) = \infty\},$$

$$H_2 = \{x \in G \mid t_+(x) < t_-(x) = \infty\}, \qquad H_4 = \{x \in G \mid t_-(x) < \infty, t_+(x) < \infty\}.$$

$W(x) = 0$ for $x \in H_1$, and $W(x) > 0$ for $x \in G \setminus H_1$.

C_h2: for $x \in G$, define the function l_x: $(-t_-(x), t_+(x)) \to R^+$ by $l_x(t) = W(T_t x)$. For $x \in H_1$, l_x is identically zero. For $x \in H_2$, l_x tends to zero as $t \to \infty$ and l_x is strictly decreasing. For $x \in H_3$, l_x tends to zero as $t \to -\infty$ and l_x is strictly increasing. For $x \in H_4$, there is a unique $t^*(x) \in (-t_-(x), t_+(x))$ such that the function l_x is strictly decreasing on $(-t_-(x), t^*(x)]$ and strictly increasing on $[t^*(x), t_+(x))$. Recall that $H_1 = M$.

In [4], the existence of W is stated under slightly more restricted conditions — correspondingly, W has some additional properties. A careful examination of the proof used in [4] for guaranteeing the existence of W shows that the same proof can be applied under our conditions as well.

Assume that M is a retract of N. In this case, the method used in proving Theorem 1. gives us the following result:

Theorem 2.: *Under the previous conditions, there is a new metric ϱ on G, topologically equivalent to d, such that for any $x \in G$,*

$$W(x) = \varrho(x, M) = \varrho(x, r(x)) .$$

Remark 4.: Applications for attractor-repeller pairs are possible. (Cf. Remark 1.)

Remark 5.: Following [4], we say that V is a monotone and W is a hyperbolic LIAPUNOV function.

References

1 BHATIA, N. P.; SZEGÖ, G. P., Dynamical Systems: Stability Theory and Applications, Springer, Berlin-Heidelberg-New York 1967.
2 BORSUK, K., Theory of Retracts, PWN, Warszawa 1967.
3 CONLEY, C.; EUSTON, R., Isolated invariant sets and isolating blocks, Trans. Amer. Math. Soc. 157 (1971), 1–27.
4 WILSON, F. W.; YORKE, J. A., LYAPUNOV functions and isolating blocks, J. of Diff. Eq. 13 (1973), 106–123.

Anschrift: Dr. B. M. GARAY, Dept. of Math., Fac. of Mech. Engng., Technical Univ. of Budapest, Müegyetem rkp. 3–9, H-1111 Budapest, Hungary

ZAMM 61, T 240 – T 241 (1981)

F.-K. HEBEKER

Ein Algorithmus für die Anfangswertaufgabe der Wirbeltransportgleichung

1. Problemstellung

Sei $v = v(t, x)$ das Geschwindigkeitsfeld einer viskosen und inkompressiblen ebenen Strömung, $w = \overline{\nabla} \cdot v$ die zugehörige Wirbelfunktion[1]).

Wir betrachten das *regularisierte Anfangswertproblem der Wirbeltransportgleichung*[2])

$$w_t + v \cdot \nabla w = \Delta w \quad \text{in} \quad (0, \infty) \times \mathbb{R}^2 ,$$
$$v = \overline{K} w , \qquad w \to 0 \quad \text{für} \quad |x| \to \infty , \qquad w = w_0 \quad \text{bei} \quad t = 0 . \tag{1}$$

Dabei bezeichne $\overline{K}$ den regularisierten BIOT-SAVART-Operator[1])

$$(\overline{K} w)(x) = \int_{\mathbb{R}^2} (\overline{\nabla} \gamma_\varepsilon)(x - x') \cdot w(x') \, dx' ,$$

mit der durch Mittelung (Mittelungsradius $\varepsilon > 0$) aus

$$\overline{\gamma}(y) = \begin{cases} \frac{1}{2\pi} \ln(|y|) \cdot e^{-\varepsilon|y|} : & |y| > \varepsilon \\ \frac{1}{2\pi} \ln(\varepsilon) \cdot e^{-\varepsilon^2} : & |y| \leqq \varepsilon \end{cases}$$

erhaltenen Funktion γ_ε.

Sei $w_0 \in C^7(\mathbb{R}^2)$, und mit $\alpha > 0$ gelte

$$\sup_{x \in \mathbb{R}^2} (1 + x^2)^\alpha \, |w_0^{(i)}(x)| < \infty \tag{2}$$

für alle partiellen Ableitungen der Ordnung $i \leqq 7$. Die Methoden aus [3] ergeben eine für alle Zeiten eindeutige klassische Lösung von (1). Für ihre numerische Berechnung entwickeln wir das abstrakte Näherungsverfahren aus [3] zu einem (in diskretisierter Form) rechenfähigen Algorithmus.

Durch LAGRANGE-Transformation erhält man aus (1) ein Wärmeleitungsproblem im $\mathbb{R}^2$. Es wird mit einer FOURIER-Methode gelöst, die im wesentlichen aus

a) Diskretisierung bzgl. der Zeitvariablen t,
b) Ausschöpfung der Ebene durch eine Folge von Quadraten,
c) Wahl einer geeigneten Folge von Partial-Summen der FOURIER-Reihe,

besteht. Zur Stabilisierung werden die Näherungsfunktionen in Randnähe abgeschnitten.

Ergebnis: *Für hinreichend kleine Zeitschrittweiten ist der Algorithmus stabil und konvergent mit linearer Konvergenzgeschwindigkeit.*

Für Einzelheiten und eine Untersuchung des entsprechenden räumlichen Problems siehe [2].

2. Der Algorithmus

Sei $X = X(t, s, x_s)$ die charakteristische Funktion des Anfangswertproblems für die Bahnkurve $x(t)$ einer Flüssigkeitspartikel:

$$\dot{x} = v(t, x) , \qquad x(s) = x_s .$$

---

[1]) $\overline{\nabla} = \left(-\frac{\partial}{\partial x_2}, \frac{\partial}{\partial x_1}\right)$.

[2]) $|\cdot|$ sei euklidische Norm im $\mathbb{R}^2$.

Die LAGRANGE-Transformation

$$\hat{w}(t, x_0) = w(t, X(t, 0, x_0))$$

überführt (1) in ein Problem, das für kleine Zeiten durch die Wärmeleitungsaufgabe

$$\hat{w}_t = \Delta\hat{w}\,, \qquad \hat{w} \to 0 \quad \text{für} \quad |x_0| \to \infty\,, \qquad \hat{w} = w_0 \quad \text{bei} \quad t = 0$$

approximiert werden kann [3]. Die Rücktransformation führt zu der für kleine Zeiten näherungsweise geltenden Beziehung[3])

$$w(t, x) = \hat{w}(t, x - t\overline{w_0}(x))\,.$$

Dies ist der Ausgangspunkt für unseren Algorithmus.

Es bezeichne (Q^h) die Folge der Quadrate

$$Q^h = [-c_1 h^{-1/\alpha}, c_1 h^{-1/\alpha}]^2$$

$(c_1 > 0, \alpha$ aus (2)), und für hinreichend kleine $\delta > 0$

$$Q^h_\delta = \{x \in Q^h\colon \operatorname{dist}(x, \partial Q^h) \geqq \delta\}\,.$$

Mit der Familie (ξ^h) von Schnittfunktionen $\xi^h \in C_0^\infty(Q^h)$

$$\xi^h(x)\colon \begin{cases} = 1\colon & x \in Q^h_{4\delta} \\ 0 \leqq \xi^h \leqq 1\colon & x \in Q^h_{3\delta} \setminus Q^h_{4\delta} \\ = 0\colon & x \in \mathbb{R}^2 \setminus Q^h_{3\delta} \end{cases}$$

sei $(f, g)_h = \int_{\mathbb{R}^2} f \cdot g \cdot \xi^h \, dx\,.$

Ein beliebiges Zeitintervall $[0, T]$ wird in n gleichlange Intervalle $J^h_i = [t^h_i, t^h_{i+1}]$ der Länge $h = T/n$ zerlegt. Sei (N^h) die Folge von Summationsgrenzen

$$N^h = c_2 h^{-\beta}\,, \quad \text{mit} \quad \beta > \frac{1}{2} + \frac{1}{\alpha}.$$

Dann werden die Näherungen w^h_l für die Wirbelfunktion $w(t^h_l, \cdot), l = 0, \dots, n$, durch folgenden FOURIER-Algorithmus berechnet[3]):

$$w^h_0(x) = \xi^h(x) \cdot w_0(x)\,, \qquad w^h_{l+1}(x) = \xi^h(x) \cdot \sum_{i,k=1}^{[N^h]} e^{-\lambda^h_{ik} h} (w^h_l, e^h_{ik})_h \cdot e^h_{ik}(x - h\overline{w^h_l}(x))$$

$(l = 0, \dots, n-1)$, mit den Eigenwerten λ^h_{ik} und den Eigenfunktionen e^h_{ik} des LAPLACE-Operators in $\overline{Q^h}$ zu DIRICHLET-Randbedingungen und in üblicher Anordnung.

3. Stabilität und Konvergenz

Es gilt der folgende

Satz: *Für hinreichend kleine* $h > 0$ *ist der Algorithmus stabil* (vgl. [1]). *Er liefert eine gegen die Lösung* w *von* (1) *konvergente Näherungsfolge, die Konvergenzgeschwindigkeit ist linear:*

$$|w^h_l - w(t^h_l, \cdot)|_{\sup} \leqq c_3 h \quad \textit{für alle } l = 0, \dots, n\,.$$

Der Beweis wird im Schema der LAX-RICHTMYER-Theorie geführt (z. B. [1, S. 264—272]). Der entscheidende Schritt ist eine bzgl. h gleichmäßige BERNSTEIN-Abschätzung des Gradienten der Lösung einer Wärmeleitungsaufgabe (zum Stabilitätsbeweis). Siehe [2].

4. Ein numerisches Testbeispiel

Die Funktion

$$w(t, x) = -4(x^2 - 1)\, e^{-t-x^2}$$

löst mit zugehörigem Geschwindigkeitsfeld eine Aufgabe des Typs (1) (mit BIOT-SAVART-Operator K anstelle $\overline{K}$, sowie einer Inhomogenität in der Differentialgleichung). Mit ihr wurde der (diskretisierte) Algorithmus getestet.

Es bezeichne M^h den mittleren relativen Fehler. Dann ergab sich folgendes

Ergebnis: *Wenn* h *zwischen* 0.1 *und* 0.0125, N^h *zwischen* 11 *und* 33 *variiert, dann vermindert sich* M^h *nach* 1 *Zeitschritt von* 2% *auf* 0.06% *und nach* 10 *Zeitschritten von* 6% *auf* 0.4%. *Dabei wurde ein Quadrat* Q^h *der Seitenlänge zwischen* 5 *und* 8 *zugrunde gelegt.*

Literatur

1 ANSORGE, R., Differenzenapproximationen partieller Anfangswertaufgaben, Stuttgart 1978.
2 HEBEKER, F. K., Dissertation Paderborn 1980.
3 RAUTMANN, R., Lecture Notes in Mathematics 267, 1972, S. 187—231.

[3]) Bezeichnung: $\overline{w} = \overline{K}w$.

Anschrift: FRIEDRICH-KARL HEBEKER, Universität — GH Paderborn, FB 17, D-4790 Paderborn, BRD

ZAMM 61, T 242 – T 244 (1981)

G. HEISECKE

Rand-Eigenwertprobleme $N(y) = \lambda P(y)$ bei λ-abhängigen Randbedingungen

Zahlreiche technische Schwingungsprobleme führen auf Randwertprobleme (RWP) vom Typ

$$N(y) = \lambda P(y)$$

mit linearen Differentialausdrücken

$$N(y) := y^{(n)}(x) + \sum_{i=1}^{n} f_i(x)\, y^{(n-i)}(x); \qquad P(y) := y^{(p)}(x) + \sum_{i=1}^{p} g_i(x)\, y^{(p-i)}(x) \quad (n \geqq 1,\ 0 \leqq p \leqq n-1)$$

und λ-abhängigen Randbedingungen (RB)

$$U_i(y, \lambda) = \sum_{k=0}^{n-1} \{a_{ik}(\lambda)\, y^{(k)}(0) + b_{ik}(\lambda)\, y^{(k)}(1)\} = 0 \qquad (i = 1, \dots, n)\,.$$

Dabei sind die komplexwertigen Koeffizientenfunktionen f_i, g_k über $[0, 1]$ geeignet oft differenzierbar, $a_{ik}(\lambda)$ und $b_{ik}(\lambda)$ beliebige Polynome in λ und rg $\mathfrak{A}(\lambda) = n$ $\big(\mathfrak{A}(\lambda) := \big((a_{ik}) : (b_{ik})\big)$ s. u.$\big)$.

In Anlehnung an den von BIRKHOFF für das spezielle Problem $P(y) = y$ bei λ-unabhängigen RB eingeschlagenen, funktionentheoretischen Weg sollen im Hinblick auf Entwicklungssätze nach Eigenfunktionen zwei Klassen: „BIRKHOFF-reguläre RWP“ bzw. „erweitert reguläre RWP“ an einer asymptotischen Darstellung der charakteristischen Determinante ausgesondert werden.

Für die asymptotischen Abschätzungen ist eine Abbildung der λ-Ebene durch $\lambda = -\varrho^{n-p}$ auf zwei benachbarte Sektoren $S_k = \left\{\varrho \in \mathbb{C} \;\middle|\; \frac{k\pi}{n-p} \leqq \arg \varrho < \frac{(k+1)\pi}{n-p}\right\}$ der ϱ-Ebene zweckmäßig. Für $\varrho \in S_k$ lassen sich dann die mit $\omega_1, \omega_2, \dots, \omega_{n-p}$ bezeichneten $n - p$ verschiedenen Wurzeln aus -1 so indizieren, daß gilt:

$$\operatorname{Re}(\varrho\omega_1) \leqq \operatorname{Re}(\varrho\omega_2) \leqq \dots \leqq \operatorname{Re}(\varrho\omega_{n-p})\,.$$

Dann erhält man nach [2] für $|\varrho| > |\varrho_0|$ eine asymptotische Darstellung eines Fundamentalsystems von $N(y) = \lambda P(y)$ mit Ableitungen bis zur Ordnung $n - 1$

$$y_i^{(j)}(x, \varrho) = h_i^{(j)}(x) + \frac{h_{i1}^{(j)}(x)}{\lambda} + \dots + \frac{h_{im}^{(j)}(x)}{\lambda^m} + O(\lambda^{-m-1})\,, \qquad (i = 1, \dots, p)$$

$$y_i^{(j)}(x, \varrho) = \frac{\mathrm{d}^j}{\mathrm{d}x^j}\left\{\mathrm{e}^{\varrho\omega_{i-p}x}\left[\varphi_0(x) + \frac{\varphi_1(x)}{\varrho\omega_{i-p}} + \dots + \frac{\varphi_m(x)}{(\varrho\omega_{i-p})^m}\right]\right\} + \mathrm{e}^{\varrho\omega_{i-p}x}\, O(\varrho^{-m-1+j})\,,$$

$$(i = p+1, \dots, n)\,,$$

wobei $h_1(x), \dots, h_p(x)$ ein Fundamentalsystem von $P(y) = 0$ bilden.

Die Erfüllung der RB durch eine nichttriviale, allgemeine Lösung führt auf die Eigenwertgleichung $\Delta(\varrho) = 0$ mit der charakteristischen Determinante $\Delta(\varrho) = \det\big(U_i(y_j)\big)$. Um den Einfluß der λ-abhängigen RB einerseits und des Fundamentalsystems andererseits zu erkennen, wird auf die Darstellung $\Delta(\varrho) = \det\big(\mathfrak{A}(\lambda)\, \mathfrak{Y}(\varrho)\big)$ mit

$$\mathfrak{A}(\lambda) = \begin{pmatrix} a_{10}(\lambda) \dots a_{1n-1}(\lambda) & b_{10}(\lambda) \dots b_{1n-1}(\lambda) \\ \cdot\ \cdot\ \cdot\ \cdot\ \cdot\ \cdot & \cdot\ \cdot\ \cdot\ \cdot\ \cdot\ \cdot \\ a_{n0}(\lambda) \dots a_{nn-1}(\lambda) & b_{n0}(\lambda) \dots b_{nn-1}(\lambda) \end{pmatrix}, \qquad \mathfrak{Y}(\varrho) = \begin{pmatrix} y_1(0) & \dots\ y_n(0) \\ \cdot\ \cdot\ \cdot & \cdot\ \cdot\ \cdot \\ y_1^{(n-1)}(0) & \dots\ y_n^{(n-1)}(0) \\ y_1(1) & \dots\ y_n(1) \\ \cdot\ \cdot\ \cdot & \cdot\ \cdot\ \cdot \\ y_1^{(n-1)}(1) & \dots\ y_n^{(n-1)}(1) \end{pmatrix}$$

ein Satz über Matrizen n-ter Stufe angewandt mit dem Ergebnis:

Satz:

$$\Delta(\varrho) = \sum_{\substack{i=(i_1,\dots,i_r)\\ j=(j_1,\dots,j_s)\\ r+s=n}} A_{ij}(\lambda)\, Y_{ij}(\varrho)$$

Dabei entstehen die n-reihigen Determinanten A_{ij} aus $\mathfrak{A}$ und Y_{ij} aus $\mathfrak{Y}$ durch Auswahl von n Spalten bzw. Zeilen, die durch die Multiindizes i und j angegeben werden (i bezieht sich auf die ersten n, j auf die letzten n Spalten in $\mathfrak{A}$ bzw. Zeilen in $\mathfrak{Y}$; $0 \leqq i_1 < \dots < i_r \leqq n-1$, $0 \leqq j_1 < \dots < j_s \leqq n-1$).

Das Sortieren nach Haupttermen bzgl. des ϱ-Verhaltens zunächst nach exponentiellem Wachstum, dann nach Potenzwachstum führt auf eine asymptotische Darstellung für $\Delta(\varrho)$:

Satz:

$$n - p = 2\mu - 1: \qquad \Delta(\varrho) = \mathrm{e}^{\varrho(\omega_{\mu+1}+\dots+\omega_{n-p})}\,\{P_0(\varrho) + P_1(\varrho)\, \mathrm{e}^{\varrho\omega_\mu}\}\,;$$

$$n - p = 2\mu: \qquad \Delta(\varrho) = \mathrm{e}^{\varrho(\omega_{\mu+2}+\dots+\omega_{n-p})}\,\{P_{-1}(\varrho)\, \mathrm{e}^{\varrho\omega_{\mu+1}} + P_0(\varrho) + P_1(\varrho)\, \mathrm{e}^{\varrho\omega_\mu}\}\,.$$

Dabei sind P_0, P_1, P_{-1} asymptotische Potenzsummen $\big(P(\varrho) = a_l\varrho^l + \dots + a_{l-m}\varrho^{l-m} + O(\varrho^{l-m-1})$ heißt *asymptotische Potenzsumme vom Grad l und der Ordnung m*; falls $P(\varrho) = O(\varrho^{-n})$ für beliebiges $n \in \mathbb{N}$: grad $P(\varrho) := -\infty\big)$.

Definition: Das RWP heißt

a) *„erweitert regulär“*, wenn gilt:

$$l_0 := \operatorname{grad} P_0(\varrho) > -\infty \quad \text{und} \quad l_1 := \operatorname{grad} P_1(\varrho) > -\infty \quad \text{für} \quad n - p = 2\mu - 1;$$

$$l_1 := \operatorname{grad} P_1(\varrho) = \operatorname{grad} P_{-1}(\varrho) > -\infty \quad \text{für} \quad n - p = 2\mu .$$

b) *„*BIRKHOFF*-regulär“*, wenn zusätzlich die Grade maximal sind, d. h.

$$l_0 = l_1 = m \quad (n - p = 2\mu - 1) \quad \text{bzw.} \quad l_1 = l_{-1} = m \quad (n - p = 2\mu)$$

mit

$$m := \max_{i,j} [(n-p) \operatorname{grad} A_{ij}(\lambda) + z_{ij}]$$

und

$$z_{ij} := i_r + \dots + i_{r-\mu+2} + j_s + \dots + j_{s-\mu+2} + \begin{cases} \max(i_{r-\mu+1}, j_{s-\mu+1}) & \text{für} \quad n-p = 2\mu - 1 \\ \max(i_{r-\mu+1} + i_{r-\mu}, i_{r-\mu+1} + j_{s-\mu+1}, j_{s-\mu+1} + j_{s-\mu}) & \\ & \text{für} \quad n - p = 2\mu . \end{cases}$$

Bemerkung: Die Definitionen sind unabhängig von der Sektorwahl und dem betrachteten Fundamentalsystem. Die Überprüfung eines RWP auf Regularität erfolgt konstruktiv, ebenso die Bestimmung von m.

Hierfür lassen sich nun folgende Entwicklungssätze beweisen:

Satz: *Für ein* BIRKHOFF*-reguläres* RWP

a) *läßt sich für* $\delta \geqq 1$ $\left(\delta := \min(n-p, n-1+m-\tilde{m});\ \tilde{m} := \max\limits_{i,j} [(n-p) \operatorname{grad} A_{ij}(\lambda) + z_{ij} + M_{ij}],\right.$ wobei M_{ij} das Maximum der beiden folgenden, nächst kleineren Indizes i_α bzw. j_β in der Bestimmung der z_{ij} ist$\left.\right)$ *eine quellenmäßig darstellbare Funktion* $f(x) = \int\limits_0^1 G(x, \xi, 0)\, h(\xi)\, d\xi$; $h(\xi) \in L[0, 1]$ *in eine bzgl.* $x \in [0, 1]$ *gleichmäßig konvergente Reihe nach Eigenfunktionen* $u_\nu(x)$ *entwickeln*:

$$f(x) = \sum_{\nu=1}^{\infty} a_\nu u_\nu(x); \qquad a_\nu = \frac{1}{\lambda_\nu} \int_0^1 h(\xi)\, \overline{v_\nu(\xi)}\, d\xi$$

(verallgemeinerte FOURIER-Reihe [$G(x, \xi, \lambda)$: GREENsche Funktion; v_ν: Eigenfunktionen zu $\overline{\lambda}_\nu$]).

b) *konvergiert die verallgemeinerte* FOURIER*-Reihe von* $f(x)$ *gleichmäßig für* $x \in [0, 1]$ *gegen* $f(x)$, *wenn* f *die Voraussetzungen* $f^{(m_0+1)} \in C[0, 1]$ *und* $f^{(\nu)}(0) = f^{(\nu)}(1) = 0$ *für* $\nu = 0, 1, \dots, m_0$; $m_0 := \tilde{m} - m$ *erfüllt*:

$$f(x) = \sum_{\nu=1}^{\infty} a_\nu u_\nu(x) \quad \textit{mit} \quad a_\nu = \int_0^1 P_\xi^*\left(\overline{v_\nu(\xi)}\right) f(\xi)\, d\xi .$$

Satz: *Sind im erweitert regulären* RWP grad P_0 *und* grad $P_1(n - p = 2\mu + 1)$ *bzw.* grad $P_1(n - p = 2\mu)$ *größer als* max $\left(m - (n-p), \tilde{m} - p\right)$ *und erfüllt die Funktion* f *die Voraussetzungen* $f^{(p)} \in L[0, 1], f^{(\nu)}(0) = f^{(\nu)}(1) = 0$ *für* $\nu = 0, 1, \dots, p-1$, *so verhalten sich die verallgemeinerte* FOURIER*-Reihe dieses* RWP *und die* FOURIER*-Reihe des* BIRKHOFF*-regulären* RWP

$$y^{(n-p)} = \lambda y; \qquad U_i(y) = y^{(i-1)}(0) - y^{(i-1)}(1) = 0 \quad (i = 1, \dots, n-p)$$

äquikonvergent (glm. bzgl. $x \in [a, b] \subset (0, 1)$) *unter dem* RIESZ*schen Mittel einer gewissen Ordnung* s.

Beispiele:

I. Kipplasten eines Holm-Rippenrostes (vgl. [1], S. 33–34)

$$y^{(6)}(x) + c y^{(4)}(x) = \lambda y^{(4)}(x) \quad \text{mit den RB } (\lambda \text{ linear})$$

$$y(0) = y'(0) = y^{(4)}(0) - \lambda y''(0) = y(1) = y'(1) = y^{(4)}(1) - \lambda y''(1) = 0 .$$

$$\mathfrak{A}(\lambda) = \begin{pmatrix} 1 & 0 & 0 & 0 & 0 & 0 & 0 & 0 & 0 & 0 & 0 & 0 \\ 0 & 1 & 0 & 0 & 0 & 0 & 0 & 0 & 0 & 0 & 0 & 0 \\ 0 & 0 & -\lambda & 0 & 1 & 0 & 0 & 0 & 0 & 0 & 0 & 0 \\ 0 & 0 & 0 & 0 & 0 & 0 & 1 & 0 & 0 & 0 & 0 & 0 \\ 0 & 0 & 0 & 0 & 0 & 0 & 0 & 1 & 0 & 0 & 0 & 0 \\ 0 & 0 & 0 & 0 & 0 & 0 & 0 & 0 & -\lambda & 0 & 1 & 0 \end{pmatrix}$$

Bestimmung der $A_{ij}(\lambda) \neq 0$ und des Maximums m $(n - p = 2, \mu = 1)$:

a) $i = (0, 1, 2);\ j = (0, 1, 2)$: $A_{ij}(\lambda) = \lambda^2$, $z_{ij} = \max(3, 4, 3) = 4$;

b) $i = (0, 1, 2);\ j = (0, 1, 4)$: $A_{ij}(\lambda) = -\lambda$, $z_{ij} = \max(3, 6, 5) = 6$;

c) $i = (0, 1, 4);\ j = (0, 1, 2)$: $A_{ij}(\lambda) = -\lambda$, $z_{ij} = \max(5, 6, 3) = 6$;

d) $i = (0, 1, 4);\ j = (0, 1, 4)$: $A_{ij}(\lambda) = 1$, $z_{ij} = \max(5, 8, 5) = 8$

↓ Nur Beiträge zu P_{-1}, P_1

$\Rightarrow m = \max(2 \cdot 2 + 4, 1 \cdot 2 + 6, 1 \cdot 2 + 6, 0 \cdot 2 + 8) = 8$.

Die weitere Rechnung über $\Delta(\varrho) = \varrho^4 Y_a(\varrho) + \varrho^2 Y_b(\varrho) + \varrho^2 Y_c(\varrho) + Y_d(\varrho)$ liefert grad $\Delta(\varrho) = 6$ und Äquikonvergenz für dieses *erweitert reguläre* RWP.

II. $y^{(4)}(x) + K(x)\, y(x) = \lambda y''(x)$

mit den RB

$$y(0) = y'(0) = y''(1) = 0\,, \quad b_{40}(\lambda)\, y(1) + b_{43}(\lambda)\, y'''(1) = 0; \quad \text{grad}\, b_{40}(\lambda) = 3\,, \quad \text{grad}\, b_{43}(\lambda) = 2\,.$$

(Spezialfall eines einseitig eingespannten Balkens mit angekoppeltem schwingenden System aus 3 Massen und 2 elastischen Federn.)

a) $i = (0, 1);\ j = (0, 2):\ A_{ij}(\lambda) = -b_{40}(\lambda)\,, \quad z_{ij} = \max(1, 3, 2) = 3$

b) $i = (0, 1);\ j = (2, 3):\ A_{ij}(\lambda) = b_{43}(\lambda)\,, \quad z_{ij} = \max(1, 4, 5) = 5$

↓ Nur Beiträge zu P_{-1}, P_1.

$\Rightarrow m = \max(2 \cdot 3 + 3, 2 \cdot 2 + 5) = 9\,.$

Über $\Delta(\varrho) = -b_{40}(\lambda)\, Y_a(\varrho) + b_{43}(\lambda)\, Y_b(\varrho)$ erhält man: Das RWP ist BIRKHOFF-*regulär*, und es gelten wegen $\delta = 2 > 1$ die angegebenen Entwicklungssätze.

Literatur

1 COLLATZ, L., Eigenwertaufgaben mit technischen Anwendungen, Akademische Verlagsgesellschaft Geest & Portig, Leipzig 1963.
2 EBERHARD, W.; FREILING, G.; STONE-reguläre Eigenwertprobleme, Math. Z. 160, 139–161 (1978).
3 MINKLER, H., Über eine Erweiterung des Regularitätsbegriffes bei Randwertproblemen gewöhnlicher Differentialgleichungen, Dissertation RWTH Aachen (1978); Kurzbericht: ZAMM 59, T 34–T 35 (1979).
4 NEUMARK, M. A., Lineare Differentialoperatoren. Akademie-Verlag, Berlin 1960.

Anschrift: Dr. G. HEISECKE, Dorotheenstr. 18, D-2400 Lübeck 1, BRD

ZAMM 61, T 244 – T 245 (1981)

Z. JANKOVIĆ

Relation Between the Connection of R_4 and of 2-Spinor Spaces

1) In the author's generalized vector and tensor calculus scheme the structure of a vector space X_n, over a coordinate manifold M_m, is completely determined by the fundamental and transposition operator fields, or equivalently by the forms of these operators in a corresponding basis system and by basis transformation group operators [1], [2], [3].

The RIEMANN space R_n represents a very simple particular case of the generalized scheme [3] characterized by the following properties:

a) the fundamental and transposition operators are symmetric and identical, i.e. the bra and ket vector forms are identical (case Aa)),

b) the dimensions n and m are equal; the displacement vector [2] determines the tangent basis transformation group,

c) the torsion tensor field vanishes.

2) In the framework of the generalized scheme, a four-dimensional vector space Y_4, over a four-dimensional M_4, can be formed [4] with canonical basis vectors $\varepsilon(I)$ equal to direct products of the basis vectors of two different 2-spinor spaces $S_2(e)$ and $\bar{S}_2(f)$, over the same M_4, e.g.

$$\varepsilon(I) = f(\bar{i})\, e(i) \quad \big(\text{or } e(i)\, f(\bar{i})\big)\,. \tag{1}$$

The fundamental and transposition operator of Y_4 in $B(\varepsilon)$ are direct products of the respective operators of $S_2(e)$ and $\bar{S}_2(f)$. Y_4 manifests in $B(\varepsilon)$ the properties of case Aa) (see 1a)), if

$$T_\varepsilon = T_{f\bar{i}\bar{j}} T_{eij} = {}_{\bar{i}}g_{f\bar{j}}\,{}_i g_{ej} = g_\varepsilon\,. \tag{2}$$

Y_4 will manifest the properties of case Aa) in any basis $B(\alpha)$ if

$$T_{\alpha\cup}{}^{\cap} = {}_{\cup}E_{\alpha}^{\cap} = {}^{\cap}{}_{\cap}T_\alpha\,, \qquad T_{\alpha\cup}^{\cap} = {}^{\cap}E_{\alpha\cup} = {}^{\cap}{}_{\cup}T_\alpha\,. \tag{3}$$

($\cup$, $\cap$ valence symbols in Y_4). A consequence of (3) is the commutativity of the scalar product.

The transformation operators for the bases $B(\varepsilon)$ and $B(\alpha)$ of Y_4 (case Aa)) appear in the formulas

$$\begin{aligned}
\alpha_I(\equiv {}_I\alpha) &= \alpha_I{}^K \varepsilon\varepsilon_K = {}_I\bar{A}^K \varepsilon_K\,, & {}_I\bar{A}^K &= {}^K A_I\,,\\
\alpha^I(\equiv {}^I\alpha) &= \alpha^I{}_K \varepsilon\varepsilon^K = {}^I\bar{A}_K \varepsilon^K\,, & {}^I\bar{A}_K &= {}_K A^I\,,\\
\varepsilon_K(\equiv {}_K\varepsilon) &= \varepsilon_K{}^I \alpha\alpha_I = {}_K A^I \alpha_I\,, & {}_I A^K{}_K \bar{A}^J &= {}_I\delta^J\,,\\
\varepsilon^K(\equiv {}^K\varepsilon) &= \varepsilon^K{}_I \alpha\alpha^I = {}^K A_I \alpha^I\,, & {}^I A_K{}^K \bar{A}_J &= {}^I\delta_J\,.
\end{aligned} \tag{4}$$

These transformation operator components can be determined from the transformation of the fundamental operator components, e.g.

$$\alpha^{IJ}\alpha = {}^{I}g^{J}_{\alpha} = {}^{I}\bar{A}_{K}{}^{K}g^{R}_{\varepsilon\, R}A^{J} = {}^{K}g^{R}_{\varepsilon}\,{}^{I}\bar{A}_{K}{}^{J}\bar{A}_{R}\,, \tag{5}$$

if the symmetric fundamental operator is known in both bases. In fact, the relation (5) represents 10 bilinear equations for 16 transformation operator components ${}^{I}\bar{A}_{K}$ and they can be solved for an adequate choice of 6 conditions, e.g.

$${}^{1}\bar{A}_{2} = {}^{1}\bar{A}_{3} = {}^{2}\bar{A}_{3} = {}^{3}\bar{A}_{1} = 0\,, \qquad {}^{1}\bar{A}_{4} = \eta^{1}\bar{A}_{1}\,, \qquad {}^{3}\bar{A}_{3} = \xi^{3}\bar{A}_{2}\,. \tag{6}$$

(For the diagonal basis $B(\alpha)$ the obtained solutions reduce to those found earlier [4]). Thus, Y_4 (case Aa), tangent bases) is a vector space satisfying the requirements 1a), b) if $B(\alpha)$ is a tangent basis and if only the tangent basis transformation group is allowed.

3) With the help of the absolute differential [2], the relations between the coefficients of connection for $B(\varepsilon) \in Y_4$ and for $B(e) \in S_2(e)$ and $B(f) \in \bar{S}_2(f)$ are obtained, e.g.

$$\Delta\varepsilon_I = \Delta f_{\bar{i}}\, e_i + f_{\bar{i}}\, \Delta e_i\,, \qquad (\Gamma^{J}_{\varepsilon})_{kI} = (\Gamma^{\bar{j}}_{f})_{k\bar{i}}\, {}_{i}\delta^{j} + (\Gamma^{j}_{e})_{ki}\, {}_{\bar{i}}\delta^{\bar{j}}\,. \tag{7}$$

For any basis $B(\alpha) \in Y_4$, it follows from (4)

$$(\Gamma^{J}_{\alpha})_{kI} = (\partial_{kI}\bar{A}^{K})\,{}_{K}A^{J} + {}_{I}\bar{A}^{K}{}_{R}A^{J}(\Gamma^{R}_{\varepsilon})_{kK}\,, \qquad (\Gamma^{J}_{\varepsilon})_{kI} = (\partial_{kI}A^{K})\,{}_{K}\bar{A}^{J} + {}_{I}A^{K}{}_{R}\bar{A}^{J}(\Gamma^{R}_{\alpha})_{kK}\,. \tag{8}$$

Thus, through the relations (7) and (8), Γ_e and Γ_f are related with Γ_α.

4) In the case $n = m = 4$ (see 1b)), Γ_α for any $B(\alpha) \in Y_4$ can be separated in these two ways:

$$(\Gamma_{\alpha J})_{kI} = (\Gamma_{\alpha J})^{S}_{kI} + (\Gamma_{\alpha J})^{A}_{kI} = (\Gamma^{S}_{\alpha J})_{kI} + (\Gamma^{A}_{\alpha J})_{kI}\,. \tag{9}$$

As known [3] the absolute differentials of the fundamental and transposition operator should vanish identically. Hence, linear equations follow determining the coefficients of connection in terms of components and their partial derivatives of these operators. For case Aa) we find

$$\Delta^{\cap} g^{S\cap}_{\alpha} \equiv 0; \qquad 2(\Gamma^{S}_{\alpha J})_{kI} = \partial_{kI} g^{S}_{\alpha J}\,, \qquad (\Gamma^{A}_{\alpha J})_{kI} \text{ at disposal.} \tag{10}$$

Further, with the help of (9) we write

$$\begin{aligned}
2(\Gamma_{\alpha J})^{A(S)}_{kI} &= \tfrac{1}{2}\left(\partial_{kI} g_{\alpha J}\,(\pm)\,\partial_{IJ} g_{\alpha k}\right) + (\Gamma^{A}_{\alpha J})_{kI}\,(\pm)\,(\Gamma^{A}_{\alpha J})_{Ik}\,,\\
(\Gamma^{A}_{\alpha J})_{kI} &= \tfrac{1}{2}\left(\partial_{IJ} g_{\alpha k} - \partial_{Jk} g_{\alpha I}\right) + (\Gamma_{\alpha J})^{A}_{kI} - (\Gamma_{\alpha k})^{A}_{IJ} + (\Gamma_{\alpha I})^{A}_{Jk}\,,\\
(\Gamma_{\alpha J})^{S}_{kI} &= [kI, J] - (\Gamma_{\alpha k})^{A}_{IJ} + (\Gamma_{\alpha I})^{A}_{Jk}\,.
\end{aligned} \tag{11}$$

5) It is an interesting fact that for a 2-spinor space the identical vanishing of the absolute differential of the skewsymmetric transposition operator yields for each $k = 1, \ldots, m$ only one relation between the spinor coefficients of connection, e.g.

$$T_{e<<} = T^{12}(e_1 e_2 - e_2 e_1)\,, \qquad \partial_k \ln T^{12} + (\Gamma^{1}_{e})_{k1} + (\Gamma^{2}_{e})_{k2} = 0\,. \tag{12}$$

Thus, for $S_2(e)$ and $\bar{S}_2(f)$, altogether $2 \times 3m = 6m$ spinor coefficients of connection are at disposal, i.e. for 2-spinor fields over M_4 (R_4) 24 spinor coefficients of connection are at disposal.

6) Now, the important conclusion from (7)—(12) is as follows: *if the fundamental operator field of* Y_4 (case Aa), tangent bases) *is known, the* 24 *spinor coefficients of connection and* 24 *skew-symmetric parts* $(\Gamma^{A}_{\alpha J})_{kI}$ (or $(\Gamma_{\alpha J})^{A}_{kI}$, i.e. torsion tensor components) *determine each other, and consequently the spinor coefficients of connection can be expressed in terms of* Γ_α *and* g_α.

The obtained results are easily applied to a RIEMANN space by requiring that the torsion tensor, i.e. $(\Gamma_{\alpha J})^{A}_{kI}$, should vanish identically (see 1c)). If in a RIEMANN space R_4 diagonal bases exist, one determines Γ_e and Γ_f by a simple calculation as shown by the example of SCHWARZSCHILD solution which is of interest for the general theory of relativity [4].

References

1 JANKOVIĆ, Z., A contribution to the vector and tensor algebra, Tensor, N.S. 21 (1970), 151.
2 JANKOVIĆ, Z., A contribution to the vector and tensor analysis. I, II, Tensor, N.S. 21 (1970), 167; 189.
3 JANKOVIĆ, Z., On the transposition operators in a generalized vector and tensor calculus scheme, Tensor N.S. 22 (1971), 205.
4 JANKOVIĆ, Z., Spinors and the RIEMANN space, to be published.

Anschrift: Prof. Dr. Z. JANKOVIĆ, Faculty of Science, Department of Math., Marulićev trg. 19, Yu-41000 Zagreb, Yugoslavia.

ZAMM 61, T 246 – T 248 (1981)

P. Jochum

Das Verfahren von Bonnerot-Jamet für ein Zweiphasenproblem mit expliziter Randberechnung

I. Einleitung

Wir betrachten das folgende eindimensionale Zweiphasen-Stefan-Problem mit gemischten Randbedingungen

$$\alpha u_{xx} - u_t = 0\,, \quad 0 < x < s(t)\,; \qquad \beta v_{xx} - v_t = 0\,, \quad s(t) < x < l\,, \quad 0 < t \leqq T\,, \tag{1}$$

$$u(x, 0) = f_1(x)\,, \quad 0 \leqq x \leqq b = s(0)\,, \qquad v(x, 0) = f_2(x)\,, \quad b \leqq x \leqq l\,, \quad 0 < b < l\,, \tag{2}$$

$$u_x(0, t) + q_1(t)\, u(0, t) = g_1(t)\,, \qquad v_x(l, t) + q_2(t)\, v(l, t) = g_2(t)\,, \quad 0 < t \leqq T\,, \tag{3}$$

$$u(s(t), t) = 0\,, \qquad v(s(t), t) = 0\,, \quad 0 < t \leqq T\,, \tag{4}$$

$$\dot{s}(t) = K_1 u_x(s(t), t) + K_2 v_x(s(t), t)\,, \quad 0 < t \leqq T\,. \tag{5}$$

Bezüglich der Voraussetzungen an die Konstanten, Anfangs- und Randfunktionen sei auf Cannon und Primicerio [3] verwiesen.

Ziel dieser Arbeit ist es, die von Bonnerot und Jamet [2] für ein einfaches Einphasenproblem angegebenen Gleichungen mit Hilfe der Landau-Transformation für das Zweiphasenproblem (1–5) aus dem Crank-Nicholson-Verfahren herzuleiten und die implizite Front-Tracking-Formel in [2] durch ein explizites Zweischrittverfahren zu ersetzen.

II. Herleitung der Differenzengleichungen

Durch die Variablentransformationen

$$y = \frac{x}{s(t)}\,, \qquad U(y, t) = u(x, t)\,, \qquad y = \frac{x - s(t)}{l - s(t)}\,, \qquad V(y, t) = v(x, t)\,, \tag{6}$$

gehen die Wärmeleitungsgleichungen (1) in die folgenden parabolischen Gleichungen auf dem Rechteck $(0,1) \times (0, T]$ über:

$$\frac{\alpha}{s^2(t)}\, U_{yy} + \frac{\dot{s}(t)}{s(t)}\, y U_y - U_t = 0\,, \qquad 0 < y < 1\,, \quad 0 < t \leqq T\,, \tag{7}$$

$$\frac{\beta}{(l - s(t))^2}\, V_{yy} - \frac{\dot{s}(t)}{l - s(t)}\, (y - 1)\, V_y - V_t = 0\,, \qquad 0 < y < 1\,, \quad 0 < t \leqq T\,. \tag{8}$$

Zur Diskretisierung unterteile man das Intervall $[0, 1]$ in J Teilintervalle der Länge $1/J$, das Zeitintervall $[0, T]$ in N Teilintervalle der Länge $\Delta t = T/N$. s^n sei eine Approximation für $s(n\, \Delta t) = s(t^n)$. Schreibt man (7) in der äquivalenten Form, $(\alpha/s(t))\, U_{yy} + \dot{s}(t)\, (yU_y + U) - (sU)_t = 0$, ((8) analog) und wendet darauf das Crank-Nicholson-Schema an, so ergibt sich mit den Abkürzungen

$$\Delta x_1^n = s^n/J\,, \qquad \lambda_1^n = \frac{\alpha\, \Delta t}{2 \Delta x_1^n}\,, \qquad \Delta\Delta x_1 = \Delta x_1^{n+1} - \Delta x_1^n\,,$$

$$\Delta x_2^n = (l - s^n)/J\,, \qquad \lambda_2^n = \frac{\beta\, \Delta t}{2 \Delta x_2^n}\,, \qquad \Delta\Delta x_2 = \Delta x_2^{n+1} - \Delta x_2^n\,,$$

die folgende Differenzengleichung für U (für V analog):

$$\left[\frac{(i - 1)\, \Delta\Delta x_1}{4} - \lambda_1^{n+1}\right] U_{i-1}^{n+1} + [\Delta x_1^{n+1} + 2\lambda_1^{n+1}]\, U_i^{n+1} + \left[\frac{-(i + 1)\, \Delta\Delta x_1}{4} - \lambda_1^{n+1}\right] U_{i+1}^{n+1} =$$
$$\left[\frac{-(i - 1)\, \Delta\Delta x_1}{4} + \lambda_1^n\right] U_{i-1}^n + [\Delta x_1^n - 2\lambda_1^n]\, U_i^n + \left[\frac{(i + 1)\, \Delta\Delta x_1}{4} + \lambda_1^n\right] U_{i+1}^{n+1}\,, \qquad i = 1, \dots, J - 1\,. \tag{9}$$

(9) stimmt mit der von Bonnerot-Jamet [2] angegebenen Formel überein. Definiert man $W_{J-i}^n := V_i^n$ und ersetzt $k = J - i$, so läßt sich die Differenzengleichung für V in die gleiche Form bringen wie (9):

$$\left[\frac{(k - 1)\, \Delta\Delta x_2}{4} - \lambda_2^{n+1}\right] W_{k-1}^{n+1} + [\Delta x_2^{n+1} + 2\lambda_2^{n+1}]\, W_k^{n+1} + \left[\frac{-(k + 1)\, \Delta\Delta x_2}{4} - \lambda_2^{n+1}\right] W_{k+1}^{n+1} =$$
$$\left[\frac{-(k - 1)\, \Delta\Delta x_2}{4} + \lambda_2^n\right] W_{k-1}^n + [\Delta x_2^n - 2\lambda_2^n]\, W_k^n + \left[\frac{(k + 1)\, \Delta\Delta x_2}{4} + \lambda_2^n\right] W_{k+1}^{n+1}\,, \qquad k = 1, \dots, J - 1\,. \tag{10}$$

Die Diskretisierung der gemischten Randbedingungen (3) erfolgt wie bei BABUŠKA et al. [1, Kap. 6] durch Einsetzen der Differentialgleichungen (7) und (8) in den Konsistenzausdruck und nachfolgendes Ersetzen der Zeitableitung durch den zentralen Differenzenquotienten. Nach einiger Rechnung ergibt sich folgende Gleichung für U (W analog):

$$\left[(\Delta x_1^{n+1} q_1^{n+1} - 1 - \frac{(\Delta x_1^{n+1})^2 + (\Delta x_1^n)^2}{2\alpha\, \Delta t}\right] U_0^{n+1} + U_1^{n+1} =$$

$$\left[1 - \Delta x_1^n q_1^n - \frac{(\Delta x_1^{n+1})^2 + (\Delta x_1^n)^2}{2\alpha\, \Delta t}\right] U_0^n - U_1^n + \Delta x_1^{n+1} g_1^{n+1} + \Delta x_1^n g_1^n\,, \tag{11}$$

Die Diskretisierung der Randbedingungen (2) und (4) ist klar.

III. Diskretisierung der freien Randbedingung

BONNEROT und JAMET [2] schlugen zur Approximation der freien Randbedingung (5) ein implizites RUNGE-KUTTA-Verfahren 2. Ordnung vor,

$$s^{n+1} = s^n + \frac{\Delta t}{2}\,(D^n + D^{n+1})\,, \qquad n = 0, \dots, N-1\,, \tag{12}$$

wobei D^n eine Differenzenapproximation der rechten Seite von (5) auf der n-ten Zeitschicht bezeichnet. Die Verwendung von Temperaturwerten auf der $n+1$-ten Zeitschicht in (12) erfordert eine iterative Bestimmung des Wertes s^{n+1}. Es liegt daher nahe, (12) durch ein explizites 2-Schritt-Verfahren derselben Ordnung zu ersetzen. Die ADAMS-BASHFORTH-Formel lautet z. B.:

$$s^{n+1} = s^n + \frac{\Delta t}{2}\,(3D^n - D^{n-1})\,, \qquad s^1 = b + \Delta t D^0\,, \qquad s^0 = b\,, \tag{13}$$

wobei

$$D^n = \frac{K_1}{\Delta x_1^n}\left(-2U_{J-1}^n + \frac{1}{2}\,U_{J-2}^n\right) - \frac{K_2}{\Delta x_2^n}\left(-2W_{J-1}^n + \frac{1}{2}\,W_{J-2}^n\right). \tag{14}$$

Umfangreiche numerische Tests [4] ergaben keinen Stabilitätsverlust durch die Verwendung von (13). Andererseits verringert sich der Gesamtrechenaufwand mit Formel (13) gegenüber (12) bei gleicher Genauigkeit um ca. 50%!

IV. Numerische Beispiele

Nachfolgend geben wir zwei gerechnete Testbeispiele an, an denen die quadratische Konvergenz und die hohe Genauigkeit abgelesen werden kann. Die Rechnungen wurden auf der CDC-Anlage (Cyber 175) des Leibniz-Rechenzentrums München durchgeführt.

Beispiel 1: Konstanten: $\alpha = 1$, $\beta = 4$, $b = 1$, $l = 3$, $k_1 = -\frac{5}{4}$, $k_2 = 1$, $T = 1$. Die Anfangs- und Randbedingungen wurden so gewählt, daß sich als Lösung $(u, v, s) = \left(\exp(t - x + b) - 1, \exp\left(\frac{1}{4}(t - x + b) - 1\right), 1 + t\right)$ ergab.

J	N	s^N	$s(1)$	$e^N = \frac{s(1) - s^N}{s(1)}$	e^N/e^{2N}	CPU-Zeit
20	40	1.99945893	2	2.705×10^{-4}	4.354	0.020
40	80	1.99987574	2	6.213×10^{-5}	4.181	0.070
80	160	1.99997029	2	1.486×10^{-5}	4.094	0.256
160	320	1.99999274	2	3.630×10^{-6}	4.047	0.942
320	640	1.99999820	2	8.970×10^{-7}	—	3.768

Beispiel 2: Eine 9 cm dicke Eisplatte liege in einem Wasserbad der Tiefe 1 cm und der Anfangstemperatur 0 °C. Innerhalb der Eisplatte liege eine stationäre (lineare) Temperaturverteilung zwischen 0 und −5 °C vor. Die Eisplatte sei auf der Oberseite von Luft der Temperatur −5 °C umgeben, der Boden des Wassergefäßes werde innerhalb von 4 Minuten von 0 °C auf 100 °C erwärmt. Zwischen Stahl und Wasser wurde eine (realistische) Wärmeübergangszahl $-q_1 = 10$ [cm^{-1}] zwischen Eis und Luft $q_2 = 0{,}5$ [cm^{-1}] angenommen.

$$\alpha = 0.078\ [\mathrm{cm}^2/\mathrm{min}]\,, \quad \beta = 0.75\,, \quad k_1 = 9.786 \times 10^{-4}\ [\mathrm{cm}^2/{}^\circ\mathrm{C}\cdot\mathrm{min}]\,, \quad k_2 = 9.408 \times 10^{-3}\,.$$

J	N	s^N	$s(4)$	$d^N = \frac{s(4) - s^N}{s(4)}$	e^N/e^{2N}
10	20	1.02122765	1 02257839	-1.321×10^{-3}	4.196
20	40	1.02225644	1.02257839	-3.148×10^{-4}	4.099
40	80	1.02249987	1.02257839	-7.679×10^{-5}	4.096
80	160	1.02255918	1.02257839	-1.879×10^{-5}	4.208
160	320	1.02257382	1.02257839	-4.465×10^{-6}	4.956
320	640	1.02257746	1.02257839	-9.095×10^{-7}	—

Der Rand s ist im Intervall [0, 4] nicht monoton. Anstelle des ‚wahren' Wertes $s(4)$ wurde ein extrapolierter verwendet.

Literatur

1 BABUŠKA, I.; PRAGER, M.; VITAŠEK, E., Numerical Processes in Differential Equations, J. Wiley, New York 1966.
2 BONNEROT, R.; JAMET, P., A second order finite element method for the one-dimensional STEFAN problem, Internat. J. Numer. Methods Engrg. 8 (1974), 811–820.
3 CANNON, J. R.; PRIMICERIO, M., A two phase STEFAN problem with flux boundary conditions. Ann. Mat. Pura Appl. 88 (1971), 193–206.
4 JOCHUM, P., The numerical solutions of the inverse STEFAN problem, Numer. Math. 34 (1980), 411–429.

Anschrift: Dr. PETER JOCHUM, Mathematisches Institut der Universität, Theresienstr. 39, D-8000 München 2, BRD

ZAMM 61, T 248 – T 249 (1981)

B. KAWOHL

On a Nonlinear Heat Control Problem with Boundary Conditions Changing in Time

The boundary value problem

Let $\Omega \subset \mathbb{R}^n$ be a bounded domain with smooth boundary $\partial\Omega$. Consider the following *parabolic boundary value problem in the cylindrical domain* $\Omega \times (0, T)$ with $s \in (0, T)$:

$$\begin{aligned} u_t(x,t) - \Delta u(x,t) &= f(x,t) && \text{in } \Omega \times (0,T), \\ u(x,0) &= u_0(x) && \text{in } \Omega, \\ -\frac{\partial u}{\partial n}(x,t) &= \beta_1(u(x,t)) && \text{in } \partial\Omega \times (0,s), \\ -\frac{\partial u}{\partial n}(x,t) &= \beta_2(u(x,t)) && \text{in } \partial\Omega \times (s,T), \end{aligned} \tag{1}$$

where $\beta_i\colon \mathbb{R} \to 2^{\mathbb{R}}$ $(i = 1, 2)$ are maximal monotone mappings. If in particular

$$\beta_i(r) = \begin{cases} \{-1\} & \text{for } r < a_i\,, \\ [-1, 0] & \text{for } r = a_i\,, \\ \{0\} & \text{for } r > a_i\,, \end{cases} \tag{2}$$

where a_i $(i = 1, 2)$ are appropriate real constants, the boundary conditions describe a *thermostat-control*. In fact, as long as the temperature u stays above a critical temperature a_i there is no heatflux across the boundary $\partial\Omega$. However if u gets below a_i, a heating system generates a heat flux (wolog) of unit size. At time s the critical temperature switches from a_1 to a_2, i.e. the thermostat is turned up or down.

The associated evolution equation

For $i = 1, 2$ let $j_i\colon \mathbb{R} \to (-\infty, \infty]$ be those convex, lower semicontinuous (lsc.) functionals, whose subdifferentials ∂j_i equal β_i. In other words let j_i be the primitives of β_i. For our example (2) we obtain

$$j_i(r) = (a_i - r)^+ = \begin{cases} 0 & \text{for } r > a_i\,, \\ a_i - r & \text{for } r \leq a_i\,. \end{cases} \tag{3}$$

Furthermore let $\varphi_i\colon L^2(\Omega) \to (-\infty, \infty]$ be the following convex lsc. proper functionals $(i = 1, 2)$:

$$\varphi_i(u) := \begin{cases} \frac{1}{2}\int\limits_\Omega |\nabla u|^2\,\mathrm{d}x + \int\limits_{\partial\Omega} j_i(u)\,\mathrm{d}\sigma & \text{if the integrals exist,} \\ +\infty & \text{else,} \end{cases} \tag{4}$$

and define $\varphi\colon [0, T] \times L^2(\Omega) \to (-\infty, \infty]$ as follows:

$$\varphi(t, u) := \begin{cases} \varphi_1(u) & \text{for } t \in [0, s)\,, \\ \varphi_2(u) & \text{for } t \in [s, T]\,. \end{cases} \tag{5}$$

In a manner similar to [2] one can show that the boundary value problem (1) can be rewritten in a weak form as an *evolution equation* for $L^2(\Omega)$-valued functions under initial data:

$$\begin{aligned} \frac{\mathrm{d}u}{\mathrm{d}t}(t) + \partial\varphi(t, u) &\ni f(t) \qquad \text{in } (0, T)\,, \\ u(0) &= u_0\,. \end{aligned} \tag{6}$$

CAUCHY problems of type (6) have been treated e.g. in [2] for time-independent φ, in [1] and [6] for φ depending regularly on t, in [7] for the case of measurable t-dependance (a situation, in which not even the uniqueness of a solution is known) and in [4] for the case that φ is piecewise constant in t, i.e. of type (5). Hardly anything seems to be known about the regularity of a solution in the neighbourhood of the switching time s.

Using an idea from [4] we can decompose problem (6) into two subsequent CAUCHY problems

$$\frac{\mathrm{d}u}{\mathrm{d}t}(t) + \partial\varphi_1(u) \ni f(t) \quad \text{in } (0, s)\,, \qquad u(0) = u_0\,, \tag{7}$$

$$\frac{\mathrm{d}u}{\mathrm{d}t}(t) + \partial\varphi_2(u) \ni f(t) \quad \text{in } (s, T)\,, \qquad u(s_+) = u(s_-)\,, \tag{8}$$

where $u(s_\pm) = \lim_{t\to s,\, t\gtrless s} u(t)$. Now we are in a situation to apply some well known results for evolution equations with time-independent φ.

Proposition: *Let φ be independent of t and $H = L^2(\Omega)$.*

i) *For $u_0 \in \overline{D(\varphi)}$ and $f \in L^2(0, T; H)$ there exists a unique weak solution $u \in C([0, T], H)$ to problem* (6). *Furthermore $u(t) \in \overline{D(\partial\varphi)}$ for every $t \in (0, T]$ and $\sqrt{t}\,\frac{\mathrm{d}u}{\mathrm{d}t} \in L^2(0, T; H)$.*

ii) *If furthermore $u_0 \in D(\varphi)$ and $f \in W^{1,1}(0, T; H)$, then u satisfies $u(t) \in D(\partial\varphi)$ for every $t \in (0, T]$ and $\frac{\mathrm{d}u}{\mathrm{d}t} \in L^2(0, T; H)$.*

For the proof we refer to [2] or [3].

In order to apply the proposition to problem (7) and (8) it is useful to know something about $\overline{D(\varphi_i)}$ and $D(\varphi_i)$. Observe that $D(\varphi_i) = \{u \in H^1(\Omega) \mid \int_{\partial\Omega} j_i(u)\,\mathrm{d}\sigma < \infty\}$ for $i = 1, 2$, and that $H_0^1(\Omega)$ is dense in $L^2(\Omega)$. Since $D(\varphi_i)$ is nonempty, there exist functions $v_i \in D(\varphi_i)$, and the affine spaces $v_i \oplus H_0^1(\Omega)$ are contained in $D(\varphi_i)$ too. Therefore $\overline{D(\varphi_i)}^{L^2(\Omega)} = L^2(\Omega)$.

Application to the thermostat control problem

The following considerations are done for the special example (2) (3) only. Suppose $u_0 \in D(\varphi_1)$ and $f \in W^{1,1}(0,T; L^2(\Omega))$. Then part ii) of the proposition states that $u(s) \in D(\partial\varphi_1) \subset D(\varphi_1)$ and so $\int_{\partial\Omega} j_1(u(s))\,\mathrm{d}\sigma$ exists. One can easily derive from (3) that in this case $\int_{\partial\Omega} j_2(u(s))\,\mathrm{d}\sigma$ exists as well and hence $u(s) \in D(\varphi_2)$. Starting at time s we may again apply part ii) of the proposition and obtain our

Result: *There exists a unique solution $u \in C([0, T], L^2(\Omega))$ to the thermostat control problem* (1) (2). *The solution satisfies properties* ii) *of the proposition. In particular $\frac{\partial u}{\partial t} \in L^2(0, T; L^2(\Omega))$ and $u(t) \in H^2(\Omega)$ for $t \in (0, T]$.*

The proof of the H^2-regularity follows from the fact that $D(\partial\varphi_i) \subset H^2(\Omega)$ (cf. [2]).

Our result can be appropriately extended to other boundary conditions than the onés described by (2) as well as to more general parabolic equations, i.e. to equations of the type

$$u_t + Lu + \beta_0(u) \ni f \quad \text{in } \Omega \times (0, T)\,,$$

where L is a symmetric, linear, elliptic and positive semidefinite differential operator of second order in divergence form, and where β_0 is another maximal monotone mapping. There are many applications in biology, chemistry and physics for these more general equations and boundary conditions, some of which are listed in [5].

The author is gratefully indebted to Dr. K. GRÖGER for bringing [4] to his attention.

References

1 ATTOUCH, H.; DAMLAMIAN, A., Problèmes d'évolution dans les HILBERTS et applications, J. Math. pures et appl. 54 (1975) 53–74.
2 BREZIS, H., Problèmes unilatéraux, J. Math. pures et appl. 51 (1972) 1–168.
3 BREZIS, H., Opérateurs maximaux monotones et sémi-groupes de contractions dans les espaces de HILBERT, Amsterdam-London, North Holland 1973
4 BREZIS, H.; EKELAND, I., Un principe variationnel associé à certaines équations paraboliques, C.R. Acad. Sci., Paris, Ser. A 282 (1976) 1197–1198.
5 KAWOHL, B., On nonlinear parabolic equations with abruptly changing boundary conditions, to appear in Nonlinear Analysis.
6 KENMOCHI, N., Initial boundary value problems for nonlinear parabolic partial differential equations, Boll. Un. Mat. Ital., Ser. 5 13B (1976) 1–18.
7 MIGNOT, F.; PUEL, J. P., Solution maximum de certaines inéquations d'évolution paraboliques, et inéquations quasi variationelles paraboliques, C.R. Acad. Sci. Paris, Ser. A 280 (1975) 259–262.

Anschrift: B. KAWOHL, Institut für Angewandte Mathematik, Friedrich Alexander Universität, Martenstr. 3, D-8520 Erlangen, BRD

ZAMM 61, T 250 – T 252 (1981)

T. KOWALSKI / A. PISKOREK

Existenz der Lösung einer Anfangsrandwertaufgabe in der linearen Thermoelastizitätstheorie

Im Fall der r-dimensionalen ($r = 1, 2, 3$) linearen Thermoelastizitätstheorie hat das *Differentialgleichungssystem für die Bewegungen und thermische Effekte des inhomogenen anisotropen Mediums* (s. [3], S. 367, [4], S. 189) folgende Form[1])

$$\partial_t^2 u = A(x, \partial)\, u + B^+(x, \partial)\, T + F\,, \qquad \partial_t T = a(x, \partial)\, T - 2B(x, \partial)\, \partial_t u + q\,, \tag{1), (2}$$

wo $u = (u_1, \ldots, u_r)$ die Verschiebungsvektorfunktion und T die Temperatur des Mediums, $F = (F_1, \ldots, F_r)$ die Massenkräfte, sowie q die Dichte der Wärmequelle sind.

Mit $A(x, \partial)$ bezeichnen wir den $r \times r$-Matrixdifferentialoperator in der Gestalt

$$A(x, \partial) = \big(\partial_h a_{jhkl}(x)\, \partial_l\big)_{j,k=1,\ldots,r}\,. \tag{3}$$

Dieser Operator ist stark elliptisch, selbstadjungiert und seine Koeffizienten sind stetig differenzierbar und beschränkt im beschränkten Gebiet G mit glattem (s. [1], § 1, Abs. 9, S. 11) Rand ∂G. Der Skalardifferentialoperator $a(x, \partial)$ hat dieselben Eigenschaften und die Form

$$a(x, \partial) = \partial_h a_{lh}(x)\, \partial_l\,. \tag{4}$$

Mit $B(x, \partial)$ bezeichnen wir den $1 \times r$-Matrixdifferentialoperator

$$B(x, \partial) = \big(b_{lh}(x)\, \partial_l\big)_{h=1,\ldots,r} \tag{5}$$

und $B^+(x, \partial)$ ist die formal Adjungierte zu $B(x, \partial)$, d. h. der $r \times 1$-Matrixdifferentialoperator

$$B^+(x, \partial) = \big(-\partial_l b_{lh}(x)\big)_{h=1,\ldots,r}\,. \tag{6}$$

Die Koeffizienten b_{lh} sind beschränkt, stetig differenzierbar und genügen (s. [4], S. 190, Formel (2.5.22)) folgenden Bedingungen

$$b_{lh}(x) = b_{hl}(x) \tag{7}$$

im Gebiet G.

Unter diesen Voraussetzungen betrachten wir folgende Anfangsrandwertaufgabe für das System (1), (2) im Produkt $I \times G$, worin wir mit I das Zeitintervall $(0, \vartheta)$, $\vartheta < \infty$, bezeichnen. Gesucht ist die Lösung u, T des Systems (1), (2) in $I \times G$, die den Bedingungen

$$u(+0) = u_0\,, \qquad (\partial_t u)\,(+0) = u_1\,, \qquad T(+0) = T_0\,, \tag{8}$$

$$u|_{I \times \partial G} = 0\,, \qquad T|_{I \times \partial G} = 0 \tag{9}$$

genügt.

Wir setzen voraus, daß die vorgegebenen Funktionen u_0, u_1, T_0 F, q aus SOBOLEVschen Räumen gewählt sind, d. h.[2])

$$u_0 \in V^r\,, \qquad u_1 \in H^r\,, \qquad T_0 \in V\,, \qquad F \in L^2(I, H^r)\,, \qquad q \in L^2(I, V^*)\,, \tag{10}$$

wo $V = H_0^1(G)$, $H = L^2(G)$, $V^* = \big(H_0^1(G)\big)^* = H^{-1}(G)$.

Zunächst bemerken wir, daß in unseren Betrachtungen die Räume V, H, V^* den GELFANDschen Dreier bilden, d. h.

$$V_t \subset_{\to} H_t \subset_{\to} V^*$$

wo die Einbettungen stetig, injektiv und dicht sind. Offenbar sind diese Räume separabel (vgl. z. B. [2], Kap. 3, §§ 1, 4, 8, und [5]).

Wir zeigen jetzt mit Hilfe der FAEDO-GALERKIN-Methode die *Existenz der Lösung der obigen Anfangsrandwertaufgabe.*

Sei $\{w^m : m \in \mathbb{N}\}$ linear unabhängig und komplett im V^r und $\{v_m : m \in \mathbb{N}\}$ linear unabhängig und komplett in V. Wir definieren die GALERKIN*schen Approximationen* der Lösung u, T:

$$u^m(t) = \sum_{j=1}^{m} g_j^m(t)\, w^j\,, \qquad T_m(t) = \sum_{j=1}^{m} h_{mj}(t)\, v_j\,,$$

wobei die $g_j^m(.)$, $h_{jm}(.)$ so gewählt werden, daß

$$\big(\partial_t^2 u^m(t), w^l\big)_{H^r} = \big(A(., \partial)\, u^m(t), w^l\big)_{H^r} + \big(B^+(., \partial)\, T_m(t), w^l\big)_{H^r} + \big(F(t), w^l\big)_{H^r}\,, \qquad 1 \leq l \leq m\,, \tag{11}$$

$$\big(\partial_t T_m(t), v_l\big)_H = \big(a(., \partial)\, T_m(t), v_l\big)_H - 2\big(B(., \partial)\, \partial_t u^m(t), v_l\big)_{H^+} + \big(q(t), v_l\big)\,, \qquad 1 \leq l \leq m\,, \tag{12}$$

---

[1]) Wir benutzen folgende Bezeichnung: $\partial_j w$ ist die partielle Ableitung von w nach der j-Koordinate für $j = t, 1, \ldots, r$.

[2]) Mit V^r bezeichnen wir das r-fache Produkt des Raumes V und mit $L^2(I, E)$ den Raum aller meßbaren Funktionen auf I mit Werten im HILBERT-Raum E, die auf I 2-integrierbar im Sinne von BOCHNER sind.

und

$$u^m(+0) = u_0^m = \sum_{j=1}^{m} \gamma_{0j}^m w^j\,, \qquad (\partial_t u^m)(+0) = u_1^m = \sum_{j=1}^{m} \dot{\gamma}_{1j}^m w^j\,, \qquad T_m(+0) = T_0^m = \sum_{j=1}^{m} \eta_{mj} v_j\,, \tag{13}$$

$$\sum_{j=1}^{m} \gamma_{0j}^m w^j \to u_0 \quad \text{in } V^r\,, \qquad \sum_{j=1}^{m} \gamma_{1j} w^j \to u_1 \quad \text{in } H^r\,, \qquad \sum_{j=1}^{m} \eta_{jm} v_j \to T_0 \quad \text{in } V\,,$$

sind. Dabei bezeichnen wir mit $(.,.)_{H^r}$ und $(.,.)_H$ die Skalarprodukte auf H^r und H.

Das System (11), (12) mit Anfangswerten (13) hat als lineares gewöhnliches Differentialgleichungssystem globale Lösung im Intervall I. Damit sind die Folgen der GALERKINschen Approximationen $(u^m)_{m\in\mathbb{N}}$ und $(T_m)_{m\in\mathbb{N}}$ eindeutig bestimmt. Nach klassischen Betrachtungen (s. [2], Kap. 3) mit Hilfe der GÅRDINGschen Ungleichungen für die stark elliptischen Operatoren $A(.,\partial)$ und $a(.,\partial)$ erhalten wir die Beschränktheit der folgenden Folgen: $(u^m)_{m\in\mathbb{N}}$ in $L^2(I, V^r)$, $(\partial_t u^m)_{m\in\mathbb{N}}$ in $L^2(I, H^r)$, $(T_m)_{m\in\mathbb{N}}$ in $L^2(I, V)$ und in $L^2(I, H)$. Wir nehmen ohne Beschränkung der Allgemeinheit an

$$u^n \rightharpoonup z\ \big(\text{schwach in } L^2(I, V^r)\big)\,,\ \partial_t u^n \rightharpoonup z'\ \big(\text{schwach in } L^2(I, H^r)\big)\,,\ T_n \rightharpoonup Z\ \big(\text{schwach in } L^2(I, V) \text{ und } L^2(I, H)\big) \tag{14}$$

für $n \to \infty$. Offenbar ist $z' = \partial_t z$ und wegen $u^n(+0) \to z(0)$ in V^r für $n \to \infty$ erhalten wir $z(0) = u_0$.

Sei nun $\varphi \in C^\infty(I)$ mit der Eigenschaft $\varphi(\vartheta) = 0$. Wir setzen $\varphi^l(.) = \varphi(.)\, w^l$, $\varphi_l(.) = \varphi(.)\, v_l$, multiplizieren (11), (12) mit $\varphi(t)$, nehmen $n > 1$ und integrieren partiell über $(0, \vartheta)$, wegen $\varphi(\vartheta) = 0$ erhalten wir damit

$$-\int_0^\vartheta \big(\partial_t u^n(t), \partial_t \varphi^l(t)\big)_{H^r}\, dt =$$

$$= \int_0^\vartheta \big[\big(A(.,\partial)\, u^n(t), \varphi^l(t)\big)_{H^r} + \big(B^+(.,\partial)\, T_n(t), \varphi^l(t)\big)_{H^r} + \big(F(t), \varphi^l(t)\big)_{H^r}\big]\, dt + \big(\partial_t u^n(0), \varphi^l(0)\big)_{H^r}\,, \tag{15}$$

$$-\int_0^\vartheta \big(T_n(t), \partial_t \varphi_l(t)\big)_H\, dt = \int_0^\vartheta \big[\big(a(.,\partial)\, T_n(t), \varphi_l(t)\big)_H - 2\big(B(.,\partial)\, \partial_t u^n(t), \varphi_l(t)\big)_H + \big(q(t), \varphi_l(t)\big)_H\big]\, dt + {} + \big(T_n(0), \varphi_l(0)\big)_H\,. \tag{16}$$

Für $n \to \infty$ ergeben sich wegen der schwachen Konvergenz (14) folgende Identitäten

$$-\int_0^\vartheta \big(\partial_t z(t), \partial_t \varphi^l(t)\big)_{H^r} dt = \int_0^\vartheta \big[\big(A(.,\partial)\, z(t), \varphi^l(t)\big)_{H^r} + \big(B^+(.,\partial)\, Z(t), \varphi^l(t)\big)_{H^r} + \big(F(t), \varphi^l(t)\big)_{H^r}\big]\, dt + \big(u_1, \varphi^l(0)\big)_{H^r}\,, \tag{17}$$

$$-\int_0^\vartheta \big(Z(t), \partial_t \varphi_l(t)\big)_H\, dt = \int_0^\vartheta \big[\big(a(.,\partial)\, Z(t), \varphi_l(t)\big)_H - 2\big(B(.,\partial)\, \partial_t z(t), \varphi_l(t)\big)_H + \big(q(t), \varphi_l(t)\big)_H\big]\, dt + \big(T_0, \varphi_l(0)\big)_H\,. \tag{18}$$

Insbesondere gelten diese Identitäten für jedes $\varphi \in C_0^\infty(I)$, d. h. aus (17), (18) folgt

$$\big(\partial_t^2 z(t), w^l\big)_{H^r} = \big(A(.,\partial)\, z(t) + B^+(.,\partial)\, Z(t) + F(t), w^l\big)_{H^r}\,, \tag{19}$$

$$\big(\partial_t Z(t), v_l\big)_H = \big(a(.,\partial)\, Z(t) - 2B(.,\partial)\, \partial_t z(t) + q(t), v_l\big)_H \tag{20}$$

im schwachen Sinn (bezüglich $t \in I$).

Da l beliebig war, ergibt sich nach Wahl der w^l und v_l

$$\partial_t^2 z = A(x,\partial)\, z + B^+(x,\partial)\, Z + F\,, \qquad \partial_t Z = a(x,\partial)\, Z - 2B(x,\partial)\, \partial_t z + q \tag{21), (22}$$

im schwachen Sinn $\big($bezüglich $(t, x) \in I \times G\big)$.

Aus (17), (18) und (21), (22) erhalten wir nach partieller Integration

$$\big(\partial_t z(0), w^l\big)_{H^r}\, \varphi(0) = (u_1, w^l)_{H^r}\, \varphi(0)\,, \qquad \big(Z(0), v_l\big)_H\, \varphi(0) = (T_0, v_l)_H\, \varphi(0) \tag{23}$$

für beliebige w^l und v_l, d. h. $\partial_t z(0) = u_1$ und $Z(0) = T_0$.

Also ist z, Z die Lösung der Anfangsrandwertaufgabe für (1), (2) mit Anfangsrandwertbedingungen (8), (9).

Damit haben wir

Satz 1: *Sei G ein beschränktes Gebiet im r-dimensionalen EUKLIDschen Raum mit glattem Rand ∂G und $I = (0, \vartheta)$ $\vartheta < \infty$ ein beschränktes Intervall. Seien $u_0 \in H_0^1(G)^r$, $u_1 \in L^2(G)^r$, $T_0 \in H_0^1(G)$, und $A(x,\partial)$, $a(x,\partial)$ stark elliptische selbstadjungierte Differentialoperatoren mit stetig differenzierbaren beschränkten Koeffizienten in G. Dann besitzt die Anfangsrandwertaufgabe für (1), (2) mit den Bedingungen (8), (9) für jedes F aus $L^2\big(I, L^2(G)^r\big)$ und q aus $L^2\big(I, H^{-1}(G)\big)$ eine Lösung (u, T) aus $L^2\big(I, H_0^1(G^r)\big) \times L^2\big(I, H_0^1(G)\big)$.*

Bemerkung 1: Unter diesen Voraussetzungen kann man (s. [2], Kap. 3, Abs. 8.4) zeigen, daß die Funktionen u aus $C\big(I, H_0^1(G)^r\big)$, $\partial_t u$ aus $C\big(I, L^2(G)^r\big)$ und T aus $C\big(I, L^2(G)\big)$ sind.

Literatur

1 AGRANOVIC, M. S.; VISIK, M. I., Elliptic problems with a parameter and parabolic problems of general type, Uspechi Mat. Nauk 19 no. 3 (117), 53—161 (1964) = Russian Math. Surveys 19 (1964) no. 3, 53—157.

2 LIONS, J. L.; MAGENES, E., Problemes aux limites non homogènes et applications. V. 1, Dunod, Paris 1968.

3 PISKOREK, A., Über die Lösung einer nicht-linearen Anfangswertaufgabe in der Thermoelastizitätstheorie, in: Function Theoretic Methods for Partial Differential Equations, Darmstadt 1976, Lecture Notes in Mathematics Nr 561, Berlin-Heidelberg-New York, Springer Verlag 1976, S. 367–377.
4 SUHUBI, E. S., Thermoelastic Solids, Chap. 2 in: ERINGEN, A. C., Continuum Physics. Vol. II, Acad. Press 1975, S. 174–261
5 WLOKA, J., Gelfand Triplets and Spectral Theory, in: Summer School on Topological Vector Spaces, Lectures Notes in Mathematics Nr 331, Berlin-Heidelberg-New York, Springer Verlag 1973.

Anschrift: TADEUSZ KOWALSKI, Politechnika Warszawska, Instytut Matematyki, PL-00-661 Warszawa, Plac Jednosci Robotniczej 1; ADAM PISKOREK, Uniwersytet Warszawski, Instytut Mechaniki, PL-00-991 Warszawa, PKiN, IXp., p. 937, Polen

ZAMM 61, T 252 – T 253 (1981)

R. MERTENS

On the Determination of the Potential Energy of a Particle Describing Orbits on a Given Surface

Recently SZEBEHELY [1] obtained a linear, first order partial differential equation for the potential energy under which a one-parameter family of orbits in a plane can be described as the orbits of a particle. Another method for the establishment of the SZEBEHELY equation was given by BROUCKE and LASS [2] together with several examples. The potential energy under which a given family of curves on a surface can be described as the orbits of a particle was first determined by JOUKOWSKY [3]. The method, however, is based on the determination of a family of curves orthogonal to the given orbits, so that it is only of practical use in some very simple cases. BROUCKE and LASS [2] have shown how the potential energy can be obtained from the JOUKOWSKY formulas in the case of plane orbits.

In the present paper we shall extend SZEBEHELY's method to a family of curves

$$f(u, v) = C\,, \tag{1}$$

on a surface in three-dimensional space, expressed in terms of curvilinear coordinates u and v. Let the line-element on the surface in this system of parameters be given by

$$ds^2 = g_{11}\,du^2 + 2g_{12}\,du\,dv + g_{22}\,dv^2\,, \tag{2}$$

where g_{11}, g_{12}, g_{22} are known functions of u and v. Considering a particle of unit mass describing the orbits, the law of energy conservation reads

$$g_{11}\dot{u}^2 + 2g_{12}\dot{u}\dot{v} + g_{22}\dot{v}^2 = 2(E - V)\,, \tag{3}$$

where $V(u, v)$ stands for the potential energy and E for the total energy.

From the LAGRANGE function

$$L = \tfrac{1}{2}\,(g_{11}\dot{u}^2 + 2g_{12}\dot{u}\dot{v} + g_{22}\dot{v}^2) - V(u, v) \tag{4}$$

the equations of motion become,

$$g_{11}\ddot{u} + g_{12}\ddot{v} + \tfrac{1}{2}\,(g_{11})_u\,\dot{u}^2 + [(g_{12})_v - \tfrac{1}{2}\,(g_{22})_u]\,\dot{v}^2 + (g_{11})_v\,\dot{u}\dot{v} + V_u = 0\,, \tag{5a}$$

$$g_{12}\ddot{u} + g_{22}\ddot{v} + [(g_{12})_u - \tfrac{1}{2}\,(g_{11})_v]\,\dot{u}^2 + \tfrac{1}{2}\,(g_{22})_v\,\dot{v}^2 + (g_{22})_u\,\dot{u}\dot{v} + V_v = 0\,, \tag{5b}$$

the subscripts u and v indicating partial derivatives. Taking the first derivative of (1) with respect to time we have

$$f_u\dot{u} + f_v\dot{v} = 0\,. \tag{6}$$

The time-derivative of the last equation gives

$$f_u\ddot{u} + f_v\ddot{v} + f_{uu}\dot{u}^2 + 2f_{uv}\dot{u}\dot{v} + f_{vv}\dot{v}^2 = 0\,. \tag{7}$$

Combining (3) and (6) leads to the generalised velocities:

$$\dot{u} = \pm f_v[2(E - V)/A]^{1/2}\,, \qquad \dot{v} = \mp f_u[2(E - V)/A]^{1/2}\,, \tag{8 a, b}$$

with

$$A = g_{11}f_v^2 - 2g_{12}f_uf_v + g_{22}f_u^2\,. \tag{8c}$$

Eqs. (5a), (5b) and (7) then respectively become:

$$g_{11}\ddot{u} + g_{12}\ddot{v} + 2B_1(E - V)/A + V_u = 0\,, \tag{9a}$$

$$g_{12}\ddot{u} + g_{22}\ddot{v} + 2B_2(E - V)/A + V_v = 0\,, \tag{9b}$$

$$f_u\ddot{u} + f_v\ddot{v} + \frac{2}{A}\,(f_v^2f_{uu} - 2f_uf_vf_{uv} + f_u^2f_{vv})\;(E - V) = 0\,, \tag{9c}$$

with

$$B_1 = \tfrac{1}{2}(g_{11})_u f_v^2 + [(g_{12})_v - \tfrac{1}{2}(g_{22})_u] f_u^2 - (g_{11})_v f_u f_v , \tag{9d}$$

$$B_2 = [(g_{12})_u - \tfrac{1}{2}(g_{11})_v] f_v^2 + \tfrac{1}{2}(g_{22})_v f_u^2 - (g_{22})_u f_u f_v . \tag{9e}$$

Elimination of $\ddot{u}$ and $\ddot{v}$ between (9 a, b, c) finally gives

$$(g_{22}f_u - g_{12}f_v)\, V_u + (g_{11}f_v - g_{12}f_u)\, V_v = 2(E - V)\, W \tag{10a}$$

where

$$W = \frac{1}{A}\,[g(f_v^2 f_{uu} - 2f_u f_v f_{uv} + f_u^2 f_{vv}) - B_1(g_{22}f_u - g_{12}f_v) - B_2(g_{11}f_v - g_{12}f_u)] , \tag{10b}$$

$$g = g_{11}g_{22} - g_{12}^2 . \tag{10c}$$

Equation (10a) is a linear, first order, partial differential equation for the potential energy, which may be solved by the method of the characteristics. It can be shown that the characteristic curves defined by dv/du are orthogonal to the given orbits, thus making the link with JOUKOWSKI's theory.

As a special case we consider plane orbits in the (x, y) plane. Then $ds^2 = dx^2 + dy^2$, so that $g_{11} = g_{22} = 1$, $g_{12} = 0$, $A = f_x^2 + f_y^2$, $B_1 = B_2 = 0$, $g = 1$. Eqs. (10 a, b) are reduced to

$$f_x V_x + f_y V_y = 2W(E - V) , \tag{11a}$$

$$W = (f_x^2 + f_y^2)^{-1}\,(f_y^2 f_{xx} - 2f_x f_y f_{xy} + f_x^2 f_{yy}) , \tag{11b}$$

which is SZEBEHELY's equation.

We shall now treat two applications.

1. Helical lines on a helical surface

The parameter equations of the helical surface are

$$x = u\cos v , \qquad y = u\sin v , \qquad z = mv , \tag{12}$$

so that $g_{11} = 1$, $g_{12} = 0$, $g_{22} = u^2 + m^2$. The equation of a helical line on this surface is given by $f(u, v) \equiv u = R$, with R constant. From (10 b, c) it is found that $W = u$. Choosing the energy as $E = kR^2 = ku^2$, Eq. (10a) becomes

$$(u^2 + m^2)\, V_u = 2u(ku^2 - V) . \tag{13}$$

The general integral of this partial differential equation is given by

$$V = (u^2 + m^2)^{-1}\,[F(v) + \tfrac{1}{2} ku^4] , \tag{14}$$

$F(v)$ being an arbitrary function of v.

2. Helical lines on a circular cylinder

Let the z-axis be the axis of revolution of the cylinder; then its parameter equations read

$$x = R\cos u , \qquad y = R\sin u , \qquad z = v , \tag{15}$$

and we have, $g_{11} = R^2$, $g_{12} = 0$, $g_{22} = 1$. A set of helical lines on the cylinder is described by the equation $f(u, v) \equiv v - \alpha u = C$, where C is a constant. Eqs. (10 b, c) lead to $W = 0$. Eq. (10a) may then be written as

$$-\alpha V_u + R^2 V_v = 0 . \tag{16}$$

The equation of the characteristics is given by

$$-du/\alpha = dv/R^2 = dV/0 , \tag{17}$$

from which we obtain

$$u = -\frac{\alpha}{R^2} v + C_1 , \qquad V = C_2 ; \tag{18}$$

so

$$V = G\left(u + \frac{\alpha}{R^2} v\right), \tag{19}$$

G being an arbitrary function.

References

1 SZEBEHELY, V., On the determination of the potential by satellite observations, in: E. PROVERBIO (Ed.), Proc. Intern. Meeting on "Earth's Rotation by Satellite Observations", Cagliari, 16—18 aprile 1973 (Bologna 1974), pp. 31—35.

2 BROUCKE, R., and LASS, H., On SZEBEHELY's equation for the potential of a prescribed family of orbits, Celestial Mechanics **14** (1976) pp. 383—392.

3 WHITTAKER, E. T., Analytical Dynamics of Particles and Rigid Bodies, Cambridge University Press, 1927, pp. 109—111.

Anschrift: Prof. Dr. R. MERTENS, Rijksuniversiteit Gent, Instituut voor Theoretische Mechanica, Krijgslaan 271, B-9000 Gent, Belgium

ZAMM 61, T 254 – T 256 (1981)

R. RAUTMANN

Näherungsformeln für die Anfangswertaufgaben der inkompressiblen Hydromechanik

E. HÖLDER und J. LERAY haben in den 30er Jahren gezeigt, daß die CAUCHY-Probleme idealer sowie zäher Strömungen in zwei Raumdimensionen globale klassische Lösungen besitzen. In drei Raumdimensionen ist bisher nur die (zeitlich) lokale Existenz klassischer Lösungen gesichert. Bei nicht verschwindender Zähigkeit wissen wir darüber hinaus, daß lokale starke Lösungen nach einer endlichen Zeit, in der möglicherweise Singularitäten auftreten, wieder regulär werden [7].

Zumindest vom numerischen Standpunkt aus ist es daher von Interesse, daß im wesentlichen bereits mit einer einzigen Differenzennäherung die hydrodynamischen Grundgleichungen auch in drei Raumdimensionen global klassisch lösbar werden. Wie die folgende Übersicht zeigt, ergibt sich so ein einheitlicher, auch numerisch brauchbarer Lösungsansatz für die vier CAUCHY-Probleme idealer oder zäher, zwei- oder dreidimensionaler inkompressibler Strömungen. Die konstruktiv wesentlichen Fixpunktgleichungen, die den nichtlinearen Charakter der Aufgaben widerspiegeln, erhalten wir bei allen vier Problemen fast selbstverständlich in den operativen Schritten I, II und III, nämlich:

I. *Berechnung des Geschwindigkeitsfeldes $v(t, x)$ aus dem Wirbelfeld $w = \operatorname{rot} v$ der Strömung*: Mit der Grundlösung γ_n der Potentialgleichung im R^n gilt

$$v = Kw = \begin{cases} \displaystyle\int_{R^2} \left(\frac{\partial}{\partial x^2}, -\frac{\partial}{\partial x^1}\right) \gamma_2(x - x')\, w(t, x')\, \mathrm{d}x' & \text{im } R^2 \text{ bzw.} \\ \displaystyle\int_{R^3} \operatorname{rot} \{\gamma_3(x - x')\, w(t, x')\}\, \mathrm{d}x' & \text{im } R^3 \end{cases}$$

nach der Formel von BIOT-SAVART.

II. *Berechnung des Feldes der Partikelbahnen $x(t) = X(t, s, x_0)$ aus dem Geschwindigkeitsfeld v der Strömung*:

Die Phasenabbildungsschar $X = Lv$ ist die allgemeine Lösung der gewöhnlichen Anfangswertaufgabe $\frac{\mathrm{d}}{\mathrm{d}t} x = v(t, x)$ für $t \in R^1$, $x = x_0$ für $t = s$. Der Lösungsoperator L ist definiert, wenn v stetig ist und eine Eindeutigkeits- sowie eine asymptotische Bedingung erfüllt, [10, S. 102]. Im Fall $\nabla_x v \in C_0$ sind die $X(t, s, \cdot)$ Diffeomorphismen des R^n. Wir definieren mit ihnen für Vektorfunktionen $f(t, x)$ die LAGRANGE-Darstellung $\hat{f}(t, x_0) = f(t, X(t, s, x_0)) = f \circ X$ zum Anfangszeitpunkt s. Diese Beziehung zwischen f und $\hat{f}$ ist offenbar gleichwertig mit $f = \hat{f} \circ X^{-1}$.

III. *Berechnung des Wirbelfeldes $w(t, x)$ aus dem Feld X der Partikelbahnen und dem Anfangswirbel w_0 in einer idealen Strömung*: Die HELMHOLTZsche Wirbelgleichung ergibt $\hat{w} = w_0$, also $w = H_0 X \equiv w_0 \circ X^{-1}$ im R^2.

Entsprechend gilt für eine ideale Strömung im R^3 die CAUCHYsche Wirbelgleichung $\hat{w} = w_0 \cdot \nabla X = \partial_{w_0} X$. Mit einer Differenzennäherung für diese FRÉCHET-Ableitung erhalten wir

$$\hat{w} \approx D_{\varepsilon w_0} X \equiv \frac{1}{\varepsilon} \{X(t, 0, I + \varepsilon w_0) - X(t, 0, I)\}$$

zu $\varepsilon > 0$. Mit I bezeichnen wir die Identität. Somit folgt

$$w \approx H_1 X \equiv (D_{\varepsilon w_0} X) \circ X^{-1} \quad \text{im } R^3 .$$

Zusammengefaßt ergeben I.—III. die Fixpunktgleichung

$$w = H_i L K w$$

für das Wirbelfeld einer idealen Strömung. Sie gilt exakt mit H_0 im R^2, näherungsweise mit H_1 im R^3. Die Ergebnisse aus [11] fassen wir zusammen im

Satz 1: *Es sei $a > 0$ eine beliebige Zeitspanne, und der Anfangswirbel $w_0 \in C_1(R^n)$ habe kompakten Träger. Dann erfüllt der Operator $T_i = H_i L K$ bei geeigneter Wahl des Bereiches $A \subset C_0([0, a] \times R^n)$ die Voraussetzungen des Kontraktionssatzes. Der eindeutige Fixpunkt w in A ist klassische Lösung (mit kompaktem Träger) der Helmholtzschen Wirbelgleichung im R^2 bzw. der Helmholtzschen Wirbelgleichung mit einer Differenzennäherung im R^3. Ist w_0 außerdem Hölder-stetig differenzierbar und divergenzfrei, so konvergieren die Lösungen $w = w_\varepsilon$ der Anfangswertaufgaben mit Differenzennäherung auf einem Zeitintervall $[0, a^*]$ mit $\varepsilon \to 0$ gegen die klassische lokale Lösung der Anfangswertaufgabe der strengen Helmholtzschen Gleichung im R^3.*

Aus einer Lösung w der strengen HELMHOLTZschen Gleichung erhalten wir dann die entsprechende Lösung $v = Kw$ der EULERschen hydrodynamischen Gleichungen.

III'. *Berechnung des Wirbelfeldes $w(t, x)$ einer zähen Strömung im R^2 zum Anfangswirbel w_0*: Für die LAGRANGE-Darstellung $\hat{w}$ von w lautet die Wirbeltransportgleichung $\hat{w}_t = \mu \hat{\Delta} \hat{w} = \mu \Delta \hat{w} + O(\delta t)$ mit dem elliptischen Operator

$$\hat{\Delta} f = \big(\Delta(f \circ X^{-1})\big) \circ X , \qquad \mu > 0 .$$

Der Term $O(\delta t)$ ergibt sich aus Abschätzungen für $\nabla X(t, s, \cdot)$, $\Delta X(t, s, \cdot)$ mit $\delta t = |t - s|$. Die Lösungsidee für die Anfangswertaufgabe der Wirbeltransportgleichung besteht darin, daß wir ein vorgegebenes Zeitintervall $[0, a]$ in N gleichlange Teilintervalle $0 = t_0 < t_1 < \dots < t_N = a$ unterteilen und das Wirbelfeld jeweils innerhalb von $[t_k, t_{k+1}]$ auf LAGRANGE-Koordinaten zur Anfangszeit t_k transformieren, $k = 0, \dots, N - 1$. Die Anfangswertaufgabe der entsprechend transformierten Gleichung lösen wir dann auf jedem Teilintervall mit einem Fehler $O(t - t_k)$ in der Zeitableitung, also mit dem Fehler const.$/N^2$ in den Funktionswerten auf jedem der N Zeitintervalle. Der Gesamtfehler der N-ten Näherung geht demnach wie const.$/N$ gegen 0 für $N \to \infty$.

Aus den auf $[t_k, t_{k+1}]$ verwendeten Näherungsformeln

$$\hat{u}_{kt} = \mu\Delta\hat{u}_k\,, \qquad \hat{u}_k = u_{k-1} \quad \text{für} \quad t = t_k\,, \qquad u_{-1} = w_0; \qquad u_k = H_2 u_k \equiv \hat{u}_k \circ (LKu_k)^{-1}$$

berechnen wir sukzessiv die N-te Näherung $w_N = u_k$ auf $[t_k, t_{k+1}]$. Wie die Fixpunktgleichung für u_k zeigt, erhalten wir den Anfangswert $\hat{u}_{k+1}(t_{k+1}, \cdot)$ durch Rücktransformation von $\hat{u}_k$ auf EULERsche Koordinaten. Das Resultat aus [9] ist

Satz 2: *Der Anfangswirbel w_0 sowie seine partiellen Ableitungen bis zur 4. Ordnung seien Hölder-stetig und beschränkt und verschwinden asymptotisch wie $|x|^{-\alpha}$, $\alpha > 1$. Dann existieren alle Näherungslösungen w_N für $N \geqq N_0$ und konvergieren mit $N \to \infty$ gleichmäßig gegen die globale klassische Lösung w der Anfangswertaufgabe der Wirbeltransportgleichung. Der Fehler von w_N ist $O(1/N)$.*

Die entsprechende Lösung der Navier-Stokesschen Gleichungen ist natürlich wieder durch $v = Kw$ gegeben.

III''. *Berechnung des Wirbelfeldes $w(t, x)$ einer zähen Strömung im R^3 zum Anfangswirbel w_0*: Für die LAGRANGE-Darstellung $\hat{w}$ von w lautet die Wirbeltransportgleichung

$$\hat{w}_t - \mu\hat{\Delta}\hat{w} = \hat{w}_t - \mu\Delta\hat{w} - O(\delta t) = \hat{w}\cdot(\nabla v)\circ X \quad \text{mit} \quad v = Kw\,, \qquad \hat{w} = w_0 \quad \text{für} \quad t = 0\,.$$

Bei idealer Strömung im R^3 liefert die CAUCHYsche Wirbelgleichung $\hat{w}$ als FRÉCHET-Ableitung (in Richtung w_0 an der Stelle $\eta = 0$) der Phasenabbildungsschar $X = Lv$ (mit X aus der Anfangswertaufgabe $\partial_t X = v(t, X)$, $X = I + \eta$ für $t = s$). Entsprechend suchen wir jetzt $\hat{w}$ näherungsweise als FRÉCHET-Ableitung $\partial_{w_0} Y$ (in Richtung w_0 an der Stelle $\eta = 0$) der Lösungsschar $Y_\eta = L_\mu v$ der parabolischen Anfangswertaufgabe

$$(\partial_t - \mu\Delta)\, Y = v(t, Y)\,, \qquad Y = I + \eta \quad \text{für} \quad t = s \tag{*}$$

zu bestimmen. Darin bezeichnet $\eta \in C_1(R^3)$ eine gegebene Vektorfunktion. Es gilt der

Satz 3: *Sei $v \in C_{0;2}$*[1]*). Dann existiert die Fréchet-Ableitung $\partial_{w_0} Y = \lim\limits_{\varepsilon\to 0} \frac{1}{\varepsilon}\,(Y_{\varepsilon w_0} - Y_0)$ und löst die Anfangswertaufgabe*

$$(\partial_t - \mu\Delta)\, u = u\cdot(\nabla v)\,(t, X) + O(\delta t)\,, \qquad u = w_0 \quad \textit{für} \quad t = s\,.$$

Da die Wirbeltransportgleichung bei gegebenem v linear in $\hat{w}$ ist, erfüllt die Differenzennäherung $D_{\varepsilon w_0} Y = \frac{1}{\varepsilon}\,(Y_{\varepsilon w_0} - Y_0)$ für $\partial_{w_0} Y$ die der Wirbeltransportgleichung entsprechende Gleichung mit der rechten Seite $\frac{1}{\varepsilon}\,\{v(t, X + \varepsilon\hat{w}) - v(t, X)\} + O(\delta t)$. Aus Abschätzungen für schwach gekoppelte parabolische Systeme folgt dann, daß sich $D_{\varepsilon w_0} Y$ von der Lösung $\hat{w}_\varepsilon$ der Anfangswertaufgabe der Wirbeltransportgleichung mit Differenzennäherung

$$(\partial_t - \mu\Delta)\,\hat{w} = \frac{1}{\varepsilon}\,\{v(t, X + \varepsilon\hat{w}) - v(t, X)\} \quad \text{mit} \quad v = Kw\,, \qquad \hat{w} = w_0 \quad \text{für} \quad t = s$$

nur um $O\big((\delta t)^2\big)$ unterscheidet. Dies führt uns auf die folgende Lösungsidee: Auf jedem Teilintervall $[t_k, t_{k+1}]$ lösen wir die parabolische Anfangswertaufgabe

$$(\partial_t - \mu\Delta)\,\hat{u}_k = \frac{1}{\varepsilon}\,\{v(t, X + \varepsilon\hat{u}_k) - v(t, X)\} + O(t - t_k)\,, \qquad \hat{u}_k = u_{k-1} \quad \text{für} \quad t = t_k\,, \qquad u_{-1} = w_0$$

durch die Differenzennäherung $D_\eta Y_\eta$ mit $\eta = \varepsilon u_{k-1}(t_k, \cdot)$. Darin ist $Y_\eta = L_\mu v$ die Lösung der Anfangswertaufgabe (*) mit $s = t_k$ und wie bisher $X = Lv$.

Zur Bildung von v aus w verwenden wir der Einfachheit halber einen aus K durch Regularisierung gebildeten Operator K_ε, der K mit $\varepsilon \to 0$ approximiert und erhalten so für u_k auf $[t_k, t_{k+1}]$ die Fixpunktgleichung

$$u_k = H_3 u_k \equiv (D_{\varepsilon u_{k-1}(t_k,\cdot)} L_\mu K_\varepsilon u_k) \circ (LK_\varepsilon u_k)^{-1}\,,$$

in der das Argument $(LK_\varepsilon u_k)^{-1}$ wieder die Rücktransformation auf EULERsche Koordinaten ausdrückt. Die sukzessive, mit $u_{-1} = w_0$ beginnende Lösung dieser Gleichungen ergibt die N-te Näherungslösung $w_N = u_k$ auf $[t_k, t_{k+1}]$. Ein Resultat der Dissertation [2] ist der

Satz 4: *Der Anfangswirbel w_0 sowie seine partiellen Ableitungen bis zur 5. Ordnung seien stetig und beschränkt und verschwinden asymptotisch wie $|x|^{-\alpha}$, $\alpha > 1$. Dann existieren die Näherungslösungen w_N und konvergieren mit $N \to \infty$ gegen die globale klassische Lösung w_ε der Anfangswertaufgabe der Wirbeltransportgleichung mit Differenzennäherung. Der Fehler von w_N ist $O(1/N)$. — Ist darüberhinaus w_0 divergenzfrei, so konvergiert die Folge der w_ε mit $\varepsilon \to 0$ auf einem Zeitintervall $[0, a^*]$ gegen die entsprechende lokale klassische Lösung w der strengen Wirbeltransportgleichung, und $v = Kw$ ist lokale klassische Lösung der Navier-Stokesschen Anfangswertaufgabe.*

---

[1]) d. h. v ist mit den ersten und zweiten räumlichen partiellen Ableitungen stetig und beschränkt.

Literatur

1 BARDOS, C., EULER Equation and BURGER Equation-Relation with Turbulence, Springers Lecture Notes in Mathematics 648, 1–46 (1978).
2 HEBEKER, F. K., Ein Näherungsverfahren zur Lösung des CAUCHY-Problems der dreidimensionalen Wirbeltransportgleichung, Dissertation Paderborn 1980.
3 HÖLDER, E., Über die unbeschränkte Fortsetzbarkeit einer stetigen ebenen Bewegung in einer unbegrenzten Flüssigkeit, Math. Z. 37, 727–738 (1933).
4 KATO, T., On classical solutions of the two-dimensional non-stationary EULER equation, Arch. Rat. Mech. Analysis 50, 188–200 (1967).
5 KATO, T., Nonstationary flows of viscous and ideal fluids in R^3, J. Funct. Analysis 9, 296–305 (1972).
6 LERAY, J., Essai sur les mouvements plans d'un liquide visqueux que limitent des parois, J. Math. Pures Appl., ser. 9, 13, 331–418 (1934)
7 LERAY, J., Sur le mouvement d'un liquide visqueux emplissant l'espace, Acta Math. 63, 193–248 (1934).
8 RAUTMANN, R., Über Quasi-LIPSCHITZ-Bedingungen für die Gradienten NEWTONscher Potentiale, ZAMM 52, T 101–104 (1972).
9 RAUTMANN, R., Ein Näherungsverfahren für spezielle parabolische Anfangswertaufgaben mit Operatoren, Springers Lecture Notes in Mathematics 267, 187–231 (1972).
10 RAUTMANN, R., Lösung einer Anfangswertaufgabe für substantielle Differentialgleichungen, Springers Lecture Notes in Mathematics 395, 85–108 (1974).
11 RAUTMANN, R., Das CAUCHY-Problem der HELMHOLTZschen Wirbelgleichung mit einer Differenzennäherung, in: Theoretical, and Experimental Fluid Mechanics, Springer Berlin 1979, 295–308.
12 TEMAM, R., On the EULER equations of incompressible perfect fluids, J. Funct. Analysis 20, 32–43 (1975).

Anschrift: Prof. Dr. R. RAUTMANN, Fb. Mathematik-Informatik der Universität, Warburger Str. 100, D-479 Paderborn, BRD

ZAMM 61, T 256 – T 257 (1981)

J. SARANEN

Zur Approximation der Strahlungslösungen mit der Methode der finiten Elemente

1. Sei $\Omega \subset \mathbb{R}^n$, $n = 2$ oder 3 ein Außengebiet. Ferner sei $f \in L^2(\Omega)$ eine Funktion mit beschränktem Träger und $k > 0$. Dann existiert eine eindeutige *Strahlungslösung* u_0 mit

$$\begin{cases} (\Delta + k^2)\, u_0 = f\,, \\ u_0|_\Gamma = 0\,, \\ \dfrac{\partial}{\partial r} u_0 - iku_0 \in L^2(\Omega)\,, \end{cases}$$

$\Gamma = \partial\Omega$ [2]. In dieser Arbeit wird ein Weg zur Approximation der Lösung u_0 mit der Methode der finiten Elemente vorgestellt. Unseres Wissens gibt es keine früheren Arbeiten, in denen diese Fragestellung behandelt wird. In [1] diskutiert BABUŠKA die *gedämpfte* Aufgabe $\Delta u - u = f$ im ganzen Raum, und die Methode scheint auch für Außengebiete anwendbar zu sein. Im Falle von beschränkten Gebieten kann der *ungedämpfte* Fall (falls k^2 kein Eigenwert ist) mit Hilfe eines kompakten Operators auf den gedämpften Fall zurückgeführt werden. Hier ist es nicht möglich. Dagegen gibt das *Prinzip der Grenzabsorption* einen natürlichen Weg zur Approximation der Lösung u_0. Nach diesem Prinzip gilt nämlich (in gewissem Sinne)

$$u_0 = \lim_{\varepsilon \to 0} u_\varepsilon\,,$$

wobei u_ε die Lösung der *gedämpften Aufgabe*

$$\begin{cases} [\Delta + (k + i\varepsilon)^2]\, u_\varepsilon = f\,, \\ u_\varepsilon \in H_0^1(\Omega) \end{cases}$$

mit $\varepsilon > 0$ ist.

2. Wir definieren $\|x\| = \max\,\{|x_i| \mid 1 \leqq i \leqq n\}$ und $Q(R) = \{x \mid \|x\| < R\}$, $\Omega(R) = \Omega \cap Q(R)$. Man wählt einen festen Radius R_0 mit $\operatorname{Trg} f \subset Q(R_0)$. Die Lösung u_0 wird wie folgt approximiert: Sei $0 < h \leqq 1$ ein Parameter, der in den praktischen Anwendungen die Größe der jeweils verwendeten Triangulationen wie üblich beschreibt. Man wählt zwei Folgen $R(h) \to \infty$, $\varepsilon(h) \to 0$ mit $h \to 0$. Sei u_ε^R, $\varepsilon = \varepsilon(h)$, $R = R(h)$ die Lösung der DIRICHLET*schen Aufgabe*

$$\begin{cases} [\Delta + (k + i\varepsilon)^2]\, u_\varepsilon^R = f\,, \\ u_\varepsilon^R \in H_0^1(\Omega(R))\,. \end{cases}$$

Ferner sei $S^h \subset H_0^1\big(\Omega(R(h))\big)$ eine Folge von endlichdimensionalen Teilräumen. Die Approximation $u_h \in S^h$ wird als die gewöhnliche RITZ-GALERKIN *Annäherung* $u_h = (u_{\varepsilon(h)}^{R(h)})_h$ für $u_{\varepsilon(h)}^{R(h)}$ mit

$$(\nabla u_h \mid \nabla\varphi)_0 - \big(k + i\varepsilon(h)\big)^2\, (u_h \mid \varphi)_0 = -(f \mid \varphi)_0 \quad \text{für alle } \varphi \in S^h$$

erklärt. Die einzige Annahme in bezug auf die Wahl der Folge S^h ist in der folgenden Voraussetzung enthalten. Dafür sei $v(h)$ die Lösung der DIRICHLETschen Aufgabe $\Delta v(h) - v(h) = g \in L^2(\Omega(R(h)))$ und sei $v(h)_h \in S^h$ die zugehörige Approximation die durch

$$(\nabla v(h)_h \mid \nabla \varphi)_0 + (v(h)_h \mid \varphi)_0 = -(g \mid \varphi)_0 \quad \text{für alle } \varphi \in S^h \tag{1}$$

bestimmt wird.

Voraussetzung 1. *Es gibt eine Konstante $c > 0$ und Zahlen $k(0)$, $k(1)$, $0 < k(1) \leqq k(0) < \infty$ derart, daß*

$$\|v(h) - v(h)_h\|_{l,\Omega(R(h))} \leqq ch^{k(l)} \|g\|_{0,\Omega(R(h))} \tag{2}$$

mit $l = 0, 1$ für alle $0 < h \leqq 1$ gilt.

3. Wir betrachten die Differenzen $u_0 - u_{\varepsilon(h)}$, $u_{\varepsilon(h)} - u_{\varepsilon(h)}^{R(h)}$, $u_{\varepsilon(h)}^{R(h)} - u_h$. Man nimmt an, daß das Gebiet Ω die Segmenteneigenschaft hat.

Satz 1: *Es gibt eine Zahl $\varepsilon_1 > 0$ derart, daß*

$$\|u_0 - u_\varepsilon\|_{1,\Omega(R)} \leqq \varepsilon c(R) \|f\|_{0,\Omega(R_0)}$$

für alle $R \geqq R_0$, $0 < \varepsilon \leqq \varepsilon_1$ gilt.

Dieses Resultat folgt, wenn man die Lösung u_ε, $\varepsilon \geqq 0$, als eine Störung einer im ganzen Raum definierten Lösung wie in [3] darstellt. Im ganzen Raum liest man (8) nämlich leicht aus dem Verhalten der Grundlösung ab.

Satz 2: *Es gilt*

$$\|u_\varepsilon - u_\varepsilon^R\|_{1,\Omega\left(\frac{1}{2}R\right)} \leqq c\varepsilon^{-1} R^{\frac{n-3}{2}} e^{-\frac{1}{4}\varepsilon R} \|f\|_{0,\Omega(R_0)}$$

für $0 < \varepsilon \leqq \varepsilon_1$, $R \geqq 2R_1 := 2\sqrt{n}\, R_0$.

Dieses Resultat erhält man aus der Abschätzung

$$|u_\varepsilon(x)| + |\nabla u_\varepsilon(x)| \leqq c|x|^{-\frac{n-1}{2}} e^{-\frac{1}{2}\varepsilon|x|} \|f\|_{0,\Omega(R_0)}.$$

Zum Schluß ergibt sich

Satz 3: *Sei $\varepsilon = \varepsilon(h) = h^\delta$, $0 < \delta < k(l)$. Mit einer genügend kleinen Zahl $h_0 > 0$ gilt*

$$\|u_\varepsilon^R - (u_\varepsilon^R)_h\|_{l,\Omega(R)} \leqq ch^{k(l)-\delta} \|f\|_{0,\Omega(R(h))},$$

für $0 < h \leqq h_0$, $R = R(h) \geqq R_0$.

Beweis: Sei $K(R) = (\Delta_0 - 1)^{-1}$: $L^2(\Omega(R)) \to H_0^1(\Omega(R))$, wo Δ_0 der LAPLACE-Operator mit der DIRICHLETschen Randbedingung ist, und sei $K_h(R)$ der entsprechende diskretisierte Operator, der durch (1) bestimmt wird. Die Differenz $u_\varepsilon^R - (u_\varepsilon^R)_h$ kann man aus den Gleichungen

$$\big(I + [1 + (k + i\varepsilon)^2]\, K(R)\big)\, u_\varepsilon^R = K(R) f, \qquad (I + [1 + (k + i\varepsilon)^2]\, K_h(R))\, (u_\varepsilon^R)_h = K_h(R) f$$

nach einer Invertierung abschätzen, wenn man die Ungleichung (7) benutzt.

Insgesamt erhält man

Satz 4: *Die Voraussetzung 1 sei erfüllt. Wählt man $\varepsilon(h) = h^{k(l)/2}$, $R(h) = h^{-(\alpha + k(l)/2)}$ mit einer Zahl $\alpha > 0$, dann gilt*

$$\|u_0 - u_h\|_{l,\Omega(R_1)} \leqq c(R_2)\, h^{\frac{1}{2}k(l)} \|f\|_{0,\Omega(R_0)}$$

für $R_2 \geqq R_0$, $0 < h \leqq h_1$.

Sei $n = 2$. Die Arbeiten von ZLAMAL [5] bzw. KONDRATEV [3] zeigen, daß die Voraussetzung 1 im Falle glatt bzw. polygonal berandeter Gebiete mit $k(1) = 1$, $k(0) = 2$ erfüllt werden kann.

Literatur

1 BABUŠKA, I., The finite element method for infinite domains, I, Math. Comput. 26 (1972), 1–11.
2 JÄGER, W., Zur Theorie der Schwingungsgleichung mit variablen Koeffizienten in Außengebieten, Math. Z. 102 (1967), 62–68.
3 KONDRATEV, V. A., Boundary problems for elliptic equations in domains with conical or angular points, Trans. Moscow Math. Soc. 16 (1967), 227–313.
4 PHILLIPS, R. S., On the error exterior problem for the reduced wave equation, In: SPENCER, D. C. (Ed.), Partial Differential Equations. Proc. of symposia in pure mathematics XXIII. Berkley, California 9–21. 8. 71. A.M.S., Providence, R.I. 1973. S. 153–160.
5 ZLAMAL, M., Curved elements in the finite element method. I, SIAM J. Numer. Analysis 10 (1973), 229–240.

Anschrift: Dr. JUKKA SARANEN, Universität Jyväskylä, Mathematisches Institut, Sammonkatu 6, SF-40100 Jyväskylä 10, Finnland

ZAMM 61, T 258 (1981)

W. A. Schlup

Relaxation Oscillations in a Cylindrical Phase Space for a Damped Sine-Gordon Equation Exhibiting Turning Points

The rotational steady-state solutions for the second-order differential equation $\beta\ddot{\varphi} + h(\dot{\varphi})f(\varphi) = g(\varphi)$ are discussed in the limit $\beta \gtrsim 0$ for some examples of sine-Gordon equations, where the anisotropy of the damping function exhibits zeros. It is shown that the usual zero-order term in a singular perturbation expansion is complicated by the singularities φ_∞ of $\dot{\varphi}(\varphi)$ for $\beta = 0$, such that the limit cycle, which is infinite for certain φ intervals, has a point of return φ being at a different location. The characteristics $\langle\dot{\varphi}\rangle$ ($\langle\ldots\rangle$ time average) as a function of parameters entering in f and g will be investigated for certain examples. The analytical results have also been corroborated numerically by using integration methods developed for stiff differential equations.

References

1 O'Malley, R. E., Introduction to Singular Perturbations, Academic Press, New York 1974.
2 Wilcox, C. H., (Ed.), Asymptotic Solutions of Differential Equations and Their Applications, John Wiley, New York 1964.

Anschrift: Dr. W. A. Schlup, Berghaldenweg 33, CH-8135 Langnau, Schweiz

ZAMM 61, T 258 – T 259 (1981)

R. Scholz

Approximation of Fourth Order Variational Inequalities by Mixed Finite Elements

Let $\Omega \subseteq R^2$ be a bounded domain. For the sake of simplicity we assume Ω is a polygon. With W_2^k, $k \geqq 1$, we denote the Sobolev spaces. $\mathring{W}_2^k$ is the closure of the space of test functions with respect to the norm in W_2^k. (We suppress the specification of the domain.)

Let a function $\Psi \in W_2^4$ with $\Psi < 0$ on $\partial\Omega$ and a function $f \in L_2$ be given. We define $K := \{v \in \mathring{W}_2^2 \mid v \geqq \Psi \text{ in } \Omega\}$ and consider the following variational inequality:

Find $u \in K$ with

$$(\Delta u, \Delta v - \Delta u)_{L_2} \geqq (f, v - u)_{L_2} \quad \textit{for all} \quad v \in K\,.$$

Remark: If u is the solution of the variational inequality, we have

$$\Delta^2 u \geqq f\,, \qquad u \geqq \Psi \quad \text{and} \quad (u - \Psi)(\Delta^2 u - f) = 0\,.$$

With the aid of the *mixed finite element method* introduced by Ciarlet-Raviart [3] for functions $v \in \mathring{W}_2^2$ approximations to v and $-\Delta v$ are determined in certain finite element spaces. For this reason we define the space $\boldsymbol{V}$ by

$$\boldsymbol{V} := \{\boldsymbol{v} = (v_1, v_2) \in \mathring{W}_2^1 \times L_2 \mid D(v_1, z) = (v_2, z)_{L_2} \quad \text{for all} \quad z \in W_2^1\}\,,$$

where $D(\cdot,\cdot)$ denotes the Dirichlet integral. $\boldsymbol{v} \in \boldsymbol{V}$ is equivalent to $v_1 \in \mathring{W}_2^2$, $v_2 = -\Delta v_1$. For $\boldsymbol{v}, \boldsymbol{w} \in \boldsymbol{V}$ we define the scalar product $(\boldsymbol{v}, \boldsymbol{w})_{\boldsymbol{V}} := (v_2, w_2)_{L_2}$ with the corresponding norm. $\boldsymbol{V}$ is isomorphic to $\mathring{W}_2^2$. With these notations K corresponds to $\boldsymbol{K} = \{\boldsymbol{v} \in \boldsymbol{V} \mid v_1 \geqq \Psi\}$, and the variational inequality can be reformulated in the following way.

Problem P: *Find $\boldsymbol{u} \in \boldsymbol{K}$ with*

$$(u_2, v_2 - u_2)_{L_2} \geqq (f, v_1 - u_1)_{L_2} \quad \textit{for all} \quad \boldsymbol{v} \in \boldsymbol{K}\,.$$

Let Γ_h be a triangulation of Ω into triangles with maximal mesh size $h > 0$. With S_h we denote the space of continuous, piecewise quadratic functions defined on $\bar{\Omega}$. Further we set $\mathring{S}_h := S_h \cap \mathring{W}_2^1$. Finally we define

$$\boldsymbol{V}_h := \{\boldsymbol{\varphi} = (\varphi_1, \varphi_2) \in \mathring{S}_h \times S_h \mid D(\varphi_1, \zeta) = (\varphi_2, \zeta)_{L_2} \quad \text{for all} \quad \zeta \in S_h\}\,.$$

(For details we refer to Ciarlet-Raviart [3]; see also Scholz [5].) To approximate the elements of $\boldsymbol{K}$, we use those functions $\boldsymbol{\varphi} \in \boldsymbol{V}_h$, which fulfill $\varphi_1(p) \geqq \Psi(p)$ for all interior vertices and all midpoints of interior edges of triangles of Γ_h. The set of these functions we denote by $\boldsymbol{K}_h$. Then the corresponding *discrete* problem can be formulated as follows.

Problem P_h: *Find $\boldsymbol{u}^h \in \boldsymbol{K}_h$ with*

$$(u_2^h, \varphi_2 - u_2^h)_{L_2} \geqq (f, \varphi_1 - u_1^h)_{L_2} \quad \textit{for all} \quad \boldsymbol{\varphi} \in \boldsymbol{K}_h\,.$$

It is well-known that P and P_h are uniquely solvable. Assume the solution $\boldsymbol{u} = (u_1, u_2)$ of Problem P fulfills the regularity condition $u_1 \in \overset{\circ}{W}{}_2^2 \cap W_2^3$, i.e. $u_2 = -\Delta u_1 \in W_2^1$. (In this context we refer to FREHSE [4] and CAFFARELLI-FRIEDMAN [2].) We get the following

Theorem: *The difference between the solution* $\boldsymbol{u} = (u_1, u_2)$ *of Problem* P *and the solution* $\boldsymbol{u}^h = (u_1^h, u_2^h)$ *of the discrete Problem* P_h *can be estimated by*

$$||u_2 - u_2^h||_{L_2} \leqq C(f, \Psi)\, h$$

with a constant $C(f, \Psi)$ *independent of* h.

Remark: For the corresponding unrestricted problem, i.e. $\Psi = -\infty$, we get by duality arguments

$$||u_1 - u_1^h||_{W_2^1} + h||u_2 - u_2^h||_{L_2} \leqq Ch^2||u_1||_{W_2^3}\,.$$

Outline of the proof: For each element $\boldsymbol{\varphi} \in \boldsymbol{K}_h$ we have

$$||u_2 - u_2^h||_{L_2}^2 = (u_2 - u_2^h, u_2 - \varphi_2)_{L_2} + (u_2 - u_2^h, \varphi_2 - u_2^h)_{L_2} \leqq$$
$$\leqq (u_2 - u_2^h, u_2 - \varphi_2)_{L_2} + (u_2, \varphi_2 - u_2^h)_{L_2} - (f, \varphi_1 - u_1^h)_{L_2}\,,$$

where we used the defining inequality of $\boldsymbol{u}^h$. Let $\varphi_1 \in \overset{\circ}{S}_h$ be the interpolation of u_1 at the vertices and midpoints of the edges p. There exists exactly one $\varphi_2 \in S_h$ with $\boldsymbol{\varphi} := (\varphi_1, \varphi_2) \in \boldsymbol{V}_h$ and from $\varphi_1(p) = u_1(p) \geqq \Psi(p)$ we get $\boldsymbol{\varphi} \in \boldsymbol{K}_h$. Using approximation and inverse properties of the finite element spaces S_h and $\overset{\circ}{S}_h$ we find

$$||u_2 - \varphi_2||_{L_2} \leqq Ch||u_1||_{W_2^3}\,.$$

Further by an argument of [5] we get

$$(u_2, \varphi_2 - u_2^h)_{L_2} - (f, \varphi_1 - u_1^h)_{L_2} \leqq D(u_2, \varphi_1 - u_1^h) - (f, \varphi_1 - u_1^h)_{L_2} + Ch||\varphi_2 - u_2^h||_{L_2}\,.$$

Therefore it remains to estimate the first two terms of the right hand side of the last inequality. This can be done in a similar way as in the paper of BREZZI-HAGER-RAVIART [1].

References

1 BREZZI, F.; HAGER, W. W.; RAVIART, P. A., Error estimates for the finite element solution of variational inequalities. Part I: Primal theory, Numer. Math. 28 (1977), 431–443.

2 CAFFARELLI, L. A.; FRIEDMAN, A., The obstacle problem for the biharmonic operator, Ann. Scuola Norm. Sup. Pisa, 4. Ser. 6 (1979), 151–184.

3 CIARLET, P. G.; RAVIART, P. A., A mixed finite element method for the biharmonic equation, in: Math. Aspects of Finite Elements in Partial Differential Equations, Proc. Sympos. Math. Res. Center, Univ. Wisconsin, April 1–3, 1974, Academic Press, New York-San Francisco-London, 1974; pp. 125–145.

4 FREHSE, J., Zum Differenzierbarkeitsproblem bei Variationsungleichungen höherer Ordnung, Abh. Math. Sem. Univ. Hamburg 36 (1971), 140–149.

5 SCHOLZ, R., A posteriori-Abschätzungen für Lösungen der stationären NAVIER-STOKES-Gleichungen bei GALERKIN-Verfahren mit Gemischten Finiten Elementen, Habilitationsschrift, Freiburg 1978.

Anschrift: Dr. REINHARD SCHOLZ, Institut für Angewandte Mathematik, Albert-Ludwigs-Universität, Hermann-Herder-Str. 10, D-7800 Freiburg, BRD

ZAMM 61, T 259 – T 261 (1981)

J. SIEFER

Vergleich der Entropiekonzepte der statistischen Mechanik und von Caratheodory

Seit CARATHEODORY 1910 seine „Untersuchungen über die Grundlagen der Thermodynamik" veröffentlichte [1], gibt es neben dem GIBBSschen Modell der Thermostatik eine rein makroskopische Theorie, die aus wenigen mathematischen Grundannahmen die Existenz von Entropie und absoluter Temperatur ableitet.

Beide Theorien weisen eine verblüffende Übereinstimmung auf, sowohl was die verwendeten Begriffe als auch was die Ergebnisse betrifft. Dies legt den Verdacht nahe, daß beide Theorien lediglich verschiedene Modelle ein und desselben Axiomensystems sind und daher ein Isomorphismus existiert, der sich möglicherweise geeignet fortsetzen läßt, falls sich die auf der statistischen Seite angebotenen Erweiterungen auf Nichtgleichgewichtsprozesse (z. B. [2]) als tragfähig erweisen.

Zum Nachweis der Äquivalenz beider Axiomensysteme müssen diese zunächst eine mathematische Form erhalten, was ausgerechnet auf die CARATHEODORYsche Arbeit nicht zutrifft. 1921 erschien von MAX BORN eine physikalische Übersetzung [3]. Eine mathematische Übersetzung ist meines Wissens bis heute nicht erfolgt.

I. Das Caratheodorysche Axiomensystem

Der Zustandsraum Z ist der $\mathbb{R}^{n+1}$. Die Elemente $x = (x_0, x_1, \dots, x_n)$ heißen *Zustände* oder *Gleichgewichte*. x_0 heißt *ausgezeichnete Koordinate*, $x_1, \dots, x_n$ heißen *Deformationskoordinaten*.

Auf Z sind drei verschiedene Typen von Funktionen erklärt:

1. $\varepsilon : Z \to \mathbb{R}$ heißt *innere Energie*. ε ist stetig differenzierbar und in x_0 injektiv.
2. $\mathfrak{A} : Z \times Z \to I(\mathbb{R})$ heißt *Arbeitsvermögen*. $I(\mathbb{R})$ ist dabei die Menge reeller Intervalle.
3. $p_i : Z \to \mathbb{R}$, $i = 1, \dots, n$, heißen *äußere Kräfte*. Die p_i sind stetig.

Definitionen:

1. Eine *Zustandsänderung* ist ein Tripel (x, y, a) mit $x, y \in Z$, $a \in \mathfrak{A}(x, y)$.
2. Zustandsänderungen der Form $\big(x, y, \varepsilon(x) - \varepsilon(y)\big)$ heißen *adiabatisch*.
3. Eine Zustandsänderung (x, y, a) heißt *quasistatisch*, wenn es einen Weg c von x nach y in Z gibt, mit $a = \int\limits_c p_i \, dx^i$.

Axiom: $\forall x \in Z \; \forall U(x) \; \exists y \in U(x) : \varepsilon(x) - \varepsilon(y) \notin \mathfrak{A}(x, y)$.

Es seien einige Folgerungen zitiert:

Die PFAFFsche Form $d\varepsilon + p_i \, dx^i$ *besitzt einen EULERschen Multiplikator* M, *der sie zum totalen Differential macht:*

$$M(d\varepsilon + p_i \, dx^i) = dS .$$

Die von einem Anfangszustand erreichbaren Werte von S bilden ein Intervall. Der Anfangswert von S ist ein Endpunkt des Intervalls. Die Forderung, daß die absolute Temperatur stets positiv sein soll, bewirkt, daß er ein linker Endpunkt ist und daß die Entropie S im Gleichgewicht ein Maximum hat.

II. Das Axiomensystem der statistischen Mechanik

Wie bereits erwähnt, liegen dem Konzept der statistischen Mechanik mikroskopische Details der Systeme zugrunde. Die mikroskopischen Interpretationsmöglichkeiten werden durch den *Phasenraum* Φ eines Systems gegeben. Die makroskopische Form ist jedoch von diesen Interpretationsmöglichkeiten unabhängig. Der Zusammenhang wird durch die HAMILTON-Funktion H gestiftet.

Φ sei der Phasenraum, und mit ξ seien seine Elemente bezeichnet. Zustände sind Wahrscheinlichkeitsdichten ϱ auf Φ. $H(\xi, \alpha_i)$ sei die HAMILTON-Funktion, $\alpha_i \in \mathbb{R}$, $i = 1, \dots, n$, sind äußere Parameter. $\varepsilon(\varrho) = \langle H \rangle := \int\limits_\Phi \varrho H \, d\xi$ heißt *innere Energie*. $p_i := \left\langle \frac{\partial H}{\partial \alpha_i} \right\rangle$ sind die *äußeren Kräfte*.

Arbeitsvermögen, Zustandsänderung, adiabatisch und quasistatisch werden wie in I. definiert.

Axiom: Für den Anfangszustand ϱ_a und den Endzustand ϱ_e einer Zustandsänderung gilt stets

$$\int \varrho_\alpha \log \frac{1}{\varrho_\alpha} \, d\xi = \text{Max}, \qquad \int \varrho_\alpha H \, d\xi = \varepsilon(\varrho_\alpha) , \qquad \alpha = a, e .$$

Folgerungen: *Die Verteilungen haben die Form*

$$\varrho = \frac{1}{P} \cdot e^{-\lambda H} \quad \text{mit} \quad P := \int e^{-\lambda H} \, d\xi ,$$

und es gilt

$$\langle H \rangle = -\frac{\partial}{\partial \lambda} \log P , \qquad \left\langle \frac{\partial H}{\partial \alpha_i} \right\rangle = -\frac{1}{\lambda} \frac{\partial}{\partial \alpha_i} \log P .$$

Damit folgt

$$d\varepsilon - p_i \, d\alpha_i = d\langle H \rangle - \left\langle \frac{\partial H}{\partial \alpha_i} \right\rangle d\alpha_i = d\langle H \rangle + \frac{1}{\lambda} \frac{\partial}{\partial \alpha_i} (\log P) \, d\alpha_i ,$$

und daraus

$$\lambda \, d\langle H \rangle + \frac{\partial}{\partial \alpha_i} (\log P) \, d\alpha_i = \lambda \, d\langle H \rangle + \frac{\partial}{\partial \alpha_i} (\log P) \, d\alpha_i + \langle H \rangle \, d\lambda + \frac{\partial}{\partial \lambda} (\log P) \, d\lambda = d(\lambda \langle H \rangle + \log P) ,$$

also die Existenz eines Eulerschen Multiplikators für die nämliche Pfaffsche Form.

Für die Verteilungen der Form $\varrho = \frac{1}{P} \cdot e^{-\lambda H}$ *erweisen sich die Ausdrücke* $\lambda \langle H \rangle + \log P$ *und* $\int \varrho \log \frac{1}{\varrho} \, d\xi$ *als identisch, so daß* $S(\varrho) := \int \varrho \log \frac{1}{\varrho} \, d\xi$ *als verallgemeinerte Entropie bezeichnet werden kann.* Dann ergeben sich die folgenden

III. Beziehungen

Da die Entropie nach CARATHEODORY bei beliebigen adiabatischen Zustandsänderungen nicht abnehmen darf, folgt, daß sie im Gleichgewicht ein Maximum besitzen muß, denn zu einer beliebigen adiabatischen Zustandsänderung gibt es immer eine quasistatische adiabatische mit demselben Anfangs- und Endzustand, für die der Wert der

Entropie konstant ist. Umgekehrt gibt es offensichtlich in der Umgebung eines jeden Zustandes Zustände, die adiabatisch nicht erreichtbar sind, nämlich solche, die dem gleichen Wert der inneren Energie und der äußeren Parameter entsprechen, deren Entropie jedoch größer ist als die Entropie der entsprechenden kanonischen Verteilung.

Literatur

1 CARATHEODORY, C., Math. Ann. 67 (1910), 355–387.
2 ROBERTSON, B., Application of maximum entropy to nonequilibrium statistical mechanics, in LEVINE and TRIBUS, The Maximum Entropy Formalism, MIT Press 1978.
3 BORN, M., Kritische Betrachtungen zur traditionellen Darstellung der Thermodynamik, Phys. Z. 22 (1921), 218–286.

Anschrift: Dr. Ing. JÖRG SIEFER, Institut für Mathematik, Universität Hannover, Welfengarten 1, D-3000 Hannover, BRD

ZAMM 61, T 261 – T 263 (1981)

V. SIKOPARIJA

An Approach to Nonlinear Heat Conduction via a Variational Principle

Introduction

The equation of heat conduction in a solid body with variable thermal properties cannot be solved by the usual standard methods. In the present paper a variational method for solving nonlinear problems of transient heat conduction is developed. By the help of the method one has the possibility to reduce a governing partial differential equation to a system of integro-differential equations which thereupon can be integrated. The method in question is based upon the variational principle with noncommutative variational rules (see [1]).

1. The theory

We are going to study *one-dimensional transient heat conduction in a solid body with variable thermal properties.* The problems under consideration have the *boundary conditions* in the form

$$k \left.\frac{\partial T}{\partial x}\right|_S = F = \text{const.}, \qquad \text{or} \quad T(x, t)|_S = \varphi(t) \,, \tag{1}$$

where F is the flux of heat, S denotes the boundary and $\varphi(t)$ is a given function of time. We will assume that the volumetric heat capacity c and the heat conductivity k depend on temperature of the body linearly i.e.

$$c(T) = c_0(1 + \alpha T); \qquad k(T) = k_0(1 + \beta T) \,, \tag{2}$$

where c_0, α, k_0 and β are given constants.

The *governing equation* of considered process has the form

$$c(T) \frac{\partial T}{\partial t} = \frac{\partial}{\partial x}\left[k(T) \frac{\partial T}{\partial x}\right]. \tag{3}$$

Now we will perform the variational description of the whole class of nonlinear problems using a trial solution in the general form

$$T(x, t) = \Phi[x, f_1(t), f_2(t), \varphi(t)] \,, \tag{4}$$

where $f_1(t)$ and $f_2(t)$ are the characteristic parameters of the process, and $\varphi(t)$ is a given function of time.

If we have the problem with conditional extremum the *action integral* of the process under consideration will have the form

$$I' = \int_{t_0}^{t_1}\int_{x_0}^{x_1} \left\{\varepsilon \frac{\partial T}{\partial t} + \frac{k^2}{2}\left(\frac{\partial T}{\partial x}\right)^2\right\} \mathrm{d}x \, \mathrm{d}t - \int_{x_0}^{x_1} \varepsilon T \Big|_{t_0}^{t_1} \mathrm{d}x - \int_{t_0}^{t_1} kFT \Big|_S \mathrm{d}t + \int_{t_0}^{t_1} \lambda \Psi[f_1, f_2] \, \mathrm{d}t \,, \tag{5}$$

where λ denotes the LAGRANGE multiplier, and

$$\Psi = \Psi[f_1, f_2] \tag{6}$$

represents some connection between the parameters $f_1(t)$ and $f_2(t)$.

If we wish to reproduce the governing equation (3) we have to observe, together with action integral (5), the certain variational rules. In our case they have the form

$$\delta\left(\frac{\partial T}{\partial t}\right) = \frac{\partial}{\partial t}(\delta T) + \frac{1}{\varepsilon} c(T) \, k(T) \frac{\partial T}{\partial t} \delta T + \frac{\partial}{\partial x}(FT \, \delta k); \qquad \delta \frac{\partial}{\partial x} = \frac{\partial}{\partial x} \delta \,. \tag{7}$$

Here, as we see, the first of the rules is not commutative with respect to time.

Let us now substitute the trial solution (4) into (7) and then such obtained expressions into the first variation of integral (5). After integrating by parts the variational equation $\delta I = 0$ becomes equivalent with the following system of integro-differential equations

$$\begin{gathered}
\dot{f}_1 \int\limits_{x_0}^{x_1} c(\Phi)\, k(\Phi) \left(\frac{\partial \Phi}{\partial f_1}\right)^2 \mathrm{d}x + \dot{f}_2 \int\limits_{x_0}^{x_1} c(\Phi)\, k(\Phi) \frac{\partial \Phi}{\partial f_1} \frac{\partial \Phi}{\partial f_2} \mathrm{d}x + \dot{\varphi} \int\limits_{x_0}^{x_1} c(\Phi)\, k(\Phi) \frac{\partial \Phi}{\partial \varphi} \frac{\partial \Phi}{\partial f_1} \mathrm{d}x - \\
- \int\limits_{x_0}^{x_1} k(\Phi) \frac{\mathrm{d}k}{\mathrm{d}\Phi} \left(\frac{\partial \Phi}{\partial x}\right)^2 \frac{\partial \Phi}{\partial f_1} \mathrm{d}x - \int\limits_{x_0}^{x_1} [k(\Phi)]^2 \frac{\partial^2 \Phi}{\partial x^2} \frac{\partial \Phi}{\partial f_1} \mathrm{d}x + \lambda \frac{\partial \Psi}{\partial f_1} = 0\,, \\
\dot{f}_1 \int\limits_{x_0}^{x_1} c(\Phi)\, k(\Phi) \frac{\partial \Phi}{\partial f_1} \frac{\partial \Phi}{\partial f_2} \mathrm{d}x + \dot{f}_2 \int\limits_{x_0}^{x_1} c(\Phi)\, k(\Phi) \left(\frac{\partial \Phi}{\partial f_2}\right)^2 \mathrm{d}x + \dot{\varphi} \int\limits_{x_0}^{x_1} c(\Phi)\, k(\Phi) \frac{\partial \Phi}{\partial \varphi} \frac{\partial \Phi}{\partial f_2} \mathrm{d}x - \\
- \int\limits_{x_0}^{x_1} k(\Phi) \frac{\mathrm{d}k}{\mathrm{d}\Phi} \left(\frac{\partial \Phi}{\partial x}\right)^2 \frac{\partial \Phi}{\partial f_2} \mathrm{d}x - \int\limits_{x_0}^{x_1} [k(\Phi)]^2 \frac{\partial^2 \Phi}{\partial x^2} \frac{\partial \Phi}{\partial f_2} \mathrm{d}x + \lambda \frac{\partial \Psi}{\partial f_2} = 0\,.
\end{gathered} \tag{8}$$

The obtained system contains integrals which have to be integrated over the given region. The mentioned procedure leads us to the corresponding system of the first-order ordinary differential equations, the integration of which yields f_1 and f_2. The number of equations in (8) depends on the number of parameters to be involved.

Now the method will be applied with intension to point out the usefulness of system (8) in solving nonlinear problems.

2. Application of the theory

a) Heat conduction in a semi-infinite body initially at zero temperature with variable heat capacity and constant heat conductivity

The boundary condition is supposed to be in the form

$$k \left.\frac{\partial T}{\partial x}\right|_{x=0} = -F = \text{const.}\,, \qquad t > 0\,. \tag{9}$$

The temperature profile (4) we will take as follows

$$T(x, t) = \Phi[x, z(t), q(t)] = z \left(1 - \frac{x}{q}\right)^3, \tag{10}$$

where $z(t)$ is the surface temperature at $x = 0$, and $q(t)$ is the penetration depth. There is the connection between z and q

$$\Psi(z, q) = z - \frac{Fq}{3k} = 0\,. \tag{11}$$

In accordance with (2) we have

$$c = c_0 \left[1 + \alpha z \left(1 - \frac{x}{q}\right)^3\right]. \tag{12}$$

Substituting (10), (11) and (12) into the system (8), after integrating with respect to x from 0 to q, one gets a system of ordinary differential equations which can be, by eliminating λ and using (11), reduced to one equation having the solution

$$\frac{13}{7} z^2 + \frac{23}{36} \alpha z^3 = \frac{7}{3} \left(\frac{F}{k}\right)^2 a_0 t\,, \tag{13}$$

where $a_0 = k/c_0 = \text{const.}$

For the linear case ($\alpha = 0$) the solution (13) turns to the form $z = 1{,}121 \frac{F}{k} \sqrt{a_0 t}$ which has been obtained by several authors (see for example [1]).

b) The slab $-L < x < +L$ with initial temperature $T(x, 0) = g(x)$ and the temperature $T_s(1 - \mathrm{e}^{-\gamma t})$ at the boundaries $x = \pm L$

The coefficient of heat conductivity is variable and heat capacity supposed to be constant. Trial solution (4) can be taken in the form

$$T(x, t) = \Phi[x, f(t), \varphi(t)] = f(t) \cos \frac{\pi x}{2L} + T_s(1 - \mathrm{e}^{-\gamma t})\,. \tag{14}$$

In that case the above mentioned coefficient has the following form:

$$k = k_0 \left[1 + \beta f(t) \cos \frac{\pi x}{2L} + \beta T_s(1 - \mathrm{e}^{-\gamma t})\right]. \tag{15}$$

Using (14) and (15) one can reduce the system (8) to the equation

$$\dot f[1 + 0{,}84883\beta f + \beta T_s(1 - e^{-\gamma t})] + T_s\gamma\, e^{-\gamma t}\{1{,}27324\,[1 + \beta T_s(1 - e^{-\gamma t})] + \beta f\} +$$
$$+ \frac{\pi^2}{4L^2} a_0 f\,[1 + 0{,}42441\beta f + 0{,}5\beta^2 f^2 + \beta^2 T_s^2(1 - e^{-\gamma t}) + 2\beta T_s(1 - e^{-\gamma t}) + 0{,}42441\beta^2 T_s(1 - e^{-\gamma t}) f] = 0. \tag{16}$$

Integration of the above equation can be performed numerically for different values of T_s, β, γ. The initial value $f_0 = f(0)$ can be determined by minimizing the functional (see [2])

$$J = \int_{-L}^{L} \{T(x, 0) - \Phi[x, f_0, \varphi(0)]\}^2 \, dx . \tag{17}$$

If we suppose that $T(x, 0) = 0$ and $\beta = 0$ ($k =$ const.) the equation (16) has the solution

$$\frac{T}{T_s} = 1 - e^{-\gamma t} \frac{\pi^3 a - 4\pi\gamma L^2 + 16\gamma L^2}{\pi^3 a - 4\pi\gamma L^2} \cos\frac{\pi x}{2L} - \frac{16\gamma L^2}{4\gamma L^2 - \pi^2 a} e^{-\pi^2/4L^2\, at} \cos\frac{\pi x}{2L}. \tag{18}$$

If we take that $\dfrac{\gamma}{a} = \dfrac{4}{L^2}$, when $a = \dfrac{k}{c\varrho} =$ const., it will be

$$\frac{T}{T_s} = 1 + 2{,}32\, e^{-4at/L^2} \cos\left(1{,}57\,\frac{x}{L}\right) - 3{,}32\, e^{-2{,}47\, at/L^2} \cos\left(1{,}57\,\frac{x}{L}\right). \tag{19}$$

It is no any difficulty to see the very good agreement between (19) and the first term of series in exact solution (see [3]).

Conclusion

The obtained system of equations (8), which covers a very broad class of problems, can efficiently be used in solving different problems of heat conduction either in an infinite body or in a body with finite dimensions.

References

1 VUJANOVIC, B., On one variational principle for irreversible phenomena, Acta Mech. 19, 259—275 (1974).
2 SIKOPARIJA, V., Variational description of nonstationary heat transfer phenomena, ZAMM 58, T 399—T 401 (1978).
3 CARSLAW, H. S.; JAEGER, J. C., Conduction of Heat in Solids, Oxford Press, London 1973.

Anschrift: Prof. Dr. V. SIKOPARIJA, Faculty of Technical Sciences, University of Novi Sad, 21000 Novi Sad, Yugoslavia

ZAMM 61, T 263 – T 265 (1981)

F. SPIRIG

Transition of a Steady State into a Torus

In this paper the influence of a small periodic exitation on HOPF's bifurcation problem is considered. It is found that instead of periodic solutions invariant tori bifurcate.

Consider the two-dimensional system of differential equations

$$\dot\xi = v^1(\xi; \mu_1) + \mu_2 v^2(t, \xi; \mu_1), \qquad \left(\xi \in \mathbb{R}^2, \cdot = \frac{d}{dt}\right), \tag{1}$$

2π-periodic with respect to t, depending on the parameters μ_1 and μ_2. If $\mu = (\mu_1, \mu_2) = 0$ system (1) is assumed to have an equilibrium point ξ^0:

$$v^1(\xi^0; 0) = 0 . \tag{2}$$

The linear variational equations attached to ξ^0 read

$$\dot z = Cz , \tag{3}$$

where C is the JACOBIAN $\partial v^1/\partial\xi\ (\xi^0; 0)$. Assume that C has two purely imaginary eigenvalues $\pm i\omega$ and that ω satisfies the non-resonance-condition $2\omega \notin \mathbb{Z}$. Then without loss of generality we may put

$$C = \begin{bmatrix} 0 & \omega \\ -\omega & 0 \end{bmatrix}. \tag{4}$$

The fundamental matrix $L(t)$ of equation (3) with $L(0) = I$ is a rotation

$$L(t) = e^{tC} = \begin{bmatrix} \cos \omega t & \sin \omega t \\ -\sin \omega t & \cos \omega t \end{bmatrix}. \tag{5}$$

Thus the stability of the equilibrium point ξ^0 cannot be deduced from the linear variational equations (3).

Since in particular $\omega \neq 0$ the Implicit Function Theorem implies locally the existence of a one-parameter family of equilibrium points $\xi^1(\mu_1)$ of the autonomous system

$$\dot{\xi} = v^1(\xi; \mu_1), \quad \text{where} \quad \xi^1(0) = \xi^0. \tag{6}$$

In his classical paper [1], HOPF studies the behaviour of the system (6) in the neighbourhood of $\xi^1(\mu_1)$ for small values of $|\mu_1|$. Here the additional influence of a periodic forcing term is considered. First note that since $\omega \notin \mathbb{Z}$, the following lemma holds:

Lemma: *System* (1) *admits locally a two-parameter family of 2π-periodic solutions $\xi(t; \mu)$ emanating from $\xi^1(\mu_1)$.*

Proof: Let $\xi(t, \xi^*; \mu)$ be the solution of equation (1) satisfying $\xi(0, \xi^*; \mu) = \xi^*$. Put $x(t, x^*; \mu) = \xi(t, \xi^*; \mu) - \xi^1(\mu_1)$ with $x^* = \xi^* - \xi^1(\mu_1)$. $\xi(t, \xi^*; \mu)$ is 2π-periodic, iff x^* is a zero of $F(x^*; \mu) = x(2\pi, x^*; \mu) - x(0, x^*; \mu)$. We have $F(0; 0) = 0$. Equation (1) implies that $\frac{\partial}{\partial t} \frac{\partial x}{\partial x^*}(t, 0; 0) = C \frac{\partial x}{\partial x^*}(t, 0; 0)$. Furthermore $\frac{\partial x}{\partial x^*}(0, 0; 0) = I$. Therefore $\frac{\partial x}{\partial x^*}(t, 0; 0) = e^{tC}$ and $\det \frac{\partial F}{\partial x^*}(0; 0) = \det(e^{2\pi C} - I)$. The eigenvalues of $e^{2\pi C} - I$ are $e^{\pm i 2\pi\omega} - 1$. Thus $\det \frac{\partial F}{\partial x^*}(0; 0) \neq 0$. It follows from the above considerations and by means of the Implicit Function Theorem that F has a zero $x^*(\mu)$.

Since we will study the behaviour of equation (1) in a neighbourhood of $\xi(t; \mu)$ for small values of $|\mu|$, we put

$$\mu = \varepsilon^2 \nu, \qquad \xi = \xi(t; \mu) + \varepsilon y. \tag{7}$$

Substituting the transformation (7) in equation (1) and expanding with respect to ε leads to

$$\dot{y} = Cy + \varepsilon F^{ij} y_i y_j + \varepsilon^2 [(\nu_1 D + \nu_2 E(t)) y + F^{ijk} y_i y_j y_k] + O(\varepsilon^3), \tag{8}$$

where

$$F^{ij} = \frac{1}{2} \frac{\partial^2 v^1}{\partial \xi_i \partial \xi_j}(\xi^0; 0), \qquad F^{ijk} = \frac{1}{6} \frac{\partial^3 v^1}{\partial \xi_i \partial \xi_j \partial \xi_k}(\xi^0; 0),$$

$$D = \frac{\partial^2 v^1}{\partial \xi \partial \xi_k}(\xi^0; 0) \frac{d\xi_k^1}{d\mu_1}(0) + \frac{\partial^2 v^1}{\partial \xi \partial \mu_1}(\xi^0; 0), \tag{9}$$

$$E(t) = \frac{\partial^2 v^1}{\partial \xi \partial \xi_k}(\xi^0; 0) \frac{\partial \xi_k}{\partial \mu_2}(t; 0) + \frac{\partial v^2}{\partial \xi}(t, \xi^0; 0).$$

The matrices D and $E(t)$ can be computed explicitly, as it is shown below. By means of equation (1) it follows

$$\frac{d\xi^1}{d\mu_1}(0) = -C^{-1} \frac{\partial v^1}{\partial \mu_1}(\xi^0; 0). \tag{10.1}$$

As to $\partial\xi/\partial\mu_2 (t; 0)$ a differential equation can be derived from the system (1). Integration of this differential equation yields

$$\frac{\partial \xi}{\partial \mu_2}(t; 0) = e^{tC} \left(\eta + \int_0^t e^{-sC} v^2(s, \xi^0; 0) \, ds \right). \tag{10.2}$$

The initial vector η is to be chosen such that the vector function (10.2) is 2π-periodic, that is

$$\eta = (e^{-2\pi C} - I)^{-1} \int_0^{2\pi} e^{-sC} v^2(s, \xi^0; 0) \, ds. \tag{10.3}$$

Next we deal with equation (8). It is appropriate to introduce polar coordinates

$$y = (a \sin \varphi, a \cos \varphi). \tag{11}$$

In this variables the system (8) reads

$$\dot{\varphi} = \omega + \varepsilon R^1(\varphi, a) + \varepsilon^2 R^2(t, \varphi, a) + O(\varepsilon^3), \qquad \dot{a} = \varepsilon T^1(\varphi, a) + \varepsilon^2 T^2(t, \varphi, a) + O(\varepsilon^3). \tag{12}$$

Taking into account the non-resonance-condition $2\omega \notin \mathbb{Z}$, it is feasible to perform a second order perturbation procedure (method of averaging, see [2]), i.e. it is possible to construct a near-identical diffeomorphism, 2π-periodic with respect to t and φ, which transforms the system (12) into

$$\dot{\varphi} = \omega + \varepsilon^2 \overline{R}^2(a) + O(\varepsilon^3), \qquad \dot{a} = \varepsilon^2 \overline{T}^2(a) + O(\varepsilon^3) \tag{13}$$

where

$$\overline{T}^2(a) = a(\nu_1 \Delta_1 + \nu_2 \Delta_2 + \chi a^2) \tag{14.1}$$

with

$$\Delta_1 = \frac{1}{2} \operatorname{trace} D\,, \qquad \Delta_2 = \frac{1}{4\pi} \int_0^{2\pi} \operatorname{trace} E(s)\, ds \tag{14.2}$$

and

$$\chi = \frac{3}{8} (F_1^{111} + F_1^{122} + F_2^{112} + F_2^{222}) + \frac{1}{4\omega} (F_1^{11} F_2^{11} + F_2^{11} F_2^{12} + F_2^{12} F_2^{22} - F_1^{11} F_1^{12} - F_1^{12} F_1^{22} - F_1^{22} F_2^{22})\,. \tag{14.3}$$

Now assume that $\chi \neq 0$ and that $\Delta_1 \neq 0$ or $\Delta_2 \neq 0$. Without loss of generality we can assume that $\chi < 0$, otherwise the time is reversed. In this situation the following theorem on the existence of invariant tori, see [2], applies:

To each root A of $\bar{T}^2(a)$, satisfying $\frac{d\bar{T}^2}{da}(A) < 0$ and all ε sufficiently small, there is a stable, attractive, toroidal invariant manifold $\{(t, \varphi, a) \mid t, \varphi \in \mathbb{R}, a = g(t, \varphi)\}$ of equation (13). *Moreover, see* [3], *neighbouring solutions tend to solutions on the manifold as $t \to \infty$.*

In order to discuss the final result, we introduce two half-planes α and β, respectively, in the parameter plane $\mathbb{R}^2$.

$$\alpha = \{(\nu_1, \nu_2) \mid \Delta_1 \nu_1 + \Delta_2 \nu_2 > 0\}\,, \qquad \beta = \{(\nu_1, \nu_2) \mid \Delta_1 \nu_1 + \Delta_2 \nu_2 < 0\}\,.$$

If $\nu = (\nu_1, \nu_2) \in \alpha$, then $A_1 = 0$ is the only zero of $\bar{T}^2$ and corresponds to the asymptotically stable 2π-periodic solution $\xi(t; \mu)$, for $\varepsilon > 0$ sufficiently small.

If $\nu \in \beta$, then $\bar{T}^2$ has in addition to $A_1 = 0$ a non-trivial zero A_2. In this case $\frac{d\bar{T}^2}{da}(A_2) = 2\chi A_2^2 < 0$. Therefore *there is a stable, attractive, toroidal invariant manifold of equation* (13), *for $\varepsilon > 0$ sufficiently small. This manifold corresponds to a 2π-periodic invariant cylinder of equation* (1) *in the (t, ξ)-space having the repulsive 2π-periodic solution $\xi(t; \mu)$ in its interior.*

An analogous result is obtained, if $v^1 = 0$ and $\mu_2 = 1$ in equation (1), see [3], [4]. But then additional assumptions on v^2 need to be made and it is not possible to establish the result in such an explicit manner as here.

Acknowledgements

I am indepted to Urs Kirchgraber who has drawn my attention to this problem.

References

1 Hopf, E., Abzweigung einer periodischen Lösung von einer stationären Lösung eines Differentialgleichungssystems, Ber. Math. Phys. Kl. Sächs. Akad. Wiss. Leipzig **94** (1942), 3–22.
2 Kirchgraber, U.; Stiefel, E., Methoden der analytischen Störungsrechnung und ihre Anwendungen, Teubner 1978.
3 Spirig, F., Untersuchungen zu algebraischen und analytischen Aspekten der Störungstheorie für gewöhnliche Differentialgleichungen, Thesis ETH Nr. 6147, 1978.
4 Spirig, F., A Generalization of Hopf's Bifurcation Problem, Celest. Mech. **21** (1980), 199–201.

Anschrift: Dr. Franz Spirig, Wilenstr. 10, CH-9400 Rorschacherberg, Schweiz

ZAMM 61, T 265 – T 266 (1981)

B. Steffen

Die numerische Berechnung magnetischer Flußflächen bei einem Tokamak

Magnetische Flußflächen sind Flächen, die von einer Feldlinie des Magnetfeldes ergodisch bedeckt werden [1]. Das System der magnetischen Flußflächen eines Tokamak zeigt in übersichtlicher Form die Einschließungseigenschaften des Magnetfeldes für geladene Teilchen, seine Kenntnis ist daher von großer Bedeutung bei der Auslegung konstruktiver Details wie Limiter, Divertoren und Pumpen. Es genügt dabei, die Flußflächen auf einem Meridionalschnitt zu kennen. Sie lassen sich dann leicht über den Torus fortsetzen.

Die bisherigen Verfahren zur Berechnung von Flußflächen arbeiten entweder mit analytischen Ansätzen, die eine Symmetrie des Magnetfeldes voraussetzen und daher für reale Tokamaks nur qualitative Aussagen erlauben [2], oder über Feldlinienverfolgung, indem sehr viele aufeinanderfolgende Durchstoßungspunkte einer Feldlinie durch einen Meridionalschnitt graphisch zu einer geschlossenen Kurve zusammengesetzt werden.

Wir verbinden diese beiden Ansätze zu einem numerischen Verfahren. Die Flußflächen lassen sich darstellen als Niveauflächen einer *Flußflächenfunktion* Ψ, die allerdings nicht eindeutig ist; mit Ψ ist für jedes monotone f auch $f \circ \Psi$ Fußflächenfunktion [1]. Es sei nun Ψ_0 eine analytisch berechenbare Flußflächenfunktion zu einem Magnetfeld mit ähnlicher Struktur.

Für die Berechnung von Ψ auf einem Ring des Meridionquerschnitts mit $\bar{r} - d < r < \bar{r} + d$ (Fig. 1) machen wir nun den Ansatz

$$\Psi(r, \vartheta) = \Psi_0(r, \vartheta) + \sum_{i,j} a_{ij} f_i(r)\, g_i(\vartheta)$$

mit

$$f_i(r) = T_i((r - \bar{r})/d)\,, \qquad T_i \text{ das } i\text{-te Tschebyscheff-Polynom}\,,$$

$$g_{2j}(\vartheta) = \sin(j\vartheta)\,, \qquad g_{2j+1}(\vartheta) = \cos(j\vartheta)$$

und bestimmen die Matrix $A = a_{ij}$ so, daß

1. Ψ möglichst konstant ist auf den Feldlinien und
2. $\Psi - \Psi_0$ möglichst klein ist.

Dazu berechnen wir für eine Anzahl n von Feldlinien jeweils m aufeinander folgende Durchstoßungspunkte (r_{kl}, ϑ_{kl}) durch den Meridionalschnitt ($k = 1, \ldots, n$; $l = 1, \ldots, m$).

Wir setzen

$$V_k(A) = \sum_{l=1}^{m} \left(\Psi(r_{kl}, \vartheta_{kl}) - \frac{1}{m} \sum_{l=1}^{m} \Psi(r_{kl}, \vartheta_{kl})\right)^2$$

und wählen die a_{ij} so, daß

$$\sum_{k=1}^{n} V_K(A) + P \cdot \sum_{i,j} a_{ij}^2$$

minimal wird mit einem frei wählbaren Penalty-Faktor P.

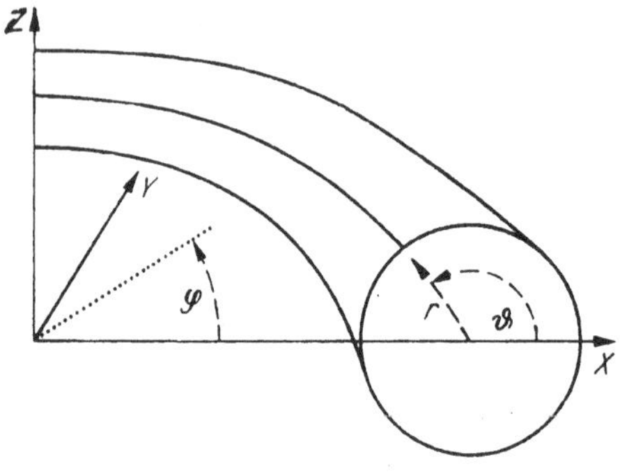

Fig. 1. Geometrie und Koordinaten

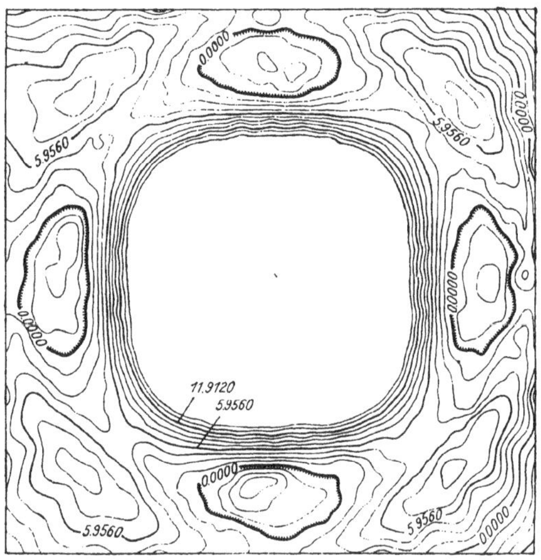

Fig. 2

Ist eine gute analytische Näherung Ψ_0 nicht bekannt, so muß $\sum_k V_k(A)$ minimiert werden unter geeigneten Nebenbedingungen, die sicherstellen, daß sich Ψ auf verschiedenen Feldlinien unterscheidet.

Dieser Ansatz wurde auf das Magnetfeld eines Tokamaks mit den Parametern von Textor [3] und einem helischen Divertor [4] für die Flußfläche zu $q = 4$ angewandt. Dabei wurde für Ψ_0 die bekannte analytische Näherung für den periodischen Zylinder $\Psi_0(r, \vartheta) = (r - r(q = 4))^2 - d \cdot \cos(4\vartheta)$ gewählt, d die halbe Inselbreite (siehe [1]).

Fig. 2 zeigt ein Flußflächenbild. Die Untersuchungen werden für verschiedene Magnetfelder fortgesetzt.

Ich danke Herrn Dr. G. Fuchs, KFA-IPP, für die Diskussionen des physikalischen Hintergrunds und Herrn W. Homberg, KFA-ZAM, für die Unterstützung bei der Programmierung.

Literatur

1 Morozov, A. F.; Solev'ev, L. S., The Structure of Magnetic Fields; Reviews of Plasma Physics, Bd. 2 (1966); Ed. M. A. Leontovich.
2 Rosenbluth u. a., Destruction of magnetic surfaces by magnetic field irregularities, Nuclear Fusion 6, (1966), 297.
3 Report on the Planning of Textor, Institut für Plasmaphysik, KFA Jülich 1975.
4 Karger, F.; Lackner, K., Resonant helical divertor, Physics Letters 61A, 6; (1977), 385.

Anschrift: Dr. B. Steffen, Zentralinstitut für Angewandte Mathematik der Kernforschungsanlage Jülich GmbH, D-5170 Jülich 1, BRD

Numerische Analysis

Numerical Analysis

ZAMM 61, T 267 – T 269 (1981)

M. Becker / W. Hauger

Ein sehr einfaches Verfahren zur Bestimmung der Wurzeln algebraischer Gleichungen dritten und vierten Grades

Algorithmen

In der vorliegenden Arbeit wird ein Verfahren vorgestellt, das sowohl in der theoretischen Herleitung als auch in der praktischen Durchführung außerordentlich einfach ist. Es liefert ohne jegliche Vorkenntnis über die Wurzeln alle Wurzeln der algebraischen Gleichung und läßt sich unter Berücksichtigung aller möglichen Sonderfälle mühelos auf einem Taschenrechner programmieren.

Gegeben sei die algebraische Gleichung 4. Grades

$$P_4(x) \equiv \sum_{j=0}^{4} a_j x^j = 0\,, \qquad a_j \text{ reell}\,. \tag{1}$$

1. Man bildet zunächst die Hilfsgleichung

$$Q_6(\varepsilon) \equiv \sum_{j=0}^{6} c_j \varepsilon^j = 0\,, \tag{2}$$

wobei die Koeffizienten des Hilfspolynoms $Q_6(\varepsilon)$ gegeben sind durch

$$\begin{aligned} &c_0 = a_1a_2a_3 - a_0a_3^2 - a_1^2a_4\,, \qquad c_1 = 2a_3(a_1a_3 + a_2^2 - 4a_0a_4)\,, \\ &c_2 = 4(a_1a_3a_4 + 2a_2a_3^2 + a_2^2a_4 - 4a_0a_4^2), \qquad c_3 = 8a_3(4a_2a_4 + a_3^2)\,, \\ &c_4 = 16a_4(2a_2a_4 + 3a_3^2), \qquad c_5 = 96a_3a_4^2\,, \qquad c_6 = 64a_4^3\,. \end{aligned} \tag{3}$$

2. Anschließend bestimmt man eine beliebige reelle Nullstelle ε_1 von $Q_6(\varepsilon)$.
3. Eine weitere reelle Nullstelle lautet

$$\varepsilon_2 = -\left(\frac{a_3}{2a_4} + \varepsilon_1\right). \tag{4}$$

4. Falls $\varepsilon_1 \neq \varepsilon_2$ ist, berechnet man

$$\eta_j = 6\,\frac{P_4'(\varepsilon_j)}{P_4'''(\varepsilon_j)}\,, \qquad j = 1, 2\,, \tag{5}$$

während für $\varepsilon_1 = \varepsilon_2 = \tilde{\varepsilon}$ die folgende Formel zu benutzen ist

$$\eta_j = \frac{1}{4a_4}\,[P_4''(\tilde{\varepsilon}) \pm \sqrt{(P_4''(\tilde{\varepsilon}))^2 - 16a_4P_4(\tilde{\varepsilon})}]\,, \qquad j = 1, 2\,. \tag{6}$$

5. Es gilt: *Die vier Wurzeln des Ausgangspolynoms $P_4(x)$ lauten*

$$x_{1,2} = \varepsilon_1 \pm \sqrt{-\eta_1}\,, \qquad x_{3,4} = \varepsilon_2 \pm \sqrt{-\eta_2}\,. \tag{7), (8}$$

Die Wurzeln sind reell für $\eta_j < 0$ und komplex für $\eta_j > 0$ oder η_j komplex.

Für die algebraische Gleichung 3. Grades

$$P_3(x) \equiv \sum_{j=0}^{3} a_j x^j = 0\,, \qquad a_j \text{ reell}\,, \tag{9}$$

hat man in den Gleichungen (3) den Koeffizienten $a_4 = 0$ zu setzen. Der 3. Schritt entfällt und im 4. Schritt gilt immer Gleichung (5) mit P_3 statt P_4 und $j = 1$. Beim 5. Schritt wird schließlich Gleichung (8) durch

$$x_3 = -\left(\frac{a_2}{a_3} + 2\varepsilon_1\right) \tag{10}$$

ersetzt. Die Herleitung der Algorithmen ist in [1] gegeben.

Beispiele

Gegeben sei die Polynomgleichung

$$P_3(x) \equiv x^3 + 30000x + 2 = 0\,. \tag{11}$$

Es sei angemerkt, daß bei diesem Beispiel die Formeln von Cardano nicht brauchbar sind. Die zugehörige Hilfsgleichung lautet nach (2) und (3) mit $a_4 = 0$

$$Q_3(\varepsilon) \equiv 8a_3^3\varepsilon^3 + 2a_1a_3^2\varepsilon - a_0a_3^2 \equiv 8\varepsilon^3 + 60000\varepsilon - 2 = 0\,. \tag{12}$$

Zur Bestimmung einer beliebigen reellen Nullstelle von (12) kann man eine NEWTON-Iteration [2, 3] mit beliebigem Anfangswert durchführen. Wählt man z. B. als Anfangswert $\varepsilon = 0$, so erhält man nach 2 Iterationsschritten

$$\varepsilon_1 = 0{,}33333\,33333\,33284 \cdot 10^{-4}\,. \tag{13}$$

Mit (5), (7) und (10) folgen über $\eta_1 = 0{,}30000\,00000\,00033 \cdot 10^5$ die Wurzeln des Ausgangspolynoms (11) zu

$$\begin{aligned} x_{1,2} &= 0{,}33333\,33333\,33284 \cdot 10^{-4} \pm 0{,}17320\,50807\,56897 \cdot 10^3 i\,, \\ x_3 &= 0{,}66666\,66666\,66568 \cdot 10^{-4}\,. \end{aligned} \tag{14}$$

Führt man für den Wert ε_1 nach (13) eine Fehlerabschätzung durch [2, 3], so sieht man, daß der Fehler kleiner als 10^{-33} ist. Damit lassen sich sofort die Fehlergrenzen 10^{-30} für alle Terme in den Wurzeln (14) angeben.

Da die Hilfsgleichung (2) eine reelle Lösung (13) mit sehr kleinem Betrag hat, bietet sich an, im Hilfspolynom den kubischen Term zu vernachlässigen. Aus Gleichung (12) erhält man dann sofort näherungsweise

$$\varepsilon_1 = \frac{a_0}{2a_1}, \tag{15}$$

und (5), (7) und (10) liefern bei Vernachlässigung von ε_1 im Imaginärteil

$$x_{1,2} = \frac{a_0}{2a_1} \pm i\sqrt{a_1}\,, \qquad x_3 = -\frac{a_0}{a_1}. \tag{16}$$

Diese einfachsten geschlossenen Näherungsformeln bringen bei den Zahlenwerten der Gleichung (11) bereits 12 gültige Ziffern in den Realteilen und 13 gültige Ziffern in den Imaginärteilen. Arbeitet man zusätzlich einen einzigen Iterationsschritt nach NEWTON zur Bestimmung der reellen Wurzel des Hilfspolynoms ein, so ergeben sich stattdessen die verbesserten Formeln

$$\varepsilon_1 = \frac{a_0}{2a_1}\left(1 - \frac{a_0^2}{a_1^3}\right), \tag{17}$$

$$x_{1,2} = \frac{a_0}{2a_1}\left(1 - \frac{a_0^2}{a_1^3}\right) \pm i\sqrt{a_1}\left(1 + \frac{3a_0^2}{8a_1^3}\right), \qquad x_3 = -\frac{a_0}{a_1}\left(1 - \frac{a_0^2}{a_1^3}\right). \tag{18}$$

Die Gleichungen (18) liefern mehr als 20 gültige Ziffern, was für alle praktischen Zwecke ausreichen dürfte. Falls das Hilfspolynom (2) keine Nullstelle mit sehr kleinem Betrag besitzt, kann man diese Eigenschaft mit Hilfe einer Koordinatentransformation sehr leicht erzeugen und so immer geschlossene Näherungsformeln ausreichender Genauigkeit herleiten.

In einem zweiten Beispiel sei die Polynomgleichung

$$\begin{aligned} &\lambda^8 - 2(2m^2 - \nu)\,\lambda^6 + \left[\frac{1-\nu^2}{k} + 6m^2(m^2 - 1)\right]\lambda^4 - 2m^2[2m^4 - (4-\nu)\,m^2 + (2-\nu)]\,\lambda^2 + \\ &+ m^4(m^2 - 1)^2 = 0\,. \end{aligned} \tag{19}$$

betrachtet, die bei der Biegung von Kreiszylinderschalen auftritt [4]. Dabei sind m eine natürliche Zahl >1, ν die POISSONsche Konstante und $k = \dfrac{t^2}{12r^2}$, wobei t die Wandstärke und r den Krümmungsradius der Schale darstellen. Der Zahlenwert für r/t liegt üblicherweise im Bereich 100 bis 1000. Da die Gleichung (19) nur gerade Potenzen von λ enthält, liegt mit $\lambda^2 = x$ eine Gleichung 4. Grades vor. FLÜGGE [4] gibt dafür Näherungslösungen an, die allerdings nur für kleine Werte von m brauchbar sind. Die mit der oben angegebenen Methode gewonnenen Näherungsformeln lauten hier im einfachsten Fall

$$x_{1,2} = -\frac{a_1}{2a_2} \pm i\sqrt{\frac{a_0}{a_2}}\,, \qquad x_{3,4} = -\frac{a_3}{2} \pm i\sqrt{a_2}\,, \tag{20}$$

Verbesserungen durch Korrekturterme sind wie im ersten Beispiel möglich. Als Zahlenwerte seien $m = 5$, $\nu = 0{,}3$ und $r/t = 100$ gewählt. Dann lassen sich Ausgangspolynom und Hilfspolynom zahlenmäßig angeben. Zur Berechnung einer reellen Nullstelle des Hilfspolynoms kann man wieder eine NEWTON-Iteration durchführen, wobei sich als Anfangswert einer der in den Näherungen (20) gegebenen Realteile anbietet. Damit erhält man bereits nach einem Iterationsschritt 6 gültige Ziffern. Die Ergebnisse lauten gerundet

$$\lambda_{1,2}^2 = \begin{cases} 0{,}2556 \pm 1{,}7685i\,, \\ 0{,}2569 \pm 1{,}7679i\,, \\ 0{,}2569 \pm 1{,}7865i\,, \end{cases} \qquad \lambda_{3,4}^2 = \begin{cases} 49{,}444 \pm 332{,}12i\,, & \text{exakt} \\ 49{,}700 \pm 332{,}16i\,, & \text{FLÜGGE} \\ 49{,}700 \pm 335{,}86i\,. & \text{Gl. (20)} \end{cases} \tag{21}$$

In diesem Beispiel liefern auch die Näherungsmethoden nach Flügge und nach Gleichung (20) recht brauchbare Ergebnisse. Für größere Werte von m ergeben sich dann allerdings deutliche Abweichungen.

Zusammenfassung

Aus den Koeffizienten des gegebenen Polynoms werden die Koeffizienten eines Hilfspolynoms bestimmt. Die reellen Wurzeln des Hilfspolynoms stimmen (von einem leicht erkennbaren Sonderfall abgesehen) entweder mit den Realteilen der komplexen Wurzeln des Ausgangspolynoms oder mit den arithmetischen Mittelwerten von je zwei reellen

Wurzeln überein. Berechnet man eine einzige beliebige reelle Nullstelle des Hilfspolynoms, so erhält man über einfache Formeln sofort alle reellen und komplexen Nullstellen des Ausgangspolynoms. Fehlerabschätzungen lassen sich ohne Mühe durchführen. Außerdem lassen sich immer geschlossene Näherungsformeln für die Lösungen angeben, was besonders für die Anwendungen wichtig ist.

Literatur

1 BECKER, M. und HAUGER, W., Eine neue Methode zur Bestimmung der Wurzeln algebraischer Gleichungen, Forschungs- und Seminarberichte des Forschungsgebietes Baustatik, Bericht-Nr. F 80/1, Bergische Universität-GH Wuppertal, 1980.
2 HENRICI, P., Elemente der numerischen Analysis, BI, Stuttgart 1972.
3 TÖRNIG, W., Numerische Mathematik für Ingenieure und Physiker, Springer, Berlin-Heidelberg-New York 1979.
4 FLÜGGE, W., Stresses in Shells, Springer, Berlin-Heidelberg-New York, 1973.

Anschrift: Dr.-Ing. MARTIN BECKER, Dr. W. HAUGER, Rheinisch-Westfälischer Technischer Überwachungsverein e. V., Steubenstraße 53, D-4300 Essen 1, BRD

ZAMM 61, T 269 – T 271 (1981)

H. G. BOCK / J. SCHLÖDER

Numerical Solution of Retarded Differential Equations with Statedependent Time Lags

A great number of dynamical processes can be described by differential equations with time lags, which may often depend on the unknown state itself. A general approach to the numerical solution of such problems is proposed and numerical results for a variable order variable step ADAMS method are given.

1. Introduction

Many processes especially in biology or chemistry can be described by *retarded differential equations*

$$\dot{x}(t) = f\big(t, x(t), \{x(t-\alpha_i)\}_{i=1}^{n}; \operatorname{sign} Q(t, x(t), \{x(t-\alpha_i)\}_{i=1}^{n})\big) \tag{1}$$

with *time lags* (or delays) depending on the unknown state

$$\alpha_i = \alpha_i\big(t, x(t)\big)\,. \tag{2}$$

The initial value problem analogue is given by prescribing both *initial values* and a *history* for the retarded arguments

$$x(t_0) = x_0\,, \qquad x(t) = \varphi(t) \qquad (t \leq t_0) \tag{3}$$

The solution $x(t)$ is generally *non-smooth*: discontinuities — eventually in higher order derivatives — occur very often in the history (e.g. spline functions) and practically always at the *transition point* t_0, additionally there may be non-smooth points introduced by discontinuities of the right hand side at roots of the *switching functions* Q_i, a feature typical of optimal control applications.

The situation is further complicated by the fact that every point of discontinuity $\hat{t}$ is propagated by the retarded arguments $x(t-\alpha_i)$ generating new discontinuities of order one higher at points t_i' only implicitly given by

$$\hat{t} = t_i' - \alpha_i\big(t_i', x(t_i')\big) \tag{4}$$

and therefore unknown a priori.

2. Numerical solution by global methods

From an efficient integration routine according to the state-of-the-art in o.d.e. one would expect a *variable step size* adapting to a prescribed tolerance and a *variable order* scheme for greater flexibility.

In retarded differential equations, however, these aims seem to collide with the need for providing accurate values for the retarded arguments and with the non-smooth character of the solution.[1])

To deal with these problems we suggest the following approach:

Approximation of the differential equations by a discrete method which permits a continuous extension of the solution together with an asymptotically valid error estimate, and explicit treatment of discontinuities by an adequate adjustment of step and order.

On the basis of these considerations we have implemented a *general purpose code* of variable order and step (REBUS), which is based on appropriate extensions of the ADAMS PECE formulae.

The step size in this code is chosen according to MILNE's estimate, the order is varying between one and thirteen. Predictor and corrector polynomials are expressed in divided difference form (cf. SEDGWICK [9]). This

[1]) This may be the reason why former work has concentrated on low order methods and uniform step size.

makes step and order changes particularly easy which frequently occur because of non-smooth points. The NORDSIECK vector technique is ruled out because it becomes unstable in these cases. Convergence results and further algorithmic details are discussed in [2].

The outstanding feature of this approach is the use of the corrector polynomials as a *global representation* of the solution (natural interpolation), the *local error* of which is *controlled by* MILNE's *estimate,* which is *asymptotically valid* since no local extrapolation is performed.

Non-smooth points, which are introduced by retarded arguments, are treated explicitly by solving (4). This can be done very efficiently *without any additional function evaluation* making use of the global representation: the integration proceeds beyond t' in a PP'EC'C''E mode, where PP' and C'C'' mean adjusting the step size by solving (4) with a derivative- free root search technique, inserting for $x(t)$ the predictor or corrector, resp. Notice that in the P'EC' stage a correct error estimate can be performed. Integration is then continued adjusting the order according to the local smoothness. Discontinuities, introduced by switching functions, can be treated likewise![2])

Thus, a variable order variable step scheme turns out to be a very adequate tool for solving retarded differential equations with state-dependent time lags.

We would like to point out that the approach suggested here applies to *any method of global character,* i.e. with a *global representation* that can be controlled by an *asymptotically correct error estimate.* This includes in particular other multistep methods such as the formulae of ENRIGHT [3] and CURTISS-HIRSCHFELDER-GEAR [4], which have been realized in [2], methods based on spline interpolation [6] and TAYLOR series [1] as well as certain RUNGE-KUTTA schemes.

3. Numerical results

The new method (REBUS) has been applied to a number of practical problems with great success. The first problem given below describes the optimal control of a chemical reactor from a perturbed into an equilibrium state. This example is particularly interesting because of the discontinuities in the right hand side due to piecewise constant controls.

Problem 1: *Optimal control of a chemical reactor* (SOLIMAN, RAY [10])

$$\dot{y}_1(t) = -y_1(t) - H\,, \qquad y_1(0) = 0.49\,,$$

$$\dot{y}_2(t) = 0.9u_2(t - 0.02) + 0.1u_2(t) - y_2(t)\,, \qquad y_2(0) = 0.002\,,$$

$$\dot{y}_3(t) = -2y_3(t) - u_1(t)\,y_3(t - 0.015)\cdot\big(y_3(t) + 0.125\big) + 0.25H\,, \qquad y_3(t) = -0.02 \qquad (t \leqq 0)\,,$$

$$\textit{where } H = \big(1 + y_1(t)\big)\cdot\big(1 + y_2(t)\big)\cdot\exp\left(\frac{25y_3(t)}{1 + y_3(t)}\right) - 1 \qquad |u_1(t)| \leqq 50 \quad |u_2(t)| \leqq 1$$

$$\textit{minimize} \int_0^{0.2} (y_1^2 + y_2^2 + y_3^2 + 0.01u_2^2)\,dt \textit{ such that } y_1(0.2) = y_2(0.2) = y_3(0.2) = 0!$$

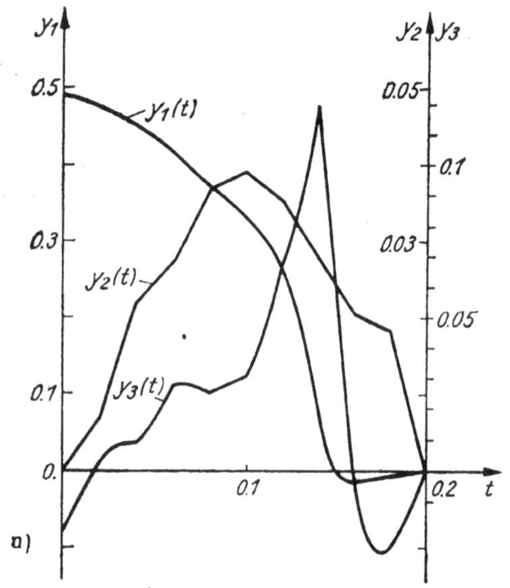

Fig. 1a. State variables

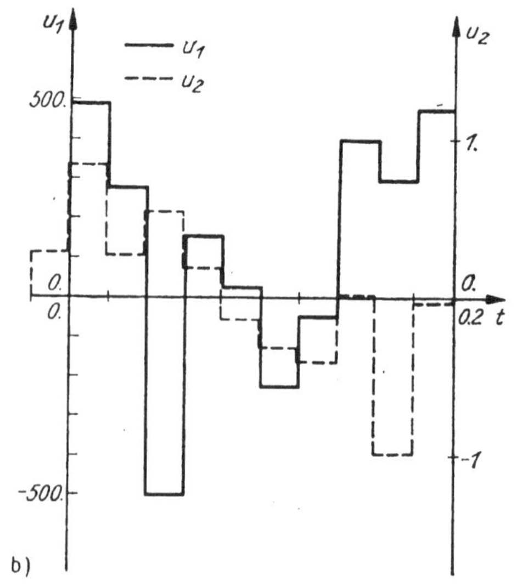

Fig. 1b. Controls

The second problem simulates the behaviour of erythrocyte production by hormonal stimulation after a sudden loss of blood. Here, the state-dependent time lag leads to a biologically meaningful solution while the constant time lag produces a highly oscillatory solution.

[2]) This has found another interesting application in [5].

Problem 2: *Model of Erythropoesis* (Wichmann [12], [13])

$$\dot{N}_1(t) = z_1(t) - z_2(t)\,, \qquad \dot{N}_2(t) = z_2(t) - N_2(t)\,, \qquad \dot{H}_3(t) = B_3 \exp\left(-c_3 N_2(t)\right) - H(t)$$

where

$$z_1(t) = A_1 - B_1 \exp\left(-C_1 H(t)\right), \quad z_2(t) = (1 - \dot{\tau}) \cdot z_1(t - \tau)\,, \quad \tau = \alpha + \beta \exp\left(-\gamma H(t)\right) \quad or \quad \tau = 1\,.$$

$$N_1(0) = 1\,, \qquad N_2(0) = 0.1\,, \qquad H(t) = 1\,. \qquad (t \leqq 0)\,.$$

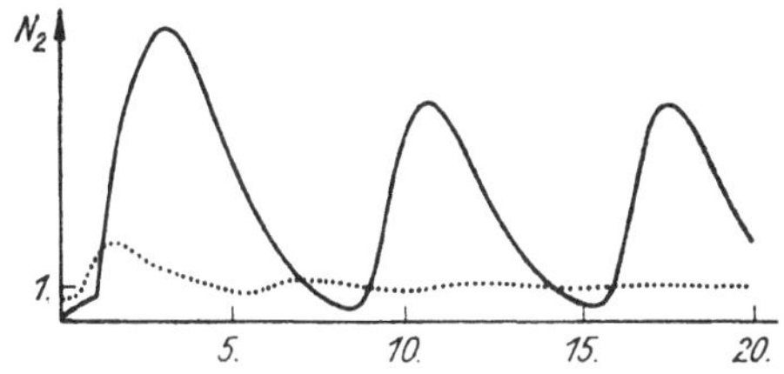

Fig. 2. Erythrocytes in the blood circulation (constant time lag ($\tau = 1.$): ———; state-dependent time lag$\left(\tau(H) \in [0.5, 1.5]\right)$: · · · · ·)

4. Comparison with different approaches

There seem to be only two further codes available for the solution of retarded differential equations with state-dependent time lags.

One of them is RESYS (Thomas [11]), based on a transformation technique and a variable order and step Gragg-Bulirsch-Stoer extrapolation method. This theoretically elegant approach suffers from the fact that the effort involved increases quadratically as the integration proceeds. Thus, its performance is competitive to REBUS only in the early stages of the integration. Besides, the technique used in RESYS is indispensably restricted to a single delay.

The second code is RKFHB4 (Oppelstrup [7]), a fourth-order Runge-Kutta-Fehlberg method with Hermite interpolation, which, however, does not provide facilities to handle non-smooth points. A comparison of the performance is given in Fig. 3) based on the data presented in [7]. On these simple problems variable order REBUS clearly outperforms RKFHB4 w.r.t. function evaluations.

A more severe drawback of RKFHB4, however, is that *the interpolation used is not compatible with integration and error estimation* in the sense suggested above, which leads to frequent violations of the requested error tolerance.

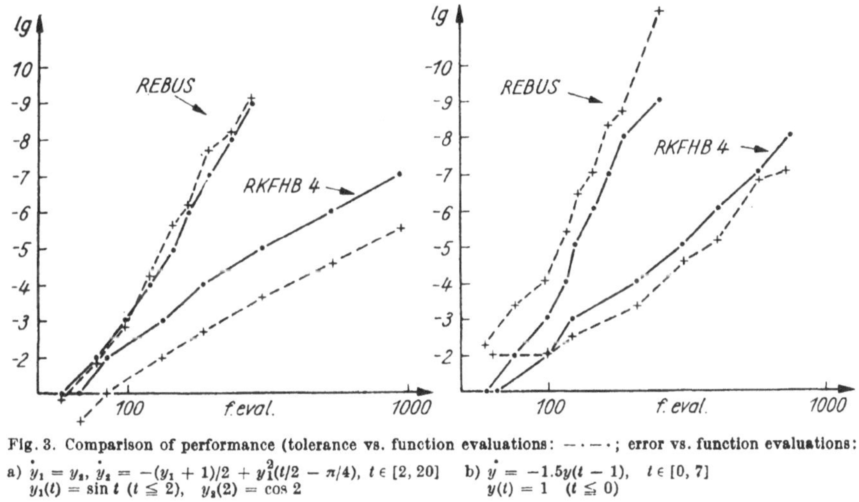

Fig. 3. Comparison of performance (tolerance vs. function evaluations: — · — ·; error vs. function evaluations: +···+···)

a) $\dot{y}_1 = y_2,\ \dot{y}_2 = -(y_1 + 1)/2 + y_1^2(t/2 - \pi/4),\ t \in [2, 20]$ $\quad$ b) $\dot{y} = -1.5y(t - 1),\quad t \in [0, 7]$

$y_1(t) = \sin t\ (t \leq 2),\quad y_2(2) = \cos 2$ $\quad$ $y(t) = 1 \quad (t \leq 0)$

References

1 Barton, D.; Willers, I. M.; Zahar, R. V. M., The automatic solution of ordinary differential equations by the method of Taylor series, Comput. J. **14**, 243–248 (1971).
2 Bock, H. G.; Bader, G.; Schlöder, J., Variable order variable step multistep methods for general retarded differential equations, to appear.
3 Enright, W. H., Optimal second order derivative methods for stiff systems, in: Stiff Differential Systems (ed. R. A. Willoughby) Plenum Press, New York 1974.
4 Gear, C. W., Numerical Initial Value Problems in Ordinary Differential Equations, Prentice Hall, Englewood Cliffs 1971.
5 Kiessler, H., Effiziente Berechnung optimaler Flugbahnen bei tabellierten Triebwerksdaten, Diplomarbeit, Bonn, to appear.
6 Loscalzo, F. R.; Talbot, T. D., Spline function approximation for solutions of ordinary differential equations, SIAM J. Numer., Analysis **4**, 433–445 (1967).
7 Oppelstrup, J., The RKFHB4 method for delay-differential equations, in: Numerical Treatment of Differential Equations (eds. R. Bulirsch; R. D. Grigorieff; J. Schröder), Springer, Berlin 1978.
8 Schneider, B.; Ranft, U. (eds.), Simulationsmethoden in der Medizin und Biologie, Springer, Berlin 1978.
9 Sedgwick, A. E., An effective variable order variable step Adams method, Ph. d. thesis, University of Toronto 1973.
10 Soliman, M. A.; Ray, W. H., Optimal control of multivariable systems with pure time delays, Automatica 7, 681–691 (1971).
11 Thomas, B.; Wichmann, H. E., Numerische Behandlung von Differentialgleichungen mit Zeitverzögerungen, in [8].
12 Wichmann, H. E., private communication 1980.
13 Wichmann, H. E.; Thomas, B., Variable Zeitverzögerungen bei der Blutbildung, in [8].

Anschrift: H. G. Bock, J. Schlöder, Institut für Angewandte Mathematik, Universität Bonn, Wegeler Str. 6, D-5300 Bonn, BRD.

ZAMM 61, T 272 – T 273 (1981)

K. Böhmer / J. Locker

Asymptotic Expansions in Ill-Posed Boundary Value Problems

1. Ill-posed boundary value problems and generalized inverses

With linearly independent boundary conditions B_i, $i = 1, \ldots, k \leqq 2n$, the usual Sobolev space

$$H^n[a, b] := \{y \in C^{n-1}[a, b] \mid y^{(n)} \in L^2[a, b]\} \subset L^2[a, b],$$

and its norm

$$\|y\|_n := \left(\sum_{i=0}^{n} \|y^{(i)}\|^2\right)^{1/2}, \quad \|.\| \text{ the } L^2[a, b]\text{-norm},$$

let

$$\mathcal{D}(L) := \{y \in H^n[a, b] \mid B_i y = 0, \ i = 1, \ldots, k\} \text{ and}$$

$$L: \begin{cases} \mathcal{D}(L) \to L^2[a, b] \\ y \mapsto \tau y := \sum_{i=0}^{n} f_i y^{(i)}, \ f_i \in L^2[a, b]. \end{cases} \tag{1}$$

Then L is a *closed linear operator,* densely defined in $L^2[a, b]$, and with closed range $\mathcal{R}(L)$ in $L^2[a, b]$.

To solve an *ill-posed* boundary value problem

$$Lz = f \in L^2[a, b], \tag{2}$$

a typical example being

$$L_1: \begin{cases} \{y \in H^2[0, 1] \mid y'(0) = y'(1) = 0\} \to L^2[0, 1], \\ y \mapsto y'', \end{cases} \qquad L_1 y = f \in L^2[0, 1],$$

we use the well known *maximal generalized inverse* $L^\dagger$: With the orthogonal projector Q, and $\perp$ the orthogonal complement with respect to the usual $L^2[a, b]$ inner product, let

$$Q: L^2[a, b] \to \mathcal{R}(L), \qquad K := (L \mid \mathcal{D}(L) \cap \mathcal{N}(L)^\perp)^{-1}, \quad \text{and} \quad L^\dagger := KQ.$$

Then, see e.g. Ben-Israel and Greville [1],

$$z_0 := L^\dagger f = KQf \tag{3}$$

is a *generalized* or *least squares solution* for $Lz = f$.

2. Tikhonov regularization

With a "weighted" norm we define the functional

$$G_\alpha(y) := \|Ly - f\|^2 + \alpha^2 \|y\|^2.$$

Here $\|.\|$ represents, as always in this paper, the usual norm in $L^2[a, b]$ and α is a nonzero real parameter. Locker and Prenter [5] have proved that there is a unique solution to the extremal problem

$$G_\alpha(z_\alpha) = \inf_{y \in \mathcal{D}(L)} G_\alpha(y). \tag{4}$$

Since error asymptotics are only valid in smooth situations we will assume for simplicity for the rest of the paper that we have in (1), (2)

$$f_i, f \in C^\infty[a, b]. \tag{5}$$

With the inner product $(.,.)$ in $L^2[a, b]$, the *adjoint operator* L^* for the unbounded linear operator L is defined, as usual, via

$$(Lx, y) = (x, L^* y) \quad \text{for } x \in \mathcal{D}(L), \quad y \in \mathcal{D}(L^*).$$

Then z_α in (4) is uniquely characterized, see Locker and Prenter [5], by the properties

$$z_\alpha \in \mathcal{D}(L), \qquad L^* z_\alpha - f \in \mathcal{D}(L^*), \qquad L^*(Lz_\alpha - f) + \alpha^2 z_\alpha = 0. \tag{6}$$

With the formal adjoint differential operator

$$\tau^* y := \sum_{i=0}^{n} (-1)^i (f_i y)^{(i)}$$

and adjoint boundary conditions $B_i^* y$, $i = k + 1, \ldots, 2n$, see e.g. Kamke [3], we have with (5) that the conditions for z_α in (6) are equivalent to, see Böhmer and Locker [2],

$$\tau^* \tau u_\alpha + \alpha^2 u_\alpha = f_\alpha, \qquad B_i u_\alpha = 0, \quad i = 1, \ldots, k, \qquad B_i^* \tau u_\alpha = 0, \quad i = k + 1, \ldots, 2n, \tag{7}$$

where $z_\alpha = u_\alpha + p$, and p is a polynomial satisfying the boundary conditions $B_i p = 0$, $i = 1, \ldots, k$, $B_i^* \tau p = B_i^* f$, $i = k + 1, \ldots, 2n$, and $f_\alpha := \tau^* f - \tau^* \tau p - \alpha^2 p$.

Now the following results are proved in BÖHMER and LOCKER [2]:

$$z_\alpha = z_0 + \sum_{i=1}^{\infty} \alpha^{2i} e_{2i} \quad \textit{in the } \text{SOBOLEV} \textit{ norm } \|.\|_n \tag{8}$$

and

$$\left\| z_\alpha - \left[z_0 + \sum_{i=1}^{\mu-1} \alpha^{2i} e_{2i} \right] \right\|_n \leqq (\alpha^2 C)^\mu \cdot \|z_0\|_n \tag{9}$$

for sufficiently small α, and e_{2i}, C independent of α.

3. Difference approximations for z_α

Usually the problem (7) has to be solved by numerical methods. In contrast to LOCKER and PRENTER [5] where finite element methods have been treated, we propose to use here centered compact difference methods, sometimes Mehrstellenverfahren, as described in KELLER and PEREYRA [4]. It is well known that for a proper choice of the grid points and suitable transformations of the boundary conditions, the approximate solution ζ_α^h admits an asymptotic expansion (Δ^h is the restriction operator to the grid)

$$\zeta_\alpha^h = \Delta^h \left\{ z_\alpha + \sum_{\nu=p}^{q} h^{2\nu} e_{2\nu,\alpha} \right\} + O(h^{2q+2}), \qquad p = 1, 2 \text{ usually.} \tag{10}$$

Here, the $e_{2\nu,\alpha}$ are computed using $(L^*L + \alpha^2 I)^{-1}$. Using the series expansion for this inverse and stability bounds in the form M/α^2 given in BÖHMER and LOCKER [2], we finally obtain a relation between ζ_α^h in (10) and z_0 in (3) as

$$\zeta_\alpha^h = \Delta^h \left\{ z_0 + \sum_{\mu=-1}^{q'} \sum_{\nu=p}^{q} \alpha^{2\mu} h^{2\nu} e_{2\mu,2\nu} \right\} + O(\alpha^{2q'+2} h^{2q+2}). \tag{11}$$

The α^{-2} terms in (11) reflect the fact that $\|(L^*L + \alpha^2 I)^{-1}\| \leqq C^*/\alpha^2$.

For the special case

$$\mathcal{N}(L^*L) = \mathcal{N}(L) = \{0\}$$

the α^{-2}-terms in (11) cancel out thus admitting much better results.

Since we want to dominate the α^{-2} factors by h^{2p} terms, so usually h^2 or h^4 terms, we correlate α and h by, e.g., $\alpha^2 = h$. Using the values ζ_α^h for different parameters α, h, it is possible to eliminate the leading terms in the error asymptotic.

References

1 BEN-ISRAEL, A. T.; GREVILLE, N. E., Generalized Inverses; Theory and Applications, J. Wiley & Sons, New York 1974.
2 BÖHMER, K.; LOCKER, J., Error asymptotics for difference methods in ill-posed boundary value problems, to appear.
3 KAMKE, E., Differentialgleichungen, Lösungsmethoden und Lösungen, 8. Auflage, Akad. Verlagsges., Leipzig 1967.
4 KELLER, H.; PEREYRA, V., Difference methods and deferred corrections for ordinary boundary value problems, SIAM J. Numer Analysis 16 (1979), 241—259.
5 LOCKER, J.; PRENTER, P. M., Regularization and linear boundary value problems, to appear.

Anschriften: K. BÖHMER, Fachbereich Mathematik der Universität Marburg, D-3550 Marburg, BRD; J. LOCKER, Department of Mathematics, Colorado State University, Fort Collins, Col. 80523, U.S.A.

ZAMM 61, T 273 – T 275 (1981)

G. DEEKEN / U. SCHOMBURG

Verhalten verschiedener FEM-Typen bei Variationsproblemen mit Nebenbedingungen

I. Einleitung

Bei Anwendung der FEM auf Variationsprobleme mit Nebenbedingungen ergibt sich die Schwierigkeit, daß das Approximationsverhalten der Ansatzfunktionen durch das Erfüllen der Nebenbedingungen so eingeschränkt wird, daß man im allgemeinen keine Konvergenz gegen die Lösung des Problems erhält. Wir untersuchen hier eine Penaltyformulierung für das komplementäre Energieprinzip der linearen Elastizitätstheorie.

II. Komplementäres Energiefunktional

Ein elastischer Körper nimmt ein Gebiet $\Omega \subset R^N$ ($N = 2, 3$) ein. Der Rand Γ ist in Γ_u und Γ_t mit $\Gamma = \Gamma_u \cup \Gamma_t$ und $\Gamma_u \cap \Gamma_t = \emptyset$ zerlegt. Auf Γ_u sind *Verschiebungen* U_i und auf Γ_t *Randkräfte* T_i vorgeschrieben. Mit σ_{ij} bezeichnen wir den *Spannungstensor*. Sei

$$\Sigma = \{\sigma_{ij} \mid \sigma_{ij} \in L^2(\Omega);\ \sigma_{ij,j} \in L^2(\Omega);\ \sigma_{ij} = \sigma_{ji}\}\ , \tag{1}$$

$f_i \in L^2(\Omega)$ der *Volumenkraftvektor* und n_i die *Normale* auf Γ. Dann lauten die *Gleichgewichtsbedingungen*:

$$\sigma_{ij,j} + f_i = 0 \quad \text{in } \Omega \qquad \text{und} \qquad \sigma_{ij} n_j = T_i \quad \text{auf } \Gamma_t\,. \tag{2a, 2b}$$

Das Funktional der *komplementären Energie* ist gegeben durch:

$$E_K(\sigma_{ij}) = \tfrac{1}{2} \int_\Omega \sigma_{ij} a_{ijkl} \sigma_{kl}\, \mathrm{d}\Omega - \int_{\Gamma_u} U_i \sigma_{ij} n_j\, \mathrm{d}\Gamma\ , \tag{3}$$

wobei a_{ijkl} die *Inverse des Hooke'schen Materialtensors* ist. Gesucht ist nun $\sigma_{ij} \in \Sigma^{\text{zul}}$, so daß

$$E_K(\sigma_{ij}) \leqq E_K(\tilde{\sigma}_{ij})\ , \quad \text{für alle } \tilde{\sigma}_{ij} \in \Sigma^{\text{zul}}\ , \tag{4}$$

wobei

$$\Sigma^{\text{zul}} = \{\sigma_{ij} \in \Sigma \mid \sigma_{ij} \text{ erfüllt (2a) und (2b)}\} \tag{5}$$

ist.

III. Finite Elemente Approximation

Im Gegensatz zu einer FE-Konstruktion mit Gleichgewichtselementen oder mit gemischten Elementen wollen wir hier eine *Penaltyformulierung* [4, 5], mit deren Hilfe die Bedingung (2a) eingeführt wird, betrachten. Dazu definieren wir ein Funktional

$$P_\alpha(\sigma_{ij}) = \frac{\alpha}{2} \int_\Omega (\sigma_{ij,j} + f_i)(\sigma_{ij,j} + f_i)\, \mathrm{d}\Omega\ . \tag{6}$$

Σ^h sei der Raum der isoparametrischen C^0-Ansätze σ_{ij}^h für die Spannungen und f_i^h eine geeignete Projektion von f_i. Für $\alpha \to \infty$ ist dann die Minimallösung von

$$E_\alpha(\sigma_{ij}^h) = E_K(\sigma_{ij}^h) + P_\alpha(\sigma_{ij}^h) \tag{7}$$

über $\{\sigma_{ij}^h \in \Sigma^h \mid \sigma_{ij}^h \text{ erfüllt (2b)}\}$ die Minimallösung von $E_K(\sigma_{ij}^h)$ über $\Sigma^h \cap \Sigma^{\text{zul}}$.

Im Beispiel der Abbildung 1 erhält man durch die Minimierung von (7) für hinreichend großes α und für eine Einteilung von Ω in quadratische Elemente unabhängig vom Netzparameter h und Elementtyp (4-, 8- oder 9-Knoten-Elemente) stets die gleiche Lösung σ_{ij}^h. Der Grund ist, daß $\Sigma^h \cap \Sigma^{\text{zul}}$ in diesem Fall nur genau ein Element enthält. Man muß also $\Sigma^h \cap \Sigma^{\text{zul}}$ in geeigneter Weise erweitern. Dies kann dadurch geschehen, daß man die Bedingung (2a) abschwächt und nur an bestimmten Punkten ξ_k in jedem Element erfüllt:

$$\sigma_{ij,j}^h(\xi_k) + f_i^h(\xi_k) = 0\ . \tag{8}$$

Als Kollokationspunkte ξ_k bieten sich die Integrationspunkte der Gauss-Produktregeln für viereckige Elemente an. Für den zweidimensionalen Fall nehmen wir einen Gauss-Punkt für das 4-Knoten-Element und 2×2 Gauss-Punkte für das 8- bzw. 9-Knoten-Element. Die Menge $\{\sigma_{ij}^h \in \Sigma^h \mid \sigma_{ij}^h \text{ erfüllt (8) und (2b)}\}$ ist jedoch keine Teilmenge von Σ^{zul} mehr.

In der Regel werden die in $E_\alpha(\sigma_{ij}^h)$ auftretenden Integrale durch Gauss-Produktregeln numerisch ausgewertet. Man kann die Bedingung (8) sehr einfach als Penaltyterm einführen, wenn man $P_\alpha(\sigma_{ij}^h)$ mit einem bzw. vier Gauss-Punkten integriert. Der Term $E_K(\sigma_{ij}^h)$ wird mit einer Gauss-Formel hinreichender Ordnung integriert, so daß das entstehende Gleichungssystem nicht singulär wird („Selektive Integration") [3].

Die zu den Bedingungen (8) gehörenden Lagrangeschen Parameter (hier Verschiebungen u_i) berechnen sich [1, 4, 5] gemäß

$$u_i(\xi_k) = \alpha(\sigma_{ij,j}^h(\xi_k) + f_i^h(\xi_k))\ . \tag{9}$$

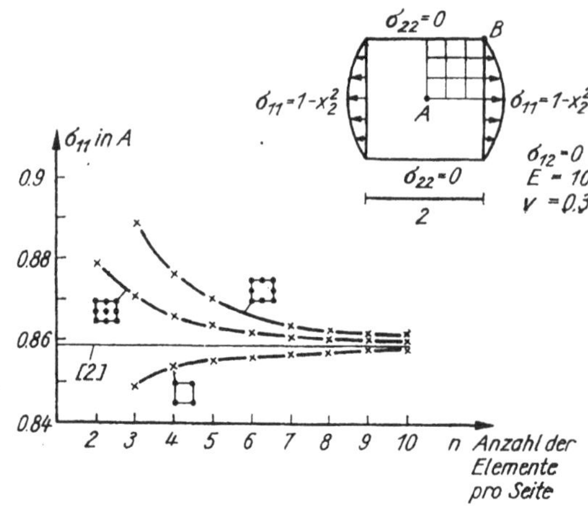

Abb. 1

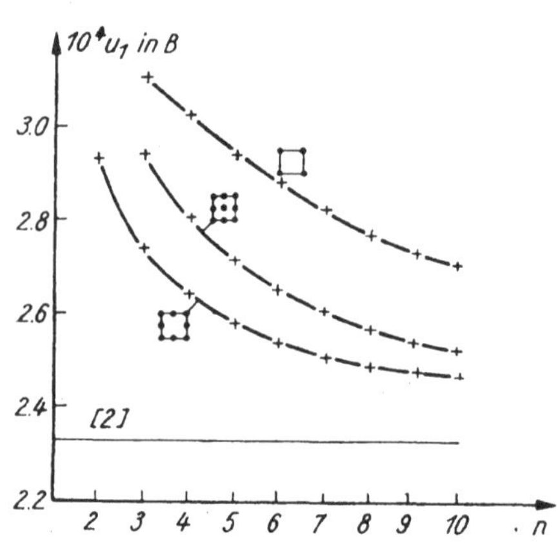

Abb. 2

Dadurch wird für das 4-Knoten-Element ein konstanter und für das 8- bzw. 9-Knoten-Element ein bilinearer Verschiebungsverlauf definiert, der an den Elementgrenzen unstetig ist.

Abbildung 1 zeigt, daß man für die Spannungen, deren genaue Kenntnis in der Praxis oft wichtiger als die der Verschiebungen ist, schon für ein grobes Netz hinreichend genaue Werte erhält.

IV. Literatur

1 Bercovier, M., Pertubation of mixed variational problems. Application to mixed finite element methods, RAIRO, Analyse numérique **12**, 3, 211–236 (1978).

2 Cowper, G. R.; Lindberg, G. M.; Olson, M. D., A Shallow Shell Finite Element Triangular Shape, Inter. J. Solids and Structures, **6**, 1133–1156 (1970).

3 Malkus, D. S.; Hughes, T. J. R., Mixed finite element methods — Reduced and selective integration: A unification of concepts, Comput. Meth. Appl. Mech. Engg. **15**, 1–12 (1978).

4 Schomburg, U., Die Penalty-Methode mit finiten Elementen in der Technischen Mechanik, Habilitation Aachen 1979.

5 Zienkiewicz, O. C.; Taylor, R. L., Complementary energy with penalty functions in finite element analysis, in: Glowinski, R.; Rodin, E. Y.; Zienkiewicz, O. C. (Eds.), Energy Methods in Finite Element Analysis, John Wiley and Sons, Chichester, New York, Brisbane, Toronto, 1979, 153–174.

Anschrift: Privatdozent Dr.-Ing. U. Schomburg / Dipl.-Math. G. Deeken, Institut für Technische Mechanik, RWTH Aachen), Templergraben 64, D-5100 Aachen, BRD

ZAMM **61**, T 275 – T 276 (1981)

W. Drols

Fast-Hermitesche Inzidenzmatrizen

Eine $k \times (n+1)$-Matrix $E = (e_{ij})_{1 \leq i \leq k,\, 0 \leq j \leq n}$, die außer $n+1$ Einsen nur Nullen enthält, heißt *Inzidenzmatrix*; die Menge aller Paare (i, j) mit $e_{ij} = 1$ wird mit e bezeichnet und lexikographisch geordnet. Eine maximale, ununterbrochene Aufeinanderfolge von Einsen in einer Zeile heißt *Sequenz*; beginnt sie in der Spalte Null, so wird sie Hermite-*Sequenz* genannt. Eine Zeile von E heißt *nicht*-Hermite*sch*, wenn sie Einsen enthält, die zu keiner Hermite-Sequenz gehören. Besitzt E höchstens eine nicht-Hermitesche Zelle, so heißt E *fast*-Hermite*sch*.

Gibt es zu jeder Wahl der Knotensequenz $x_1 < \dots < x_k$ und (reeller) Zahlen y_{ij} (genau) ein Polynom $P \in \Pi_n$, das den $n+1$-Bedingungen

$$P^{(j)}(x_i) = y_{ij} \quad \text{für} \quad (i, j) \in e$$

genügt, so heißt E *frei* und sonst *unfrei*. Ist E unfrei, so gibt es eine Knotensequenz $x_1 < \dots < x_k$, auf der die *Koeffizientendeterminante* von E verschwindet, d. h. es gilt

$$K(E; x_1, \dots, x_k) := \det \left(X_m^{(j)}(x_i)\right)_{(i,j) \in e,\, 0 \leq m \leq n} = 0\,,$$

wobei X_m das m-te Monom bezeichnet. Ist außerdem die Koeffizientendeterminante von E für alle Knotensequenzen nichtpositiv oder nichtnegativ, so heißt E *schwach unfrei* und sonst *stark unfrei*.

Für dreizeilige fast-Hermitesche Inzidenzmatrizen gibt es zahlreiche Ergebnisse für Unfreiheit und Freiheit (vgl. [1], [2] und [5]), die sich (z. B. durch Koaleszenz) auf höherzeilige fast-Hermitesche Inzidenzmatrizen problemlos übertragen lassen, sofern in deren nicht-Hermitescher Zeile keine Hermite-Sequenz enthalten ist. Schon aus diesem Grund stellt sich die Frage nach der Bedeutung einer Hermite-Sequenz in einer nicht-Hermiteschen Zeile hinsichtlich Freiheit und Unfreiheit. Die Antwort ist erfreulich; es gilt nämlich die folgende Aussage:

Satz 1: *Erfüllen zwei k-zeilige fast-Hermitesche Inzidenzmatrizen E und F folgende Bedingungen*:

a) *E besitzt in einer Zeile i_0 außer einer Hermite-Sequenz der Länge s_{i_0} weitere $r - s_{i_0} > 0$ Einsen* (dabei seien deren Spaltenindizes $j_1 < \dots < j_r$),

b) *F besitzt in der Zeile i_0 genau $r - t$ Einsen mit den Spaltenindizes $j_{t+1} - t < j_{t+2} - t < \dots < j_r - t$ für ein t mit $0 \leq t \leq s_{i_0}$,*

c) *E und F besitzen in den Zeilen i mit $i \neq i_0$ jeweils* Hermite-*Sequenzen der Länge s_i,*
so gelten die Aussagen:

(1) *E ist genau dann frei, wenn F frei ist;*
(2) *E ist genau dann schwach unfrei, wenn F schwach unfrei ist;*
(3) *E ist genau dann stark unfrei, wenn F stark unfrei ist.*

Beweis: Es genügt, die Behauptung für $t = 1$ zu zeigen. Sei $x_1 < \dots < x_k$ eine Knotensequenz, von der o.B.d.A. angenommen werden kann, daß $x_{i_0} = 0$ gilt. Entwickelt man $K(E; x_1, \dots, x_k)$ nach der zu $(i_0, 0)$ gehörenden Zeile, so erhält man eine Determinante D mit

$$D := \det \left(X_{m+1}^{(j)}(x_i)\right)_{(i,j) \in e \setminus \{(i_0, 0)\},\, 0 \leq m \leq n-1}\,,$$

die sich von $K(E; x_1, \dots, x_k)$ nur durch einen Vorzeichenfaktor ε unterscheidet, der genau dann negativ ist, wenn die Summe der Hermite-Sequenzlängen s_i der Zeilen 1 bis $i_0 - 1$ ungerade ist. Die für $2 \leq q \leq r$ zum Paar (i_0, j_q) gehörende Zeile von D und die entsprechende Zeile von $K(F; x_1, \dots, x_k)$ unterscheiden sich nur durch den Faktor j_q.

Für $i \neq i_0$ gehören zu den s_i Einsen der Zeile i von E (und damit von F) die Zeilen $(X_1^{(j)}(x_i), \dots, X_n^{(j)}(x_i))$ aus D und $(X_0^{(j)}(x_i), \dots, X_{n-1}^{(j)}(x_i))$ aus $K(F; x_1, \dots, x_k), j = 0, \dots, s_i - 1$. Mit der LEIBNIZ-Regel folgt für $j = 0, \dots, s_i - 1$ und $m = 0, \dots, n-1$

$$X_{m+1}^{(j)} = X_1 \cdot X_m^{(j)} + j \cdot X_m^{(j-1)} .$$

Also ist die zu (i, j) gehörende Zeile aus D die Summe der zu (i, j) gehörenden Zeile aus $K(F; x_1, \dots, x_k)$, die mit x_i multipliziert wird, und der zu $(i, j-1)$ gehörenden Zeile aus $K(F; x_1, \dots, x_k)$, die mit dem Faktor j multipliziert wird. Insgesamt gilt also

$$K(E; x_1, \dots, x_k) = C \cdot K(F; x_1, \dots, x_k) \quad \text{mit} \quad C := \prod_{\substack{i=1 \\ i \neq i_0}}^{k} |x_i|^{s_i} \cdot \prod_{q=2}^{r} j_q > 0 ,$$

d. h. es gilt für jede Knotensequenz $x_1 < \dots < x_k$

$$\operatorname{sign} K(E; x_1, \dots, x_k) = \operatorname{sign} K(F; x_1, \dots, x_k) .$$

Daraus ergeben sich sofort die Behauptungen. □

Mit Satz 1 erhält man unmittelbar aus den Ergebnissen von DEVORE, MEIR und SHARMA [1] unter Benutzung der Zeilenkoaleszenz (siehe [3], [4]) und der „coalescence at ∞“ (siehe [4]) zahlreiche Aussagen; zum Beispiel die folgenden, in denen die Bezeichnungen aus Satz 1 benutzt werden.

Satz 2 (vgl. LORENTZ [4]): *Eine k-zeilige fast-HERMITEsche Inzidenzmatrix, die in einer Zeile i_0 mit $1 < i_0 < k-1$ genau $s_{i_0} + 2$ Einsen besitzt, ist stark unfrei, wenn gilt*

$$j_{r-1} < s_{i_0} + r - 1 < j_r .$$

Satz 3 (vgl. LORENTZ [4]): *Eine k-zeilige fast-HERMITEsche Inzidenzmatrix, die in einer Zeile i_0 mit $1 < i_0 < k$ genau $s_{i_0} + 2$ Einsen besitzt ist stark unfrei, wenn die folgenden Bedingungen erfüllt sind:*

(1) $k \geqq 4$,

(2) $s_{i_0-1} = s_{i_0+1}$.

Die beiden letzten Sätze enthalten nicht nur alle bisher bekannten Aussagen über die Unfreiheit von (nicht dreizeiligen) fast-HERMITEschen Inzidenzmatrizen, sondern geben sogar die Art der Unfreiheit an.

Literatur

1 DEVORE, R.; MEIR, A.; SHARMA, A., Strongly and weakly non-poised H-B interpolation problems, Canadian J. Math. **25** (1973), 1040—1050.
2 DROLS, W., Zur HERMITE-BIRKHOFF-Interpolation: DMS-Inzidenzmatrizen, Math. Z. **172** (1980), 179—194.
3 KARLIN, S.; KARON, J. M., Poised and non-poised HERMITE-BIRKHOFF interpolation, Indiana Univ. Math. J. **21** (1972), 1131—1170.
4 LORENTZ, G. G., BIRKHOFF interpolation problem, Austin: Center for numerical Analysis CNA-103, 1975.
5 PASSOW, E., HERMITE-BIRKHOFF interpolation: A class of non-poised matrices, J. Math. Analysis Appl. **62** (1978), 140—147.

Anschrift: Dr. WOLFG. DROLS, FB 11/Mathematik, Universität Duisburg, Lotharstr. 65, D-4100 Duisburg 1, BRD

ZAMM 61, T 276 – T 277 (1981)

U. ELSAESSER

Anwendung des diskreten Uzawa-Verfahrens zur Lösung der stationären Navier-Stokes-Gleichungen auf ein Modellproblem

Das Ausgangsproblem, die stationären NAVIER-STOKES-Gleichungen mit homogenen Randbedingungen, wird in einem offenen Gebiet Ω des $\mathbb{R}^n$ $(n \geqq 2)$ mit Rand $\partial\Omega$ betrachtet. Gegeben sind $\nu > 0$ (das Reziproke der REYNOLDS-zahl) sowie die äußere Kraft $f: \Omega \to \mathbb{R}^n$. Gesucht sind die Geschwindigkeit $u: \Omega \to \mathbb{R}^n$ und der Druck $p: \Omega \to \mathbb{R}$, welche Lösungen der folgenden Randwertaufgabe sind:

$$-\nu \Delta u + \sum_{i=1}^{n} u_i D_i u + \operatorname{grad} p = f \quad \text{in } \Omega , \tag{1}$$

$$\operatorname{div} u = 0 \quad \text{in } \Omega , \tag{2}$$

$$u = 0 \quad \text{auf } \partial\Omega . \tag{3}$$

Hierbei sind $u_1, \dots, u_n$ die Komponenten von u und D_i die partiellen Ableitungen in x_i-Richtung. Die Existenz von verallgemeinerten Lösungen $u \in \mathbb{H}_0^1(\Omega)$, $p \in L_{\text{loc}}^1(\Omega)$ zu $f \in \mathbb{L}^2(\Omega)$ ist immer gesichert [4, 5]; die Eindeutigkeit von u läßt sich nur durch weitere Forderungen an ν, $|f|_{\mathbb{L}^2(\Omega)}$ und Ω gewährleisten [1, 5].

Bei der numerischen Lösung dieses Systems (1), (2), (3) von partiellen Differentialgleichungen z. B. mit Differenzenverfahren bereitet neben der Nichtlinearität die Kontinuitätsgleichung (2) besondere Schwierigkeiten, siehe [5]. In gewissen Fällen lassen sich diese durch Übergang zur Wirbeltransportgleichung vermeiden. Hier aber soll die Anwendung des UZAWA-Verfahrens untersucht werden. Dieses aus der Optimierung stammende Verfahren wurde zuerst 1971 von FORTIN, PEYRET und TEMAM [2, 3] zur Lösung der NAVIER-STOKES-Gleichungen verwendet. Die daraus entstehende Rekursionsvorschrift lautet:

Für $m = 0, 1, 2, \dots$ *und* $p^0 = 0$ *bestimme man* $u^{m+1} \in \mathbb{H}_0^1(\Omega)$ *und* $p^{m+1} \in L^2(\Omega)$ *durch*

$$-\nu\, \Delta u^{m+1} + \sum_{i=1}^{n} u_i^{m+1} D_i u^{m+1} + \tfrac{1}{2} (\operatorname{div} u^{m+1})\, u^{m+1} + \operatorname{grad} p^m = f\,, \tag{4}$$

$$p^{m+1} = p^m - \varrho \operatorname{div} u^{m+1}\,. \tag{5}$$

Hierbei ist $\varrho > 0$ ein noch näher zu bestimmender Parameter, und es gilt die folgende Konvergenzaussage:

Satz: *Es sei* $n = 2, 3$ *oder* 4 *und die Eindeutigkeitsvoraussetzung für die (verallgemeinerte) Lösung* $u \in \mathbb{H}_0^1(\Omega)$ *von* (1), (2), (3) *sei erfüllt. Dann konvergiert für hinreichend kleines* $\varrho > 0$ *die Folge der* u^{m+1} *gegen* u *in der* $\mathbb{H}_0^1(\Omega)$-*Norm.* p^{m+1} *konvergiert schwach gegen* p *in* $L^2(\Omega)$.

Diese Folge von nichtlinearen Gleichungen läßt sich in der Praxis natürlich nicht exakt lösen, und deshalb muß die Konvergenz des Verfahrens auch in Abhängigkeit von Fehlertermen untersucht werden. Bei einer der Notation von TEMAM [5] folgenden Diskretisierung mit der Schrittweite h, die in [1] eingehender beschrieben wird, ergibt sich bei Berücksichtigung der Fehlerterme $\varepsilon^m \in \mathbb{L}^2(\Omega)$ die folgende, (4) und (5) ersetzende Rekursion.

Für $m \geqq 0$, $p_h^0 = 0$ *und* $\varepsilon^m \in \mathbb{L}^2(\Omega)$ *werden* $u_h^{m+1} \in W_h$ *und* p_h^{m+1} *bestimmt durch*

$$-\nu \sum_{i=1}^{n} \delta_i^2 u_h^{m+1}(M) + \tfrac{1}{2} \sum_{i=1}^{n} u_{hi}^{m+1}(M)\, \delta_i u_h^{m+1}(M) + \tfrac{1}{2} \sum_{i=1}^{n} \delta_i (u_{hi}^{m+1} u_h^{m+1})\,(M) +$$

$$+ \left(\overline{\nabla}_1 p_h^m(M), \dots, \overline{\nabla}_n p_h^m(M)\right)^{\mathrm{T}} = (f + \varepsilon^m)_h\,(M), \tag{6}$$

$$p_h^{m+1}(M) = p_h^m(M) - \varrho \left(\sum_{i=1}^{n} \nabla_i u_{hi}^{m+1} \right)(M) \quad \textit{für alle } M \in \mathring{\Omega}_h\,. \tag{7}$$

Satz: *Es sei* $n = 2$. *Die durch* (6) *und* (7) *definierte Folge der* u_h^m, $\delta_i u_h^m$, p_h^m *konvergiert (in jeder Norm des endlich-dimensionalen Raums* W_h*) gegen die Lösung* u_h, $\delta_i u_h$, p_h *des diskretisierten Systems, wenn gilt:*

a) $\sum_{m=0}^{\infty} |\varepsilon^m|^2_{\mathbb{L}^2(\Omega)}$ *konvergiert und*

b) $0 < \varrho < 2\nu - \dfrac{1}{\nu} 2^{\frac{9}{2}} 3^3 \operatorname{Maß}(\Omega)\, |f|_{\mathbb{L}^2(\Omega)}\,.$

Für $n = 3$ *und* $n = 4$ *gelten ähnliche Aussagen.*

In [1] wurde nun die Anwendung des diskreten UZAWA-Verfahrens mit Fehlerterm auf ein konkretes Modellproblem mit $\Omega = (-1, 1) \times (-1, 1)$ näher betrachtet. Die Eindeutigkeit einer zu diesem Zweck konstruierten, möglichst einfachen Polynomlösung ist dann gesichert, sofern ν größer als 92,15 ist. Dies ist ebenso wie die daraus resultierenden Werte von ϱ eine für die Praxis unbrauchbare Schranke. ϱ mußte deshalb im Verlauf der Rechnung experimentell bestimmt werden. Im m-ten mit der Gitterweite $h = \dfrac{2}{N+1}$ diskretisierten UZAWA-Schritt muß ein nichtlineares (quadratisches) Gleichungssystem für N^2 Unbekannte mit jeweils kleiner werdendem Fehler ε^m gelöst werden. Dadurch entsteht bei Anwendung des NEWTON-Verfahrens eine 11 diagonale Funktionalmatrix mit einer Bandbreite der Größenordnung N^2. Die direkte Auflösung dieses Gleichungssystems ist nicht möglich, da sich z. B. schon für $N = 30$ eine 1800×1800-Matrix ergibt. Deshalb wurde das JACOBI-NEWTON-Verfahren angewendet, bei dem die Nullen der Funktionalmatrix nicht gespeichert werden müssen und dessen lokale Konvergenz sich unter vernünftigen Voraussetzungen zeigen läßt.

Satz: *Werden die* $L^\infty(\Omega)$-*Normen der partiellen Ableitungen von* u *und* v, *den Lösungen des Uzawa-Schrittes, bzw. die Beträge des entsprechenden symmetrischen Differenzenquotienten mit* ν *genügend klein, so konvergiert das Jacobi-Newton-Verfahren lokal zur Lösung des Uzawa-Schritts.*

Bezüglich der ausführlichen Formulierung der Voraussetzungen und ihrer praktischen Rechtfertigung siehe [1].

Die Testrechnungen wurden am umfassendsten für den Fall $N = 30$ durchgeführt. Der optimale Wert von ϱ liegt hier zwischen 0,19 und 0,195 und liefert nach 40 UZAWA-Schritten einen maximalen Fehler von $0{,}6 \cdot 10^{-2}$, was bei dieser Größenordnung von h^2 zu erwarten ist. Mit besseren Näherungslösungen (relative Genauigkeit 0,1) ergab sich schon nach zehn UZAWA-Schritten ein Fehler der Größenordnung 10^{-3}. Somit ist für physikalische Probleme, bei denen eine gute Näherung für die Lösung vorliegt, mit einer schnellen Konvergenz gegen eine bessere Näherung im Rahmen des Diskretisierungsfehlers zu rechnen.

Literatur

1 ELSAESSER, U., Die numerische Lösung der stationären NAVIER-STOKES-Gleichungen mit dem UZAWA-Verfahren, Dissertation, Universität Karlsruhe 1979.

2 FORTIN, M.; PEYRET, R.; TEMAM, R., Résolution numérique des équations de NAVIER-STOKES pour un fluide incompressible, J. de Mécanique 10, no. 3 (1971), 357–390.

3 FORTIN, M.; PEYRET, R.; TEMAM, R., Calcul des écoulements d'un fluide visqueux incompressible, Proc. Second Internat. Conf. Numerical Methods in Fluid Dynamics, Lecture Notes in Physics, Vol. 8. New York, Springer 1971.

4 LADYZHENSKAYA, O. A., The Mathematical Theory of Viscous Incompressible Flow, New York-London, Gordon and Breach 1969.

5 TEMAM, R., NAVIER-STOKES-Equations, Theory and Numerical Analysis, Amsterdam-New York-Oxford, North-Holland Publishing Company 1977.

Anschrift: Dr. U. ELSAESSER, Institut für Praktische Mathematik, Universität Karlsruhe, D-7500 Karlsruhe 1, BRD

ZAMM 61, T 278 (1981)

L. ELSNER / P. ROZSA

Über die Adjungierte modifizierter Matrizen

Es wird untersucht, wie sich die Adjungierte einer $n \times n$-Matrix A ändert, wenn A der Modifikation $A \to A + uv^{\mathsf{H}}$ unterzogen wird, wobei u, v Spaltenvektoren sind und „H" die transponiert konjugierte bezeichnet. Das liefert einerseits eine Verallgemeinerung der SHERMAN-MORRISON-Formel auf singuläre Matrizen und andererseits in gewissen Fällen Aussagen über das Verhalten von Eigenvektoren zum Eigenwert 0. Interessant ist hier zunächst nur der Fall, daß der Rang von A gleich $n - 1$ ist. Es lassen sich drei Fälle unterscheiden.

(i) Für Rang $(A + uv^{\mathsf{H}}) = n$ werden einige überraschende Beziehungen zu verallgemeinerten Inversen aufgedeckt. So gilt z. B.: *Ist* adj $(A) = rs^{\mathsf{H}}$ (dabei ist r ein Rechts- und s^{H} ein Linkseigenvektor von A zum Eigenwert 0), *so ist*

$$\operatorname{adj}(A + sr^{\mathsf{H}}) - \operatorname{adj}(A) = (r^{\mathsf{H}}r)(s^{\mathsf{H}}s)A^+,$$

wo A^+ die MOORE-PENROSE-*Inverse bezeichnet.* Zudem gilt: *Jede Matrix der Form*

$$C(A, uv^{\mathsf{H}}) = (\operatorname{adj}(A + uv^{\mathsf{H}}) - \operatorname{adj}(A))/v^{\mathsf{H}} \operatorname{adj}(A)\, u$$

ist (1, 2)-*Inverse von A* (d. h. $ACA = A$, $CAC = C$), *und für jede* (1, 2)-*Inverse C gibt es Vektoren u und v, so daß* $C = C(A, uv^{\mathsf{H}})$. Entscheidendes Hilfsmittel ist die Darstellung

$$C(A, uv^{\mathsf{H}}) = (I - rv^{\mathsf{H}}/v^{\mathsf{H}}r)\, A^+(I - us^{\mathsf{H}}/s^{\mathsf{H}}u).$$

(ii) Im Fall, daß Rang A = Rang $(A + uv^{\mathsf{H}}) = n - 1$ ist, ergeben sich Aussagen über das Verhalten der Eigenvektoren zum Eigenwert 0. Diese Situation tritt auf, wenn bei diskreten homogenen MARKOV-Ketten das Modell derart geändert wird, daß die Differenz der Übergangsmatrizen eine Matrix vom Rang 1 ist. Die Änderung des Eigenvektors entspricht der Änderung der Grenzverteilung. Im einzelnen gilt:

Entweder ist $u = Ax$ und v liegt nicht im Bildraum von A^{H}, dann ist

$$\operatorname{adj}(A + uv^{\mathsf{H}}) = ((1 + v^{\mathsf{H}}x)\, r - (v^{\mathsf{H}}r)\, x)\, s^{\mathsf{H}},$$

d. h. der Linkseigenvektor ist invariant und der modifizierte Rechtseigenvektor ist

$$(1 + v^{\mathsf{H}}x)\, r - (v^{\mathsf{H}}r)\, x,$$

oder u liegt nicht im Bildraum von A und $v^{\mathsf{H}} = y^{\mathsf{H}}A$, dann ist

$$\operatorname{adj}(A + uv^{\mathsf{H}}) = r((1 + y^{\mathsf{H}}u)\, s^{\mathsf{H}} - (s^{\mathsf{H}}u)\, y^{\mathsf{H}})$$

mit der entsprechenden Deutung des Verhaltens der Eigenvektoren, oder $u = Ax$ und $v^{\mathsf{H}} = y^{\mathsf{H}}A$, aber $1 + y^{\mathsf{H}}Ax \neq 0$ dann ist

$$\operatorname{adj}(A + uv^{\mathsf{H}}) = (1 + y^{\mathsf{H}}Ax)\, rs^{\mathsf{H}},$$

d. h. beide Eigenvektoren sind invariant bei der Modifikation.

(iii) Der Fall Rang $(A + uv^{\mathsf{H}}) = n - 2$ tritt genau dann auf, wenn $u = Ax$, $v^{\mathsf{H}} = y^{\mathsf{H}}A$ und $1 + y^{\mathsf{H}}Ax = 0$ ist. *Dann ist* adj $(A + uv^{\mathsf{H}}) = 0$.

Einzelheiten und Beweise finden sich in [1]. Es sei noch hingewiesen, daß dort weitere Fragen in diesem Zusammenhang behandelt werden. So wird für Matrizen A beliebigen Ranges die Änderung des Nullraumes beim Übergang $A \to A + uv^{\mathsf{H}}$ beschrieben. Außerdem werden ähnliche Fragen für den Fall einer Modifikation durch Ränderung behandelt.

Literatur

1 ELSNER, L.; ROZSA, P., On eigenvectors and adjoints of modified matrices; to appear in Linear and Multilinear Algebra, 1981.

Anschriften: Professor Dr. L. ELSNER, Fakultät für Mathematik, Universität Bielefeld, Postfach 8640, D-4800 Bielefeld, BRD; Professor Dr. P. ROZSA, Department of Mathematics, Faculty of Electrical Engineering, Technical University Budapest, H-1521 Budapest, Hungary

ZAMM 61, T 278 (1981)

S. FALK

Einschließung von Eigenwerten und Eigenvektoren beliebiger Matrizen durch Kondensation

Die gedruckte Fassung des Vortrages erschien bereits in ZAMM 61 (1981), 64—65.

Anschrift: Prof. Dr.-Ing. S. FALK, Mechanikzentrum der Technischen Universität, D-3300 Braunschweig, BRD

ZAMM 61, T 279 – T 280 (1981)

K.-J. FÖRSTER

Vergleich der Quadraturformeln vom Newton-Cotes- und vom Gauss-Typ

Zur Auswertung des Integrals $I[f] = \int_{-1}^{+1} f(x)\,dx$ werden Quadraturformeln Q_n verwendet. Dies sind lineare Funktionale der Form

$$Q_n[f] = \sum_{\nu=1}^{n} a_\nu f(x_\nu)\,, \qquad -1 \leqq x_1 < x_2 < \dots < x_n \leqq 1\,,$$

wobei der Rest R_n der Quadraturformel Q_n durch $R_n := I - Q_n$ definiert ist. Hier werden hauptsächlich *Interpolationsquadraturformeln* (I.Q.F.) betrachtet, also solche Q_n, die für alle Polynome vom $(n-1)$-ten Grad exakt sind. Zu den bekanntesten I.Q.F. gehören einerseits die Formeln vom NEWTON-COTES-Typ, deren Stützstellen x_ν äquidistanten Abstand haben, wie die NEWTON-COTES-Formel $Q_n^{\text{ONC}}\left(x_\nu := \dfrac{-n+2\nu-1}{n-1}\right)$, die MACLAURIN-Formel $Q_n^{\text{MI}}\left(x_\nu := \dfrac{-n+2\nu-1}{n}\right)$ und die *offene* NEWTON-COTES-Formel $Q_n^{\text{ONC}}\left(x_\nu := \dfrac{-n+2\nu-1}{n+1}\right)$, andererseits die Formeln vom GAUSS-Typ, wie die GAUSS-Formel Q_n^{G} (x_ν: Nullstellen des LEGENDRE-Polynoms P_n) und die LOBATTO-Formel Q_{n+1}^{Lo} (x_ν: Nullstellen von $P_{n+1} - P_{n-1}$), die sogar für alle Polynome vom Grad $2n-1$ exakt sind. Die Frage, die sich nun stellt, ist die nach einem Vergleich dieser Quadraturformeln. Hier hat BRASS [1] sowohl für die Formeln vom NEWTON-COTES-Typ als auch für die Formeln vom GAUSS-Typ Monotonie-Eigenschaften nachgewiesen. Unter der Voraussetzung, daß die Funktion f eine stetige, vorzeichenwechselfreie $2n$-te Ableitung besitzt, haben BRASS und SCHMEISSER in einer demnächst erscheinenden Veröffentlichung gezeigt, daß betragsmäßig der Rest der GAUSS-Formel Q_n^{G} bzgl. f nicht größer als der Rest der LOBATTO-Formel Q_{n+1}^{Lo} sein kann. Offen ist sowohl die Frage nach einem Vergleich zwischen einzelnen Formeln unterschiedlichen NEWTON-COTES-Typs als auch die Frage nach einem Vergleich zwischen einzelnen Formeln vom NEWTON-COTES-Typ und vom GAUSS-Typ. Dies soll hier geklärt werden.

Grundlegend ist der

Satz 1: *Sei $f^{(n)}$ stetig und nichtnegativ. $Q_n[f] = \sum_{\nu=1}^{n} a_\nu f(x_\nu)$, und $\tilde{Q}_m[f] = \sum_{\nu=1}^{m} \tilde{a}_\nu f(\tilde{x}_\nu)$ seien Quadraturformeln, die für Polynome $(n-1)$-ten Grades exakt sind. Für festes $\alpha \in \{0, 1\}$ sowie für alle $k = 1, \dots, m$ und $l = 0, \dots, n$ sei $\operatorname{sign}(\tilde{a}_k) = (-1)^{n-l+\alpha}$ falls $\tilde{x}_k \in (x_l, x_{l+1})$. Dann gilt*

$$(-1)^\alpha R_n[f] \geqq (-1)^\alpha \tilde{R}_m[f]\,.$$

Hierbei sei $x_0 := -1$ und $x_{n+1} := 1$ gesetzt, und für die Gewichte a_ν bzw. $\tilde{a}_\nu$ ist der Wert Null durchaus zugelassen.

Beweis: Sei $\alpha = 0$ und $\Delta = \{x_1, \dots, x_n\}$ bzw. $\tilde{\Delta} = \{\tilde{x}_1, \dots, \tilde{x}_m\}$. Desweiteren sei $A_i = \tilde{a}_i$, falls $\tilde{x}_i \in \Delta \cap \tilde{\Delta}$ und $A_i = 0$ sonst. Mit B_i werde das Gewicht der dividierten Differenz $\operatorname{dvd}(\Delta, \tilde{x}_i)$ an der Stelle $\tilde{x}_i$ bezeichnet. Betrachtet wird die Quadraturformel

$$\bar{Q}[f] = \tilde{Q}_m[f] - \sum_{i=1}^{m} \frac{A_i}{B_i} \operatorname{dvd}(\Delta, \tilde{x}_i)\,[f]\,.$$

Diese ist exakt für Polynome vom Grad $n-1$. An den Stützstellen von $\bar{Q}$, die mit keiner Stützstelle von Q_n übereinstimmen, haben die zugehörigen Gewichte von $\bar{Q}$ nach Konstruktion den Wert Null. Also gilt wegen der Eindeutigkeit der Interpolationsquadratur $\bar{Q} = Q_n$ und damit

$$\tilde{Q}_m[f] - Q_n[f] = \sum_{i=1}^{m} \frac{A_i}{B_i} \operatorname{dvd}(\Delta, \tilde{x}_i)\,[f]\,.$$

Nach Voraussetzung gilt $\operatorname{sign}(A_i) = \operatorname{sign}(B_i)$. Daher sind alle Koeffizienten der dividierten Differenzen positiv, und es gilt wegen der bekannten Beziehung zwischen dividierten Differenzen und Ableitungen die Behauptung. Der Beweis für $\alpha = 1$ wird entsprechend geführt.

Man beachte, daß aus der im Beweis verwandten Methode sofort eine Darstellung der Differenz zweier Quadraturformeln durch eine Summe dividierter Differenzen folgt.

Berücksichtigt man das Ergebnis von HARROLD [3], daß die Gewichte der offenen NEWTON-COTES-Formel eine alternierende Vorzeichenverteilung besitzen und desweiteren, daß für festes n sich die Stützstellen der MACLAURIN-Formel und der offenen NEWTON-COTES-Formel trennen, so folgt mit Hilfe der Definitheit dieser Formeln

Satz 2: *$f^{(2n)}$ sei stetig und habe keinen Vorzeichenwechsel. Dann gilt*

$$|R_{2n-1}^{\text{ONC}}[f]| \geqq |R_{2n-1}^{\text{MI}}[f]| \quad \text{und} \quad |R_{2n}^{\text{ONC}}[f]| \geqq |R_{2n}^{\text{MI}}[f]|\,.$$

Aussagen dieser Art sind zwischen der NEWTON-COTES-Formel einerseits und der offenen NEWTON-COTES-Formel oder der MACLAURIN-Formel andererseits nicht möglich. Dieses ergibt sich, wenn man beachtet, daß das NEWTON-COTES-Verfahren asymptotisch einen kleineren betragsmäßigen Fehler hat als eines der beiden offenen Verfahren — hierfür und für die weiteren Bemerkungen vgl. etwa BRASS [2]. Andererseits kann aber eine abgeschlossene Quadraturformel mit positiven Randgewichten nicht für alle obigen f besser als eine offene Formel sein. Dieses erkennt man leicht aus der Restdarstellung von PEANO.

Für einen Vergleich der Formeln von NEWTON-COTES-Typ mit den Formeln vom GAUSS-Typ ist zu berücksichtigen, daß die inneren Gewichte der ersteren alternierendes Vorzeichenverhalten aufweisen, während die Gewichte der Formeln vom GAUSS-Typ positiv sind. Diesen Vergleich bereitet für die abgeschlossenen Formeln das folgende Lemma vor, das sich direkt aus Satz 2 folgern läßt.

Lemma: *Seien die Zahlen* $-1 = x_1 < x_2 < \dots < x_{2n} = 1$ *gegeben.* $\bar{Q}_m[f] = \sum_{\nu=1}^{m} \bar{x}_\nu f(\bar{x}_\nu)$ *sei positive abgeschlossene Quadraturformel, die für Polynome vom Grad* $2n - 1$ *exakt ist und für gerades* n *in* (x_n, x_{n+1}) *keine Stützstelle hat. Dann existiert für alle* $f \in C^{2n}[-1, 1]$ *mit* $f^{(2n)} \geqq 0$ *eine abgeschlossene* I.Q.F. $\tilde{Q}_{2n}$, *so daß gilt*

i) $$\begin{matrix} \tilde{x}_{2\nu} = x_{2\nu}, & \tilde{x}_{2n+1-2\nu} = x_{2n+1-2\nu} \\ \tilde{x}_{2\nu+1} \leqq x_{2\nu+1}, & \tilde{x}_{2n-2\nu} \geqq x_{2n-2\nu} \end{matrix} \quad \text{für} \quad \nu = 1, 2, \dots, \left[\frac{n}{2}\right];$$

ii) $\bar{R}_m[f] \geqq \tilde{R}_{2n}[f]$.

Aus diesem Lemma ergibt sich wieder mit Satz 1

Satz 3: *Sei* $f^{(2n)}$ *stetig und nichtnegativ.* Q_{2n} *sei abgeschlossene* I.Q.F. *mit* $\operatorname{sign}(a_\nu) = \operatorname{sign}(a_{2n-\nu+1}) = (-1)^\nu$ *für* $\nu = 2, \dots, n$. $\tilde{Q}_m$ *sei abgeschlossene positive Quadraturformel, die für Polynome* $(2n - 1)$*-ten Grades exakt ist. Desweiteren habe* Q_m *für gerades* n *in* (x_n, x_{n+1}) *keine Stützstelle. Dann gilt* $\tilde{R}_m[f] \geqq R_{2n}[f]$.

Ein entsprechender Satz läßt sich natürlich mit der gleichen Methode auch für offene bzw. halboffene Quadraturformeln zeigen. Auch sind Verallgemeinerungen insofern möglich, daß man Quadraturformeln mit minimaler Anzahl positiver Gewichte betrachtet. Die in Satz 3 für gerades n geforderte Bedingung ist scharf in dem Sinn, daß man für jedes gerade n eine I.Q.F. mit alternierendem Vorzeichenverhalten und eine positive Quadraturformel angeben kann, für die einerseits alle anderen obigen Voraussetzungen erfüllt sind, andererseits die Behauptung aber falsch ist. Für den gewünschten Vergleich ergibt sich

Satz 4: $f^{(2n)}$ *sei stetig und habe keinen Vorzeichenwechsel. Dann gilt*

i) $|R_{2n-1}^{NC}[f]| \geqq |R_{n+1}^{Lo}[f]|$ *für* $n > 4$,
$|R_{2n}^{NC}[f]| \geqq |R_{n+1}^{Lo}[f]|$ *für ungerades* $n \notin \{3, 5\}$;

ii) $|R[_{2n-1}^{NC}[f]| \geqq |R_n^G[f]|$ *für* $n \neq 3$,
$|R_{2n}^{NC}[f]| \geqq |R_n^G[f]|$ *für ungerades* $n \notin \{3, 5\}$;

iii) $|R_{2n-1}^{Ml}[f]| \geqq |R_n^G[f]|$ *für* $n > 4$,
$|R_{2n}^{Ml}[f]| \geqq |R_n^G[f]|$ *für gerades* $n > 4$;

iv) $|R_{2n-1}^{ONC}[f]| \geqq |R_n^G[f]|$ *für* $n \geqq 1$,
$|R_{2n}^{ONC}[f]| \geqq |R_n^G[f]|$ *für gerades* $n \neq 2$.

Hierbei folgt ii) direkt aus i) mit dem erwähnten Ergebnis von BRASS und SCHMEISSER. Ein Vergleich zwischen der LOBATTO-Formel und einer der beiden offenen vom NEWTON-COTES-Typ ist unter diesen Voraussetzungen wieder nicht möglich.

Literatur

1 BRASS, H., Monotonie bei den Quadraturverfahren von GAUSS und NEWTON-COTES, Numer. Math. 30 (1978), 349—354.
2 BRASS, H., Quadraturverfahren, Vandenhoeck & Ruprecht, Göttingen-Zürich 1977.
3 HARROLD, O. G. JR., On the expansion of the remainder in the open-type NEWTON-COTES quadrature formula, Amer. J. Math. 59 (1937), 275—289.

Anschrift: Dipl. math., Dipl. inf. KLAUS-JÜRGEN FÖRSTER, Lehrstuhl E für Mathematik der TU Braunschweig, Pockelsstr. 4, D-3300 Braunschweig, BRD

ZAMM 61, T 280 – T 282 (1981)

W. FORSTER

Constructive Versions of Theorems by Brouwer, Sperner, Borsuk-Ulam, Tucker, etc.

The traditional way to deal with *highly nonlinear problems* is to evoke topological theorems (e.g. BROUWER's fixed point theorem) and to obtain existence proofs, etc. Such theorems with constructive proofs developed in the last decade and implemented as pivoting algorithms seem to provide a systematic framework for the numerical treatment of highly nonlinear problems.

In one of his last papers E. SPERNER [1] gave a generalized version of his 1928 lemma. This generalized SPERNER lemma contains his 1928 lemma, TUCKER's lemma, KY FAN's lemma, etc. as special cases. An integral part of combinatorial theorems is their discrete character and this makes them especially suitable for computational purposes (no ad hoc discretization is required). E. SPERNER gave an elementary derivation of the following identity.

Theorem 1 (SPERNER):

$$(\partial K^{m+1}, C^m) = (K^{m+1}, \delta C^m) , \tag{1}$$

with ∂ the boundary, δ the coboundary operator, K^{m+1} a complex consisting of m-dimensional simplices, C^m a labelled complex consisting of $(m - 1)$-dimensional labelled simplices.

Equation (1) can be used to give a unified presentation of the combinatorial lemmas mentioned above. For references see e.g. [2]. From a computational point of view equation (1) has a significance which goes beyond this unification aspect. The identity connects a count of simplices on the boundary ∂K of the complex K with a count of certain simplices in the interior of K and this allows the construction of pivotal paths from the boundary into the interior. For a general complex one can state the following theorem.

Theorem 2 (FORSTER [3]): *Starting with an $(m - 1)$-simplex (with m different labels) on the boundary of a suitably labelled homogeneously m-dimensional simplicial complex K^{m+1} at least one of the following holds*

(i) *there is a pivotal path to an m-simplex with $m + 1$ different labels, or*

(ii) *there is a pivotal path to another $(m - 1)$-simplex on the boundary of K^{m+1} with the same m different labels.*

We take as a special case of theorem 1 the following.

Case A:

$$C^m = (1, 2, \dots, m) , \qquad \delta C^m = \Sigma_{a \neq 1, 2, \dots, m}(a, 1, 2, \dots, m) . \tag{2}$$

By applying pivot steps starting from the boundary we can try to find completely *labelled simplices* (or approximate fixed points). It has been shown by YOSELOFF (for reference see [2]) that BROUWER's fixed point theorem and SPERNER's lemma (1928) are equivalent.

BROUWER's fixed point theorem: *Any continuous map $f: \sigma^n \to \sigma^n$ from an n-simplex σ^n into itself has a fixed point*, i.e. $f(x^*) = x^*$.

SPERNER's lemma (1928): *For any subdivision and any proper labelling of a simplex, there is at least one simplex in the subdivision whose vertices carry a complete set of labels.*

The *labelling* used in SPERNER's lemma (1928) guarantees that one can inductively find completely labelled simplices (i.e. one starts with a 0-simplex, then finds a 1-simplex with 2 different labels, etc.). One can use either classical variable dimension algorithms or the computationally more efficient versions given in [4], [5]. Fixed point theorems which can be reduced to BROUWER's theorem can thus be made constructive.

Remarks: SPERNER uses integer labels (e.g. case A); vector labels can be considered to be another way to satisfy the requirements of theorem 1. For a general complex theorem 1 can not guarantee the existence of a completely labelled simplex. Additional conditions are required, alternatively one can obtain theorems similar to theorem 2 (e.g. POINCARÉ).

We take another special case of theorem 1.

Case B:

$$C^m = \Sigma_{0<b_1<-b_2<\dots<(-1)^{m-1}b_m}(b_1, b_2, \dots , b_m) ,$$

$$\delta C^m = \Sigma_{0<-x<b_1}(x, b_1, \dots , b_m) + \Sigma_{(-1)^{m-1}b_m<(-1)^m x}(x, b_1, \dots , b_m) + \Sigma_{x=-b_i, 1\leq i\leq m}(x, b_1, \dots , b_m) \tag{3}$$

and b_i as in C^m.

With (3) the lemmas by TUCKER and KY FAN become special cases of theorem 1. One can use TUCKER's lemma to give a constructive proof of the BORSUK-ULAM theorem [6], [7], [8].

BORSUK-ULAM theorem: *Given any continuous map $f: S^n \to R^n$ from the n-sphere $S^n = \{x \in R^{n+1} \mid ||x|| = 1\}$ into the Euclidean space R^n, then there exists a point $x^* \in S^n$ such that $f(x^*) = f(-x^*)$.*

TUCKER's lemma: *If to a triangulatedn-cube $B^n = \{x \in R^n \mid ||x|| = \max_i |x_i| \leq 1\}$ are assigned labels from $\{\pm 1, \dots , \pm n\}$ such that for every pair of antipodal boundary points the labels sum to zero, then B^n contains a 1-simplex whose labels sum to zero.*

We now give a novel algorithm for finding the antipodal points of the BORSUK-ULAM theorem in the spirit of the generalized SPERNER lemma, i.e. we use theorem 1 (case B) inductively to obtain an algorithm which includes a constructive starting procedure.

Given $f: S^n \to R^n$ define $g: B^n \to R^n$ by $g(x) = f(x, 1 - ||x||) - f(-x, ||x|| - 1)$.

Labelling: $+i(-i)$ if $|g_i(x)| = \max_j |g_j(x)|$ and g_i positive (negative), in case of ties take least such index. For mesh $\to 0$ continuity implies that the 1-simplex with labels summing to zero gives the solution $g(x^*) = 0$.

Algorithm:

1') For $m = 0$ take arbitrary point (0-simplex) on the surface of B^n.

1) For $0 < m \leq n - 1$ take the m-simplex σ with $m + 1$ different labels obtained previously.

2) Take the antipodal m-simplex σ^- (i.e. the m-simplex which has as vertices the antipodal points of the vertices of σ).

3) Join σ and σ^- by $(m + 1)$-simplices which have m-simplices as common faces and lie on the surface of B^n (otherwise arbitrary).

3′) If $m = n - 1$: Join σ and σ^- by n-simplices which have $(n - 1)$-simplices as common faces, but this time the n-simplices will pass through the interior of B^n (otherwise arbitrary).

4) Pivot along the common m-faces of above $(m + 1)$-simplices, starting with σ.

5) Theorem 1 (case B) guarantees that at some stage an m-simplex with $m + 1$ different labels will be found.

5′) If $m = n - 1$: Theorem 1 (case B) guarantees that at some stage an n-simplex with $n + 1$ different labels will be found. The labels are from $\{\pm 1, \dots, \pm n\}$ and therefore there is a 1-simplex with labels summing to zero (solution).

6) If this m-simplex comes from the third term in δC^m (theorem 1, case B), then we have found a solution (i.e. a 1-simplex with labels summing to zero).

7) Otherwise continue the algorithm by setting $m \leftarrow m + 1$ and returning to 1).

An example is given in figure 1. The LUSTERNIK-SCHNIRELMANN theorem can be made constructive in a similar way [7].

There exists a considerable volume of work which utilizes topological theorems for existence proofs. With constructive versions of these theorems existence proofs can be transformed into pivoting algorithms.

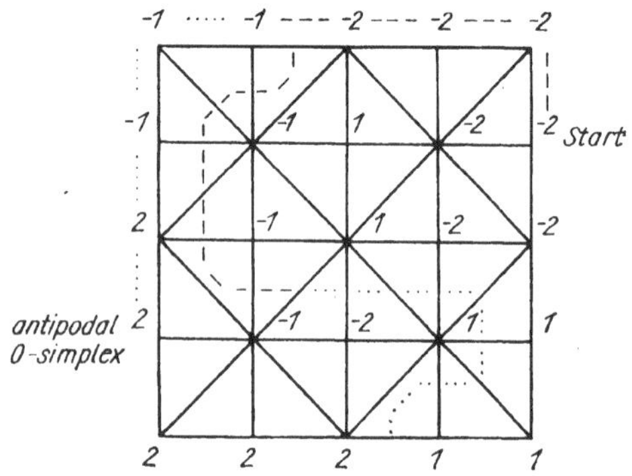

Fig. 1. Path of algorithm in constructive version of the BORSUK-ULAM theorem (– – – path of algorithm, ········· path of antipodal simplex)

References

1 SPERNER, E., Papers in reference 2.
2 FORSTER, W. (Ed.), Numerical Solution of Highly Nonlinear Problems, North-Holland, Amsterdam 1980.
3 FORSTER, W., p. 219—232 in reference 2.
4 VAN DER LAAN, G., Simplicial Fixed Point Algorithms, Amsterdam 1980.
5 TALMAN, A. J. J., Variable Dimension Fixed Point Algorithms and Triangulations, Mathematisch Centrum, Amsterdam 1980.
6 BÁRÁNY, I., Math. Program. 18, 84—88 (1980).
7 FREUND, R. M.; TODD, M. J., Report — 403, Cornell University 1979.
8 TODD, M. J.; WRIGHT, A. H., Report — 417, Cornell University 1979.

Anschrift: Dr. W. FORSTER, Faculty of Mathematical Studies, The University, Southampton SO9 5NH, England.

ZAMM 61, T 282 – T 284 (1981)

E. FRANK

New Error Formulas for Continued Fractions

1. Introduction

No process of computation can be carried on indefinitely. Hence it is important to know how good an approximation one obtains when one stops the computation with the p-th approximant of a continued fraction. For this purpose, new error formulas are derived.

2. New error formulas

Consider the continued fraction

$$b_0 + \frac{a_1}{b_1} + \frac{a_2}{b_2} + \cdots, \tag{2.1}$$

with the numerator A_p and denominator B_p of the p-th approximant,

$$A_p = b_p A_{p-1} + a_p A_{p-2}, \qquad B_p = b_p B_{p-1} + a_p B_{p-2}, \qquad p = 1, 2, \dots, \tag{2.2}$$
$$A_{-1} = 1, \qquad A_0 = b_0, \qquad B_{-1} = 0, \qquad B_0 = 1.$$

There exists a series equivalent to the continued fraction if

$$s_0 + s_1 + s_2 + \dots + s_p \equiv b_0 + \frac{a_1}{b_1} + \frac{a_2}{b_2} + \dots + \frac{a_p}{b_p} \equiv \frac{A_p}{B_p}, \qquad p = 0, 1, 2, \dots, \tag{2.3}$$

provided all approximants exist. Here

$$s_0 = b_0, \qquad s_p = \frac{(-1)^{p-1} a_1 a_2 \dots a_p}{B_{p-1} B_p}, \qquad p = 1, 2, \dots, \tag{2.4}$$

(cf. [3], pp. 16—17). Thus the series

$$b_0 + \frac{a_1}{B_0 B_1} - \frac{a_1 a_2}{B_1 B_2} + \frac{a_1 a_2 a_3}{B_2 B_3} - \dots + \frac{(-1)^{p-1} a_1 a_2 \dots a_p}{B_{p-1} B_p} + \dots \tag{2.5}$$

is equivalent to the continued fraction (2.1).

Case 1: If the terms of (2.5) are all real and all positive (or all negative) for $p \geqq p_0$, a sufficiently large fixed number (so that (2.5) is actually an alternating series), if the terms monotonically decrease (or increase) in magnitude for $p \geqq p_0$, and if the limit of the p-th term is zero, then the remainder after a partial sum of p terms is numerically less than the first term neglected. Thus the absolute value of the error when one stops the computation with the $(p + 1)$-th term of series (2.5) is

$$|\text{error}_{p+1}| < \left|\frac{a_1 a_2 \dots a_{p+1}}{B_p B_{p+1}}\right|, \qquad p = 0, 1, 2, \dots, \qquad p \geqq p_0. \tag{2.6}$$

Consequently, (2.6) *gives a bound for the absolute value of the error when one stops the computation with* $(p + 1)$ *partial quotients of the continued fraction* (2.1) *in this case.*

If the terms of (2.5) are complex and if the real and imaginary parts of (2.5) each separately satisfy the requirements of Case 1, then the absolute value of the error after $(p + 1)$ terms of (2.5) satisfies

$$|\text{error}_{p+1}| < \left|\operatorname{Re} \frac{a_1 a_2 \dots a_{p+1}}{B_p B_{p+1}}\right| + \left|\operatorname{Im} \frac{a_1 a_2 \dots a_{p+1}}{B_p B_{p+1}}\right|, \qquad p = 0, 1, 2, \dots, \qquad p \geqq p_0. \tag{2.7}$$

Therefore, *under these hypotheses, a bound for the absolute value of the error after* $(p + 1)$ *partial quotients of* (2.1) *is given by* (2.7).

Case 2: If the terms of (2.5) are real or complex, and if there exists a real uniform value x such that

$$|s_{p+1}| \leqq |s_p| \cdot x, \quad 0 < x < 1, \quad p = 0, 1, 2, \dots, \quad \text{for} \quad p \geqq p_0, \quad \text{a sufficiently large number}, \tag{2.8}$$

in (2.4), then the absolute value of the error after $(p + 1)$ terms of (2.5) satisfies

$$|\text{error}_{p+1}| \leqq |s_p| \cdot \frac{x}{1 - x}, \qquad p = 0, 1, 2, \dots, \qquad p \geqq p_0. \tag{2.9}$$

In particular,

$$|\text{error}_{p+1}| \leqq |s_p|, \qquad 0 < x \leqq \tfrac{1}{2}, \qquad p = 0, 1, 2, \dots, \qquad p \geqq p_0. \tag{2.10}$$

Consequently, *the absolute value of the error when one stops the computation of the continued fraction* (2.1) *with the* $(p + 1)$*-th partial quotient satisfies*

$$\begin{aligned} &|\text{error}_1| \leqq |b_0| \cdot \frac{x}{1 - x}, \quad \textit{where} \quad 0 < \left|\frac{a_1}{b_0 B_1}\right| \leqq x < 1, \quad p = 0, \quad b_0 \neq 0; \\ &|\text{error}_{p+1}| \leqq \left|\frac{a_1 a_2 \dots a_p}{B_{p-1} B_p}\right| \cdot \frac{x}{1 - x}, \quad p = 1, 2, \dots, \quad p \geqq p_0, \\ &\textit{where} \quad 0 < \left|\frac{a_{p+1} B_{p-1}}{B_{p+1}}\right| \leqq x < 1, \quad p = 1, 2, \dots, \end{aligned} \tag{2.11}$$

provided such a real uniform value x exists. If $b_0 = 0$ *in* (2.1), *one starts with* $p = 1$.

For, if $p = 0$, $b_0 \neq 0$, and $|s_1| \leqq |s_0| \cdot x$, $0 < x < 1$, then $\left|\frac{a_1}{B_0 B_1}\right| \leqq |b_0| \cdot x$, or $x \geqq \left|\frac{a_1}{b_0 B_1}\right|$. If

$$|s_{p+1}| \leqq |s_p| \cdot x, \qquad 0 < x < 1, \qquad p = 1, 2, \dots,$$

or, by (2.4),

$$\left|\frac{(-1)^p a_1 a_2 \dots a_{p+1}}{B_p B_{p+1}}\right| \leqq \left|\frac{(-1)^{p-1} a_1 a_2 \dots a_p}{B_{p-1} B_p}\right| \cdot x,$$

then

$$x \geqq \left|\frac{a_{p+1} B_{p-1}}{B_{p+1}}\right|, \qquad p = 1, 2, \dots, \qquad p \geqq p_0, \quad \text{a sufficiently large fixed number}. \tag{2.12}$$

Also

$$|s_0 + s_1 + s_2 + \dots| \leqq |s_0| + |s_1| + |s_2| + \dots + |s_p| + \dots$$
$$\leqq |s_0| + |s_1| + |s_2| + \dots + |s_p| + |s_p| \cdot \frac{x}{1-x},$$

so that (2.9) gives a bound for the absolute value of the error after $(p + 1)$ terms of (2.5). Therefore, *criterion* (2.11) *gives a bound for the absolute value of the error when one stops the computation of the continued fraction* (2.1) *with* $(p + 1)$ *partial quotients*, $p = 0, 1, 2, \dots$

3. Illustration

In [2] the author gives an algorithm for a *rapidly convergent continued fraction for k-th roots*. As an illustration of the error bound (2.11), consider the expansion (2.1) for $\sqrt{3}$. Machine computation of continued fractions is especially easy due to the recurrence relations (2.2) and (2.11). Choose a first estimate $x_0 = 3/2$, and compute

$$x_{n+1} = \frac{(1/2)\, x_n^2(x_n + 3/2) + (3/2)\,(x_n + 1)^2\,(x_n - 1/2)}{x_n^2(x_n + 3/2) - (x_n + 1)^2\,(x_n - 1/2)}, \qquad n = 0, 1, 2, \dots . \tag{3.1}$$

Write

$$\sqrt{3} = (1 + 1/x_0) + \frac{(1 + 1/x_0)\,(1/x_1)}{1} \; \frac{(1 + 1/x_1)\,(x_1/x_2)}{-1 + (1 + 1/x_1)\,(x_1/x_2)} \; \frac{(1 + 1/x_2)\,(x_2/x_3)}{-1 + (1 + 1/x_2)\,(x_2/x_3)} - \dots . \tag{3.2}$$

From (3.1),

$$x_1 = 51/2\,, \qquad x_2 = 140451/2\,, \qquad x_3 = 2770663499604051/2\,, \tag{3.3}$$

and, from (3.2),

$$A_0/B_0 = b_0 = 5/3\,, \qquad A_1 = 265/153\,, \qquad A_2 = 1.732050807568876\,, \tag{3.4}$$
$$B_1 = B_2 = \dots = B_p = 1\,, \qquad p = 3, 4, \dots .$$

Since the terms of the sequence $|a_p|$, $p = 1, 2, \dots$, of (3.2) decrease very rapidly and the B_p are all equal to 1, criterion (2.11) is especially convenient as an estimate of the error when one stops the computation with A_2/B_2. Here $\sqrt{3}$ can be taken as A_2/B_2, with

$$|\text{error}_3| \leqq |a_1 a_2| \cdot \frac{x}{1-x}, \qquad x = |a_3|\,, \tag{3.5}$$

or

$$|\text{error}_3| < 10^{-14}\,.$$

This bound was obtained by Fine [1] for the first three factors of an infinite product expansion for $\sqrt{3}$ with an error bound obtained from the product expansion.

References

1 Fine, N. J., Infinite products for k-th roots, Amer. Math. Monthly 84 (1977), 629–630.
2 Frank, E., Continued fraction expansions for k-th roots, ZAMM 60 (1980), T 289–T 291.
3 Perron, O., Die Lehre von den Kettenbrüchen. II, Teubner, Stuttgart 1957.

Anschrift: Professor Dr. Evelyn Frank, P. O. Box 361, Evanston, Illinois 60204, U.S.A.

ZAMM 61, T 284 – T 287 (1981)

S.-Å. Gustafson

A Computational Scheme for Exponential Approximation

We give a general computational scheme for fitting a sum of exponentials with positive coefficients to measured data. No initial estimates of entities sought are needed. This is in contrast to most competing methods which generally require starting estimates which may be difficult to obtain. The present scheme can be used for an arbitrarily choosen error norm.

1. Mathematical formulation of the problem

Let $t_1, t_2, \dots, t_n$ be n fixed real numbers, such that $0 = t_1 < t_2 < \dots < t_n \leqq \infty$ and $f \in R^n$ a fixed vector. Each component f_r is supposed to be the estimate of the value at $t = t_r$ of a certain function, defined for nonnegative arguments. To these data we fit an expression

$$f^*(t) = \sum_{i=1}^{q} x_i \exp(-t\lambda_i) \tag{1}$$

such that

$$x_i \geqq 0\,, \quad i = 1, 2, \ldots, q\,, \quad 0 \leqq \lambda_1 < \lambda_2 < \cdots < \lambda_q\,.$$

Thus we introduce an *error vector* $d \in R^n$ through

$$d_r = f_r^*(t_r) - f_r\,, \qquad r = 1, 2, \ldots, n\,.$$

We next specify how we want to measure the magnitude of the error by defining a suitable norm on R^n. Therefore we arrive at the problem

$$\text{minimize } ||d|| \tag{2a}$$

over all integers q and all reals x_i and λ_i subject to:

$$\sum_{i=1}^{q} x_i \exp(-t_r\lambda_i) - d_r = f_r\,, \qquad r = 1, 2, \ldots, n\,, \tag{2b}$$

$$x_i \geqq 0\,, \quad i = 1, 2, \ldots, q\,, \quad 0 \leqq \lambda_1 < \lambda_2 < \cdots < \lambda_q\,. \tag{2c}$$

Since q is a free integer-valued variable, (2) defines a convex optimization problem. In this paper we shall refer to an entire group of formulas labelled by a common number followed by a letter by mentioning the number only. Thus "(2)" means "(2a), (2b), (2c)". By means of the theory of convex sets in R^n we may prove that this problem has a solution which furthermore is unique for strictly convex norms, e.g. in the case of least squares approximation. Applying results from the theory of Chebyshev systems [2, Chap. II] we may verify that there is an optimal sum (1) such that $q \leqq (n + 1)/2$. However, optimal solutions are generally numerically ill-determined in the sense that there are many different exponential sums, such that the norm of the corresponding error is close to the optimal value. We shall give an algorithm which produces an exponential approximation whose error norm lies close to the optimal value. It consists of three phases: linearly constrained optimization, reduction of q and calculation of a local optimum for q fixed.

2. Phase one: Linearly constrained optimization

During this first phase an approximating exponential sum is constructed, applying a principal idea: the λ_i-values are restricted to a finite subset $T_N \subset [0, \infty]$

$$T_N = \{\tau_j\}_{j=1}^{N}$$

where $0 \leqq \tau_1 < \tau_2 < \ldots < \tau_N$. Thus we solve the problem

$$\text{Minimize } ||d|| \tag{3a}$$

over all $\xi \in R^N$ and all $d \in R^n$ subject to:

$$\sum_{j=1}^{N} \xi_j \exp(-t_r\tau_j) = f_r + d_r\,, \qquad r = 1, 2, \ldots, n\,, \tag{3b}$$

$$\xi_j \geqq 0\,, \qquad j = 1, 2, \ldots, N \tag{3c}$$

(3) has an optimal solution $\hat{\xi} \in R^N$ with less than n positive components. The corresponding exponential sum is $\hat{f}_N$ given by

$$\hat{f}_N(t) = \sum_{j=1}^{N} \hat{\xi}_j \exp(-t\tau_j)\,. \tag{4}$$

It is clear that the "goodness" of the fit $\hat{f}_N$ depends on the grid T_N. A sequence of grids such that $||f - \hat{f}_N||$ tends towards the optimal value when $N \to \infty$ is constructed as follows:

Put $s = \gamma(\lambda)$ where γ is a function which is continuous and strictly decreasing on $[0, \infty]$ and satisfies

$$\gamma(0) = 1\,, \qquad \lim_{\lambda\to\infty} \gamma(\lambda) = 0\,. \tag{5a}$$

Hence γ defines a one-to-one mapping of $[0, \infty]$ on $[0, 1]$. In particular the grid $T_N \subset [0, 1]$ is mapped on a grid $S_N \subset [0, 1]$ where

$$S_N = \{s_1, s_2, \ldots, s_N\} \quad \text{with} \quad s_j = \gamma(\lambda_j)\,.$$

Further (3b) may be replaced by the equivalent condition

$$\sum_{j=1}^{N} \xi_j \exp\{-t_r\gamma^{-1}(s_j)\} - d_r = f_r\,, \qquad r = 1, 2, \ldots, n\,. \tag{5b}$$

Making the same transformations in (1) and (5b) we get

$$f^*(t) = \sum_{i=1}^{q} x_i \exp\{-t\gamma^{-1}(s_i)\} \tag{6}$$

$$\sum_{i=1}^{q} x_i \exp\{-t_r\gamma^{-1}(s_i)\} - d_r = f_r\,, \qquad r = 1, 2, \ldots, n\,. \tag{7b}$$

It is advantageous to replace (2b) by (7b) for the numerical treatment.

We now introduce the special grid $S_N \subset [0, 1]$ given by $s_j = (j-1)/(N-1)$, $j = 1, 2, \ldots, N$. Numerical experiments indicate that the choice

$$\gamma(\lambda) = \exp(-\lambda h), \qquad h \text{ a fixed constant,}$$

is favourable and that the value of h is not of crucial importance.

We could now solve (3) for $N = 2, 3, \ldots$ and compare the error norms. It can be demonstrated that the norm of the error tends towards the optimal value when $N \to \infty$. However, it is more efficient to solve (3) when N is allowed to assume values in the subsequence $N(0), N(1), \ldots$, where $N(0) \geqq 2$ is an arbitrary integer and $N(l)$ is calculated recursively according to

$$N(l) = 2 \cdot N(l-1) - 1, \qquad l = 1, 2, \ldots.$$

Then the grid $S_{N(l-1)}$ is a subset of $S_{N(l)}$ and hence the optimal solution of (3) for $N = N(l-1)$ can be used as a starting vector when we want to solve this problem for $N = N(l)$. A further gain is that no calculated expressions $\exp\{-t_r\gamma^{-1}(s_i)\}$ in (7b) are thrown away when we pass from $S_{N(l-1)}$ to $S_{N(l)}$. It is obvious that

$$\|f - \hat{f}_{N(l)}\| \leqq \|f - \hat{f}_{N(l-1)}\|.$$

In order to get a stopping rule we select a *tolerance* δ such that $0 < \delta < 1$ and stop incrementing l when for the first time

$$\|f - \hat{f}_{N(l)}\| \geqq (1-\delta)\,\|f - \hat{f}_{N(l-1)}\|.$$

In many cases the exponential sum (4) can be accepted as the solution of our fitting problem since we generally get only a modest improvement in the approximation error by carrying out the remaining two phases of our scheme but we do get a reduction of q, the number of terms.

3. Phase two: Reduction of q by means of clustering

We may arrive at this Phase either from Phase 1 or Phase 3. In either case we have an exponential sum of the form (1) which we have transformed to (6). We want to reduce q by replacing two terms by one in such a manner that the associated error norm does not increase too much. We therefore cluster the two terms, i.e. in (6) and (7b) we make the approximation

$$x_k \exp\{-t\gamma^{-1}(s_k)\} + x_l \exp\{-t\gamma^{-1}(s_l)\} \approx x_{kl} \exp\{-t\gamma^{-1}(s_{kl})\},$$

$$x_k \exp\{-t_r\gamma^{-1}(s_k)\} + x_l \exp\{-t_r\gamma^{-1}(s_l)\} \approx x_{kl} \exp\{-t_r\gamma^{-1}(s_{kl})\},$$

where

$$x_{kl} = x_k + x_l, \qquad s_{kl} = (x_k s_k + x_l s_l)/x_{kl}. \tag{8}$$

The selection of the pairs of points which will be clustered follows different rules depending on whether we have entered Phase 2 from Phase 1 or by return from Phase 3.

In the first case we have calculated an exponential sum (4) which we transform by putting $s = \gamma(\lambda)$ and get

$$\hat{f}_N(t) = \sum_{j=1}^{N} \hat{\xi}_j \exp\{-t\gamma^{-1}(s_j)\}.$$

We now cluster all pairs of terms such that $\hat{\xi}_{j-1} \cdot \hat{\xi}_j > 0$. This rule becomes ambiguous if also $\hat{\xi}_{j-1}\hat{\xi}_j \cdot \hat{\xi}_{j+1} > 0$. In that case we arbitrarily decide to cluster the terms corresponding to $j-1$ and j. After clustering we proceed to Phase 3.

In the second case we return from Phase 3 with a transformed sum (6). For all indices k, l satisfying $1 \leqq k < l \leqq q$ we compute $\Delta_{kl} = \dfrac{x_k x_l}{x_k + x_l}(s_k - s_l)^2$. Next we select those k and l for which Δ_{kl} is smallest and cluster the corresponding terms. Then we pass to Phase 3.

4. Phase three: Calculation of a local optimum for q fixed

When q is kept fixed in (1) we get a nonconvex optimization problem. On exit from Phase 2 we have an exponential sum with a certain number of terms. We fix q to this number and try to decrease the error norm by means of some local optimization method. A natural idea is local linearizations in analogy to the Gauss-Newton method for the least squares case. See [3]. The sum delivered by Phase 2 is used as starting approximation. We note that when Phases 1 and 2 are executed we obtain an exponential sum with an error norm which is generally larger than the error norm obtained after Phase 1. If now Phase 3 also results in a larger error norm than that from Phase 1 we say that Phase 3 has "failed" and control returns to Phase 1 which is carried out with a reduced value of the tolerance δ. If Phase 3 has "succeeded", control returns to Phase 2 instead. Clustering is performed, decreasing q by 1. Next we advance to Phase 3 and determine a local minimum with the new q whereupon control is returned to Phase 2, etc. In this way we generate a sequence of exponential approximations. A decrease of q generally causes an increase in the error norm.

5. Concluding remarks

A detailed account for the proposed scheme including numerical examples will be presented in [1]. A related algorithm for the least squares case is given in [4]. The author acknowledges rewarding discussions with Professor A. Ruhe.

References

1 GUSTAFSON, S.-Å., Computing exponential fits to measured data, to appear.
2 KARLIN, S.; STUDDEN, W. J., TCHEBYCHEFF Systems: with Applications in Analysis and Statistics, John Wiley & Sons, New York-London-Sydney 1966.
3 OSBORNE, M. R.; WATSON, G. A., Nonlinear approximation problems in vector norms. In G. A. WATSON (Ed.), Numerical Analysis, Springer Lecture Notes in Mathematics No. 630, Berlin-Heidelberg-New York 1978.
4 RUHE, A., Least squares fitting by positive sums of exponentials, Rep. UMIMF-70.78, Department of Information Processing, Univ. of Umeå, S-90187 Umeå, Sweden.

Anschrift: Prof. Dr. SVEN-ÅKE GUSTAFSON, Dept. of Numerical Analysis, Royal Institute of Technology, S-10044 Stockholm 70, Schweden

ZAMM 61, T 287 – T 289 (1981)

W. M. HÄUSSLER

Zum Diskretisierungsfehler von Einschrittverfahren bei nichtdifferenzierbarer rechter Seite

Für Einschrittverfahren zur Integration von gewöhnlichen Differentialgleichungen werden *Abschneidefehler* hergeleitet, die die Differenzierbarkeit der rechten Seite nicht mehr benötigen, sondern nur noch ihre LIPSCHITZ-Stetigkeit. Die Abschneidefehler sind dann jedoch nur noch von erster Ordnung. Auf eine Anwendung bei Einbettungsverfahren zur Lösung nichtlinearer Gleichungen wird hingewiesen.

Zu ermitteln sei die Nullstelle des Homotopieproblems $H(1, x) = 0$, das z. B. bei der Einbettung nichtlinearer Gleichungen entsteht (vgl. [1, 2]):

$$H(t, x(t)) = 0\,, \qquad t \in [0, 1]\,, \qquad H\colon [0, 1] \times \mathbb{R}^n \to \mathbb{R}^n\,. \tag{1}$$

Für $t = 0$ sei eine Nullstelle $x_0 = x(0) \in \mathbb{R}^n$ bekannt, und gesucht ist die Nullstelle $\hat{x} = x(1)$ für $t = 1$. Äquivalent mit (1) ist die *Einbettungs-Differentialgleichung* (2), die über $[0, 1]$ zu integrieren ist:

$$x'(t) = -H_x^{-1}(t, x(t))\, H_t(t, x(t))\,, \quad \text{mit} \quad t \in [0, 1]\,, \qquad x(0) := x_0\,. \tag{2}$$

Da nicht der genaue Verlauf der Lösungskurve $x(t)$ interessiert, sondern nur eine Approximation x_1 für deren Endpunkt $x(1)$ (von dem aus das NEWTON-Verfahren gegen $x(1) = \hat{x}$ konvergiert), genügen relativ ungenaue, dafür nicht aufwendige, Integrationsverfahren wie EULER-Verfahren oder Trapezregel (vgl. [1]), um möglichst „schnell“ von $x(0)$ nach $x_1 \approx x(1)$ zu gelangen. Um zu einer Konvergenztheorie und einer hierauf beruhenden Schrittweitensteuerung (siehe [2]) zu kommen, die nicht zweimal differenzierbares $H(t, x)$, sondern nur noch eine LIPSCHITZ-stetige rechte Seite von (2), verlangen, benötigt man Formeln für den Abschneidefehler von Einschrittverfahren, der bei der Integration des folgenden Anfangswertproblems entsteht:

$$x'(t) = f(t, x(t))\,, \qquad x(a) =: x_a \in \mathbb{R}^n\,, \qquad t \in [a, b]\,, \tag{3}$$

und der nicht mehr (wie üblich) die Differenzierbarkeit von $f(t, x)$, sondern nur noch die LIPSCHITZ-Stetigkeit verlangt.

Im folgenden werden solche Diskretisierungsfehler für explizite Einschrittverfahren wie EULER-Verfahren, Trapezregel und RUNGE-KUTTA-Verfahren hergeleitet.

Mit der Inkrementfunktion Φ lautet ein Einschrittverfahren, angewandt auf (3):

$$x_{i+1} = x_i + h_i\Phi(t_i, x_i; h_i)\,, \qquad t_{i+1} = t_i + h_i\,, \quad \text{für} \quad i = 0, 1, 2, \dots \text{ und } x_0 := x_a, t_0 := a\,. \tag{4}$$

Der *lokale* Abschneidefehler $\tau(t, x; h)$ wird mit

$$\Delta(t, x; h) = \begin{cases} \dfrac{z(t + h) - x}{h} & \text{für} \quad h \neq 0 \\ f(t, x) & \text{für} \quad h = 0 \end{cases}\,, \qquad \text{(vgl. z. B. [4])}$$

definiert als:

$$\tau(t, x; h) := \Delta(t, x; h) - \Phi(t, x; h)\,, \tag{5}$$

wo $z(u)$ die exakte Lösung des Anfangswertproblems $z'(u) = f(u, z(u))$, $z(t) = x$, $u \in [a, b]$ ist.

Dann gilt für den Abschneidefehler des EULER-Verfahrens:

Satz 1: *Sei $S \subset \mathbb{R}^n$ und $S_f := \{(t, x) \mid t \in [a, b], x \in S\}$, und $f\colon S_f \to \mathbb{R}^n$ sei auf S_f stetig und erfülle*

$$\left.\begin{aligned} &\|f(t, x) - f(t', x)\| \leqq M_0|t - t'| && (6\text{a}) \\ &\|f(t, x) - f(t, x')\| \leqq L\|x - x'\| && (6\text{b}) \\ &\|f(t, x)\| \leqq M_1 < \infty && (6\text{c}) \end{aligned}\right\} \begin{aligned} &\textit{für alle} \quad t, t' \in [a, b] \\ &\textit{für alle} \quad x, x' \in S\,. \end{aligned}$$

Dann existiert eine Lösung $x(t)$ von (3) in S_f, und für den Abschneidefehler des Euler-Verfahrens gilt mit $\Phi(t, x(t); h) := := f(t, x(t))$

$$\|\tau(t, x(t); h)\| \leqq h(M_0 + L \cdot M_1) . \tag{6d}$$

Bemerkung: Der Diskretisierungsfehler des EULER-Verfahrens lautet bei differenzierbarer rechter Seite:

$$\|\tau(t, x(t); h)\| \leqq \tfrac{1}{2} h\,(\|f_t'\|_\infty + \|f_x'\|_\infty \cdot M_1);$$

er ist also bei Interpretation der Suprema der partiellen Ableitungen als LIPSCHITZ-Konstanten bis auf den Faktor 1/2 formal identisch mit (6d).

Beweis: Mit (6 a, b, c), $z(t) = x(t)$ und TAYLOR-Entwicklung folgt nun:

$$\begin{aligned}\|\tau(t, x(t); h)\| &= \|f(t, x(t)) - \int_0^1 z'(t + vh)\,dv\| \\ &= \|\int_0^1 [f(t, x(t)) - f(t + vh, x(t))]\,dv + \int_0^1 [f(t + vh, x(t)) - f(t + vh, z(t + vh))]\,dv\| \\ &\leqq \max_{0\leqq v\leqq 1} \|f(t, x(t)) - f(t + vh, x(t))\| + L \max_{0\leqq v\leqq 1} \|x(t) - z(t + vh)\| \\ &\leqq \max_{0\leqq v\leqq 1} v \cdot h \cdot M_0 + L \cdot \max_{0\leqq v\leqq 1} \|\int_0^1 z'(t + svh)\,vh\,ds\| \\ &\leqq h \cdot M_0 + L \cdot \max_{0\leqq v\leqq 1} vh\,\|\int_0^1 f(t + svh, z(t + svh))\,ds\| .\end{aligned}$$

Q.E.D.

Korollar 1: *Unter den Voraussetzungen von Satz 1 hat die Inkrementfunktion*

$$\Phi(t, x; h) := a_1 f(t, x) + a_2 f(t + p_1 h, x + p_2 h f(t, x)) \quad mit \quad a_1 + a_2 = 1 \quad und \quad a_2 p_1 = 1/2,\ a_2 p_2 = 1/2 \tag{7a}$$

den folgenden Abschneidefehler:

$$\|\tau(t, x(t); h)\| \leqq h\,\tfrac{3}{2}\,(M_0 + LM_1) . \tag{7b}$$

Bemerkung: Für $a_1 = a_2 = 1/2$, p_1, $p_2 = 1$ resultiert die von [1] vorgeschlagene Trapezregel (vgl. hierzu auch [4]). Für den Beweis sei auf [3] verwiesen.

Für das Inkrement (7a) läßt sich für $a_1 = 0$, $a_2 = 1$, $p_1 = p_2 = 1$ (EULER-COLLATZ-Verfahren) und somit Korollar (7) verschärfend zeigen:

Korollar 2:

$$\|\tau(t, x(t); h)\| \leqq \frac{h}{2}(M_0 + 3LM_1) . \tag{8}$$

Beweis (nach [3]): Mit $K := x(t) + \frac{h}{2} f(t, x(t))$ folgt:

$$\begin{aligned}\|\tau(t, x(t); h)\| &= \left\| \int_0^1 \left[f\left(t + \frac{h}{2}, K\right) - f(t + vh, K)\right] dv + \int_0^1 [f(t + vh, K) - f(t + vh, z(t + vh))]\,dv \right\| \\ &\leqq \max_{0\leqq v\leqq 1} \left| vh - \frac{h}{2} \right| M_0 + L \cdot \max_{0\leqq v\leqq 1} \|K - z(t + vh)\| \\ &\leqq \max_{0\leqq v\leqq 1} \frac{h}{2} |2v - 1|\, M_0 + L \cdot \max_{0\leqq v\leqq 1} \left\| \int_0^1 z'(t + svh)\,vh\,ds \right\| + L \left\| \frac{h}{2} f(t, x(t)) \right\| .\end{aligned}$$

Q.E.D.

Die Inkrementfunktion für das klassische RUNGE-KUTTA-Verfahren lautet:

$$\Phi(t, x; h) := \tfrac{1}{6}(k_1 + 2k_2 + 2k_3 + k_4) \tag{9}$$

mit

$$k_1 = f(t, x), \qquad k_2 = f\left(t + \frac{h}{2}, x + \frac{1}{2} h k_1\right),$$

$$k_3 = f\left(t + \frac{h}{2}, x + \frac{1}{2} h k_2\right), \qquad k_4 = f(t + h, x + h k_3) \quad \text{(vgl. [4])} .$$

Dann gilt

Satz 2: *Unter den Voraussetzungen von Satz 1 läßt sich für das Runge-Kutta-Verfahren der folgende Abschneidefehler angeben:*

$$\|\tau(t, x(t); h)\| \leqq h\,(\tfrac{2}{3} M_0 + \tfrac{3}{2} LM_1) . \tag{10}$$

Für den Beweis von Satz 2 benötigt man folgenden

Hilfssatz: *Mit den Voraussetzungen von Satz 2 ergibt sich:*

$$||k_1 - \Delta(t, x(t); h)|| \leqq h(M_0 + LM_1), \tag{11a}$$

$$||k_2 - \Delta(t, x(t); h)|| \leqq h(M_0 + 3LM_1)/2, \tag{11b}$$

$$||k_3 - \Delta(t, x(t); h)|| \leqq h(M_0 + 3LM_1)/2, \tag{11c}$$

$$||k_4 - \Delta(t, x(t); h)|| \leqq h(M_0 + 2LM_1). \tag{11d}$$

Beweis: Aussage (11a) entspricht Satz 1, (11b), (11c) werden wie Korollar 2, (11d) ebenfalls wie Korollar 2, jedoch mit Schrittweite $h/2$ statt h und $||k_3|| \leqq M_1$ bewiesen.

Q.E.D.

Beweis von Satz 2: Mit dem Hilfssatz und $\Delta := \Delta(t, x(t); h)$ erhält man:

$$||\tau(t, x(t); h)|| = \left\|\frac{1}{6}(k_1 + 2k_2 + 2k_3 + k_4) - \left(\frac{1}{6} + \frac{2}{6} + \frac{2}{6} + \frac{1}{6}\right)\Delta(t, x(t); h)\right\|$$

$$\leqq \frac{1}{6}||k_1 - \Delta|| + \frac{2}{6}||k_2 - \Delta|| + \frac{2}{6}||k_3 - \Delta|| + \frac{1}{6}||k_4 - \Delta||$$

$$\leqq \frac{h}{6}(M_0 + LM_1) + \left(\frac{2}{6}\frac{h}{2} + \frac{2}{6}\frac{h}{2}\right)(M_0 + 3LM_1) + \frac{h}{6}(M_0 + 2LM_1).$$

Q.E.D.

Anmerkungen:

(a) Satz 2 läßt sich unmittelbar auf allgemeine explizite RUNGE-KUTTA-Verfahren verallgemeinern (vgl. [3], Teil II).

(b) Vergröbernd zeigen die oben erhaltenen Abschneidefehler folgendes Bild: die einfacheren Verfahren (wie EULER-Verfahren) haben engere Fehlerabschätzungen wie die komplexeren Verfahren. Eine Arbeit, die die theoretisch erhaltenen Abschätzungen empirischen Ergebnissen an (zumindest stückweise) nicht differenzierbaren Differentialgleichungen gegenüberstellt, ist in Vorbereitung.

(c) Eine auf den obigen Abschneidefehlern beruhende Schrittweitensteuerung hat sich mit herkömmlichen Schrittweitensteuerungen zur Integration von (3) als durchaus konkurrenzfähig erwiesen [3].

Literatur

1 BOGGS, P. T., The solution of nonlinear systems of equations by A-stable integration techniques, SIAM J. Numer. Analysis 8 (1971), 767–785.

2 HÄUSSLER, W. M.; BOLKART, W., Affin-invariante Konvergenzsätze und automatische Schrittweitensteuerung für Einbettungsverfahren, Operations Research Verfahren 31 (1979), 303–312.

3 HÄUSSLER, W. M.; BOLKART, W., Diskretisierungsfehler und Schrittweitensteuerung für Einschrittverfahren bei nichtdifferenzierbaren Differentialgleichungen. Teil I und II, TB 78/1 (1978), Rechenzentrum Universität Ulm.

4 STOER, J.; BULIRSCH, R., Einführung in die Numerische Mathematik II, Springer-Verlag, Berlin-Heidelberg 1973.

Anschrift: Dipl. Math. WALTER M. HÄUSSLER, Marbach 57, D-7910 Reutti/Neu-Ulm, BRD

ZAMM 61, T 289 – T 291 (1981)

F.-K. HEBEKER

Ein Uzawa-Algorithmus für das stationäre Stokes-Randwertproblem mit einer freien Oberfläche

1. Problemstellung

SOLONNIKOV und ŠČADILOV [3] untersuchen ein Modellproblem für eine stationäre Strömung einer zähen, inkompressiblen Flüssigkeit in einem Gebiet, das zum Teil durch eine freie Oberfläche berandet ist.

Sei $\Omega \subset \mathbb{R}^3$ ein beschränktes Gebiet mit C^2-Rand Γ. Γ bestehe aus zwei Teilen: an Γ_1 haftet die Flüssigkeit, Γ_2 ist eine (bekannte) freie Oberfläche; $\Gamma = \Gamma_1 + \Gamma_2$. Wir betrachten das Randwertproblem (u Geschwindigkeitsfeld, p Druckfunktion)

$$-\nu\Delta u + \nabla p = f, \qquad \nabla \cdot u = 0$$

$$u|_{\Gamma_1} = 0, \qquad nu|_{\Gamma_2} = 0, \qquad t - (nt)\, n|_{\Gamma_2} = 0. \tag{1}$$

Dabei sind die konstante Viskosität $\nu > 0$ und die äußere Kraftdichte $f \in L^2(\Omega)$ gegeben, es bezeichne n die Außennormale von Γ, $t = n \cdot T$ das Feld der Spannungsvektoren, mit Spannungstensor

$$T_{ik} = -p\delta_{ik} + \nu\left(\frac{\partial u^i}{\partial x_k} + \frac{\partial u^k}{\partial x_i}\right).$$

Die Aufgabe ist (unter geeigneten Voraussetzungen) eindeutig lösbar. Hier soll ein Verfahren zur numerischen Berechnung dieser Lösung vorgeschlagen werden. Es besteht in der Lösung einer Folge von elliptischen Randwertproblemen ohne die numerisch schwer realisierbaren Nebenbedingungen der Divergenzfreiheit sowie der Randbedingungen auf Γ_2. Auf die Diskretisierung des Algorithmus wird aus Platzgründen verzichtet (vgl. [2]).

Dieses Verfahren ist auch auf andere freie Randwertprobleme anwendbar.

2. Existenzsatz

Es bezeichne $(\cdot, \cdot)$ bzw. $|\cdot|$ Skalarprodukt bzw. Norm in $L^2(\Omega)$. Sei H die Vervollständigung der Menge der C^∞-Felder v, die den Randbedingungen

$$v|_{\Gamma_1} = 0\,, \qquad nv|_{\Gamma_2} = 0$$

genügen, bzgl. der Norm

$$\|v\| = \left(\sum_{i,k=1}^{3} \int_\Omega \left(\frac{\partial v^i}{\partial x_k}\right)^2 \mathrm{d}x\right)^{1/2}.$$

Es sei $u_0 = B \times x$, falls Ω ein B-Gebiet ist, d. h. Ω achsensymmetrisch bzgl. eines Vektors B und $\Gamma_1 = \emptyset$. In diesem Fall ist u_0 zum Druck $p_0 = 0$ nichttriviale Lösung der Aufgabe (1) mit $f = 0$. Nun wird $H^\perp$ als bzgl. $L^2(\Omega)$ orthogonales Komplement von u_0 in H eingeführt, falls Ω B-Gebiet ist, andernfalls sei $H^\perp = H$. Auf $H^\perp$ ist die Bilinearform

$$a(u, v) = \frac{\nu}{2} \int \sum_{i,k=1}^{3} \left(\frac{\partial u^i}{\partial x_k} + \frac{\partial u^k}{\partial x_i}\right)\left(\frac{\partial v^i}{\partial x_k} + \frac{\partial v^k}{\partial x_i}\right) \mathrm{d}x$$

stetig und koerziv [3].

Sei $V \subset H^\perp$ Teilraum der divergenzfreien Felder. Dann bezeichnen wir die Lösung der Variationsgleichung

$$u \in V: a(u, v) = (f, v) \quad \text{für alle} \quad v \in V \tag{2}$$

als *schwache Lösung der Aufgabe* (1). Es gilt [3]

Satz 1: *Im Fall Ω B-Gebiet gelte*

$$(f, u_0) = 0\,. \tag{3}$$

Dann existiert genau eine Lösung der Aufgabe (2).

3. Das Sattelpunktproblem

Offensichtlich ist die Aufgabe (2) äquivalent zum Variationsproblem

$$u \in V: \quad J(u) = \min_{v \in V} J(v) \tag{4}$$

mit $J(v) = \frac{1}{2} a(v, v) - (f, v)$. Mittels einer LAGRANGE-Multiplikatorenmethode wird (4) in ein Sattelpunktproblem auf einem verglichen mit V bequemer diskretisierbaren Raum übergeführt.

Es sei

$$W = \{v \in H^1(\Omega): v \text{ Feld}, v|_{\Gamma_1} = 0, (v, u_0) = 0 \text{ falls } \Omega\ B\text{-Gebiet}\}\,,$$

$$M_1 = L^2(\Omega)\,, \qquad M_2 = L^2(\Gamma_2)\,.$$

Mit einer Zahl $r \geqq 0$ sei

$$\mathcal{L}(v, q, \mu) = J(v) + \int_\Omega q\nabla \cdot v \,\mathrm{d}x + \int_{\Gamma_2} \mu(nv) \,\mathrm{d}o + \frac{r}{2} \int_\Omega (\nabla \cdot v)^2 \,\mathrm{d}x + \frac{r}{2} \int_{\Gamma_2} (nv)^2 \,\mathrm{d}o$$

die erweiterte LAGRANGE-Funktion der Aufgabe (4).

Neben (4) stellen wir das *Sattelpunktproblem*

$$(u, p, \lambda) \in W \times M_1 \times M_2: \quad \mathcal{L}(u, q, \mu) \leqq \mathcal{L}(u, p, \lambda) \leqq \mathcal{L}(v, p, \lambda) \quad \text{für alle} \quad (v, q, \mu) \in W \times M_1 \times M_2\,. \tag{5}$$

Bekannte Optimierungsmethoden zeigen die Äquivalenz der Aufgaben (5) und (4) (vgl. [1]). Es gilt

Satz 2: *Unter der Voraussetzung* (3) *existiert genau ein Sattelpunkt*

$$(u, p, \lambda) \in V \times (L^2(\Omega)/\mathbb{R}) \times L^2(\Gamma_2)\,.$$

u ist die Lösung der STOKES-*Aufgaben* (2) *und* (4), *p die zugehörige Druckfunktion.*

4. Uzawa-Algorithmus

Die numerische Berechnung des Sattelpunktes erfolgt mit dem Gradientenverfahren (UZAWA-Algorithmus). Ausgehend von $(p^0, \lambda^0) \in L^2(\Omega) \times L^2(\Gamma_2)$ errechnet man iterativ eine Näherungsfolge (u^n, p^n, λ^n):

$u^n \in W$:

$$a(u^n, v) - (f, v) + \int_\Omega p^{n-1}\nabla \cdot v \,\mathrm{d}x + \int_{\Gamma_2} \lambda^{n-1}(nv) \,\mathrm{d}o + r \int_\Omega (\nabla \cdot u^n)(\nabla \cdot v) \,\mathrm{d}x + r \int_{\Gamma_2} (nu^n)(nv) \,\mathrm{d}o = 0$$

für alle $v \in W$;

$$p^n = p^{n-1} + \varrho\nabla \cdot u^n \in M_1; \qquad \lambda^n = \lambda^{n-1} + \varrho(nu^n) \in M_2\,.$$

Die Näherungsfolge konvergiert, es gilt (vgl. [1; 2])

Satz 3: *Für die Parameter ϱ, r gelte*

$$0 < \varrho \leqq 2r .$$

Dann konvergiert die UZAWA-*Folge*:

$$u^n \to u \quad \text{in} \quad H^1(\Omega) , \qquad p^n \to p \quad \text{in} \quad L^2(\Omega)/\mathbb{R} , \qquad \lambda^n \to \lambda \quad \text{in} \quad L^2(\Gamma_2) .$$

Literatur

1 GIRAULT, V.; RAVIART, P. A., Finite Element Approximation of the NAVIER-STOKES Equations, Berlin usw. 1979.
2 HEBEKER, F. K., A linear UZAWA algorithm for the steady-state NAVIER-STOKES problem, Math. Meth. Appl. Sci. **3** (1981), 115–120.
3 SOLONNIKOV, V. A.; ŠČADILOV, V. E., On a boundary value problem for a stationary system of NAVIER-STOKES equations, Proc. Steklov Inst. Math. **125** (1973), 186–199.
4 TEMAM, R., NAVIER-STOKES equations, Amsterdam usw. 1977.

Anschrift: FRIEDRICH-KARL HEBEKER, Universität-Gesamthochschule Paderborn, Fb 17, D-4790 Paderborn, BRD

ZAMM 61, T 291 – T 292 (1981)

B. KASPAR

Lösung von diskretisierten Grenzschichtgleichungen durch monotone Iterationsverfahren

1. Gleichung und Diskretisierung

Die PRANDTLsche Grenzschichtgleichung lautet

$$Pu := uu_x - u_{yy} - u_y \int_0^y u_x(x, t) \,\mathrm{d}t - UU_x = 0$$

mit

$$u(0, y) = u_0(y) , \qquad u(x, 0) = 0 , \qquad u(x, \infty) = U(x) . \tag{1}$$

Der Einfachheit halber soll hier nur die Plattengrenzschicht ($U_x \equiv 0$) behandelt werden.

Auf dem Punktegitter $P_i^k := \{(x^k, y_i) \mid k = 0, \dots, M; i = 0, \dots, N\}$ lautet dann ein diskretes Analogon zu (1)

$$F_i^k v := \lambda v_i^{k+1} \Delta v_i^k + \delta^2 v_i^{k+1} - \frac{\lambda}{2} \delta v_i^{k+1} I(v_i^k) = 0 , \qquad i = 0, \dots, N , \qquad k = 0, \dots, M , \tag{2}$$

mit entsprechenden Anfangs- und Randdaten. Dabei bedeuten:

$$\Delta v_i^k := v_i^{k+1} - v_i^k ; \qquad \delta v_i^k = v_{i+1}^k - v_{i-1}^k , \qquad \delta^2 v_i^k = -v_{i+1}^k + 2v_i^k - v_{i-1}^k ,$$

$$I(v_i^k) = \sum_{j=0}^{i+1} \alpha_j \Delta v_j \text{ (Quadraturformel)}; \ \lambda := \frac{(\Delta y)^2}{\Delta x} .$$

Diese Gleichungen sollen Schicht für Schicht gelöst werden. Hier soll nur ein derartiger Schritt betrachtet werden, die Notation vereinfacht sich.

Sei $v := v^{k+1}$; $V := v^k$; (2) wird dann zu

$$F_i v = \delta^2 v_i - \frac{\lambda}{2} \delta v_i I(v_i) + \lambda v_i (v_i - V_i) = 0 , \qquad i = 1, \dots, N - 1 . \tag{2a}$$

Bemerkung 1: (2) stellt ein rein implizites Verfahren dar. (s. a. HAUCK [1]). Fragen der Konvergenz oder Stabilität sollen hier ausgeklammert sein.

Bemerkung 2:

a) Die Funktionalmatrix F' für (2a) hat die Gestalt einer unteren HESSENBERG-Matrix. Sie ist irreduzibel.

b) Für $\delta v_i \geqq 0$ hat F' L-Struktur.

c) Für $\delta^2 v_i \geqq 0$ ist F' diagonaldominant (diese Bedingung ist hinreichend, aber nicht notwendig).

d) Gilt b) und c), so ist F' M-Matrix.

2. Iterationsverfahren

(2a) soll mit folgendem Iterationsverfahren gelöst werden.

$$\left.\begin{aligned} y_i^{\nu+1} &= y_i^\nu - p_i^\nu(x^{(\nu)i}) \, F_i y^{(\nu)i} \\ x_i^{\nu+1} &= x_i^\nu - p_i^\nu(x^{(\nu)i}/y_i^\nu) \, F_i x^{(\nu)i} \end{aligned}\right\}, \qquad i = 1, \dots, N - 1 = n , \tag{3}$$

mit

$$z^{(\nu)i} := (z_0^{\nu+1}, \dots, z_{i-1}^{\nu+1}, z_i^\nu, \dots z_n^\nu), \qquad x/y_i = (x_0, \dots, x_{i-1}, y_i, x_{i+1}, \dots, x_n).$$

Der folgende Satz ist eine einfache Modifikation eines Satzes bei TÖRNIG [5]. Dazu sei

Definition: $\mathfrak{M} := (z \in \mathbb{R}^N / z_i \geqq z_{i-1}$ für alle $i)$

Satz:

Voraussetzungen: F: $\mathbb{R}^n \to \mathbb{R}^n$

i) $Fx^0 \leqq 0 \leqq Fy^0$;

ii) $x^\nu, y^\nu \in \mathfrak{M}, \nu = 0, 1, \dots$;

iii) $p_i^\nu > 0$ *für alle* i, ν;

iv) $\exists \Phi$: $\mathbb{R}^n \to \mathbb{R}^n$ *mit* $Fy - Fx \leqq \Phi(y)(y - x)$ *für alle* $x, y \in (\langle x^0, y^0 \rangle \cap \mathfrak{M})$;

v) $P^\nu \Phi \leqq E$ (E: *Einheitsabbildung*); (P^ν ist die Diagonalmatrix mit den Elementen p_i^ν);

vi) DP^ν $(:= (p_1^\nu, \dots, p_n^\nu))$ *ist diagonal antiton, außerdiagonal isoton.* Behauptung $x^\nu \uparrow x^*$, $y^\nu \downarrow y^*$, $x^* \leqq y^*$, $Fx^* = 0 = Fy^*$ (*jeweils in der üblichen Halbordnung des* $\mathbb{R}^n$).

Hier soll ein Verfahren vom SOR-NEWTON-Typ, d. h. $p_i^\nu = \omega_i^\nu / \partial_i F_i$ verwendet werden.

Die Bedingungen iii) — vi) können dann leicht erfüllt werden, wesentlich ist die L-Struktur von F'. (y^0 kann z. B. als V gewählt werden). ii) muß durch Beschränkungen an die Schrittweiten p_i^ν gesichert werden. Sie lauten

$$p_i^\nu \leqq \frac{y_i^\nu - y_{i-1}^{\nu+1}}{F_i y^{(\nu)i}} := \bar{\gamma}_i^\nu \quad \text{bzw.} \quad p_i^\nu \leqq \frac{\delta^2 y^{(\nu)i}}{2F_i y^{(\nu)i}} := \bar{\bar{\gamma}}_i^\nu \tag{4), (4a}$$

und

$$p_i^\nu \leqq \frac{x_{i+1}^\nu - x_i^\nu}{-F_i x^{(\nu)i}} := \underline{\gamma}_i^\nu \tag{5}$$

für die Iteration von unten. Es läßt sich zeigen, daß $\gamma_i^\nu \geqq C > 0$ gilt.

Folgerung: *Wählt man für das modifizierte* SOR-NEWTON-*Verfahren*

$$\omega_i^\nu = \min(1, \gamma_i^\nu \cdot \partial_i F_i),$$

wobei sich die γ_i^ν *jeweils aus* (4) *bzw.* (5) *ergeben, so liefert Verfahren* (3) *die gewünschten monoton einschließenden Folgen zur Lösung von* (2a).

Bemerkung 3: Wählt man p_i^ν gemäß (4a), so wird garantiert, daß auch die Lösung von (2a) im diskreten Sinne „monoton u. konkav" ist.

Bemerkung 4: *Sei*

$$\mathfrak{K} := \{z \in \mathbb{R}^N \mid -z_{i+1} + 2z_i - z_{i-1} \geqq 0 \text{ für alle } i\}.$$

Gilt für $u, v \in \mathbb{R}^{n+2}$

i) $u_0 \leqq v_0$, $u_{n+1} \leqq v_{n+1}$;

ii) $u, v \in \mathfrak{M} \cap \mathfrak{K}$;

iii) $F^k v - F^k u \geqq 0$;

so folgt $v \geqq u$. (*F ist also in diesem Sinne inversmonoton*).

Bemerkung 5: KRAWCZYK [2] hat gezeigt, daß das diskrete Analogon zur v. MISES-Gleichung inversmonoton ist.

Literatur

1 HAUCK, H., Lösung von Grenzschichtgleichungen durch implizite Differenzenverfahren, Dissertation, Darmstadt 1977.
2 KRAWCZYK, R., Differenzenverfahren bei parabolischen Differentialgleichungen, Arch. Rat. Mech. Analysis 13 (1963).
3 NICKEL, K., Eigenschaften von Lösungen der Grenzschichtgleichungen, Arch. Rat. Mech. Analysis 2 (1958).
4 NICKEL, K., Eine einfache Abschätzung für Grenzschichten, Ingenieur-Archiv 31 (1962).
5 TÖRNIG, W., Monoton einschließend konvergente Iterationsprozesse vom GAUSS-SEIDEL-Typ, Math. Meth. in the Appl. Sci. 2 (1980).

Dieser Beitrag entstand im Rahmen eines von der DFG geförderten Projektes.

Anschrift: Dipl. Math. BERNHARD KASPAR, Fachbereich Mathematik AG 8, Schloßgartenstr. 7, D-6100 Darmstadt, BRD

ZAMM 61, T 293 – T 294 (1981)

J. Lorenz

Exponentially Fitted Difference Schemes for Singular Perturbation Problems

1. Formulation of the problem

Consider a boundary value problem

$$-\varepsilon u'' + a(x)\, u' + b(x, u) = 0\,, \qquad u(0) = A\,, \qquad u(1) = B\,, \tag{1}$$

where $\varepsilon > 0$, $b_u(x, u) \geqq 0$ and $a(x)$ as well as $b(x, u)$ are sufficiently smooth. Sign conditions for $a(x)$ will appear later. (1) has a unique solution $u_\varepsilon \in C^2[0, 1]$. Let $m \in \mathbb{N}$, $h = 1/(m + 1)$, and let $\sigma\colon \mathbb{R} \to \mathbb{R}$ be a chosen function. We set $a_i = a(ih)$, $\varrho_i = a_i h/(2\varepsilon)$ and define for any $u = (u_0, u_1, \dots, u_{m+1}) \in \mathbb{R}^{m+2}$:

$$(T_{\varepsilon,h}u)_i = h^{-2}\sigma(\varrho_i)\,(-u_{i-1} + 2u_i - u_{i+1}) + \frac{a_i}{2h}(u_{i+1} - u_{i-1}) + b(ih, u_i) \quad \text{for} \quad i = 1, \dots, m\,.$$

A *discrete analog* of (1) reads

$$T_{\varepsilon,h}u = 0\,, \qquad u_0 = A\,, \qquad u_{m+1} = B\,. \tag{2}$$

The *ordinary difference method* results for $\sigma(\varrho) = 1$, the *upwind scheme* results for $\sigma(\varrho) = 1 + |\varrho|$, Samarskii's *scheme* results for $\sigma(\varrho) = 1 + \varrho^2/(1 + |\varrho|)$, Il'in's *scheme* results for $\sigma(\varrho) = \varrho \coth \varrho$ [1, 6]. For other reasonable functions $\sigma(\varrho)$ compare [7]. The function $\sigma(\varrho) = \varrho \coth \varrho$ can be obtained by an exponential fit as follows:

Let $a \in \mathbb{R}$, $a \neq 0$, be fixed and let $\varrho = \dfrac{ah}{2\varepsilon}$. If the identity

$$\varepsilon h^{-2}\sigma(\varrho)\,\big(-u(-h) + 2u(0) - u(h)\big) + \frac{a}{2h}\,\big(u(h) - u(-h)\big) = (-\varepsilon u'' + au')\,(0)\,,$$

which holds for $u(x) = 1$ and $u(x) = x$, is required in addition for $u(x) = \exp\,(ax/\varepsilon)$, then necessarily $\sigma(\varrho) = \varrho \coth \varrho$.

What are the asymptotic properties of the resulting difference schemes with respect to h and ε? Convergence results are known for linear problems [1, 2, 4]. We indicate a new approach also covering the mildly nonlinear case and present an exponentially fitted Mehrstellenformula for $L_\varepsilon u = -\varepsilon u'' + au'$ ($a \in \mathbb{R}$). With this formula a difference scheme can be set up which is $O(h^2)$-convergent uniformly in ε under suitable conditions. The results will be proved in [3].

2. Results for the system (2)

In the next theorem no conditions for $a(x)$ are required.

Monotonicity-Theorem: *For all $\varepsilon > 0$ and all h the mapping $u \to (u_0, T_{\varepsilon,h}u, u_{m+1})$ is an M-field* (see [5] for definition) *from $\mathbb{R}^{m+2}$ onto itself if $\sigma(\varrho) > |\varrho|$ for all ϱ.*

In the following let $\|u\|_\infty = \max\,\{|u_i|: i = 0, \dots, m + 1\}$ and $\|\eta\|_1 = h(|\eta_1| + \dots + |\eta_m|)$. It holds:

Stability-Theorem: *Assume $a(x) \geqq \alpha > 0$. For all $\varrho > 0$ let $\sigma(\varrho)$ satisfy: $\sigma(\varrho) \geqq \varrho$, $\sigma(\varrho)/\varrho$ is monotonically decreasing, $\sigma(\varrho) + \varrho$ is monotonically increasing. Then for all $\varepsilon > 0$ and for all h the following stability inequality holds:*

$$\|u - v\|_\infty \leqq \frac{1}{\alpha}\,\|T_{\varepsilon,h}u - T_{\varepsilon,h}v\|_1 \quad \textit{for all} \quad u, v \in \mathbb{R}^{m+2} \quad \textit{with} \quad u_0 = v_0\,, \qquad u_{m+1} = v_{m+1}\,.$$

The above conditions required for σ are satisfied for all functions mentioned in [7], but the next consistency result only holds for $\sigma(\varrho) = \varrho \coth \varrho$; thus for consistency uniformly in ε the exponential fit is essential. $u_\varepsilon|_h$ denotes the restriction of the solution u_ε of (1) to the grid $\{0, h, \dots, mh, 1\}$.

Consistency-Theorem: *Assume $\sigma(\varrho) = \varrho \coth \varrho$. Then $\|T_{\varepsilon,h}(u_\varepsilon|_h)\|_1 \leqq Ch$ where C is a constant independent of ε and h. Here $a(x) \geqq \alpha > 0$ is assumed.*

The stability- and consistency-theorems immediately imply the following convergence result. $u_{\varepsilon,h}$ denotes the solution of (2) which exists uniquely for all $\varepsilon > 0$ and all h.

Convergence-Theorem: *Assume $a(x) \geqq \alpha > 0$ and $\sigma(\varrho) = \varrho \coth \varrho$. Then $\|u_\varepsilon|_h - u_{\varepsilon,h}\|_\infty \leqq Ch$ where C is a constant independent of ε and h.*

A similar convergence result has been proved in a different way by Il'in [1] for the case $b(x, u) = c(x)$ and independently by Miller [4] and Kellog and Tsan [2] for the case $b(x, u) = \beta(x)u + c(x)$.

3. A Mehrstellen-formula

Let $\varepsilon > 0$ and $a \in \mathbb{R}$, $a \neq 0$; we set $L_\varepsilon u = -\varepsilon u'' + au'$. There exist uniquely determined numbers $\alpha_-, \alpha_0, \alpha_+, \beta_-, \beta_0, \beta_+$ satisfying $\beta_- + \beta_0 + \beta_+ = 1$ and

$$\alpha_-u(-h) + \alpha_0u(0) + \alpha_+u(h) = \beta_-(L_\varepsilon u)\,(-h) + \beta_0(L_\varepsilon u)\,(0) + \beta_+(L_\varepsilon u)\,(h)$$

for

$$u(x) = 1,\ x,\ x^2,\ \exp\,(ax/\varepsilon),\ x \cdot \exp\,(ax/\varepsilon)\,.$$

Setting $\varrho = ah/(2\varepsilon)$ the following is obtained:

$$\beta_- = \frac{1}{2}\left(\coth \varrho - \frac{1}{\varrho}\right)/(1 - \mathrm{e}^{-2\varrho}) , \qquad \beta_+ = \mathrm{e}^{-2\varrho}\beta_- , \qquad \beta_0 = 1 - \beta_- - \beta_+ ,$$

$$\alpha_- = \frac{a}{2h}(-1 - \coth \varrho) , \qquad \alpha_0 = \frac{a}{h}\coth \varrho , \qquad \alpha_+ = \frac{a}{2h}(1 - \coth \varrho) .$$

The numbers $\alpha_-, \alpha_0, \alpha_+$ agree completely with the coefficients in IL'IN's scheme, but IL'IN's scheme corresponds to the choice $\beta_- = \beta_+ = 0$, $\beta_0 = 1$. The above functions $\beta_-, \beta_0, \beta_+$ are positive real analytic functions of $\varrho \in \mathbb{R}$ with

i) $0 < \beta_-(\varrho) + \beta_+(\varrho) < \frac{1}{2} < \beta_0(\varrho) < 1$.

ii) $\beta_-(0) = \beta_+(0) = \frac{1}{12}, \beta_0(0) = \frac{10}{12}$.

iii) $\beta'_+(\varrho) < 0 < \beta'_-(\varrho)$.

Because of ii) the above Mehrstellen-formula for $-\varepsilon u'' + au'$ tends to a well known forth order formula for $-\varepsilon u''$ if $a \to 0$ as long as ε and h are fixed. For the difference scheme set up with this Mehrstellen-formula similar monotonicity-, stability-, consistency-, and convergency-results as above can be proved if $a(x) \equiv a \neq 0$ and $b(x, u) = \beta(x)\, u + c(x)$. $O(h^2)$-convergence uniformly in ε is obtained.

References

1 IL'IN, A. M., Differencing scheme for a differential equation with a small parameter affecting the highest derivative, Math. Notes Acad. Sci. USSR 6 (1969), 596–602.

2 KELLOG, R. B.; TSAN, A., Analysis of some difference approximations for a singular perturbation problem without turning points, Math. Comput. 32 (1978), 1025–1039.

3 LORENZ, J., Stability and consistency analysis of difference methods for singular perturbation problems. In: O. AXELSSON; L. FRANK; A. VAN DER SLUIS (Ed.), Proceedings of the Conference on Analytical and Numerical Approaches to Asymptotic Problems in Analysis, North-Holland, Amsterdam 1981.

4 MILLER, J. J. H., Sufficient conditions for convergence, uniformly in ε, of a three point difference scheme for a singular perturbation problem. In: Springer Lecture Notes in Math. 679, 1978.

5 ORTEGA, J. M.; RHEINBOLDT, W. C., Iterative Solution of Nonlinear Equations in Several Variables, Academic Press, New York 1970.

6 SAMARSKII, A. A., Introduction to the Theory of Difference Schemes, Nauka, Moskow 1971.

7 STOYAN, G., Monotone difference schemes for diffusion-convection problems, ZAMM 59 (1979), 361–372.

Anschrift: Dr. JENS LORENZ, Universität Konstanz, Fakultät für Mathematik, Postfach 5560, D-7750 Konstanz 1, BRD

ZAMM 61, T 294 – T 295 (1981)

K. MERTEN

Ein global konvergentes Iterationsverfahren im Zusammenhang mit der numerischen Lösung nichtlinearer elliptischer Randwertaufgaben

1. Sei A ein linearer elliptischer Differentialoperator zweiter Ordnung der Form

$$Au = \sum_{i,k=1}^{2} \frac{\partial}{\partial x_i}\left(a_{i,k}\frac{\partial}{\partial x_k}\right)$$

in einem beschränkten Gebiet $\Omega \subset R^2$. Wir betrachten die nichtlineare elliptische Randwertaufgabe

$$T(u) = \begin{cases} Au - f(x_1, x_2, u, u_{x_1}, u_{x_2}) = 0 & \text{in } \Omega , \\ \varphi(x_1, x_2) & \text{auf } \partial\Omega . \end{cases} \tag{1}$$

Die Daten des Problems werden als „genügend glatt" vorausgesetzt.

Definiert man eine PICARD-*Iteration* durch

$$Au^{(n+1)} = f(x_1, x_2, u^{(n)}, u^{(n)}_{x_1}, u^{(n)}_{x_2}) , \qquad u^{(n)} = \varphi \quad \text{auf } \partial\Omega , \qquad n = 0, 1, \ldots , \tag{2}$$

so läßt sich mit Abschätzungen vom SCHAUDERschen Typ für lineare Gleichungen und dem SCHAUDERschen Fixpunktsatz die Existenz von Lösungen von (1) nachweisen. Vgl. etwa [1]. Vom numerischen Standpunkt aus ist das Iterationsverfahren (2) bemerkenswert. Wird (1) etwa mit Hilfe von Differenzenverfahren oder mit der Methode der finiten Elemente approximiert, so ist auf jeder Iterationsstufe ein lineares Gleichungssystem mit fester positiv definiter Matrix A zu lösen. Hier und im weiteren unterdrücken wir die Notation für die diskrete Version. Der durch (2) definierte Operator $P(u)$ mit

$$u^{n+1} = P(u^{(n)}) , \qquad n = 0, 1, \ldots , \tag{3}$$

ist im allgemeinen jedoch kein Kontraktionsoperator.

Das Verfahren ist insbesondere von L. COLLATZ im Hinblick auf Monotonie (monotone Einschließungen) untersucht worden (vgl. [3], [4]). Eine Variante des Verfahrens besteht darin, die Eigenwerte von P'_u in das Intervall $[a, b] \subset [-1, 1]$ vermittels $g(\mu) = \alpha/(\mu + \beta), \alpha, \beta$ geeignet gewählt, zu transformieren. In der Literatur ist diese Variante als „beidseitige Parallel-Chord-Methode" bekannt. Neuere Untersuchungen darüber findet man bei D. SATTINGER [5] und W. J. BEYN [2].

2. Wir versuchen einen Ansatz in Form einer Semi-Iteration. Wir definieren eine *gewichtete Iterierte* $v^{(n)}$ durch

$$v^{(n)} = \sum_{i=0}^{n} \alpha_i^{(n)} u^{(i)} \tag{4}$$

mit

$$\sum_{i=0}^{n} \alpha_i^{(n)} = 1 \quad \text{(Konsistenz)}.$$

Die Koeffizienten $\alpha_i^{(n)}$ sollen so bestimmt werden, daß durch (3) und (4) ein global konvergentes Verfahren definiert wird und die Konvergenzgeschwindigkeit bzgl. der Ausgangsiteration (falls konvergent!) deutlich besser ist.

Man erhält nach Rechnung für den Fehler $\varepsilon^{(n)} = v^{(n)} - u^*$

$$\varepsilon^{(n)} = \sum_{i=0}^{n} \alpha_i^{(n)} \prod_{k=0}^{i} P'_u(\cdot_k)\, \varepsilon^{(0)}\,, \qquad \varepsilon^{(0)} = v^{(0)} - u^* = u^{(0)} - u^*\,. \tag{5}$$

Wir setzen $\hat{P}'_n = \sum_{i=0}^{n} \alpha_i^{(n)} \prod_{k=0}^{i} P'_u(\cdot_k)$ und definieren den *gemittelten Spektralradius* der Semi-Iteration zu

$$\mathscr{S}(\hat{P}'_n) = [S(\hat{P}'_n)]^{1/n}\,. \tag{6}$$

Besitzt P'_u nur reelle Eigenwerte μ und sind Schranken μ_0 und M_0 mit $\mu_0 \leqq \mu \leqq M_0$ bekannt, so gilt

$$\min_{\alpha_i^{(n)}} \mathscr{S}(P'_n) \leqq \min_{\alpha_i^{(n)}} \left(\max_{s \in [\mu_0, M_0]} \left| \sum_{i=0}^{n} \alpha_i^{(n)} s^i \right| \right)^{1/n}. \tag{7}$$

Die obere Schranke in (7) wird minimal, wenn die $\alpha_i^{(n)}$ als Koeffizienten eines speziellen TSCHEBYSCHEFFschen Polynoms gewählt werden. Vgl. hierzu [6], S. 348. Es gilt folgender

Satz: *T'_u ist genau dann ein selbstadjungierter elliptischer Operator, falls $\mu \in (-\infty, 1)$. Die durch* (3) *und* (4) *definierte Semi-Iteration konvergiert dann für alle $u^0 \in D(T)$.*

Die Parameter μ_0 und M_0 können mit Hilfe der oberen und unteren Elliptizitätskonstanten des Problems berechnet werden. Über- bzw. Unterschätzungen dieser Konstanten bewirken ein nur geringfügiges Anwachsen von $\mathscr{S}(P'_n)$.

Das Verfahren wurde an dem Beispiel $-\Delta u = a(x_1 + x_2 + 1)^3$, $a < 0$, $\Omega = (0, 1) \times (0, 1)$, getestet. Als Diskretisierung wurde der klassische fünf-punktige Stern gewählt. Es zeigt sich, daß selbst bei groben Schätzungen der Elliptizitätskonstanten für $a < -1$ nur ein Drittel der Iterationen gegenüber der Picard-Iteration bei gleicher Fehlervorgabe benötigt wird.

Für den kontinuierlichen Fall können auf Grund der Darstellung $u^* = \sum_{i=0}^{\infty} \alpha_i^* u^{(i)}$ Regularitätsaussagen und Abschätzungen vom SCHAUDER-Typ gewonnen werden. Eine Erweiterung auf Probleme mit mehreren Lösungen ist möglich.

Literatur

1 BERS, L.; JOHN, F.; SCHECHTER, M., Partial Differential Equations, John Wiley & Sons, Inc. 1966.
2 BEYN, W.-J., Das Parallelenverfahren für Operatorgleichungen und seine Anwendungen auf nichtlineare Randwertaufgaben ISNM **31**, 9–33 (1976).
3 COLLATZ, L., Differentialgleichungen, Teubner, Stuttgart 1970.
4 COLLATZ, L., Montonicity with discontinuities in partial differential equations, Lecture Notes 415, Springer, Berlin-Heidelberg-New York 1974.
5 SATTINGER, D., Topics in Stability and Bifurcation Theory, Lecture Notes 309, Springer, Berlin-Heidelberg-New York 1973.
6 YOUNG, D., Iterative Solution of Large Linear Systems, Academic Press 1971.

Anschrift: Dr. K. MERTEN, FB 4-MZH, Universität Bremen, Postfach 330440, D-2800 Bremen 33, BRD

ZAMM 61, T 295 – T 296 (1981)

K.-H. MEYN

Numerische Lösung eines inversen Problems für die Wellengleichung

Die *Computer-Tomographie* mit Ultraschall ist eine nichtinvasive Technik zur Erzeugung von Schichtbildern [1]; gedacht ist dabei vor allem an medizinische Anwendungen (Früherkennung von Brustkrebs). Eine Apparatur für die erforderlichen Messungen besteht im wesentlichen aus zwei parallel gegenüberliegenden Feldern von je K Ultraschallköpfen, dem Senderfeld und dem Empfängerfeld. Dazwischen befindet sich das zu untersuchende Objekt. Die Meßapparatur kann um das Objekt gedreht werden (Abb. 1). Aus physikalischen Gründen findet die Messung in einem Wassertank statt. Der Reihe nach erzeugt jeder Sender einen kurzen Ultraschallimpuls. Die (kürzeste) Laufzeit dieses Impulses zum gegenüberliegenden Empfänger wird gemessen. Dieser Vorgang wird für verschiedene Winkel $0 \leqq \Theta_1 < \dots < \Theta_L$ durchgeführt. Das Resultat ist ein Satz von Laufzeiten T_{kl}, $k = 1, \dots, K$; $l = 1, \dots, L$.

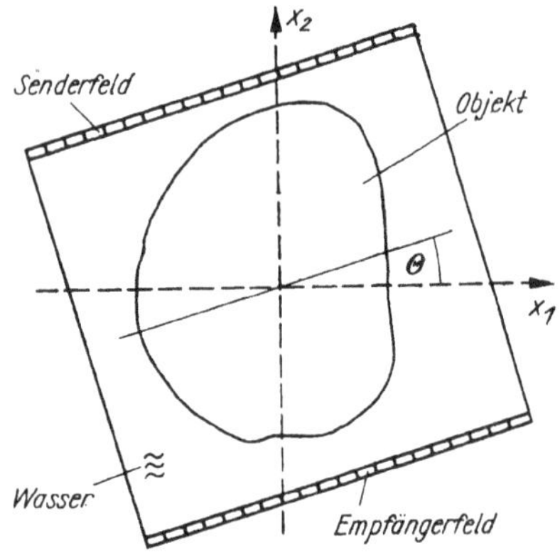

Abb. 1

Ist ϑ_0 die Schallgeschwindigkeit des Wassers und ϑ die örtlich variable Schallgeschwindigkeit des Objekts, so ist $n = \vartheta_0/\vartheta$ der akustische Brechungsindex. Unter der Voraussetzung $n(x_1, x_2, x_3) = n(x_1, x_2)$ soll n aus den Meßwerten errechnet werden. Hängt n von drei Ortsvariablen ab, so ist ein analoger Algorithmus anwendbar; es sind dann jedoch weitere Messungen erforderlich.

Die Rekonstruktion von n läuft auf das Lösen des inversen kinematischen Problems für die Wellengleichung $n^2 u_{tt} = \Delta u$ hinaus. n und die Laufzeiten sind durch die folgenden Linienintegrale miteinander verknüpft ([2], Kap. 3):

$$\int_{r(n,l,k)} n \, ds \stackrel{!}{=} \vartheta_0 T_{kl}\,, \qquad k = 1, \dots, K\,, \qquad l = 1, \dots, L\,. \tag{1}$$

Der „Strahl“ $r(n, l, k)$ ist eine Lösung der „Strahlgleichung“ $\ddot{r} = 4n(\nabla n)$, die den k-ten Sender und Empfänger bei der Winkelposition Θ_l miteinander verbindet. Existieren mehrere derartige Lösungen, so sei $r(n, l, k)$ eine, für die das Integral in (1) minimal ist. Die Strahlen sind geodätische Linien bezüglich der RIEMANNschen Metrik $n\,ds$.

Die numerische Konstruktion von n wird bislang zumeist mit den Algorithmen der Computer-Tomographie mit Röntgenstrahlen, d. h. durch Inversion der RADON-Transformation, durchgeführt. Die Qualität des Ergebnisses wird dabei durch den Linearisierungsfehler beeinträchtigt. Die Nichtlinearität des Problems wird durch den folgenden Algorithmus von SCHOMBERG [3] voll berücksichtigt. n wird dazu durch eine endliche Linearkombination von geeigneten Funktionen Φ_i approximiert:

$$n \approx \tilde{n} = \sum_{i=1}^{I} x_i \Phi_i \quad \text{mit} \quad x = (x_1, \dots, x_I)\,. \tag{2}$$

Die Strahlen $r(\tilde{n}, k, l)$ kann man numerisch aus der Gleichung $\ddot{r} = 4\tilde{n}(\nabla \tilde{n})$ berechnen; anschließend können die Linienintegrale durch ein geeignetes Quadraturverfahren ausgewertet werden:

$$\int_{r(\tilde{n},k,l)} \Phi_i \, ds \approx a_i^{kl}(x)\,, \qquad i = 1, \dots, I\,. \tag{3}$$

Es ergibt sich das folgende nichtlineare Gleichungssystem:

$$\left(a^{kl}(x), x\right) = \vartheta_0 T_{kl}\,, \qquad k = 1, \dots, K; \qquad l = 1, \dots, L\,. \tag{4}$$

Zur Lösung hat sich die folgende nichtlineare Variante des Projektionsverfahrens von KACZMARZ bewährt:

$$x^{p+1} = x^p - \frac{\left(a^{kl}(x^p), x^p\right) - \vartheta_0 T_{kl}}{\|a^{kl}(x^p)\|^2}\, a^{kl}(x^p)\,. \tag{5}$$

Dabei ist $p = Kl + k \bmod KL$, $p = 1, 2, \dots$, und x^0 ist eine geeignete Ausgangsnäherung.

Mit Hilfe des FERMATschen Prinzips kann man (5) auf ein bekanntes Verfahren zurückführen [4].

Literatur

1 KAC, A. C., Computerized tomography with x-ray, emission and ultrasound sources, Proc. IEEE 67 (1980), No. 9, 1245–1272.

2 LAVRENTIEV; ROMANOV; VASILIEV, Multidimensional Inverse Problems in Differential Equations, Lecture Notes in Math. 167, Springer-Verlag Berlin-Heidelberg-New York 1970.

3 SCHOMBERG, H., An improved approach to reconstructive ultrasound tomography, J. Phys., Ser. D: Appl. Phys. 11 (1978), L 181 to L 185.

4 MCCORMICK, S. F., The methods of Kaczmarz and iterative row orthogonalisation for solving linear equations and least-squares problems in Hilbert space, Indiana Univ. Math. J. 26 (1977), 1137–1150.

Anschrift: Dr. K.-H. MEYN, Philips GmbH, Forschungslaboratorium Hamburg, D-2000 Hamburg 54, BRD

ZAMM 61, T 297 – T 298 (1981)

H. N. MÜLTHEI

Numerische Behandlung von gewöhnlichen Differentialgleichungen mit Splines

Gegeben sei das Anfangswertproblem

$$y' = f(x, y) , \quad y(0) = y_0 , \quad x \in [0, 1] , \tag{1}$$

mit $f \in C^m([0, 1] \times \mathbb{R})$, $m \in \mathbb{N}$. Zur Konstruktion von *globalen Approximationen* für die Lösung y von (1) werden einige Bezeichnungen benötigt. Es sei

$$x_k := kh , \quad k := n^{-1} , \quad n \in \mathbb{N} , \quad J_k := [x_k, x_{k+1}] , \quad k = 0(1)\, n-1 .$$

Jedem Teilintervall J_k seien ferner $p - 1$ sogenannte *Zwischenknoten*

$$x_{ki} := x_k + t_i h , \quad i = 1(1)\, p-1 , \quad p \in \mathbb{N} ,$$

zugeordnet, wobei die t_i paarweise verschieden und von h unabhängig sein sollen. Der Einfachheit wegen sei im folgenden $t_i \in (0, 1)$, $i = 1(1)\, p - 1$. Ferner sei $t_p := 1$ gesetzt. Jedem t_i, $i = 1(1)\, p$, sei ein $d_i \in \mathbb{N}$ zugeordnet, und es gelte $d := d_1 + d_2 + \ldots + d_p$.

Die Lösung y von (1) soll durch einen polynomialen Spline aus der Klasse

$$K_{mq} := \{s \in C^q[0, 1] \colon s_k := s\,|_{J_k} \in \Pi_m,\ k = 0(1)\, n-1\}$$

mit $0 \leqq q < m$ approximiert werden, wobei $d = m - q$ gelte. In Analogie zur Vorgehensweise in [1] und [3] sei rekursiv das folgende Approximationsverfahren V definiert:

$$s_{-1}^{(i)}(0) := y^{(i)}(0) , \quad i = 0(1)\, q ,$$

$$s_k(x) := \sum_{j=0}^{q} s_{k-1}^{(j)}(x_k) \frac{(x - x_k)^j}{j!} + \sum_{j=1}^{d} \frac{a_{kj}}{(q+j)!} \left(\frac{x - x_k}{h}\right)^{q+j} , \quad x \in J_k ,$$

$$s(x) := s(x; h) := s_k(x) , \quad x \in J_k , \quad k = 0(1)\, n-1 ,$$

wobei die Koeffizienten a_{kj} jeweils durch das Gleichungssystem

$$s_k^{(j)}(x_{ki}) = g^{(j-1)}\big(x_{ki}, s_k(x_{ki})\big) , \quad i = 1(1)\, p , \quad j = 1(1)\, d_i , \tag{2}$$

bestimmt seien. Die Funktionen $g^{(i)}$ seien folgendermaßen definiert:

$$g^{(0)} := f , \quad g^{(i)} := g_x^{(i-1)} + g_y^{(i-1)} f , \quad i = 1(1)\, \bar{d} , \quad \bar{d} := \operatorname*{Max}_{1 \leqq i \leqq p} d_i - 1 .$$

Unter der zusätzlichen Voraussetzung, daß die Funktionen $g^{(i)}$, $i = 0(1)\, \bar{d}$, einer LIPSCHITZ-Bedingung

$$|g^{(i)}(x, y_1) - g^{(i)}(x, y_2)| \leqq L|y_1 - y_2|, \ x \in [0, 1],\ y_1, y_2 \in \mathbb{R} ,$$

genügen, ergibt sich leicht mit Hilfe des BANACHschen Fixpunktsatzes — vgl. [6] — der

Satz 1: *Unter obigen Voraussetzungen für f ist durch V für jedes hinreichend kleine h genau ein $s \in K_{mq}$ definiert.*

Die meisten der bisher in der Literatur bekannten Methoden, welche die Lösung y von (1) mit Splines global approximieren, sind Spezialfälle von V. Vgl. hierzu insbesondere die Verfahren von CALLENDER [1], LOSCALZO/TALBOT [2], MÜLTHEI [3]—[5] und PATRICIO [8].

Für das folgende seien noch einige Bezeichnungen eingeführt:

$$S_k^{(1)} := \big(s_{k-1}(x_{ki})\big)^{\mathsf{T}} \in \mathbb{R}^p , \quad i = 1(1)\, p , \quad k = 1(1)\, n ; \quad S_k^{(0)} := (0, 0, \ldots, 0, y_0)^{\mathsf{T}} \in \mathbb{R}^p .$$

Für $r := \operatorname{Max}\,(0, q - d_p) > 0$ sei weiterhin:

$$S_k^{(2)} := \big(h^j s_k^{(j)}(x_k)\big)^{\mathsf{T}} \in \mathbb{R}^r , \quad j = d_p + 1(1)\, q , \quad k = 1(1)\, n;$$

$$S_0^{(2)} := \big(h^j y^{(j)}(0)\big)^{\mathsf{T}} \in \mathbb{R}^r, \quad j = d_p + 1(1)\, q; \quad S_k := \begin{pmatrix} S_k^{(1)} \\ S_k^{(2)} \end{pmatrix} \in \mathbb{R}^{p+r} , \quad k = 0(1)\, n .$$

Für $r = 0$ sei $S_k := S_k^{(1)}$, $k = 0(1)\, n$. Es gilt dann nach [7] der

Satz 2: *Das Approximationsverfahren* V *ist für hinreichend kleines h mit dem folgenden Einschrittverfahren unter Berücksichtigung von* (2) *äquivalent*:

$$S_{k+1} = AS_k + hF(S_k, S_{k+1}; x_k, h) , \quad k = 0(1)\, n-1 , \tag{3}$$

mit

$$A := \begin{pmatrix} A_1 & A_{12} \\ 0 & A_2 \end{pmatrix}, \quad A_1 := \begin{pmatrix} 00 \ldots 01 \\ 00 \ldots 01 \\ \ldots\ldots\ldots\ldots \\ 00 \ldots 01 \end{pmatrix} \in \mathbb{R}^{p,p} , \quad A_{12} \in \mathbb{R}^{p,r} , \quad A_2 \in \mathbb{R}^{r,r} .$$

Zusatz: *Die Konsistenzordnung von* (3) *ist mindestens m.*

Bemerkung: Die vektorwertige Funktion F sowie die Matrix A sind in [7] explizit angegeben. Die etwas länglichen Formeln sind hier wegen Platzmangel weggelassen, zumal es hier nur auf die Struktur von (3) ankommt. Für $r = 0$ gelte $A = A_1$.

Das V äquivalente Einschrittverfahren (3) erleichtert es sehr, Konvergenz- bzw. Divergenzaussagen für V zu gewinnen. Zuvor sei noch daran erinnert, daß ein Einschrittverfahren (3) bzw. die Matrix A *stabil* heißt, wenn der Spektralradius $\varrho(A)$ kleiner als 1 oder im Falle $\varrho(A) = 1$ die Elementarteiler zu den Eigenwerten von A mit Betrag 1 linear sind. Aus der Struktur von A folgt unmittelbar, daß A genau dann stabil ist, wenn dies für die Matrix

$$\begin{pmatrix} 1 & \alpha_p \\ 0 & A_2 \end{pmatrix} \in \mathbb{R}^{r+1,r+1},$$

der Fall ist. Hierbei sei α_p die letzte, d. h. die p-te Zeile von A_{12}. In [6] finden sich u. a. die beiden folgenden Sätze bewiesen.

Satz 3: *Für stabiles A konvergiert das Approximationsverfahren* V; *es gelten die folgenden Fehleraussagen für* $h \to 0$:

$$\|y^{(j)} - s^{(j)}(\cdot\,; h)\|_\infty = \begin{cases} O(h^m), & j = 0, \\ O(h^{\bar{m}+1-j}), & j = 1(1)\,m, \end{cases}$$

mit

$$\bar{m} := \begin{cases} m-1, & q > d_p \quad und \quad \varrho(A_2) = 1, \\ m, & sonst. \end{cases}$$

Insbesondere ist A stabil, falls eine der folgenden Bedingungen erfüllt ist:

a) $q \leqq d_p$,

b) $q > d_p$ *und* $\varrho(A_2) < 1$,

c) $q > d_p$ *sowie* $\varrho(A_2) = 1$ *und d ungerade.*

Bemerkungen: In den Knoten und Zwischenknoten lassen sich obige Fehlerabschätzungen noch verbessern. In [6] ist A_2 mit A bezeichnet.

Satz 4: *Das Approximationsverfahren* V *ist für $q > d_p$ und $\varrho(A_2) > 1$ divergent, insbesondere für $q \geqq d + 1 + \delta_{1p}$. Hierbei bedeutet δ_{ij} das* KRONECKER-*Symbol.*

Bemerkung: Der Beweis für $\varrho(A_2) > 1$ ist in [6] für den Spezialfall $f(x, y) := e^x$ gegeben.

Es werden in [6] noch weitere Konvergenz- bzw. Divergenzaussagen im Falle $d_p < q \leqq d$, $p > 1$, in Abhängigkeit der Lage der Zwischenknoten hergeleitet, worauf aber hier nicht weiter eingegangen sei.

Literatur

1 CALLENDER, E. D., Single step methods and low order splines for solutions of ordinary differential equations, SIAM J. Numer. Analysis **8**, 61–66 (1971).

2 LOSCALZO, F. R.; TALBOT, D., Spline function approximations for solutions of ordinary differential equations, SIAM J. Numer. Analysis **4**, 433–445 (1967).

3 MÜLTHEI, H. N., Splineapproximationen von beliebigem Defekt zur numerischen Lösung von gewöhnlichen Differentialgleichungen. Teil I, Numer. Math. **32**, 147–157 (1979).

4 MÜLTHEI, H. N., Splineapproximationen von beliebigem Defekt zur numerischen Lösung von gewöhnlichen Differentialgleichungen. Teil II, Numer. Math. **32**, 343–358 (1979).

5 MÜLTHEI, H. N., Splineapproximationen von beliebigem Defekt zur numerischen Lösung von gewöhnlichen Differentialgleichungen. Teil III, Numer. Math. **34**, 143–154 (1980).

6 MÜLTHEI, H. N., Numerische Lösung gewöhnlicher Differentialgleichungen mit Splinefunktionen, Computing **25**, 317–335 (1980).

7 MÜLTHEI, H. N., Zur numerischen Lösung gewöhnlicher Differentialgleichungen mit Splines in einem Sonderfall, Math. Meth. Appl. Sci. **2**, 419–428 (1980).

8 PATRICIO, F., A numerical method for solving initial-value-problems with spline functions, BIT **19**, 489–494 (1979).

Anschrift: Prof. Dr. H. N. MÜLTHEI, Fachbereich 17 (Mathematik), Johannes Gutenberg-Universität Mainz, Postfach 3980, D-6500 Mainz, BRD

ZAMM 61, T 298 – T 300 (1981)

P. NEITTAANMÄKI / J. SARANEN

Fehlerasymptotik für die Finite-Element Approximation einer akustischen Randwertaufgabe

1. Wir betrachten die Approximation der Lösung $(V \mid p)$ der *zeitharmonischen akustischen Randwertaufgabe*

$$\begin{aligned} \operatorname{grad} p + i\omega V &= f \\ \operatorname{div} V + i\omega p &= 0, \end{aligned} \tag{1}$$

$$p|_\Gamma = 0 \tag{2}$$

in einem beschränkten polygonalen ebenen Gebiet G, dessen Rand Γ einen regulären Teil Γ_0 und die Eckpunkte $\{a_j\}_1^m$ enthält. Früher sind entsprechende Probleme von FIX [2] (gemischte Methode) und von NEITTAANMÄKI und

PICARD [3] behandelt worden. In [2] wird eine zusätzliche Annahme bezüglich der Gitterzerlegung gemacht („Grid Decomposition Property"), und in [3] werden glatte Gebiete betrachtet.

Wenn man die Aufgabe (1), (2) mit HILBERT-Raummethoden behandelt, dann benutzt man folgende Räume: H $:= L_2(G)^2 \times L_2(G)$ mit Skalarprodukt $(\cdot, \cdot)$,

$$D := \{V \in L_2(G)^2 \mid \operatorname{div} V \in L_2(G)\}\,, \qquad D_0 := \{V \in D \mid \operatorname{div} V = 0\}\,,$$

$$R := \{V \in L_2(G)^2 \mid \operatorname{rot} V := \partial_1 V_2 - \partial_2 V_1 \in L_2(G)\}\,,$$

$$\mathring{R} := \{V \in R \mid (\operatorname{rot}_* \varphi, V) = (\varphi, \operatorname{rot} V) \text{ für alle } \varphi \in H^1(G)\}\,,$$

wobei $\operatorname{rot}_* \varphi := (\partial_2\varphi \mid -\partial_1\varphi)$.

Man kann o. B. d. A. $f \in \mathring{R}$ voraussetzen (vgl. [3]). Definiert man $AU := i(\operatorname{grad} p \mid \operatorname{div} V)$ in $D(A) = \mathring{R} \cap D \times H_0^1(G)$, mit $U = (V \mid p)$, so lautet unsere Aufgabe (1), (2)

$$(A - \omega)\, U = F\,, \qquad U \in D(A)\,, \tag{3}$$

wobei $F := i(f \mid 0)$.

Sei $\tilde{F} = (\tilde{F}_1 \mid \tilde{F}_2) := (\omega F_1 + \alpha\omega^{-1} \operatorname{rot}_* \operatorname{rot} F_1 \mid -\operatorname{div} F_1) \in H$ und sei $\alpha > \omega^2\lambda_0^{-1}$ mit

$$\lambda_0 = \min \{||\operatorname{rot} \Phi||^2/||\Phi||^2| \in \mathring{R} \cap D_0\}\,.$$

Ist ω kein Eigenwert von A, dann ist die Aufgabe (3) äquivalent zu

$$(\Phi, U)_{\bullet,\alpha} - (1 + \omega^2)\,(\Phi, U) = (\Phi, \tilde{F}) \quad \text{für alle} \quad \Phi \in D(A)\,, \tag{4}$$

wobei

$$(\Phi, U)_{\bullet,\alpha} := \alpha(\operatorname{rot} \Phi_1, \operatorname{rot} U_1) + (\operatorname{div} \Phi_1, \operatorname{div} U_1) + (\operatorname{grad} \Phi_2, \operatorname{grad} U_2) + (\Phi, U)$$

ist.

Um das Verhalten der Lösung in einer Umgebung der Eckpunkte zu beschreiben, führen wir einige Bezeichnungen ein. Es sei α_j der *innere Winkel* im Eckpunkt a_j, $0 < \alpha_j < 2\pi$. Ferner sei $\xi \in C_0^\infty(\mathbb{R})$ eine *Testfunktion* mit $\xi(r) = 1$, $0 < r < R_0$, $\xi(r) = 0$, $r > 2R_0$, $0 < R_0 < R$, wobei R so klein ist, daß $U_j(2R) := \{x \mid |x - a_j| < 2R\}$ punktfremd sind. Bezeichne mit φ_j der Polarwinkel im Eckpunkt a_j und definiere die Felder

$$S_{n,j}^r(x) = |x - a_j|^{-1+n\pi/\alpha_j}\, \xi(|x - a_j|)\, v_n^j(\varphi_j)\, \bar{e}_r^j\,, \qquad n \geqq 1\,,$$

$$S_{n,j}^\varphi(x) = |x - a_j|^{-1+n\pi/\alpha_j}\, \xi(|x - a_j|)\, w_n^j(\varphi_j)\, \bar{e}_\varphi^j\,, \qquad n \geqq 1\,,$$

$$S_{0,j}^\varphi(x) = |x - a_j|\, \xi(|x - a_j|)\, \bar{e}_\varphi^j\,,$$

wo

$$v_n^j(\varphi_j) = \sqrt{2/\alpha_j} \sin\left(n \frac{\pi}{\alpha_j} \varphi_j\right), \qquad w_n^j(\varphi_j) = \sqrt{2/\alpha_j} \cos\left(n \frac{\pi}{\alpha_j} \varphi_j\right).$$

Analog zu [4], Th. 2.2, kann man zeigen

Satz 1: *Sei $G \subset \mathbb{R}^2$ ein polygonales Gebiet, sodaß $\alpha_j \neq k\,(\pi/2)$. Ferner seien $\tilde{F} \in H$ mit $\operatorname{rot} \tilde{F}_1 \in L_2(G)^2$, $\alpha > \lambda_0^{-1}\omega^2$ und ω kein Eigenwert von A. Dann besitzt $U = (V \mid p)$ die Darstellung*

$$U = (S_V \mid S_p) + \tilde{U}\,,$$

wobei

$$S_V = \sum_{j=1}^m \left(\sum_{0 < n\frac{\pi}{\alpha_j} < 2} (\delta_{n,j}^1 S_{n,j}^r + \delta_{n,j}^2 S_{n,j}^\varphi) + \delta_{0,j}^2 S_{0,j}^\varphi \right), \tag{5}$$

$$S_p = \sum_{\frac{\pi}{\alpha_j} < 1} \delta_j\, |x - a_j|^{\pi/\alpha_j}\, \xi(|x - a_j|)\, w_1^j(\varphi_j)\,, \tag{6}$$

und $\tilde{U} \in H^2(G)^3$ mit

$$||\tilde{U}||_{H^2(G)^3} \leqq C(||\tilde{F}|| + ||\operatorname{rot} \tilde{F}_1||)$$

sind.

2. Für die Approximation verwenden wir stückweise lineare stetige Vektorfelder bzgl. einer Folge regulärer Zerlegungen von $G(\bar{G} = \cup\, \bar{T}_h$, siehe [1]), Die endlichdimensionalen Teilräume $\tilde{S}^h$ sind definiert durch $\tilde{S}^h = \tilde{S}_1^h \times \tilde{S}_2^h$, wobei

$$\tilde{S}_1^h := \{\Phi = \tilde{\Phi} + \text{Term von Typ (5)} \mid \tilde{\Phi} \in C(\bar{G})^2,\ \tilde{\Phi}_i|_{T_h} \text{ linear},\ n \times \tilde{\Phi}|_\Gamma = 0,\ \tilde{\Phi}(a_j) = 0\}\,,$$

$$\tilde{S}_2^h := \{\Psi = \tilde{\Psi} + \text{Term von Typ (6)} \mid \tilde{\Psi} \in C(\bar{G}),\ \tilde{\Psi}|_{T_h} \text{ linear}\}\,.$$

Mit dieser Definition gilt $\tilde{S}^h \subset D(A)$. Die orthogonale Projektion von $D(A)$ auf $\tilde{S}^h$ sei P^h. Aus bekannten Eigenschaften linearer Interpolationen ([1]) ergibt sich

$$||P^h U - U||_{\bullet,\alpha} \leqq Ch||U||_{H^2(G)^3}\,. \tag{7}$$

Die *diskrete Approximation* $U^h \in \tilde{S}^h$ wird durch

$$(\Phi, U^h)_{\bullet,\alpha} - (1 + \omega^2)\,(\Phi, U^h) = (\Phi, \tilde{F}) \tag{8}$$

für alle $\Phi \in \tilde{S}^h$ erklärt.

Für die gewählte Annäherung erhält man die Approximationsgüte:

Satz 2: *Die Voraussetzungen des Satzes* 1 *seien erfüllt. Dann existiert eine Zahl* $h_0 > 0$ *derart, daß die Gleichung* (8) *für alle* $0 < h \leq h_0$ *eindeutig lösbar ist. Ferner gelten die Konvergenzaussagen*

$$||U - U^h||_{\bullet,\alpha} = O(h) , \qquad ||U - U^h|| = O(h^{3/2}) , \qquad h \to 0 . \tag{9}$$

Beweis: Die Aufgabe (8) ist äquivalent mit der Gleichung

$$\big(I - (1 + \omega^2)\, P^h T\big)\,(U - U^h) = U - P^h U . \tag{10}$$

Hierbei ist T: H $\to D(A)$ Lösungsoperator der Gleichung

$$(\Phi, V)_{\bullet,\alpha} = (\Phi, Y) \quad \text{für alle} \quad \Phi \in D(A) \tag{11}$$

mit $V = TY$. Weil eine Zerlegung $V = S_V + \tilde{V}$, $\tilde{V} \in H^2(G)^3$ mit

$$||\tilde{V}||_{H^2(G)^3} \leq C||Y||_{\bullet,\alpha} , \tag{12}$$

analog zu Satz 1 gezeigt werden kann, liefert eine Approximationseigenschaft vom Typ (7) die Abschätzung

$$||\big(I - (1 + \omega^2)\, P^h T\big)\, Y - \big(I - (1 + \omega^2)\, T\big)\, Y||_{\bullet,\alpha} \leq Ch||\tilde{V}||_{H^2(G)^3} . \tag{13}$$

Da $I - (1 + \omega^2)\, T\colon D(A) \to D(A)$ beschränkt invertierbar ist $\big(T\colon D(A) \to D(A)$ kompakt$\big)$, existiert nach (13) die beschränkte Inserve von $I - (1 + \omega^2)\, P^h T\colon D(A) \to D(A)$. Aus (10) folgt unmittelbar die eindeutige Lösbarkeit von (8). Nach (10) und (7) gilt

$$||U - U^h||_{\bullet,\alpha} \leq Ch||\tilde{U}||^2_{H^2(G)^3} .$$

Verwendet man die Gleichung (11) mit $Y = U - P^h U$, dann erhält man nach (12) und (7)

$$||U - P^h U||^2 \leq Ch^3||\tilde{U}||_{H^2(G)^3} . \tag{14}$$

Weil $\big(I - (1 + \omega^2)\, P^h T\big)^{-1}\colon H \to H$ gleichmäßig beschränkt ist, folgt die L_2-Konvergenz aus (10) und (14).

Literatur

1 Ciarlet, P. G., The Finite Element Method for Elliptic Problems, North-Holland Publ. Comp., Amsterdam-New York-Oxford 1978.

2 Fix, G. J., Theory and applications of mixed finite element method, SFB 72 Bonn, preprint 191, 1978.

3 Neittaanmäki, P.; Picard, R., Error estimates for the finite element approximation to a Maxwell-type boundary value problem. Comp. Math. Appl. 7 (1981), 127–138.

4 Neittaanmäki, P.; Saranen, J., On the finite element approximation for Maxwell's problem in polygonal domains of plane, Applicable Anal. (1981).

Anschrift: Dr. Pekka Neittaanmäki und Dr. Jukka Saranen, Universität Jyväskylä, Mathematisches Institut, Sammonkatu 6, SF-40100 Jyväskylä 10, Finnland

ZAMM 61, T 300 – T 303 (1981)

O. Ohtmer

Convergence of Iteration Procedures in the Nonlinear Analysis of Pipe Networks

1. Introduction

Each network problem (in structural, flow or electrodynamic analysis) may be characterized by two dual or conjugate sets of variables that are interrelated by a linear transformation: one type of variables characteristically sums to zero at a node (node method), the other sums to zero around a closed path, or mesh (mesh method) [1]. In structural mechanics the node method is known as displacement (or stiffness) method, the mesh method used here is named force (or flexibility) method. The datum node of the graph (see [1]) represents the external supporting medium, which is assumed to be infinitely rigid (in flow analysis the surrounding pressure is constant).

Even though the structure may be connected to the supporting medium at several geometrically distinct points, all these points of support are identified with the datum node because they are topologically equivalent. At the different points of support equal displacements (pressures) but different forces (flow rates) are computed.

2. Iterative Procedure in the Nonlinear Analysis

The computation of pressure losses Δp in the "flow members" is described in (1):

$$p(x = L) = \Delta p(x = 0) + \frac{8Q^2(x = 0)}{\varrho \pi^2 \cdot D^4} \left(\frac{L}{D} \lambda + K_v\right) \tag{1}$$

with $Re = \frac{4Q}{\gamma \pi D \varrho}$ and $\lambda = \frac{64}{Re}$ for $Re \leqq 2320$ (straight tubes) or

$$\frac{1}{\lambda^{1/2}} = -2 \cdot \log\left(\frac{2{,}51}{Re\,\lambda^{1/2}} + \frac{k}{D\,3{,}71}\right) \quad \text{for} \quad Re > 2320$$

(Iterative solution for the transcendental COLEBROOK-equation).

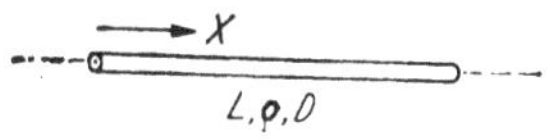

Fig. 1

λ = tube resistance coefficient; ϱ = density [kg/m³]; L = tube length [m]; Re = REYNOLDS-Number; D = tube diameter [m]; γ = viscosity [m²/sec]; p = pressure [Pa]; K_v = loss coefficient; Q = flow rate [kg/sec]; k = roughness coefficient [m].

The following flow branches known as "flow members" were implemented: TUBE, VALVE, BOW, TEE, PUMP, KNEE, ±CONTR, ±DIFSR.

By (2) K_v is computed for the different flow members.

K_v(TUBE) = ZETA (Input);

K_v(TEE) is computed for $\lambda = 0$; $L = 0$ with the GARDELS equations given in [4];

$$K_v(\text{BOW}) = K_v(\text{Diagr}) \cdot \left(\frac{\lambda(k)}{\lambda(k^* = 0)}\right) \cdot \text{ZETA (Input)} \tag{2}$$

with

$$k^* = k - 2{,}5 \cdot 10^{-6}.$$

For the members BOW, VALVE, ±CONTR, KNEE and ±DIFSR the loss coefficients $K_v = K_v$(Diagram) are computed analysing the diagrams in [4] with special interpolation functions.

The nonlinear system of equations is obtained applying the Mesh-Method (Force-Method) outlined in [1]. (The Mesh-Method and the Node-Method are also refered in [2].)

$$[C_T]^T \cdot [F] \cdot [C_T]\,\{q^*\} = [C_T]^T\,\{\{P\} - [F] \cdot \{Q\}\}$$

with

$$[C_T] = -([A_T]^T)^{-1} \cdot [A_L]^T\,, \tag{3}$$

$$F_i = \left(\frac{8\left(\frac{L\lambda}{D} + K_v\right)}{\varrho \pi^2 D^4} \cdot Q\right)_i; \quad i = 1, \ldots, b.$$

The matrices $[A_T] = [A_{\text{Tree}}]$ and $[A_L] = [A_{\text{Link}}]$ containing the topology of the structure, are defined as in [1]. The matrix $[F]$ in structural mechanics known as flexibility matrix, an "influence" matrix in flow analysis, is obtained from (1). $[F]$ is a diagonalmatrix of size b (number of members).
$\{q^*\}$ is the mesh flow rate vector (force vector); $\{P\}$ is the applied member pressure loss vector (member distortion vector); $\{Q\}$ is the applied member flow rate vector (member force vector).

A nonlinear System of equations is specified in (3) since $[F]$ is a function of the flow rate $\{Q\}$.

Therefore (3) is solved using the well known NEWTON-RAPHSON-Iteration procedure. (3) may be rewritten as in (4) $(f_i(x_1, x_2, \ldots) = 0,\ i = 1, 2, \ldots, N)$ with the number of meshes N and the unknown mesh flow rates x_i:

$$\begin{aligned} f_1(x_1, x_2, \ldots) &= a_{11} + b_{11}x_1 + c_{11}x_1^2 + a_{12} + b_{12} \cdot x_2 + c_{12}x_2^2 + d_{12}x_2x_1 \ldots = 0\,, \\ f_2(x_1, x_2, \ldots) &= a_{21} + b_{21}x_1 + c_{21}x_1^2 + a_{22} + b_{22}x_2 + c_{22}x_2^2 + d_{22}x_1x_2 \ldots = 0\,. \\ &\ldots\ldots\ldots \end{aligned} \tag{4}$$

With the Jacobian Matrix $[D]$ we get the iteration procedure in (5).

$$[D] = \begin{bmatrix} \frac{\partial f_1}{\partial x_1} & \frac{\partial f_1}{\partial x_2} & \cdots \\ \frac{\partial f_2}{\partial x_1} & \frac{\partial f_2}{\partial x_2} & \cdots \\ \cdot & \cdot & \cdot \end{bmatrix},$$

$$[D(\{x_\nu\})] \cdot \{z\} = \{f(\{x_\nu\})\}\,, \qquad \{x_{\nu+1}\} = \{x_\nu\} - \{z\}\,. \tag{5}$$

The example in Fig. 2 shall demonstrate the whole procedure. Given is a "plane frame" structure having 8 joints and 8 pipe members. At the joints 1, 6, 8 pumps are installed (supported joints). At joint 3 the flow rate $Q_3^* = 5$ [kg/sec] is pumped in an external pipe. Following the graph theory instead of the pumps at the joints 6 and 8 the pipe members [9] and [10] having zero pressure loss are defined.

Now the number of closed meshes m is given by (6), if the number of members b and n, the number of joints are known.

$$m = b - n + 1\,. \tag{6}$$

In Fig. 1 we have 3 meshes. Cutting member 5, 9 and 10 in Fig. 2 we get the so called "Tree-Structure". Constructing the matrix $[A]$ for the structure in Fig. 2 as in [1] which contains the topology of the network we get with (3) the matrix $[C_T]$. With $[C_T]$ the pipe members forming a mesh are known. Each cutted members belong only to one mesh.

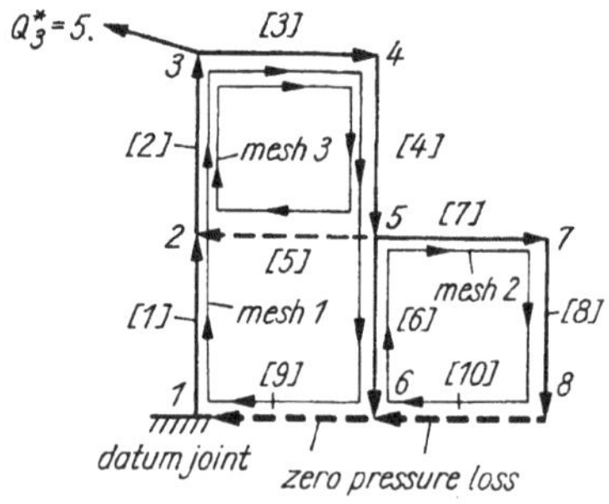

Fig. 2

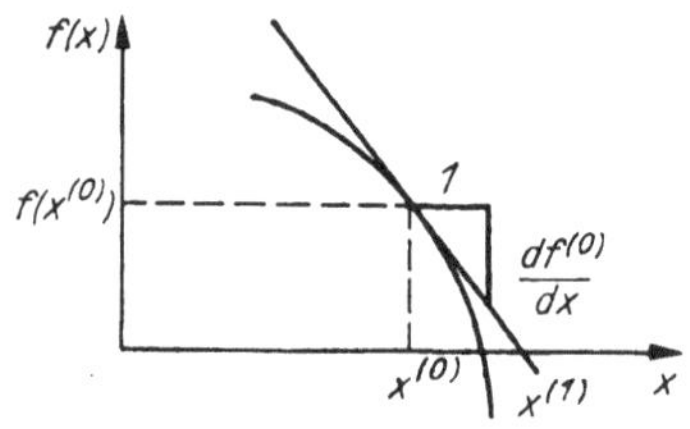

Fig. 3

With member end $\equiv (-1)$, member start $\equiv (+1)$ we get:

joints		2	3	4	5	6	7	8	
members									
	1	−1	0	0	0	0	0	0	$[A_T]$
	2	1	−1	0	0	0	0	0	
	3	0	1	−1	0	0	0	0	
	4	0	0	1	−1	0	0	0	
$[A] =$	6	0	0	0	1	−1	0	0	
	7	0	0	0	1	0	−1	0	
	8	0	0	0	0	0	1	−1	
	5	−1	0	0	1	0	0	0	$[A_L]$
	9	0	0	0	0	1	0	0	
	10	0	0	0	0	−1	0	1	

member		1	2	3	4	6	7	8
mesh								
	5	0	1	1	1	0	0	0
$[C_T]^T =$	9	1	1	1	1	1	0	0
	10	0	0	0	0	−1	1	1

$$[A]^T \cdot \{q\} = 0\,, \tag{7}$$

equation (7) is called the Equilibrium Law (at the joints)

$$[C]^T \cdot \{p\} = 0\,, \tag{8}$$

equation (8) is called the Continuity Law (within the closed meshes).
Applying (3) for the network in Fig. 2 $\{P\} = 0$ is assumed. In the form (4) we get 3 nonlinear equations. The applied joint flow rate $Q_3^* = 5$ is transformed by (9) to the applied member flow rate vector $\{Q\}$:

$$\{Q\} = [[A_T]^{-1}]^T \cdot \{Q^*\}\,, \qquad \{Q\}^T = \{\overset{1}{-5.}\;\; \overset{2}{-5.}\;\; \overset{3}{0}\;\; \overset{4}{0}\;\; \overset{6}{0}\;\; \overset{7}{0}\;\; \overset{8}{0}\;\; \overset{5}{0}\;\; \overset{9}{.0}\;\; \overset{10}{0}\}^{\cdot} \tag{9}$$

(9) gives the flow rates in the tree structure which we take as initial values to start the iteration procedure in (5) (through member 1 and 2 a flow rate of $Q_1 = Q_2 = 5.$ ist pumped).

To clerify the convergence of the iteration procedure in (5) we remember that the Newton-Raphson-Procedure is derived from a Taylor-Series. In (10) this is shown for one unknown $x = x_1$. From the Taylor-Series

$$0 = f(x) = f(x^{(\nu)}) + (x - x^{(\nu)}) \cdot f'(x^{(\nu)}) + \ldots$$

the following iteration procedure is derived:

$$x^{(\nu+1)} = x^{(\nu)} - f(x^{(\nu)}) \Big/ \left(\frac{\mathrm{d}f^{(\nu)}}{\mathrm{d}x}\right), \qquad x^{(1)} = x^{(0)} - \frac{f(x^{(0)})}{\dfrac{\mathrm{d}f^{(0)}}{\mathrm{d}x}}\,. \tag{10}$$

($x \equiv$ mesh flow rate; $f(x) \equiv$ mesh pressure loss).
The Initial Value $x^{(0)}$ is the computed flow rate in the tree-structure. $x^{(0)}$ is not zero if at least one member of the tree-structure having non zero flow rate is part of the mesh. The function specified in (1) is a parabel, therefore $\mathrm{d}f^{(0)}/\mathrm{d}x \neq 0$ is satisfied (see Fig. 3).

Due to the dualism between joints and meshes it can be shown that the occuring closed meshes in a network are coupled. Otherwise those defined networks would have independent "subnetworks" which we have to exclude. Since the used initial values $x_i^{(0)}$ fullfill the equilibrium condition (7) at the joints the iteration procedure converges. Then the superposition of the flow rates in the tree-structure and the calculated flow rates in the meshes give the actual member flow rates. From a practical point of view by the following features diverging of the iteration procedure may be excluded:

Digitalisating pressure curvatures up to zero flow rates without singularities. Reducing the linear system of equations in an iteration step if zero equations are occuring. Revising the diagonal elements of identical equations due to given symmetries in the network to disturb the symmetry conditions a little bit in the first iteration step.

Due to a convergence tolerance of 0.0001 the example in Fig. 2 is converging after 5 iteration steps.

3. Conclusion

The main advantages of the analysis as outlined are that no initial values for the member flow rates must be known, the iteration procedure converges rapidly, and within each iteration step only small systems of linear equations must be solved. The number of equations is equal to the number of closed meshes. Due to the fact that the loss coefficients of pressure need only be given in diagrams, arbitrary nonlinear networks can be analysed by the unchanges program system [5]. A flow rate assumption may be specified in the input for a member of a mesh.

References

1 Fenves, Steven, Network Topological Formulation of Structural Analysis, Journal Structural Division August 1963, Proceedings ASCE.
2 Jeppson, R. W., Analysis of Flow in Pipe Networks, Ann Arbor Science Publisher, Inc., Michigan 48106 (1977), USA.
3 Zielke, W., Elektronische Berechnung von Rohr- und Gerinneströmungen, Erich Schmidt Verlag Berlin (West-Berlin), 1974.
4 Ohtmer, O.; Malvern, M., Nonlinear Analysis of Pipe Networks with STRUDL , ICES Journal, March 1980, E. Hajjar, P.O. Box 8243, Cranston, R.I. 02920, USA.
5 ICES STRUDL Operation Manual, European ICES Distribution Agency (EIDA), Eurocopi-Dept. A.J.R.C., Ispra, Italy.

Anschrift: Dr. Ortwin Ohtmer, Isegrimstraße 10, D-8000 München 83, BRD

ZAMM 61, T 303 – T 305 (1981)

D. B. Popovski

An Improvement of the Ostrowski Root Finding Method

Ostrowski [1] proposed a method for solving single nonlinear algebraic or transcendental equations of the form

$$y(x) = 0 \tag{1}$$

in which he used an approximation by a linear fraction

$$f(x) = (x - a)/(bx + c) \tag{2}$$

where the parameters a, b and c are determined by the conditions that f and y coincide at two points x_0 and x_1, and f' and y' at x_1 only:

$$x_2 = x_1 + \frac{y_1(y_1 - y_0)(x_1 - x_0)}{y_1' y_0(x_1 - x_0) - y_1(y_1 - y_0)}. \tag{3}$$

In this paper an improvement of this method will be presented. First, using an approximation by linear fraction (2) whose parameters a, b and c are determined by the conditions that f and y coincide at the points x_0 and x_1, and f' and y' at x_0 only, we define the method

$$x_2 = x_1 + \frac{y_0' y_1(x_1 - x_0)(x_1 - x_0)}{y_0(y_1 - y_0) - y_0' y_1(x_1 - x_0)}. \tag{4}$$

(Relation (4) is obtained from (3) by interchanging the indices 0 and 1). It is easily verified that methods (3) and (4) have the asymptotic convergence rates 2.41 and 2, respectively. If we define an *error* $\varepsilon = x - r$, where r is a simple root of (1), using Taylor expansions of y and y' about r,

$$y = \sum_{j=1}^{\infty} c_j \varepsilon^j, \qquad y' = \sum_{j=1}^{\infty} j c_j \varepsilon^{j-1}, \qquad c_j = y^{(j)}(r)/j! \tag{5}$$

(remembering that $c_0 = y(r) = 0$), we find that

$$\varepsilon_2 \simeq K \varepsilon_1^2 \varepsilon_0, \tag{6}$$

for OSTROWSKI's method (3), and

$$\varepsilon_2 \simeq K\varepsilon_1\varepsilon_0^2\,, \tag{7}$$

for method (4), where K is the *asymptotic error constant*:

$$K = (c_2/c_1)^2 - c_3/c_1\,. \tag{8}$$

The limiting difference equations (6) and (7) can be linearized by taking logarithms of both sides, and its *inditial equations*

$$t^2 - 2t - 1 = 0 \quad \text{and} \quad t^2 - t - 2 = 0 \tag{9}$$

have the unique real positive simple roots 2.41 and 2, respectively. Both methods (3) and (4) require two evaluations per iteration, one of y and one of y'. Thus, its *efficiency indices* are $\sqrt{2.41} = 1.55$ and $\sqrt{2} = 1.41$, respectively.

Using (3) and (4) alternately we may define a two-step method which requires three evaluations per iteration, two of y and one of y', and has an asymptotic convergence rate 4.56. Its efficiency index is $\sqrt[3]{4.56} = 1.66$ which is better than the 1.55 of OSTROWSKI. This method may be written like this:

$$z_{i+1} = x_i + \frac{y(x_i)\,[y(x_i) - y(z_i)]\,(x_i - z_i)}{y'(x_i)\,y(z_i)\,(x_i - z_i) - y(x_i)\,[y(x_i) - y(z_i)]}, \tag{10}$$

$$x_{i+1} = z_{i+1} + \frac{y'(x_i)\,y(z_{i+1})\,(z_{i+1} - x_i)\,(z_{i+1} - x_i)}{y(x_i)\,[y(z_{i+1}) - y\,(x_i)] - y'(x_i)\,y(z_{i+1})\,(z_{i+1} - x_i)}\,.$$

If we define another error $e = z - r$, we get from (6), (7) and (10) that

$$e_{i+1} \simeq K\varepsilon_i^2 e_i \quad \text{and} \quad \varepsilon_{i+1} \simeq K e_{i+1}\varepsilon_i^2\,, \tag{11}$$

i.e.

$$\varepsilon_{i+1} \simeq K^2\varepsilon_i^4 e_i \simeq K^3\varepsilon_i^4\varepsilon_{i-1}^2 e_{i-1} \simeq K^4\varepsilon_i^4\varepsilon_{i-1}^2\varepsilon_{i-2}^2 e_{i-2} \simeq K^5\varepsilon_i^4\varepsilon_{i-1}^2\varepsilon_{i-2}^2\varepsilon_{i-3}^2 e_{i-3} \simeq K^6\varepsilon_i^4\varepsilon_{i-1}^2\varepsilon_{i-2}^2\varepsilon_{i-3}^2\varepsilon_{i-4}^2 e_{i-4} \simeq \dots \tag{12}$$

If we set in (12) $e = \varepsilon$ (see table 1), we find that the order of our process is 4.56[1]). The same result may be obtained if we disregard e in (12) (see table 2).

Table 1. Asymptotic convergence rate of the proposed method

Error equation	Inditial equation	Root
$\varepsilon_{i+1} \simeq K^2\varepsilon_i^5$	$t - 5 = 0$	5.00
$\varepsilon_{i+1} \simeq K^3\varepsilon_i^4\varepsilon_{i-1}^3$	$t^2 - 4t - 3 = 0$	4.64
$\varepsilon_{i+1} \simeq K^4\varepsilon_i^4\varepsilon_{i-1}^2\varepsilon_{i-2}^3$	$t^3 - 4t^2 - 2t - 3 = 0$	4.57
$\varepsilon_{i+1} \simeq K^5\varepsilon_i^4\varepsilon_{i-1}^2\varepsilon_{i-2}^2\varepsilon_{i-3}^3$	$t^4 - 4t^3 - 2t^2 - 2t - 3 = 0$	4.56
$\varepsilon_{i+1} \simeq K^6\varepsilon_i^4\varepsilon_{i-1}^2\varepsilon_{i-2}^2\varepsilon_{i-3}^2\varepsilon_{i-4}^3$	$t^5 - 4t^4 - 2t^3 - 2t^2 - 2t - 3 = 0$	4.56

Table 2. Asymptotic convergence rate of the proposed method

Error equation	Inditial equation	Root
$\varepsilon_{i+1} \simeq K^2\varepsilon_i^4$	$t - 4 = 0$	4.00
$\varepsilon_{i+1} \simeq K^3\varepsilon_i^4\varepsilon_{i-1}^2$	$t^2 - 4t - 2 = 0$	4.45
$\varepsilon_{i+1} \simeq K^4\varepsilon_i^4\varepsilon_{i-1}^2\varepsilon_{i-2}^2$	$t^3 - 4t^2 - 2t - 2 = 0$	4.54
$\varepsilon_{i+1} \simeq K^5\varepsilon_i^4\varepsilon_{i-1}^2\varepsilon_{i-2}^2\varepsilon_{i-3}^2$	$t^4 - 4t^3 - 2t^2 - 2t - 2 = 0$	4.56
$\varepsilon_{i+1} \simeq K^6\varepsilon_i^4\varepsilon_{i-1}^2\varepsilon_{i-2}^2\varepsilon_{i-3}^2\varepsilon_{i-4}^2$	$t^5 - 4t^4 - 2t^3 - 2t^2 - 2t - 2 = 0$	4.56

The proposed method, as well as OSTROWSKI's, does not have a guaranteed convergence. In order to make an algorithm with guaranteed convergence, it is combined with the bisection method [2]. Thus, an *always-convergent hybrid algorithm* is obtained which may be described in the following manner:

Suppose that a real root of (1) has been bracketed by initial approximations x_0 and x_1. Calculate y_0, y_1 (sign $y_0 \neq$ sign y_1) and y'_1. Set $x_b = x_0$.

a) Set $J = 1$, find x_2 by the OSTROWSKI step (3) and go to (c).

b) Set $J = 2$ and find x_2 by the method (4).

c) Test if x_2 is in the interval bounded by x_1 and x_b. Otherwise get x_2 by the bisection step

$$x_2 = 0.5(x_1 + x_b)\,. \tag{13}$$

If $J = 1$, calculate y_2. If $J = 2$, calculate y'_2 and y_2. If sign $y_2 \neq$ sign y_1, set $x_b = x_1$. Replace (x_0, y_0) by (x_1, y_1) and (x_1, y_1) by (x_2, y_2). If $J = 1$, replace y'_0 by y'_1 and go to (b). If $J = 2$, replace y'_1 by y'_2 and go to (a).

This means that methods (3) and (4) are used whenever possible (as interpolating or extrapolating), and only the latest two iterates are used even though they may be on the same side of the root. The opposite bracketing point x_b and current point x_1 are the latest iterates whose function values do not have the same sign. They are used in the bisection step whenever (3) or (4) fails to fall within the interval bounded by x_1 and x_b.

---

[1]) I wish to point out an error in the abstract of this paper published in GAMM-Mitteilungen, Heft 1, Februar 1980, p. 140: namely that the order of the process which was given as 4.828 should have been 4.56.

The following is a FORTRAN IV realization of the proposed algorithm. Description of parameters:

S — Name of the external subroutine used. Its parameter list must be F, D, X, J. When $J = 1$, it computes, for given argument X, only the function value F. When $J = 2$ it computes F and value of derivative D.
A — Initial approximation x_0.
B — Initial approximation x_1.
T — Tolerance for the relative error.
R — Root of the equation $y(x) = 0$.
I — Parameter coded as follows:
$I = 0$ — Basic assumption sign $y_0 \neq$ sign y_1 is not satisfied.
$I = 2, 3, \dots, M$ — No error. I is the number of steps, semiiterations or calls of subroutine S.
$I = M + 1$ — No convergence after M steps.
M — Maximum number of permitted steps.

```
      SUBROUTINE OP(S,A,B,T,R,I,M)
      I = 2
      C = A
      D = B
      E = D - C
      CALL S(F,G,C,1)
      CALL S(G,H,D,2)
      IF(F)1,20,2
    1 IF(G) 18,19,6
    2 IF(G) 6,19,18
    3 C = D
    4 D = O
      GO TO (5,6),J
    5 J = 2
      O = H * G * E
      F = (G - F) * F - O
      GO TO 7
    6 J = 1
      O = (G - F) * G
      F = H * F * E - O
    7 IF(F) 8,11,8
    8 E = O * E/F
      O = D + E
      IF(O - C) 9,11,10
    9 IF(E) 11,11,12
   10 IF(E) 12,11,11
   11 E = (C - D) * 0.5
      O = D + E
   12 IF(ABS(O) * T - ABS(E)) 13,17,17
   13 I = I + 1
      IF(I - M) 14,14,17
   14 F = G
      CALL S(G,H,O,J)
      IF(G) 15,17,16
   15 IF(F) 4,19,3
   16 IF(F) 3,19,4
   17 R = O
      RETURN
   18 I = 0
   19 R = D
      RETURN
   20 R = C
      RETURN
      END
```

References

1 OSTROWSKI, A. M., Solution of Equations and Systems of Equations, Academic Press, New York and London 1960.
2 POPOVSKI, D. B., A Hybrid algorithm for finding roots, Informatica 3 (1979), No. 3, 16–17.

Anschrift: D. B. POPOVSKI, M. Sc., B. Sc., Department of Engineering, University of Bitola, 97000 Bitola, P.O. Box 99, Yugoslavia.

ZAMM 61, T 305 – T 307 (1981)

J. PÖPPLAU

Die Anwendung einer $(\mu/\varrho,\lambda)$-Evolutionsstrategie zur direkten Minimierung eines nichtlinearen Funktionals unter Verwendung von FE-Ansatzfunktionen am Beispiel des Brachistochronenproblems

Die *Evolutionsstrategien* (ES) sind ableitungsfreie, stochastische direkte Suchstrategien zur Lösung vielparametriger beliebig nichtlinearer Optimierungsprobleme unter Zulassung von Restriktionen. Der Algorithmus der ES stellt eine stark abstrahierte Kopie des biologischen Mutations-Selektions-Mechanismus dar [1]. Erste erfolgreiche Versuche, die ES auch für numerische Optimierung zu verwenden, wurden 1974 von SCHWEFEL [2] durchgeführt. Insbesondere die in dieser Arbeit verwendete $(\mu/\varrho, \lambda)$-ES zeichnet sich nach [2] bei gleichzeitig einfacher Programmierbarkeit durch hohe Zuverlässigkeit aus.

Angenommen es existiert zu einem Randwertproblem ein Funktional mit Extremaleigenschaften, so läßt sich dieses zumeist durch Ansatzfunktionen vom Typ RITZ oder Finite Elemente (FE) diskretisieren, und man erhält einen algebraischen Ausdruck in den Ansatzfreiheitsgraden, welcher ebenfalls Extremaleigenschaften besitzt. Dieser Ausdruck wird bei der Optimierung auch als *Ziel-* oder *Qualitätsfunktion* bezeichnet. Die Optimierung dieser Qualitätsfunktion ist nun durch eine direkte Suchmethode wie der ES oder durch indirekte Optimierung möglich. Bei der *indirekten* Optimierung wird die Zielfunktion nach den Freiheitsgraden abgeleitet, und man erhält aus der Bedingung des Verschwindens der 1. Variation ein Gleichungssystem, welches mit einem gebräuchlichen Verfahren

(GAUSS, NEWTON-RAPHSON) gelöst werden kann. Für die indirekte Optimierung muß die Zielfunktion also gewisse Stetigkeits- und Differenzierbarkeitseigenschaften haben. Existiert zu dem Randwertproblem kein Variationsfunktional mit Extremaleigenschaften, so läßt sich mit Hilfe der Methode der gewichteten Fehlerreste (z. B. kleinste Fehlerquadrate) ein Funktional mit Extremaleigenschaften konstruieren. Die heute üblichen FE-Verfahren arbeiten mit indirekten Optimierungsmethoden.

Nach dem kurzen Überblick soll nun das vorgeschlagene Verfahren anhand eines einfachen Beispiels demonstriert werden. Die Verallgemeinerung auf partielle Probleme liegt nahe und wird hier nicht dargestellt.

Das *Brachistochronenproblem* ist eines der ältesten Probleme der nichtlinearen Funktionalminimierung. Es wurde 1696 von BERNOULLI formuliert und behandelt das Problem, diejenige Kurve $y(x)$ zu finden, auf der ein Massenpunkt in kürzester Zeit T vom Punkt $A(0/0)$ zum Punkt $B(1/1)$ unter Einfluß der Schwerebeschleunigung $g = 9{,}81\ \mathrm{m/s^2}$ kommt. Mathematisch formuliert:

$$\int_0^1 \frac{\sqrt{1+y'^2}}{\sqrt{2gy}}\,\mathrm{d}x = T(y) \to \min .$$

Bekanntlich wurde dieses Problem 1744 von EULER durch Umwandlung in das äquivalente Randwertproblem gelöst. Die Lösung ist eine Zykloide und die optimale Zeit (Längen in Meter)

$$T_{\mathrm{opt}} = 0{,}582895 \text{ Sekunden.}$$

Die Zeit wird auf so viele Stellen genau angegeben, weil sie später als Optimierungskriterium dient.

Statt die Funktionalminimierung auf die Lösung einer Differentialgleichung zurückzuführen, läßt sich das Funktional allerdings auch mit einer direkten Methode der Variationsrechnung minimieren. Die am weitesten verbreitete und universellste Methode dieser Art ist wohl die Finite-Elemente-Methode. Das Lösungsgebiet wird dazu in n Elemente zerlegt, auf denen Ansatzfunktionen $\bar{y}(x, a_i)$ mit Freiheitsgraden a_i angesetzt werden, deren Konstruktion durch die umfangreiche Finite Elemente Literatur ausführlich dargestellt wird. Für das vorliegende eindimensionale Problem mit nur ersten Ableitungen ist die einfachste Ansatzfunktion die Gerade auf einem Element e mit den Grenzen x_{K-1}, x_K:

$$\bar{y}^e = [a_K(x - x_{K-1}) + a_{K-1}(x_K - x)]/[x_K - x_{K-1}] \qquad \text{für alle } x \in [x_{K-1}, x_K]$$
$$\bar{y}^e = 0 \qquad \text{sonst}.$$

Die *Gesamtansatzfunktion* ergibt sich dann einfach aus

$$\bar{y} = \sum_{i=1}^{n} \bar{y}^i$$

und Anpassung der Freiheitsgrade a_i.

Mit diesen Ansatzfunktionen zerfällt das Brachistochronenfunktional in n Einzelintegrale, die alle elementar integrierbar sind. Die *zu minimierende Zielfunktion* ist dann einfach

$$\bar{T} = \sqrt{\frac{2}{g}} \sum_{i=1}^{n} \frac{\sqrt{(x_i - x_{i-1})^2 + (a_i - a_{i-1})^2}}{\sqrt{a_{i-1}} + \sqrt{a_i}}$$

mit den Variationsparametern a_i, die unter Beachtung der Randbedingungen $a_0 = 0$ und $a_n = 1$ so zu bestimmen sind, daß $\bar{T} \to \min$ geht. Diese Zielfunktion wurde, ausgehend von der Geraden zwischen A und B als Startwert mit $T_0 = \frac{2}{\sqrt{g}}$ sec und einer äquidistanten Elementierung ($n = 14$) mit der ES minimiert. Das Ergebnis ist in Bild 1 dargestellt.

Wie bereits oben erwähnt, läßt die ES auch Restriktionen für die Freiheitsgrade zu. Durch Formulierung von Ungleichungen für die Parameter wurde der Brachistochrone ein bestimmtes Durchgangsgebiet verwehrt, also eine Art Kontaktproblem gelöst. Das Ergebnis dieser Optimierung ist in Bild 2 dargestellt. Sämtliche Rechnungen wurden auf einem Tischrechner HP 9825 A durchgeführt.

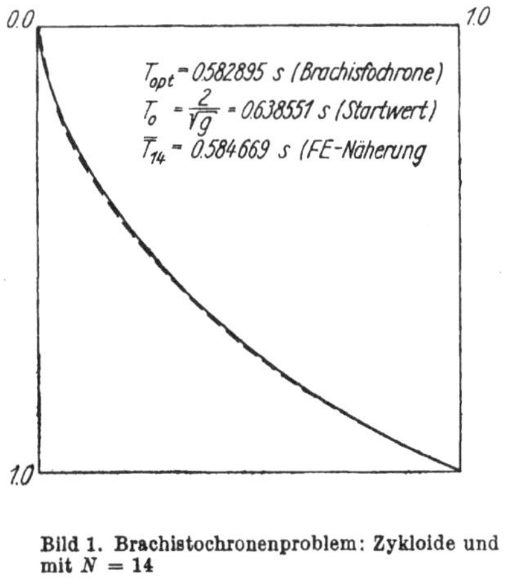

Bild 1. Brachistochronenproblem: Zykloide und FE-Näherung mit $N = 14$

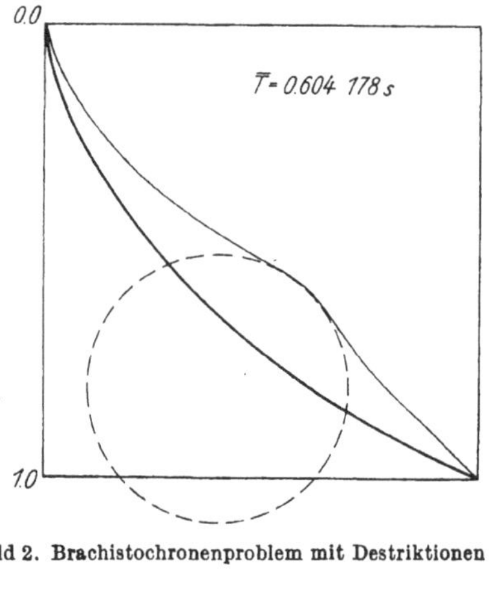

Bild 2. Brachistochronenproblem mit Destriktionen

Literatur

1 Rechenberg, I., Evolutionsstrategie, Frommann-Holzboog, Stuttgart 1973.
2 Schwefel, H. P., Evolutionsstrategie und numerische Optimierung, Dissertation TU Berlin 1975.

Anschrift: Dipl.-Ing. J. Pöpplau, Hochschule der Bundeswehr Hamburg, Institut für Strömungslehre und Strömungsmaschinen, Postfach 700822, D-2000 Hamburg 70, BRD

ZAMM 61, T 307 – T 309 (1981)

K. Raith / W. Schönauer / G. Glotz

Ein Differenzenverfahren zur Lösung zweidimensionaler elliptischer Randwertprobleme auf allgemeinen Gebieten

Aufgabenstellung

Auf einem geschlossenen Gebiet $\Omega \subset \mathbb{R}^2$ mit Rand $\partial\Omega$ wird die Lösung $u = u(x, y)$ des Randwertproblems (RWP)

$$\begin{aligned} Pu &= P(x, y, u, u_x, u_y, u_{xx}, u_{yy}) = 0 \quad \text{in } \Omega\,, \\ Gu &= G(x, y, u, u_x, u_y, u_{xx}, u_{yy}) = 0 \quad \text{auf } \partial\Omega \end{aligned} \tag{1}$$

für ein System von n im allgemeinen nichtlinearen elliptischen Differentialgleichungen gesucht. Auf einem nichtäquidistanten Grundgitter wird mit einem Differenzenverfahren mit variablen Ordnungen q_x und q_y eine numerische Lösung u_d erstellt. Hierzu wird ein Programmpaket SL2EB (Selbststeuernde Lösung zweidimensionaler elliptischer Randwertprobleme auf Gebieten mit beliebiger Umrandung) als Teil des SLDGL-Paketes (selbststeuernde Lösung von Differentialgleichungen) erstellt.

Differenzengitter

Zum *Gitter* gehören die Schnittpunkte der x- und y-Gitterlinien im Innern von Ω und deren Schnittpunkte mit $\partial\Omega$ (Bild 1). Die *Gitterpunkte* werden in der in Bild 2 angegebenen Weise durchnumeriert, und an jedem Punkt werden zusätzliche Informationen über dessen genaue Lage im Gitter bestimmt.

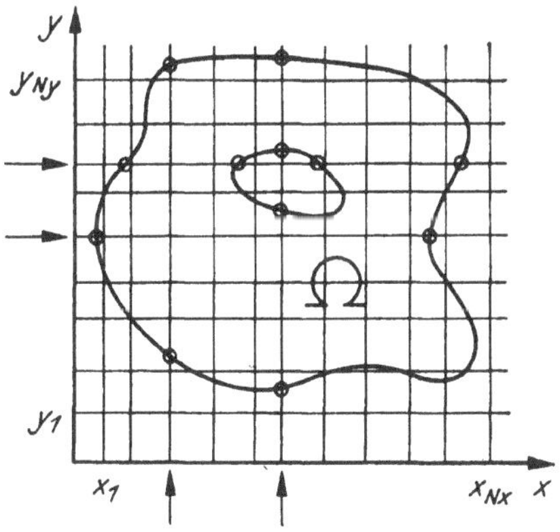

Bild 1. Definition des Gebietes Ω und des Differenzengitters

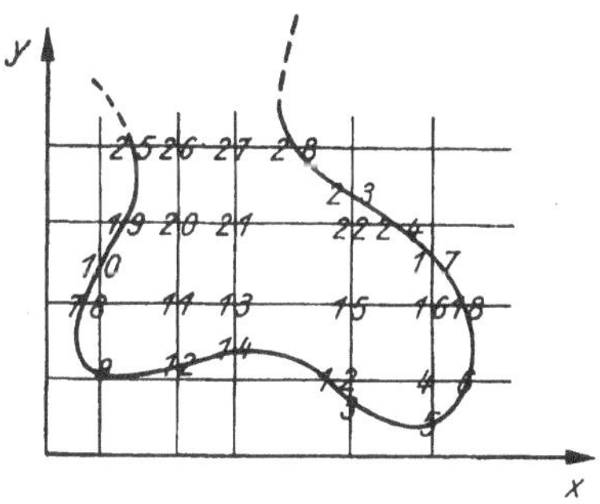

Bild 2. Numerierung der Gitterpunkte

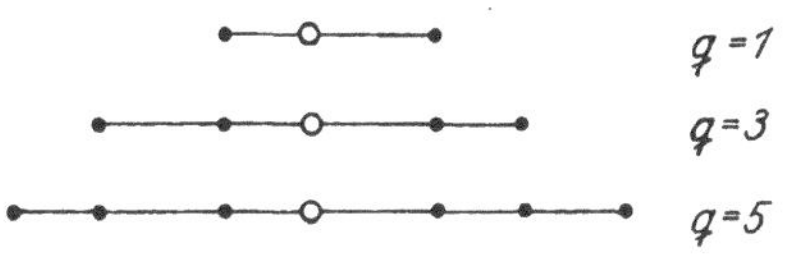

Bild 3. Eindimensionale Differenzenformeln

Differenzenformeln

Im Innern werden soweit möglich eindimensionale Formeln (Bild 3) verwendet, am Rand und an inneren Punkten, bei denen zu wenig Punkte vorhanden sind, zweidimensionale Formeln der Ordnung $q = \max(q_x, q_y)$. Sie beruhen auf einem *Interpolationspolynom* der Form

$$\begin{aligned} P(x, y) = \quad & a_{00} + && p = 0 \\ & a_{10}x + a_{01}y + && p = 1 \\ & a_{20}x^2 + a_{11}xy + a_{02}y^2 + && p = 2 \\ & + \cdots \end{aligned} \tag{2}$$

mit der *Polynomordnung p*. Die richtige Auswahl von $p_m = (p^* + 1)(p^* + 2)/2$ Nachbarpunkten des Punktes $p_1 = (x_1, y_1)$, an dem zweidimensionale Differenzenformeln benötigt werden, zur eindeutigen Bestimmung des Polynoms (2) ist eines der schwierigsten Probleme der ganzen Aufgabenstellung. Die Auswahl der Nachbarpunkte muß so erfolgen, daß die Konfiguration des Gebietes und des Gitters berücksichtigt wird, und bei jedem neu hinzugenommenen Punkt zusätzliche $x - y$-Information gewonnen wird (siehe [2]). Bild 4 zeigt die Punktauswahl und eine Zerlegung der Punkte in Spalten und Zeilen, was im wesentlichen das Ergebnis des Auswahlalgorithmus zeigt. Zur Berechnung der Differenzenformeln der Fehlerordnung $q = p - 1$ (Fehlerordnung für die zweiten Ableitungen) müssen $q_m = (q + 2)(q + 3)/2$ *lineare* Gleichungssysteme zur Bestimmung sogenannter *Einflußpolynome* $P^k(x, y)$ mit $P^k(x_k, y_k) = 1$ und $P^k(x_i, y_i) = 0$ für $i \neq k$ gelöst werden. Die Auflösung dieser Gleichungssysteme erfolgt mit dem GAUSS-Algorithmus und Totalpivotsuche. Liegt der Koordinatenursprung jeweils in P_1, so erhält man mit

$$P^k(x, y) = a_{00}^k + a_{10}^k x + a_{01}^k y + a_{20}^k x^2 + a_{11}^k xy + a_{02}^k y^2 + \dots$$

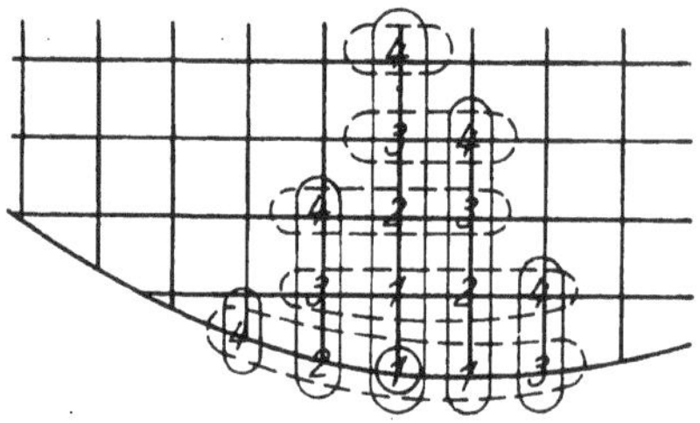

Bild 4. Punktauswahl für $p = 1(1)\,4$ und Zerlegung in Spalten und Zeilen

z. B. für die Diskretisierung von u_{xx} die Differenzenformel

$$u_{d,xx} = \sum_{k=1}^{qm} 2a_{20}^k u_k \,.$$

Durch die Verwendung der Totalpivotsuche können an dieser Stelle Punkte ausgetauscht werden, falls das Gleichungssystem nicht lösbar ist. Zusätzlich werden Formeln zur Ordnung $q + 2$ und zur Ordnung q_k bestimmt, wobei die Differenz der Formeln der Ordnung $q + 2$ und der Ordnung q Fehlerformeln nach der Methode der Differenz der Differenzenquotienten ergeben und die Formeln der Ordnung q_k mit $q_k = 1$ im Innern von Ω und $q_k = 0$ am Rand zur Aufstellung einer sogenannten *Kernmatrix* dienen.

Lösung der Differenzengleichungen

Die Lösung der Differenzengleichungen erfolgt im wesentlichen wie in [1]. Durch Diskretisierung der Operatoren *Pu* und *Gu* aus (1) entsteht ein i.a. nichtlineares Differenzengleichungssystem

$$P_D u_d = 0 \tag{3}$$

mit $n \times N$ Gleichungen, wobei n die Anzahl der Differentialgleichungen in (1) und N die Anzahl der Gitterpunkte ist. Die Lösung von (3) erfolgt mit dem NEWTON-Verfahren

$$u_d^{\nu+1} = u_d^\nu + \Delta u_d^{\nu+1} \quad \text{mit} \quad \Delta u_d^{\nu+1} = Q_D^{-1}[P_D u_d^\nu]\,. \tag{4}$$

Dabei ist die NEWTON-Matrix Q_D eine Bandmatrix und $P_D u_d^\nu$ der *Defekt* bei der ν-ten Iterationsstufe. Die *NEWTON-Korrekturen* werden semi-iterativ berechnet, d. h. die Matrix $Q_D$wird in $Q_K + Q_N$ zerlegt, wobei die Kernmatrix Q_K bis auf erste Ordnung genau ist und Q_N die Differenz der q-ten zur ersten Ordnung enthält (Bild 5). Iterationsabbruch und Relaxationsfaktoren für die NEWTON-Iteration und für die iterative Berechnung der NEWTON-Korrekturen werden in Abhängigkeit vom Diskretisierungsfehler vom Programm gesteuert. Zusätzlich zur numerischen Lösung liefert SL2EB eine Schätzung für die Differenz zwischen exakter und numerischer Lösung.

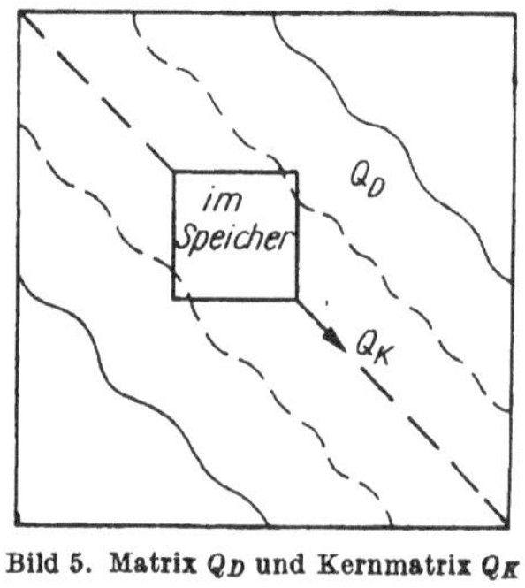

Bild 5. Matrix Q_D und Kernmatrix Q_K

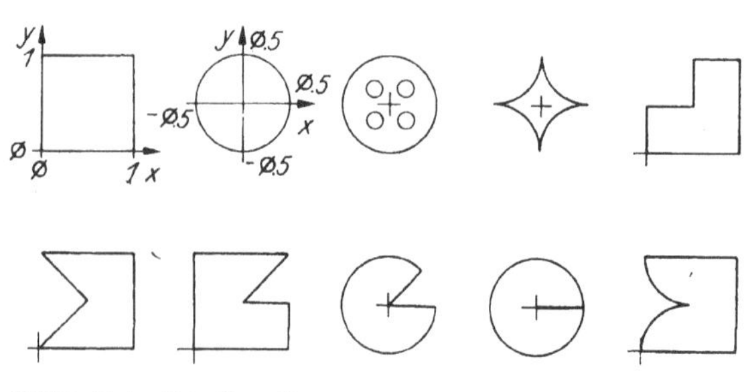

Bild 6. Testgebiete $\Omega_1 - \Omega_{10}$

Numerische Tests

Für zehn verschiedene Gebiete (Bild 6) wurden mit mehreren Schrittweiten und Ordnungen die Fehler der Ableitungen und die Fehler der Fehlerformeln untersucht. Die Abnahme der Fehler entspricht der Konsistenzordnung soweit die Ordnung q nicht überzogen ist. Für weitere Gebiete und verschiedene Randwertprobleme wurde das

Verfahren auf seine Genauigkeit und Robustheit getestet. Stellvertretend werden die Ergebnisse für das folgende RWP gezeigt:

$$Pu = u_{xx} + u_{yy} + 2\,e^{-2u} \quad \text{in } \Omega\,, \qquad Gu = u - v \quad \text{auf } \partial\Omega$$

mit $\Omega = \{(x, y) \mid (x - 0.5)^2 + (y - 1)^2 < (0.36)^2\}$ und der exakten Lösung $v(x, y) = \ln(x + y)$.

Die *relativen Schätz-Fehler* und die *relativen exakten Fehler* für verschiedene Schrittweiten und Ordnungen sind in Tabelle 1 enthalten. Die Abnahme der Fehler mit der Schrittweite entspricht der erwarteten Konvergenzordnung und die geschätzten Fehler stimmen sehr gut mit den exakten Fehlern überein.

Diese Arbeit wurde mit Mitteln der Stiftung Volkswagenwerk durchgeführt.

Tabelle 1. Maximumnormen der Fehler

Ordnung q	$h = 1/10$ Fehler		$h = 1/20$ Fehler		$h = 1/30$ Fehler	
	exakt	gesch.	exakt	gesch.	exakt	gesch.
1	$5.9_{10} - 5$	$5.1_{10} - 5$	$1.3_{10} - 5$	$1.4_{10} - 5$	$6.0_{10} - 6$	$6.3_{10} - 6$
3	$2.7_{10} - 6$	$1.8_{10} - 6$	$5.9_{10} - 8$	$5.4_{10} - 8$	$7.7_{10} - 9$	$6.9_{10} - 9$
5	$1.2_{10} - 4$*)	$1.6_{10} - 2$*)	$1.2_{10} - 9$	$7.5_{10} - 10$	$9.0_{10} - 11$	$5.6_{10} - 11$

*) Ordnung überzogen

Literatur

1 Glotz, G.; Schönauer, W.; Raith, K., Lösung der Navier-Stokes-Gleichungen für die quadratische Kaverne mit einem fehlerüberwachten Differenzenverfahren, ZAMM **60** (1980), T 184—T 185.

2 Raith, K.; Schönauer, W.; Glotz, G., SL2EB — selbststeuernde Lösung zweidimensionaler elliptischer Randwertprobleme auf allgemeinen Gebieten mit Differenzenverfahren variabler Ordnung und Schrittweite, Interner Bericht des Rechenzentrums der Universität Karlsruhe (in Vorbereitung).

Anschriften: Dipl.-Math. K. Raith, Prof. Dr.-Ing. W. Schönauer, Dr.-Ing. G. Glotz, Rechenzentrum der Universität Karlsruhe, Forschungsbereich Numerische Strömungsmechanik, Zirkel 2, D-7500 Karlsruhe 1, BRD

ZAMM 61, T 309 – T 311 (1981)

H.-J. Reinhardt

On the Finite Element Solution of a One-Dimensional Singular Perturbation Problem

This report deals with the behaviour of the piecewise linear finite element solution of a singularly perturbed, one-dimensional boundary value problem. By a local analysis of the error combined with an approach that has been recently developed by Babuška and Rheinboldt [1, 2], a-posteriori error estimates from above and from below for the local energy-norms of the error are derived. Save for negligible terms the bounds are given by computable error indicators. The local a-posteriori error estimates provide an automatic mesh refinement controlled by the seize of the error indicators. The present approach would appear to be the first in which, for a singular perturbation problem, a mathematical theory of a-posteriori error estimates is developed. The details can be found in [8]. Adaptive finite element computations for singularly perturbed differential equations can be found as early as 1968 in Pearson [6] and recently in Brandt [3] but with no realistic error estimates.

Let us consider the singularly perturbed boundary value problem

$$-\varepsilon^2 u'' + b_\varepsilon^2 u = f_\varepsilon \quad \text{in } (0, 1)\,, \qquad u(0) = u(1) = 0\,, \tag{1}$$

in its variational formulation

$$\varepsilon^2(u', v') + (b_\varepsilon^2 u, v) = (f_\varepsilon, v)\,, \qquad v \in H_0^1(0, 1)\,, \tag{2}$$

containing a small parameter ε in $0 < \varepsilon \leqq \varepsilon_0$. For the functions b_ε and f_ε we assume that $b_\varepsilon \in C^1[0, 1]$, $f_\varepsilon \in C[0, 1]$ b_ε, b_ε' are uniformly bounded (with respect to ε), and $0 < \underset{\sim}{\beta} \leqq b_\varepsilon(x) \leqq \tilde{\beta} < \infty$, $x \in [0, 1]$, $0 < \varepsilon \leqq \varepsilon_0$, with constants $\underset{\sim}{\beta}$, $\tilde{\beta}$ independent of ε. Moreover let exist continuous functions b_0 and f_0 such that

$$|b_\varepsilon^2 - b_0^2|_{0,2} = O(\varepsilon^{3/2})\,, \qquad |f_\varepsilon - f_0|_{0,2} = O(\varepsilon^{3/2}) \quad (\varepsilon \to 0)\,,$$

and $b_0(x) \geqq \underset{\sim}{\beta}$, $x \in [0, 1]$. For the norms and spaces we use the notations of the book of Ciarlet [4]. Additionally, we denote the energy-norm associated with the sesquilinear form on the left-hand side of (2) by $||.||_E$.

Let us further assume that the solution $u_0 = f_0/b_0^2$ of the *reduced problem* $b_0^2 u = f_0$ lies in $H^2(0, 1)$. Then from the theory of asymptotic methods for the solution of singularly perturbed ordinary differential equations one knows that the solution u_ε of (1) can be asymptotically represented (with respect to the energy-norm) by (cf. VAN HARTEN [5], REINHARDT [7])

$$u_\varepsilon = u_0 + \varphi_\varepsilon + \psi_\varepsilon + O(\varepsilon^{3/2}) \qquad (\varepsilon \to 0) \,. \tag{3}$$

Here the *boundary layer approximations* φ_ε and ψ_ε at $x = 0$ and $x = 1$, resp., are given by

$$\varphi_\varepsilon(x) = -u_0(0) \exp\left(-b_0(0)\, x/\varepsilon\right) \quad \text{and} \quad \psi_\varepsilon(x) = -u_0(1) \exp\left(-b_0(1)\,(1-x)/\varepsilon\right), \quad \text{resp.}$$

With respect to the maximum-norm, the order of convergence in (3) is $O(\varepsilon)$.

For the formulation of the associated finite element method we consider partitions Δ of $[0, 1]$, $0 = x_0 < x_1 < \dots < x_{J-1} < x_J = 1$, and denote $I_j = (x_{j-1}, x_j)$, $h_j = x_j - x_{j-1}$, $h = \max h_j$, $\underset{\sim}{h} = \min h_j$. Let M be the space of all continuous, piecewise linear functions over the grid and $M_0 = M \cap H_0^1(0, 1)$. Now the *finite element solution* $u_{h,\varepsilon} \in M_0$ associated with (2) is defined by the equation

$$\varepsilon^2(u'_{h,\varepsilon}, v') + (b_\varepsilon^2 u_{h,\varepsilon}, v) = (f_\varepsilon, v) \,, \qquad v \in M_0 \,. \tag{4}$$

The finite element method (4) is stable in such a sense that the solution $u_{h,\varepsilon}$ is uniformly bounded by u_ε (with respect to ε and h). In fact one has

$$\|u_{h,\varepsilon}\|_E \leqq \|u_\varepsilon\|_E \,, \qquad 0 < \varepsilon \leqq \varepsilon_0 \,. \tag{5}$$

In order to derive error estimates we split the error $e_{h,\varepsilon} = u_\varepsilon - u_{h,\varepsilon}$ in $e_{h,\varepsilon} = \varrho_{h,\varepsilon} + \tilde{\varrho}_{h,\varepsilon}$ where

$$\varrho_{h,\varepsilon} = u_\varepsilon - \Pi_h \tilde{v}_\varepsilon \,, \qquad \tilde{\varrho}_{h,\varepsilon} = \Pi_h \tilde{v}_\varepsilon - u_{h,\varepsilon} \,, \qquad \tilde{v}_\varepsilon = \Pi_h u_0 + \varphi_\varepsilon + \psi_\varepsilon \,. \tag{6}$$

$\Pi_h v$ denotes the linear interpolant of a function $v \in H^1(0, 1)$. Furthermore we split $\varrho_{h,\varepsilon}$ as follows

$$\varrho_{h,\varepsilon} = (u_\varepsilon - v_\varepsilon) + (u_0 - \Pi_h u_0) + (\tilde{v}_\varepsilon - \Pi_h \tilde{v}_\varepsilon)$$

where $v_\varepsilon = u_0 + \varphi_\varepsilon + \psi_\varepsilon$ denotes the asymptotic approximation for u_ε (cf. (3)). For the second contribution the standard interpolation estimates yield

$$\|u_0 - \Pi_h u_0\|_{E, I_j} \leqq C h_j^2 (1 + \varepsilon_j)\, |u_0|_{2,2,I_j} \,, \qquad j = 1, \dots, J \,, \tag{7}$$

where $\varepsilon_j = \varepsilon / h_j$. An appraisal for the third contribution can be stated in the following form (cf. [8], (3.7), (3.15))

$$\|\tilde{v}_\varepsilon - \Pi_h \tilde{v}_\varepsilon\|_{E, I_j} \leqq C \varepsilon h_j^{1/2} (1 + \varepsilon_j) \,, \qquad j = 2, \dots, J-1 \,. \tag{8}$$

The proof uses the representation of φ_ε and ψ_ε and needs the assumption

$$\underset{\sim}{\beta}\underset{\sim}{h} \geqq \varepsilon(-\ln \varepsilon) \,. \tag{9}$$

If ε is small compared with $\underset{\sim}{h}$, condition (9) is satisfied. Altogether (3), (7) and (8) imply that

$$\|\varrho_{h,\varepsilon}\|_{E, I_j} = O\left(h_j^2 + \varepsilon h_j^{1/2} (1 + \varepsilon_j^{1/2})\right) \,, \qquad j = 1, \dots, J-1 \,, \tag{10}$$

and

$$|\varrho_{h,\varepsilon}(x_j)| = O(\varepsilon) \,, \qquad j = 0, \dots, J \,. \tag{11}$$

Combining (10) and (11) with ideas of BABUŠKA and RHEINBOLDT [1, 2], we are able to derive a-posteriori error estimates for $e_{h,\varepsilon}$. Besides the splitting (6), we additionally split the error in $e_{h,\varepsilon} = e_{h,\varepsilon}^{(1)} + e_{h,\varepsilon}^{(2)}$ where $e_{h,\varepsilon}^{(1)}$ and $e_{h,\varepsilon}^{(2)}$ (more precisely: their restrictions to the subintervals) satisfy the following auxiliary problems,

$$e_{h,\varepsilon}^{(1)}(x_\nu) = e_{h,\varepsilon}(x_\nu) \,, \qquad \nu = j, j-1 \,, \qquad -\varepsilon^2 e_{h,\varepsilon}^{(1)\prime\prime} + b_\varepsilon^2 e_{h,\varepsilon}^{(1)} = 0 \quad \text{in } I_j \,, \tag{12}$$

and

$$e_{h,\varepsilon}^{(2)}(x_\nu) = 0 \,, \qquad \nu = j, j-1 \,, \qquad -\varepsilon^2 e_{h,\varepsilon}^{(2)\prime\prime} + b_\varepsilon^2 e_{h,\varepsilon}^{(2)} = r_j \quad \text{in } I_j \,, \quad j = 1, \dots, J \,. \tag{13}$$

The right-hand side of (13) is given by the *residual* $r_j = (f_\varepsilon - b_\varepsilon^2 u_{h,\varepsilon})|I_j$. The solutions of (12) and (13) satisfy the basic relation

$$\|e_{h,\varepsilon}\|_{E,I_j}^2 = \|e_{h,\varepsilon}^{(1)}\|_{E,I_j}^2 + \|e_{h,\varepsilon}^{(2)}\|_{E,I_j}^2 \,, \qquad j = 1, \dots, J \,. \tag{14}$$

According to this relation now it is our aim to derive realistic estimates for the two contributions on the right-hand side of (14). The local energynorms of $e_{h,\varepsilon}^{(1)}$ can be estimated by means of well-known stability inequalities from the theory of singular perturbations,

$$\|e_{h,\varepsilon}^{(1)}\|_{E,I_j} \leqq \gamma_j \varepsilon^{1/2} \left(|e_{h,\varepsilon}(x_j)| + |e_{h,\varepsilon}(x_{j-1})|\right) \,, \qquad j = 1, \dots, J \,, \tag{15}$$

where $\gamma_j = \tilde{\beta}_j^{1/2}\left(1 + O(h_j)\right)\left(1 + O(\varepsilon_j^2)\right)$ and $\tilde{\beta}_j = \max\{b_\varepsilon(x), x \in I_j\}$. By means of the variational formulation of (13) and the inequality of POINCARÉ-FRIEDRICHS one easily obtains the following a-posteriori error estimates for $e_{h,\varepsilon}^{(2)}$,

$$\|e_{h,\varepsilon}^{(2)}\|_{E,I_j} \leqq (\underset{\sim}{\beta}_j^2 + \pi^2 \varepsilon_j^2)^{-1/2}\, |r_j|_{0,2,I_j} \,, \qquad j = 1, \dots, J \,, \tag{16}$$

where $\underset{\sim}{\beta}_j = \min\{b_\varepsilon(x), x \in I_j\}$. Let us call the right-hand side of (16) *error indicator* η_j.

Together with (10) and (11) one can now deduce a relation between the local energy-norms of $e_{h,\varepsilon}^{(1)}$ and $e_{h,\varepsilon}^{(2)}$. This leads to upper and lower a-posteriori error estimates for the whole error $e_{h,\varepsilon}$ stated in the following theorem. In the proof one additionally needs a local condition for the partition,

$$\underset{\sim}{c} h_{j-1} \leqq h_j \leqq \tilde{c} h_{j-1} \,, \qquad j = 2, \dots, J \,, \tag{17}$$

with constants, $\underset{\sim}{c}$, $\tilde{c}$ independent of ε and Δ. Meshes of that type are also called "locally quasi-uniform".

Theorem: *Under the assumptions* (9) *and* (17) *there exist an* $\varepsilon_1 > 0$ *and a constant* $C > 0$ *such that the following upper estimates hold,*

$$\|e_{h,\varepsilon}\|_{E,I_j} \leqq \eta_j(1 + C\varepsilon_j^{1/2}) + O(\varepsilon^{1/2}h_j)\,, \qquad j = 2, \dots, J-1\,,$$
$$\|e_{h,\varepsilon}\|_{E,I_1} \leqq \eta_1 + C\varepsilon_1^{1/2}\eta_2 + O(\varepsilon^{1/2}h_1)\,,$$
$$\|e_{h,\varepsilon}\|_{E,I_J} \leqq \eta_J + C\varepsilon_J^{1/2}\eta_{J-1} + O(\varepsilon^{1/2}h_{J-1})\,, \qquad 0 < \varepsilon \leqq \varepsilon_1\,.$$

Moreover, the error can be estimated from below by the error indicators in the following way

$$\eta_j \leqq (1 + \pi^2\varepsilon_j^2\underset{\sim}{\beta}_j^{-2})^{-1/2}\,\|e_{h,\varepsilon}\|_{E,I_j}\,\big(1 + O(h_j)\big)\,\big(1 + O(\varepsilon^{1/2})\big) + O(\varepsilon^{3/4})\,, \qquad j = 1, \dots, J\,.$$

Our methods can also be successfully applied for problems with inhomogeneous terms f_ε in (1) containing boundary layer contributions. For parabolic equations with the singulary perturbed elliptic part considered above, the present results combined with stability properties of suitable finite element methods (e.g. the well-known Crank-Nicolson-Galerkin-method) can be used to establish a-posteriori error estimates on every time level. This will be published in [9].

According to the estimates of the above theorem, the error indicators provide realistic bounds for the (local) error. One can see that the error with respect to the energy-norm (over the whole interval) tends to a minimum if the error indicators become approximately equal for all subintervals. An adaptive mesh refinement can therefore be implemented in such a way that always those subintervals are halved where the corresponding error indicators are of the same magnitude as the maximal one. This process turns out to be very efficient in numerous examples. It causes a desirable mesh refinement towards the boundary layers. For computational results we refer to [8]. The same method works very well even for problems with internal layers.

References

1 Babuška, I.; Rheinboldt, W. C., A-posteriori error estimates for the finite element method, Internat. J. Numer. Methods Eng. 12, 1597–1615 (1978).

2 Babuška, I.; Rheinboldt, W. C., Analysis of optimal finite element meshes in R^1, Math. Comput. 33, 435–463 (1979).

3 Brandt, A., Multi-level adaptive techniques for singular-perturbation problems, in: Numerical Analysis of Singular Perturbation Problems (Proc. Conf. Nijmegen, 1978), 53–142, Academic Press, London 1979.

4 Ciarlet, P. G., The Finite Element Method for Elliptic Problems, North-Holland, Amsterdam 1978.

5 van Harten, A., Nonlinear singular perturbation problems: proofs of correctness of a formal approximation based on a contraction principle in a Banach space, J. Math. Analysis Appl. 65, 126–168 (1978).

6 Pearson, C. E., On a differential equation of the boundary layer type, J. Math. and Phys. 47, 134–154 (1968).

7 Reinhardt, H.-J., Stability and asymptotic expansions for a nonlinear singular perturbation problem, to appear.

8 Reinhardt, H.-J., A-posteriori error estimates for the finite element solution of a singularly perturbed linear ordinary differential equation, to appear in SIAM J. Numer. Analysis 18, 3 (1981).

9 Reinhardt, H.-J., A-posteriori error estimates and adaptive finite element computations for singularly perturbed one space dimensional parabolic equations in: Analytical and numerical approaches to asymptotic problems in analysis (Proc. Conf. Nijmegen, 1980), 213–233, North-Holland, Amsterdam 1981.

Anschrift: Dr. H.-J. Reinhardt, Fachbereich Mathematik, J. W. Goethe-Universität, D-6000 Frankfurt am Main, BRD

ZAMM 61, T 311 – T 313 (1981)

S. M. Rump

Exakte Fehlerschranken für Eigenwerte und Eigenvektoren

1. Einleitung

Wie in der Einleitung von [2] bereits deutlich gemacht, können auf Rechenanlagen durch Rundungsfehler große Ungenauigkeiten entstehen. Dies kann sich insbesondere schwerwiegend auswirken, wenn die Ergebnisse nicht als falsch erkannt werden und mit ihnen weiter gerechnet wird. So kann es passieren, daß mittels eines Gleitkommaalgorithmus als Näherung für einen Eigenwert einer 5×5-Matrix (!) der Wert $+0.2$ berechnet wird, wohingegen der wahre Wert -0.3 ist.

In der vorliegenden Arbeit werden Algorithmen vorgestellt, die bewiesene Fehlerschranken für Eigenwert/Eigenvektorpaare berechnen. Da die erhaltenen Ergebnisse bewiesenermaßen richtig sind, entfällt der bis jetzt notwendige Mehraufwand des Benutzers für Kontrollen im Algorithmus und am Ergebnis, durch die letztlich doch keine Sicherheit gegeben wurde. Der Zeitaufwand der vorliegenden Algorithmen liegt in der Größenordnung von Gleitkommaalgorithmen. Sie können von jedermann ohne tiefere Kenntnis der Problematik benutzt und die Ergebnisse, da sie bewiesenermaßen richtig sind, bedenkenlos weiter verwendet werden.

2. Theoretischer Hintergrund

Das Problem sei als nicht-lineares Gleichungssystem

$$\begin{aligned} (A - \lambda E)\,x &= 0 \\ e_k' \cdot x - 1 &= 0 \end{aligned} \qquad \text{mit } A \in M_n\mathbb{R}\,, \quad x \in V_n\mathbb{R} \quad \text{und} \quad \lambda \in \mathbb{R} \tag{1}$$

formuliert, wobei e_k' der transponierte k-te Einheitsvektor bedeutet. Wir definieren weiter die Funktion

$$f\begin{pmatrix} x \\ \lambda \end{pmatrix} := \begin{pmatrix} x \\ \lambda \end{pmatrix} - R \cdot \begin{pmatrix} (A - \lambda E)\, x \\ e_k' x - 1 \end{pmatrix}, \qquad R \in M_{n+1}\mathbb{R} \tag{2}$$

Durch TAYLOR-Entwicklung von f unter Einbeziehung der zweiten Ableitung erhält man

$$f\begin{pmatrix} x \\ \lambda \end{pmatrix} = f\begin{pmatrix} \tilde{x} \\ \tilde{\lambda} \end{pmatrix} + \left\{ E - R \cdot \begin{pmatrix} A - \tilde{\lambda} E & -x \\ e_k' & 0 \end{pmatrix} \right\} \cdot \begin{pmatrix} x - \tilde{x} \\ \lambda - \tilde{\lambda} \end{pmatrix} \tag{3}$$

für beliebiges $\tilde{x} \in V_n\mathbb{R}$ und $\tilde{\lambda} \in \mathbb{R}$. Die Gleichheit von (2) und (3) bestätigt man durch Ausrechnen. Für nicht-singuläres R ist offenbar jeder Fixpunkt von f ein Eigenvektor/Eigenwertpaar. Nach dem Fixpunktsatz von BROUWER liegt für

$$f\begin{pmatrix} X \\ \Lambda \end{pmatrix} \subseteq \begin{pmatrix} X \\ \Lambda \end{pmatrix} \qquad X \in \mathbb{I}V_n\mathbb{R}\,, \ \Lambda \in \mathbb{I}\mathbb{R} \tag{4}$$

in X ein Eigenvektor und in Λ der zugehörige Eigenwert von A. Das Erfülltsein von (4) ist durch intervallmäßiges Ausrechnen von f nach (3) nachzuprüfen. Sowohl die Frage nach der (notwendigen) Nicht-Singularität von R als auch nach der Eindeutigkeit von Eigenvektor und Eigenwert muß noch beantwortet werden. Dazu geben wir folgende Definition.

Definition 1: Für $I, J \in \mathbb{I}\mathbb{R}$ heißt I *echt enthalten in* J, im Zeichen $I \subsetneqq J$, wenn gilt:

$$I \subseteq J \quad \text{und} \quad I \cap \partial J = \emptyset\,.$$

Die entsprechende Definition für Intervallvektoren gilt komponentenweise.
Der folgende Satz entscheidet das erste Problem positiv.

Satz 2: *Sei $C \in M_n\mathbb{R}$, $z \in V_n\mathbb{R}$ und $V \in \mathbb{I}V_n\mathbb{R}$. Dann folgt aus*

$$z + C \cdot V \subsetneqq V\,, \tag{5}$$

daß der Spektralradius von C kleiner als 1 ist.

Beweis: Nach dem Fixpunktsatz von BROUWER existiert ein $\hat{x} \in V_n\mathbb{R}$ mit $z + C\hat{x} = \hat{x} \in V$. Aus (5) folgt dann

$$C \cdot (V - \hat{x}) = C \cdot V - C\hat{x} = C \cdot V + z - \hat{x} \subsetneqq V - \hat{x}\,. \tag{6}$$

Für $Y := V - \hat{x}$ ist also $C \cdot Y \subsetneqq Y$ und mit $W := Y + i \cdot Y$ gilt

$$C \cdot W = C(Y + i \cdot Y) = CY + i \cdot CY \subsetneqq Y + iY = W\,. \tag{7}$$

Darüber hinaus ist $U_\varepsilon(0) \subseteq W$ für ein $\varepsilon > 0$ wegen des echten Enthaltenseins in (7).

Für einen beliebigen Eigenvektor w von C mit zugehörigem Eigenwert μ definieren wir $\Gamma := \{\gamma \in \mathbb{C} \mid \gamma w \in W\}$ und $|\gamma^*| = \max_{\gamma \in \Gamma} |\gamma|$ mit $0 \neq \gamma^* \in \Gamma$. Damit ist

$$C(\gamma^* w) = \mu\gamma^* w \in W \setminus \partial W \tag{8}$$

nach (7). Aus der Definition von γ^* folgt daher $|\mu| < 1$ und aus der beliebigen Wahl von w, μ die Behauptung. □

Durch Einschränkung des Intervallvektors X auf Vektoren mit k-ter Komponente 1 folgt durch Anwendung von Satz 2 auf (3) aus

$$f\begin{pmatrix} X \\ \Lambda \end{pmatrix} \subsetneqq \begin{pmatrix} X \\ \Lambda \end{pmatrix} \qquad \text{außer für die } k\text{-te Komponente} \tag{8}$$

sofort insbesondere die Nicht-Singularität von R und damit die Existenz eines $(x, \lambda) \in (X, \Lambda)$ mit $Ax = \lambda x$.

Schwieriger ist es, die Eindeutigkeit von Eigenvektor und Eigenwert in (X, Λ) nachzuweisen. Ohne Beweis sei der folgende Satz angegeben. Für eine detaillierte Diskussion und den Beweis siehe [1].

Satz 3: *Mit den obigen Bezeichnungen folgt aus* (8) *bereits*

a) *Es gibt genau einen Eigenvektor x von A mit $x \in X$.*
b) *Es gibt genau einen Eigenvektor λ von A mit $\lambda \in \Lambda$.*
c) *Dieser hat die Vielfachheit* 1.
d) *Es gilt $Ax = \lambda x$.*
e) $\begin{pmatrix} x \\ \lambda \end{pmatrix} \in f^k \begin{pmatrix} X \\ \Lambda \end{pmatrix}$ *für* $0 \leqq k \in \mathbb{N}$.

Die wesentliche Aussage des Satzes 3 ist, daß die Eindeutigkeit von Eigenvektor und Eigenwert einzeln nachgewiesen wird.

3. Der Algorithmus

Mit diesen Voraussetzungen ist es bereits möglich, eine einfache Version eines Algorithmus zur Bestimmung bewiesener Fehlerschranken für Eigenvektoren und Eigenwerte anzugeben. Seien $\tilde{x}$ und $\tilde{\lambda}$ Gleitkommanäherungen für ein Eigenvektor/Eigenwertpaar und

$$R \approx \begin{pmatrix} A - \tilde{\lambda} E & -\tilde{x} \\ e_k' & 0 \end{pmatrix}^{-1} \text{gleitkommamäßig,}$$

wobei an die Genauigkeit der Näherungen keinerlei Voraussetzungen geknüpft sind, wie die obigen Sätze zeigen. Für

$$U := f\begin{pmatrix} \tilde{x} \\ \tilde{\lambda} \end{pmatrix} \text{intervallmäßig}$$

iteriere man

$$\begin{aligned} &\text{repeat} \quad Y := U; \quad U := f(U) \\ &\text{until} \quad U \subsetneqq Y . \end{aligned} \tag{9}$$

Für das Ergebnisintervall U gelten dann die Behauptungen von Satz 3. Neben vielen Verbesserungen sei speziell die Einschließung des Defekts statt der Lösung genannt. Damit ist es möglich, bei im wesentlichen einfacher Genauigkeit der Rechnung und nur punktueller Rechnung mit höherer Genauigkeit (Berechnung eines Defekts) die Lösung beliebig genau zu berechnen (siehe [1]). Die Algorithmen sind in FORTRAN implementiert und verfügbar. Als Beispiel für die Leistungsfähigkeit sei die Anwendung auf die 8×8-HILBERT-Matrix genannt. Für einen Eigenwert berechnete der LR-Algorithmus $-2.17_{10} - 3$. Der wahre Wert $+1.26_{10} - 3$ wurde vom neuen Algorithmus wie alle Komponenten des Eigenvektors bei $8^1/_2$-stelliger Genauigkeit der Rechnung auf 18 Dezimalstellen eingeschlossen.

4. Zusammenfassung

Wie die obigen Beispiele zeigten, kann die laienhafte Verwendung von Gleitkommaalgorithmen bei der Eigenwertbestimmung große Gefahren bergen. Es wurde ein Algorithmus vorgestellt, der automatisch arbeitet und den Beweis für die Richtigkeit der Lösung mitliefert. Insbesondere kann damit die Richtigkeit oder Güte von Gleitkommanäherungen überprüft werden. Stoppt die Iteration (9) nicht, ist die Rechengenauigkeit gemessen an der Kondition unzureichend und es ist mit höherer Genauigkeit zu rechnen oder die Vielfachheit des Eigenwerts ist größer als 1. In fast allen gerechneten Beispielen stoppte die Iteration (9) nach einem Schritt. An der Verallgemeinerung auf Einschließung von Eigenwerten höherer Vielfachheit wird gearbeitet. Der Algorithmus ist leicht verallgemeinerbar auf komplexe, Intervall- und komplexe Intervallmatrizen.

Literatur

1 RUMP, S. M., Kleine Fehlerschranken bei Matrixproblemen, Dr.-Dissertation, Universität Karlsruhe, Februar 1980.
2 RUMP, S. M., Kleine, exakte Fehlerschranken für die Lösung linearer Gleichungssysteme, ZAMM 61 (1981), T 313—T 315.

Anschrift: Dr. SIEGFRIED M. RUMP, Universität Karlsruhe, Institut für Angewandte Mathematik, Kaiserstraße 12, D-7500 Karlsruhe, BRD

ZAMM 61, T 313 – T 315 (1981)

S. M. RUMP

Kleine, exakte Fehlerschranken für die Lösung linearer Gleichungssysteme

1. Einleitung

Bekanntlich können auf Rechenanlagen durch Rundungsfehler große Fehler entstehen. Dies ist um so mehr der Fall, wenn die Arithmetik nicht sauber implementiert ist. So sind etwa die Operanden der Differenz

$$134\,217\,728.0 - 134\,217\,727.0$$

exakt (d. h. ohne Konvertierungs- oder Rundungsfehler) auf einer weit verbreiteten Großrechenanlage darstellbar, ebenso wie das Ergebnis 1.0; der Computer errechnet jedoch als Ergebnis 2.0. Die relative Rundungsfehlereinheit müßte nach der Akkumulatorlänge auf diesem Rechner 2^{-27} sein, in diesem Beispiel ist sie jedoch 1. Für viele bekannte Fehlerabschätzungen sind damit die Voraussetzungen für deren Gültigkeit nicht erfüllt.

In Gleitkommaalgorithmen müssen zur Vermeidung von schwerwiegenden Fehlern Kontrollen im Algorithmus und am Ergebnis angebracht werden. Gleichwohl wird kein Beweis für die maximale Ungenauigkeit des Ergebnisses gegeben und die laienhafte Anwendung kann gefährlich werden. Es werden Algorithmen entwickelt, die bewiesene Fehlerschranken berechnen, und zwar zunächst für die Lösung linearer Gleichungssysteme. Der Zeitaufwand liegt in der Größenordnung des Gleitkomma-GAUSS-Algorithmus, es entfällt jedoch jeglicher Aufwand des Benutzers für die Kontrolle, da die Ergebnisse als richtig bewiesen sind.

2. Theoretischer Hintergrund

Gegeben sei das lineare Gleichungssystem

$$Ax = b \quad \text{mit} \quad A \in M_n\mathbb{R} \quad \text{und} \quad b \in V_n\mathbb{R}\,. \tag{1}$$

Ein Fixpunkt der Funktion

$$f(x) = x + R(b - Ax)\,, \qquad R \in M_n\mathbb{R}\,, \tag{2}$$

ist für nicht-singuläres R offenbar Lösung des Gleichungssystems (1). Bereits in [1] wurde der folgende Operator

$$g(x) = f(\tilde{x}) + (E - RA)\,(x - \tilde{x})\,, \qquad \tilde{x} \in V_n\mathbb{R}\,, \tag{3}$$

betrachtet. Für beliebiges $\tilde{x}$ ist offenbar

$$f(x) = g(x) \quad \text{für alle} \quad x \in V_n\mathbb{R}\,. \tag{4}$$

Gilt für einen Intervallvektor $X \in \mathbb{I}V_n\mathbb{R}$

$$f(X) \subseteq X\,, \tag{5}$$

so besitzt f nach dem Fixpunktsatz von Brouwer mindestens einen Fixpunkt. Das Erfülltsein der Bedingung (5) kann wegen (4) durch einfaches Ersetzen der Gleitkommaoperationen durch die entsprechenden Intervalloperationen in (3) nachgeprüft werden. Ein Problem ist nachzuprüfen, ob die Matrix R nicht-singulär ist und, damit die Lösung eindeutig ist, ob auch A nicht-singulär ist. Der folgende Satz zeigt, daß bereits eine schwache Verschärfung von (5) ausreicht um beide Fragen positiv zu entscheiden. Zuvor eine Definition.

Definition 1: Seien $I, J \in \mathbb{I}\mathbb{R}$ reelle Intervalle. I heißt *echt enthalten in* J, in Zeichen $I \subsetneqq J$ wenn gilt:

$$I \subseteq J \quad \text{und} \quad I \cap \partial J = \emptyset\,.$$

D. h. I besteht nur aus inneren Punkten von J. Die entsprechende Definition für Intervallvektoren gilt komponentenweise.

Satz 2: *Gegeben sei das lineare Gleichungssystem* (1) *und f wie in* (2) *für beliebiges $R \in M_n\mathbb{R}$. Aus*

$$f(X) \subsetneqq X \quad \text{für} \quad X \in \mathbb{I}V_n\mathbb{R} \tag{6}$$

folgt dann, daß

die Matrizen R und A nicht-singulär sind, (7)

das Gleichungssystem $Ax = b$ eindeutig lösbar ist und (8)

für $A\hat{x} = b$ mit $\hat{x} \in V_n\mathbb{R}$ ist $\hat{x} \in f^k(X)$ für $0 \leq k \in \mathbb{N}$. (9)

Beweis: Nach dem Fixpunktsatz von Brouwer besitzt f einen Fixpunkt $\hat{x} \in V_n\mathbb{R}$, für den nach (2) gilt

$$b - A\hat{x} \in \operatorname{Ker}(R)\,.$$

Für $y \in \operatorname{Ker}(A)$ und $\lambda \in \mathbb{R}$ ist

$$f(\hat{x} + \lambda y) = \hat{x} + \lambda y + R(b - A\hat{x} - Ay) = \hat{x} + \lambda y + R(b - A\hat{x}) = \hat{x} + \lambda y\,.$$

Da $\hat{x} \in X$ und $\hat{x} + \lambda y$ für jedes $\lambda \in \mathbb{R}$ ebenfalls Fixpunkt von f ist, gäbe es für $y \neq 0$ einen Fixpunkt $\hat{x} + \mu y$ auf dem Rand von X im Widerspruch zu (6). Die Matrix A ist also nicht-singulär. Angenommen $0 \neq y \in \operatorname{Ker}(R)$. Wegen der Nicht-Singularität von A folgt $A^{-1}y \neq 0$ und wie oben die Existenz eines $\mu \in \mathbb{R}$ mit $\hat{x} + \mu(A^{-1}y) \in \partial X$. Andererseits ist aber

$$f\big(\hat{x} + \mu(A^{-1}y)\big) = \hat{x} + \mu(A^{-1}y) + R(b - A\hat{x} - \mu y) = \hat{x} + \mu(A^{-1}y)$$

wieder im Widerspruch zu (6). Damit ist (7) gezeigt und (8) folgt sofort. Aus $\hat{x} \in X = f^0(X)$ und

$$\hat{x} \in f^k(X) \Rightarrow \hat{x} = f(\hat{x}) \in f\big(f^k(X)\big) = f^{k+1}(X)$$

folgt mittels vollständiger Induktion (9) und der Satz ist vollständig bewiesen.

3. Algorithmus

Aus diesem Satz läßt sich sofort ein Algorithmus zur Einschließung der Lösung von (1) ableiten: ($\circledast$ bedeutet Intervalloperation für $* \in \{+, -, \cdot, /\}$)

$$\begin{aligned} &X := \tilde{x} \oplus R \odot (b \ominus A \odot \tilde{x});\\ &\texttt{repeat}\quad Y := X; \quad X := f(X)\\ &\texttt{until}\quad X \subsetneqq Y\,. \end{aligned} \tag{10}$$

Hierbei sind $\tilde{x}$ und R eine Näherung für $\hat{x}$ und die Inverse von A, an deren Güte nach Satz 2 keinerlei Voraussetzungen geknüpft sind. Mit dem Eintreten von (6) ist die Voraussetzung von Satz 2 erfüllt und es gelten seine Folgerungen. Der Algorithmus kann in vielerlei Hinsicht wesentlich verbessert werden. Insbesondere folgt mit

$$h(x) := R(b - A\tilde{x}) + (E - RA)\,x$$

aus

$$h(X) \subsetneqq X$$

sofort (7), (8) und

$$\hat{x} \in \tilde{x} \oplus X \quad \text{mit} \quad A\hat{x} = b\,.$$

Das so gewonnene Ergebnisintervall ist bereits wesentlich schärfer. So ist es möglich bei einfacher Grundgenauigkeit, wobei nur der Defekt $b - A\tilde{x}$ doppelt-genau berechnet wird, die Lösung auf weit mehr als einfache Genauigkeit einzuschließen. Bei Verwendung höherer Defekte und eines langen Akkumulators ist es so möglich, bei im wesentlichen einfacher Rechengenauigkeit die Lösung beliebig genau einzuschließen. Für eine ausführliche Beschreibung dieser und weiterer Verbesserungen siehe [2].

4. Zusammenfassung

Der wesentliche Fortschritt der beschriebenen Methode ist, daß ausgehend von einer Gleitkommanäherung der Lösung ohne Voraussetzungen an deren Güte eine Einschließung der Lösung von (1) numerisch konstruiert und gleichzeitig deren Richtigkeit bewiesen wird. Das bisher notwendige Beschaffen einer Ersteinschließung entfällt ebenso wie der bisher notwendige große Mehraufwand des Anwenders für diverse Kontrollen im Algorithmus und am Ergebnis. Die Rechenzeit des Algorithmus ist die 6-fache gegenüber dem Gleitkomma-GAUSS-Algorithmus unabhängig von der Größe des Systems. Kommt die Schleife (10) nicht zum Stillstand, ist die Rechengenauigkeit gemessen an der Kondition des Problems unzureichend und das Problem ist mit höherer Genauigkeit zu rechnen (oder die Problemstellung ist zu überprüfen). In fast allen gerechneten Beispielen trat die Einschließung nach einem Schritt ein. Der Algorithmus wurde bis $n = 200$ gerechnet, wobei die Zahl 200 durch die begrenzte Speicherkapazität bedingt ist und keine Grenze für den Algorithmus darstellt.

Die Algorithmen sind in FORTRAN implementiert und verfügbar und sind leicht erweiterbar auf komplexe Gleichungssysteme. An der Verallgemeinerung auf schwach besetzte Matrizen wird gearbeitet.

Literatur

1 KRAWCZYK, R., NEWTON-Algorithmen zur Bestimmung von Nullstellen mit Fehlerschranken, Computing **4** (1969), 187—201.
2 RUMP, S. M., Kleine Fehlerschranken bei Matrixproblemen, Dr.-Dissertation, Universität Karlsruhe, Februar 1980.
3 RUMP, S. M.; KAUCHER, E., Small Bounds for the Solution of Systems of Linear Equations, Supplementum 2 Computing.

Anschrift: Dr. SIEGFRIED M. RUMP, Universität Karlsruhe, Institut für Angewandte Mathematik, Kaiserstraße 12, D-7500 Karlsruhe, BRD

ZAMM 61, T 315 – T 317 (1981)

R. SCHERER / K. ZELLER

Rundungsfehler bei linearen Gleichungen

1. Einleitung

Zahlreiche Veröffentlichungen über Rundungsfehler in neuerer Zeit verdeutlichen das Interesse an diesem Gebiet. Wir knüpfen an einige dieser Untersuchungen an und behandeln eine Kurzschrift für Rundungsfehler, die vergleichbar ist mit früheren Darstellungsweisen (z. B. WILKINSON [18], VAN DER SLUIS [16], OLVER [8]), aber in ihrer ausgeprägten Form manche Vorteile bietet. Sie liefert zentrale Abschätzungen in ziemlich einfacher und übersichtlicher Weise. Wir behandeln zunächst Dreieckszerlegungen (Lemma 1, vgl. SAUTTER [11] [12], VELDHUIZEN [17]). Dann betrachten wir einige wichtige Ergänzungen (DE BOOR, PINKUS [1], REID [10], Lemma 2). Weiter gehen wir auf die OETTLI-PRAGER-Schranke ein (Lemma 3, vgl. SCHABACK [13], SKEEL [15]). Zum Schluß weisen wir auf Ausbaumöglichkeiten und auf weitere Literatur hin.

Wir nehmen an, daß die Gleitpunkt-Arithmetik der Regel

$$fl(a \circ b) = (a \circ b)\,\varrho \quad \text{mit} \quad |\log \varrho| \leqq \log \bar{\varrho} =: r^*$$

genügt. Natürlich hängt der Faktor ϱ von den Parametern ab, wir verzichten aber auf eine Kennzeichnung dieser Abhängigkeit. Bei mehrmaligem Auftreten wird also ϱ im allgemeinen verschiedene Zahlen bedeuten. Konsequent schreiben wir ϱ^2, ϱ^3, ... für ein Produkt von zwei oder mehr Zahlen dieses Typs.

2. Dreieckszerlegung

Ein lineares Gleichungssystem behandeln wir numerisch mittels Dreieckszerlegung und zweistufiger Auflösung. Die Ungenauigkeiten beschreiben wir in der Form $A = LR - G$, $(LR + H)\,x = b$, also $(A + F)\,x = b$ mit $F = G + H$ (siehe Lemma 1). Wir nehmen an, daß die numerischen Operationen (Anordnung wie bei GAUSS-Elimination; $l_{ii} \neq 0$ gewählt) durchführbar sind.

Unsere Grundformel lautet

$$((\dots (a - l_1 r_1 \varrho)\,\varrho - \dots - l_{m-1} r_{m-1} \varrho)\,\varrho / l_m)\,\varrho =: r_m\,.$$

Sukzessiver Transfer von m Faktoren ϱ ergibt

$$a = \sum_{k=1}^{m} l_k r_k \varrho^k$$

(auch wenn oben l_m und r_m die Plätze tauschen). Berechnet man demgemäß L und R (etwa in der Reihenfolge l_{11} (gewählt); $r_{11}, \ldots, r_{1n}$; $l_{21}, \ldots, l_{n1}$; usw.), so ergeben sich Beziehungen

$$a_{ij} = \sum_{k=1}^{m} l_{ik} r_{kj} \varrho^k \qquad (\text{wo } m := \min (i, j)) .$$

Die rekursive Auflösung der beiden Dreieckssysteme führt bei analoger Anordnung der Operationen zu

$$\sum_{k=1}^{i} l_{ik} \varrho^k y_k = b_i \quad \text{und} \quad \sum_{j=n}^{k} r_{kj} \varrho^{n+1-j} x_j = y_k .$$

Es gilt also $Cx = b$, wo jedes c_{ij} eine Darstellung

$$c_{ij} = \sum_{k=1}^{m} l_{ik} r_{kj} \varrho^{n+1-j+k}$$

gestattet. Die beiden Fehlerbeziehungen schreiben wir in der Form $A = LR - G$ und $C = LR + H$. Durch Zusammenfassung und Vergröberung erhalten wir ein Resultat, das schon in verschiedenen Varianten bekannt ist (vgl. SAUTTER [11] [12], VELDHUIZEN [17]):

Lemma 1: *Der beschriebene Lösungsprozeß liefert ein x mit $(A + F)\, x = b$, wo jedes f_{ij} eine Darstellung*

$$f_{ij} = \pm 2(\varrho^{n+1} - 1) \sum_{k=1}^{m} |l_{ik} r_{kj}|$$

besitzt.

3. Ergänzungen

Anschließende Untersuchungen betreffen Pivotwahl (VELDHUIZEN [17]) und Matrizen mit besonderen Eigenschaften (DE BOOR, PINKUS [1]). REID [10] schätzt G ab unter Verwendung von Schranken für die Partialsummen. Wir führen das so durch. Es gelte

$$|a_{ij}| \leqq \Omega_{ij}^{(1)} , \qquad (a_{ij} - l_{i1} r_{1j} \varrho)\, \varrho \leqq \Omega_{ij}^{(2)}, \ldots .$$

Wir spielen die Fehler direkt auf a_{ij} zurück und beachten

$$|l_1 r_1| \leqq (\Omega^{(1)} + \Omega^{(2)})\, \bar{\varrho}^2, \ldots, |l_m r_m| \leqq \Omega^{(m)} \bar{\varrho} .$$

Lemma 2: *Der beschriebene Zerlegungsprozeß führt zu $A + G = LR$, wo jedes g_{ij} eine Darstellung folgender Art besitzt:*

$$g_{ij} = \pm 3(\varrho - 1)\, \varrho^2 \sum_{k=1}^{m} \Omega_{ij}^{(k)} .$$

4. Die Oettli-Prager-Schranke

OETTLI und PRAGER [7] untersuchten die Frage, welche Änderungen von A und b im Sinne der Rückwärtsanalyse ausreichen. Arbeitet man mit dem relativen Fehler, so gelangt man zur Schranke $\operatorname{Max}_i |c_i|$, wo

$$c_i := d_i / e_i \quad \text{mit} \quad d_i := (Ax - b)_i \quad \text{und} \quad e_i := (|A|\, |x| + |b|)_i \ (\neq 0) .$$

Bei numerischer Auswertung dieser Ausdrücke müssen die entstehenden Fehler kompensiert werden (SCHABACK [13], SKEEL [15]). Die Kurzschrift zeigt sofort, worauf es ankommt. Wir schreiben

$$(\ldots (b_i - a_{in} x_n \varrho)\, \varrho - \ldots)\, \varrho = b_i \varrho^n - \sum_{j=1}^{n} a_{ij} x_j \varrho^{j+1} = d_i \pm (\varrho^{n+1} - 1)\, e_i$$

und erhalten zusammen mit dem entsprechenden Wert $e_i \varrho^{n+1}$ das

Lemma 3: *Die beschriebene Auswertung liefert Quotienten der Gestalt*

$$c_i^* = c_i \varrho^{n+2} \pm (\varrho^{n+1} - 1)\, \varrho^{n+2} .$$

5. Bemerkungen

Wir nennen einige weitere Fragenkreise und Literaturstellen: GAUSS-JORDAN: [9]; Symmetrie: [2]; (Nach-) Iteration: [3] [19], [15]; Sparse data: [6], [1]; Pseudoinverse: [12]; FOURIER-Transformation: [4]; verfeinerte Akkumulation: [18], [5].

Literatur

1 DE BOOR, C.; PINKUS, A., Backward error analysis for totally positive linear systems, Numer. Math. 27, 485–490 (1977).
2 DAX, A.; KANIEL, S., Pivoting techniques for symmetric GAUSSian elimination, Numer. Math. 28, 221–241 (1977).
3 JANKOWSKI, M.; WOŹNIAKOWSKI, H., Iterative refinement implies numerical stability, BIT 17, 303–311 (1977).
4 KANEKO, T.; LIU, B., Accumulation of round-off error in fast FOURIER transforms, J. Assoc. Comput. Machin. 17, 637–654 (1970).

5 KANEKO, T.; LIU, B., On local roundoff errors in floating-point arithmetic, J. Assoc. Comput. Machin. 20, 391–398 (1973).
6 MILLER, W., Roundoff analysis and sparse data, Numer. Math. 29, 37–43 (1977).
7 OETTLI, W.; PRAGER, W., Compatibility of approximate solution of linear equations with given error bounds for coefficients and right-hand sides, Numer. Math. 6, 405–409 (1964).
8 OLVER, F. W. J., A new approach to error arithmetic, SIAM J. Numer. Anal. 15, 368–393 (1978).
9 PETERS, G.; WILKINSON, J. H., On the stability of GAUSS-JORDAN elimination with pivoting, Comm. Assoc. Comput. Machin. 18, 20–24 (1975).
10 REID, J. K., A note on the stability of GAUSSian elimination, J. Inst. Math. Appl. 8, 374–375 (1971).
11 SAUTTER, W., Fehlerfortpflanzung und Rundungsfehler bei der verallgemeinerten Inversion von Matrizen, Dissertation, TU München 1971.
12 SAUTTER, W., Fehleranalyse für die GAUSS-Elimination zur Berechnung der Lösung minimaler Länge, Numer. Math. 10, 165–184 (1978).
13 SCHABACK, R., Eine rundungsgenaue Formel zur maschinellen Berechnung der PRAGER-OETTLI-Schranke, Computing 20, 177–182 (1978).
14 SCHERER, R.; ZELLER, K., Shorthand notation for rounding errors, Computing Suppl. 2, 165–168 (1980).
15 SKEEL, R. D., Scaling for numerical stability in GAUSSian elimination, J. Assoc. Comput. Machin. 26, 494–526 (1979).
16 VAN DER SLUIS, A., Syllabus Toegepaste Analyse (in Dutch), Rijks-Universiteit, Utrecht 1969.
17 VAN VELDHUIZEN, M., A note on partial pivoting and GAUSSian elimination, Numer. Math. 29, 1–10 (1977).
18 WILKINSON, J. H., Rounding Errors in Algebraic Processes, Prentice Hall, New York 1963.
19 WOŹNIAKOWSKI, H., Round-off error analysis of iterations for large linear systems, Numer. Math. 30, 300–314 (1978).

Anschrift: Priv. Doz. Dr. RUDOLF SCHERER, Prof. Dr. KARL ZELLER, Mathematisches Institut der Universität, Auf der Morgenstelle 10, D-7400 Tübingen, BRD

ZAMM 61, T 317 – T 319 (1981)

C. SCHNEIDER

Produktintegration zur Lösung schwachsingulärer Integralgleichungen

Es wird ein numerisches Verfahren zur Lösung folgender Klasse schwachsingulärer FREDHOLMscher Integralgleichungen zweiter Art vorgestellt:

$$\lambda x(s) - \int_a^b g_\alpha(|s-t|)\, k(s,t)\, x(t)\, \mathrm{d}t = y(s)\,, \qquad s \in J := [a,b]\,, \qquad g_\alpha(s) := s^{\alpha-1}\,, \qquad 0 < \alpha < 1\,, \tag{1}$$

$$g_1(s) := \log(s)$$

Gegeben sind $\alpha \in (0, 1]$, $0 \neq \lambda \in \mathbb{R}$ sowie $y \in C(J)$ und $k \in C(J \times J)$. In Operatorschreibweise hat (1) dann die Form $(\lambda I - K)\, x = y$, und K ist kompakt auf $(C(J), \sup)$, so daß (1) genau dann eindeutig lösbar ist, wenn λ kein Eigenwert von K ist (vgl. hierzu ATKINSON [2]).

Auf solche Integralgleichungen trifft man bei Potentialproblemen, bei der Untersuchung von Strahlungsgleichgewichten, in der Polymerphysik oder auch beim Transportproblem der Reaktortheorie (siehe DELVES, WALSH [5], HOPF [7], KIRKWOOD, RISEMAN [9], BELL, GLASSTONE [3]).

Sei jetzt $S_{n,m}$ die Menge der stückweisen Polynome vom Höchstgrad $m-1$ auf dem Gitter $\Delta := \{a = \tau_0 < < \tau_1 < \dots < \tau_n = b\}$, weiter sei $\{0 \leqq s_1 < s_2 < \dots < s_m \leqq 1\}$ eine Zerlegung des Einheitsintervalles und P_n: $C(J) \to S_{n,m}$ die interpolierende Projektion. Sie wird dadurch festgelegt, daß $P_n v$ die Funktion $v \in C(J)$ jeweils in den Punkten $\tau_i + s_j(\tau_{i+1} - \tau_i)$ interpoliert, die in den Teilintervallen $[\tau_i, \tau_{i+1}]$ liegen, $i = 0(1)\, n-1$, $j = 1(1)\, m$. Eine Näherungslösung für die Gleichung (1), die mit der Methode der Produktintegration gewonnen wird, ist dann eine Funktion x_n, die folgende Gleichung erfüllt:

$$\lambda x_n(s) - \int_a^b g_\alpha(|s-t|)\, [P_n(k(s,\cdot)\, x_n)]\,(t)\, \mathrm{d}t = y(s)\,, \qquad s \in J\,, \quad \text{bzw.} \quad (\lambda I - K_n)\, x_n = y\,. \tag{2}$$

Ist λ kein Eigenwert von K, so folgt aus der Theorie kollektiv kompakter Operatorapproximation von ANSELONE [1], daß (2) für genügend große n eindeutig lösbar ist und die x_n gleichmäßig gegen x für n gegen ∞ konvergieren. Eine Aussage über die Güte der Konvergenz haben DE HOOG und WEISS in [6] hergeleitet. Dort betrachten sie gleichabständige Stützstellen, $\tau_i = a + (b-a)\, i/n$, $i = 0(1)\, n$, und setzen eine genügend glatte Lösung x voraus:

$$M := \int_0^1 \prod_{j=1}^m (s_j - s)\, \mathrm{d}s \neq 0 \quad \text{und} \quad x \in C^m(J) \Rightarrow \|x - x_n\|_\infty = O(n^{-m})\,,$$

$$M = 0 \quad \text{und} \quad x \in C^{m+1}(J) \Rightarrow \|x - x_n\|_\infty = \begin{cases} O(n^{-m-\alpha}), & 0 < \alpha < 1 \\ O(n^{-m-1}\log(n)), & \alpha = 1\,. \end{cases} \tag{3}$$

D. h. eine Quadraturformel mit $M = 0$ (z. B. Produkt-SIMPSON oder Produkt-GAUSS) führt zu einer höheren Konvergenzordnung.

Doch leider treten bei den Lösungen schwachsingulärer Integralgleichungen oft Randsingularitäten auf. Und dann gilt nur noch die von CHANDLER [4] bewiesene Konvergenzaussage

$$||x - x_n||_\infty = \begin{cases} O(n^{-2\alpha}), & 0 < \alpha < 1 \\ O(n^{-2} \log (n)), & \alpha = 1 . \end{cases}$$

Dennoch kann gezeigt werden, daß die Konvergenzordnung aus (3) erhalten bleibt, wenn man die Stützstellen in geeigneter Weise nicht-äquidistant wählt. Als Vorbereitung zu diesem Ergebnis sollen aber zunächst Regularitätseigenschaften der Lösung x in einer für unsere Zwecke ausreichenden Form angegeben werden (vgl. [14] und zu weiteren Aussagen über die Glattheit der Lösung auch die Arbeiten von RICHTER [12], KAPER, KELLOGG [8], PITKÄRANTA [10] sowie CHANDLER [4]).

Satz 1: *Sei* $\mu \in \mathbb{N}$, $k \in C^{\mu+1}(J \times J)$, $y \in C^\mu(J)$, $0 < \alpha \leqq 1$, λ *kein Eigenwert von* K *und* x *die Lösung von* (1). *Dann ist* $x \in C^\mu(\text{int}(J))$, *im Falle* $0 < \alpha < 1$ *existiert ein* $\beta \in [\alpha, \mu]$, *und bei* $\alpha = 1$ (*logarithmischer Fall*) *gibt es zu jedem* $\varepsilon \in (0, 1)$ *ein* $\beta \in [1 - \varepsilon, \mu]$, *so daß*

$$|x^{(i)}(s)| \leqq C_i \begin{cases} (s - a)^{\beta - i} & a < s \leqq (a + b)/2 \\ (b - s)^{\beta - i} & (a + b)/2 \leqq s < b \end{cases}$$

mit HÖLDER-*Konstanten* C_i, $i = 1(1)\,\mu$.

Um Funktionen dieses Wachstumsverhaltens mit stückweisen Polynomen zu approximieren, hat RICE [11] folgendes Gitter Δ verwendet:

$$\tau_i := a + (b - a)/2(2i/n)^q , \quad 0 \leqq i \leqq n/2 , \quad \tau_i := a + b - \tau_{n-i} , \quad n/2 \leqq i \leqq n . \tag{4}$$

Mit dem $\beta \in [\alpha, \mu]$ bzw. $\beta \in [1 - \varepsilon, \mu]$ von Satz 1 wird nun der *Verzerrungsexponent* q festgelegt.

Satz 2: *Sei* x *die Lösung von* (1) *und* x_n *die Lösung von* (2) *mit dem Gitter aus* (4).

(i) *Ist* $M \neq 0$, $\mu = m$ *und* $q := m/\beta$, *so folgt* $||x - x_n||_\infty = O(n^{-m})$.

(ii) *Ist* $M = 0$, $\mu = m + 1$ *und* $q := (\alpha + m + 1)/(\alpha + \beta)$, *dann gilt*

$$||x - x_n||_\infty = \begin{cases} O(n^{-m-\alpha}), & 0 < \alpha < 1 \\ O(n^{-m-1} \log (n)), & \alpha = 1 . \end{cases}$$

Beweis: Siehe [13] und [15].

Das Ergebnis (3) ist somit wieder erhalten worden, und ein genügend glattes x $(x \in C^m(J)$, d. h. $\beta = m$, bzw. $x \in C^{m+1}(J)$, d. h. $\beta = m + 1)$ führt zu den gleichabständigen Stützstellen.

Abschließend soll noch an einem Beispiel der ohne wesentlichen Zusatzaufwand erreichbare Vorteil der nicht-äquidistanten Stützstellen demonstriert werden. Hierbei ist $a = 0$, $b = 1$, $\alpha = 1/2$, $\lambda = 2\sqrt{2}$, $k(s, t) = 1$, $y(s) = 2[s(1 - s)]^{3/4} - 3\pi(1 + 4s\,(1 - s))/8$, $x(s) = 2\sqrt{2}\,[s(1 - s)]^{3/4}$, d. h. $\beta = 3/4 > \alpha = 1/2$.

In der folgenden Tabelle ist jeweils der maximale absolute Fehler in den $n(m - 1) + 1$ Gitterpunkten $\tau_i + s_j(\tau_{i+1} - \tau_i)$, $i = 0(1)\,n - 1$, $j = 1(1)\,m$ angegeben.

	Trapezregel		SIMPSON-Regel	
	$M \neq 0,\ m = 2,\ s_1 = 0,\ s_2 = 1$		$M = 0,\ m = 3,\ s_1 = 0,\ s_2 = 1/2,\ s_3 = 1$	
$n(m - 1)$	$q = m/\beta$	$q = 1$	$q = (\alpha + m + 1)/(\alpha + \beta)$	$q = 1$
24	$8.56_{10} - 3$	$3.35_{10} - 2$	$5.91_{10} - 4$	$1.28_{10} - 2$
48	$2.17_{10} - 3$	$1.44_{10} - 2$	$4.25_{10} - 5$	$4.43_{10} - 3$
96	$5.77_{10} - 4$	$5.09_{10} - 3$	$2.94_{10} - 6$	$1.67_{10} - 3$
192	$1.51_{10} - 4$	$1.64_{10} - 3$	$2.03_{10} - 7$	$6.42_{10} - 4$

Literatur

1 ANSELONE, P. M., Collectively Compact Operator Approximation Theory and Applications to Integral Equations, Prentice Hall, Englewood Cliffs 1971.

2 ATKINSON, K., The numerical solution of FREDHOLM integral equations of the second kind, SIAM J. Numer. Analysis 4, 337–348 (1967).

3 BELL, G. I.; GLASSTONE, S., Nuclear Reactor Theory, Van Nostrand Reinhold Co., New York 1970.

4 CHANDLER, G. A., Superconvergence of numerical solutions to second kind integral equations, Dissertation, Australian National University 1979.

5 DELVES, L. M.; WALSH, J., Numerical Solution of Integral Equations, Clarendon Press, Oxford 1974.

6 DE HOOG, F.; WEISS, R., Asymptotic expansions for product integration, Math. Comput. 27, 295–306 (1973).

7 HOPF, E., Mathematical Problems of Radiative Equilibrium, Stechert-Hafner Service Agency, New York 1964.

8 KAPER, H. G.; KELLOGG, R. B., Continuity and differentiability properties of the solution of the linear transport equation, SIAM J. Appl. Math. 32, 201–214 (1977).

9 KIRKWOOD, J. G.; RISEMAN, J., The intrinsic viscosities and diffusion constants of flexible macromolecules in solution, J. Chem. Phys. 16, 565–573 (1948).

10 PITKÄRANTA, J., Estimates for the derivatives of solutions to weakly singular FREDHOLM integral equations, Report-HTKK-MAT-A153, Helsinki University of Technology 1979.

11 RICE, J. R., On the degree of convergence of nonlinear spline approximation. In: SCHOENBERG, I. J. (Ed.), Approximations with Special Emphasis on Spline Functions, Academic Press, New York 1969, S. 349—365.
12 RICHTER, G. R., On weakly singular FREDHOLM integral equations with displacement kernels, J. Math. Analysis Appl. 55, 32—42 (1976).
13 SCHNEIDER, C., Beiträge zur numerischen Behandlung schwachsingulärer FREDHOLMscher Integralgleichungen zweiter Art Dissertation, Mainz 1977.
14 SCHNEIDER, C., Regularity of the solution to a class of weakly singular FREDHOLM integral equations of the second kind, Integral Equations and Operator Theory 2, 62—68 (1979).
15 SCHNEIDER, C., Product integration for weakly singular integral equations, erscheint in Math. Comp. (1981).

Anschrift: Dr. CLAUS SCHNEIDER, Fachbereich Mathematik der Johannes-Gutenberg-Universität, Saarstr. 21, D-6500 Mainz, BRD

ZAMM 61, T 319 – T 320 (1981)

N. SCHNEIDER

Monotonie und Einschließung unter Verwendung eines verallgemeinerten Steigungsbegriffes

Um ableitungsfreie Verfahren zur Nullstellenbestimmung einer Funktion F in einem BANACH-Raum B zu entwikkeln, verallgemeinert SCHMIDT den reellen Steigungsbegriff. Er nennt eine Abbildung $\delta F(D \times D \subset B \times B \to S(B))$ Steigung von $F(D \subset B \to B)$, wenn sie der Bedingung

$$\delta F(x, y)\,(x - y) = F(x) - F(y) \quad \text{für alle} \quad x, y \in D \tag{1}$$

genügt [2]. Dabei bezeichnet $S(B)$ die Menge aller stetigen, linearen Operatoren von B in sich.

In späteren Arbeiten von SCHMIDT und anderer Autoren gelingt es mit Hilfe dieses Steigungsbegriffes, Verfahren zu entwickeln, die durch Berechnung einer monoton fallenden oberen Schrankenfolge und einer monoton wachsenden unteren Schrankenfolge die Lösungen von Operatorgleichungen in halbgeordneten BANACH-Räumen monoton einschließen [1], [3], [4]. SCHMIDT gibt im R^n folgende Realisierung δF seines Steigungsbegriffes an. Dabei sei der R^n im folgenden immer mit der natürlichen Halbordnung versehen.

Bezeichnet F eine Abbildung $(D \subset R^n \to R^n)$, so ordnet die Abbildung δF je zwei Elementen $u, v \in D$ eine $n \times n$ Matrix $\delta F(u, v)$ mit den Spalten

$$\delta F^j(u, v) = \begin{cases} \dfrac{F(\ldots, v^{(j-1)}, u^{(j)}, u^{(j+1)}, \ldots) - F(\ldots, v^{(j-1)}, v^{(j)}, u^{(j+1)}, \ldots)}{u^{(j)} - v^{(j)}}, & u^{(j)} \neq v^{(j)} \\ \dfrac{\partial F}{\partial x^{(j)}}(v^{(1)}, \ldots, v^{(j-1)}, u^{(j)}, u^{(j+1)}, \ldots, u^{(n)}), & u^{(j)} = v^{(j)} \end{cases}$$

zu.

Um wie in [4] auch für Verfahren, die mit Operatoren durchgeführt werden, die der SCHMIDTschen Forderung an eine Steigung nicht genügen, ebenfalls Einschließungsaussagen beweisen zu können, wird im folgenden der SCHMIDTsche Steigungsbegriff verallgemeinert.

Anhand der Abbildung $\overline{\delta F}$ wird der Begriff „verallgemeinerte Steigung" entwickelt.

$\overline{\delta F}$ ordnet je zwei Elementen $u, v \in D$ eine $n \times n$ Matrix $\overline{\delta F}(u, v)$ mit den Spalten

$$\overline{\delta F^j}(u, v) = \begin{cases} \dfrac{F(u) - F(u^{(1)}, \ldots, u^{(j-1)}, v^{(j)}, u^{(j+1)} \ldots, u^{(n)})}{u^{(j)} - v^{(j)}}, & u^{(j)} \neq v^{(j)} \\ \dfrac{\partial F}{\partial x^{(j)}}(u), & u^{(j)} = v^{(j)} \end{cases}$$

zu.

Matrizen dieser Art werden häufig als Approximation der Funktionalmatrix verwendet. $\overline{\delta F}$ ist i. a. keine Steigung im SCHMIDTschen Sinne.

Es läßt sich aber, falls die Realisierung δF der sogenannten Konvexitätsbedingung

$$\delta F(u_1, v_1) \geqq \delta F(u_2, v_2)\,, \qquad u_1 \geqq u_2\,, \qquad v_1 \geqq v_2\,, \tag{2}$$

genügt, was sicher dann der Fall ist, wenn die zweiten partiellen Ableitungen von F nichtnegativ sind, nachweisen, daß für $\overline{\delta F}$ die Beziehung

$$\overline{\delta F}(u, v)\,(u - v) \geqq F(u) - F(v) \quad \text{für alle vergleichbaren } u, v \in D$$

gilt. Dies legt folgende Definition nahe:

Definition: $F(D \subset B \to B)$. Eine Abbildung $A(D \times D \subset B \times B \to S(B))$ heißt verallgemeinerte Steigung von F, wenn $A(x, y)\,(x - y) \geqq F(x) - F(y)$ für alle vergleichbaren x, y.

Es werden nun die Iterationsverfahren

$$\left.\begin{aligned} F(x_k) + A(x_k, x_{k-1})\,(x_{k+1} - x_k) &= 0 \\ F(y_k) + A(x_{k+1}, x_k)\,(y_{k+1} - y_k) &= 0 \end{aligned}\right\}, \tag{3}$$

$$\left.\begin{aligned} F(x_k) + A(x_k, x_{k-1})\,(x_{k+1} - x_k) &= 0 \\ F(y_k) + A(x_{k+1}, y_k)\,(y_{k+1} - y_k) &= 0 \end{aligned}\right\}, \tag{4}$$

betrachtet und im Falle eines durch einen abgeschlossenen, regulären Kegel halbgeordneten BANACH-Raumes B der folgende Einschließungssatz bewiesen.

Satz: *F sei eine stetige Abbildung* $(V := [x_0, y_1] \subset B \to B)$. *Es existiere*

$$x_1 \in V \quad \textit{mit} \quad F(x_1) \geqq 0 \geqq F(y_1)\,.$$

$A(V \times V \to S(B))$ *sei verallgemeinerte Steigung mit der Eigenschaft*:

$$A(u_1, v_1) \geqq A(u_2, v_2)\,, \quad \textit{falls} \quad u_1 \geqq u_2\,, \qquad v_1 \geqq v_2\,.$$

Es existiere ein Operator $G(B \to B)$, der eine nichtnegative, injektive, linksseitige Subinverse $T \in S(B)$ besitzen möge mit

$$T \cdot \{G + A(u, v)\} \geqq 0 \quad \textit{für alle vergleichbaren } u, v\,.$$

Dann sind die Iterationsverfahren (3) *und* (4) *durchführbar, d. h. die Gleichungen* (3) *und* (4) *besitzen für jedes k eine Lösung x_{k+1} bzw. y_{k+1}. Es existieren die Grenzwerte* $\lim x_k = x^+$ *und* $\lim y_k = y^+$. *x^+, y^+ sind Nullstellen von F, und es gilt die monotone Einschließung*:

$$x_1 \leqq \dots \leqq x_k \leqq x_{k+1} \leqq \dots \leqq x^+ \leqq z^+ \leqq y^+ \leqq \dots \leqq y_{k+1} \leqq y_k \leqq \dots \leqq y_1$$

für jede Nullstelle z^+ von F in $[x_1, y_1]$. Existiert ein Operator $S(B \to B)$ mit $S^{-1} \geqq 0$ und der Eigenschaft $S \leqq -A(u, v)$ für alle vergleichbaren $u, v \in V$, dann ist $x^+ = y^+$.

Ist zusätzlich $S^{-1} \in S(B)$, und gilt die Normabschätzung

$$||A(u, v) - A(v, w)|| \leqq \beta\{||u - v|| + ||u - w|| + ||v - w||\}\,, \tag{5}$$

falls $u \leqq v \leqq w$ oder $w \leqq v \leqq u$, dann konvergieren die Verfahren (3) *und* (4) *mindestens mit der Ordnung* $\dfrac{1 + \sqrt{5}}{2}$.

Dieser Satz zeigt, daß sich die in [4] bewiesenen Einschließungsaussagen ohne zusätzliche Voraussetzungen für die Verfahren (3) und (4) verallgemeinern lassen.

Bemerkungen:

a) (5) ist erfüllt, wenn die zweiten partiellen Ableitungen von F in V beschränkt sind.

b) Im Gegensatz zu [4] wird zur Berechnung von y_{k+1} bereits die Iterierte x_{k+1} verwendet. Damit erhält man, wie man mit gewissen Lemmata aus [5] zeigen kann, in jedem Iterationsschritt einen kleineren und damit besseren Wert für y_{k+1}.

c) Die Voraussetzungen des Satzes sind für $\overline{\delta F}$ genau dann erfüllt, wenn sie für δF erfüllt sind [5].

Literatur

1 HOFFMANN, W., Regula-falsi-Verfahren in BANACH-Räumen, Dissertation, Hamburg 1970.
2 SCHMIDT, J. W., Eine Übertragung der Regula-falsi auf Gleichungen in BANACH-Räumen. I, II, ZAMM **43**, 1–8, 97–100 (1963).
3 SCHMIDT, J. W., Eingrenzung von Lösungen nichtlinearer Gleichungen durch Verfahren mit höherer Konvergenzgeschwindigkeit, Computing **8**, 208–215 (1971).
4 SCHMIDT, J. W.; LEONHARDT, H., Eingrenzung von Lösungen mit Hilfe der Regula falsi, Computing **6**, 318–329 (1970).
5 SCHNEIDER, N., Monotonie und Einschließung unter Verwendung eines verallgemeinerten Steigungsbegriffes, Dissertation, Berlin 1979.

Anschrift: Dr. NORBERT SCHNEIDER, TU Berlin, Fachbereich Mathematik, Sekretariat H 64, Straße des 17. Juni 135, D-1000 Berlin (West)-12

ZAMM **61**, T 320 – T 321 (1981)

R. VON SEGGERN

Ein Superkonvergenzresultat bei Anwendung der Methode der finiten Elemente auf lineare Integrodifferentialgleichungen

In [1] wurden Randwertprobleme für lineare Integrodifferentialgleichungen vom FREDHOLMschen Typ zweiter Ordnung der folgenden Form untersucht:

$$Au := -(pu')' + qu + Ku = f \quad \text{mit} \quad Ku = \int_0^1 k(x, y)\, u(y)\, dy\,. \tag{1}$$

Dabei wurde mit Hilfe der Energiemethode die Existenz einer verallgemeinerten Lösung nachgewiesen und Aussagen über die Konvergenzordnung der RITZschen Näherung für stetige, stückweise lineare Ansatzfunktionen (finite

Elemente) gewonnen. Während für wesentliche Randbedingungen für den Operator A in (1) Superkonvergenz von der Ordnung zwei in den Knotenpunkten nachgewiesen werden konnte, gelang dies für natürliche Randbedingungen nur in einem Spezialfall.

Hier betrachten wir inhomogene Randbedingungen der folgenden Form:

$$u'(0) - a_0 u(0) = b_0; \quad u'(1) + a_1 u(1) = b_1 \quad \text{mit} \quad a_0, a_1 \geqq 0 \tag{2}$$

und wählen als Definitionsbereich des Operators A die Funktionen aus $C^2[0, 1]$, die die Randbedingungen (2) erfüllen. Ist $(\cdot, \cdot)$ das Skalarprodukt in $H = L^2(0, 1)$, so ist das *Energieprodukt* in D_A jetzt durch

$$(u, v)_A := (pu', v') + (qu, v) + (Ku, v) + a_0 p(0)\, u(0)\, v(0) + a_1 p(1)\, u(1)\, v(1)$$

gegeben, und das *Energiefunktional* durch:

$$F(u) := (u, u)_A - 2\,\{(f, u) + b_0 p(0)\, u(0) - b_1 p(1)\, u(1)\}\ .$$

Im folgenden Satz werden die Randbedingungen (2) als natürliche Randbedingungen des Energiefunktionals nachgewiesen und die Ergebnisse über die Existenz einer verallgemeinerten Lösung von (1) und (2) sowie über die Konvergenzordnung des Ritzschen Verfahrens zusammengestellt.

Satz 1: *Unter den Voraussetzungen*:

V1: $p \in C_{\text{abs}}[0, 1];\ p', q \in L^\infty(0, 1);\ p \geqq \bar{p} > 0;\ q \geqq \bar{q}$,

V2: $k(x, y) \doteq k(y, x) \in L^2[(0, 1) \times (0, 1)]$,

V3: $(Ku, u) \geqq c_1 \left(\int\limits_0^1 u\, dx\right)^2$ *in* H *mit* $c := \bar{q} + \text{Min}(2\bar{p}, c_1) > 0$

gelten folgende Aussagen: (C_{abs}: absolut stetige Funktionen)

1. *A ist positiv definit, d. h.* $(Au, u) \geqq c(u, u)$ *in* D_A *und* $\bar{D}_A = H$.

2. *Im Energieraum* $H_A \subset H$ *von* A *existiert genau eine verallgemeinerte Lösung* u_0 *von* $Au = f \in H$ *mit den natürlichen Randbedingungen* (2), *und es gilt* $H_A = W^{1,2}(0,1)$ *sowie* $u_0 \in W^{2,2}(0, 1)$.

3. *Für die Ritz-Näherung* $u^h \in S^h$ (stetige, stückweise lineare Funktionen) *gelten folgende Konvergenzordnungen*:

$$\|u_0 - u^h\|_{k,2} \leqq Ch^{2-k}\|f\| \quad \text{für } k = 0, 1\ , \qquad \|u_0 - u^h\|_\infty \leqq Ch^{3/2}\|f\|\ .$$

(Verbesserung der Konvergenzordnung bezüglich der L^∞-Norm in speziellen Punkten, z. B. in den hier betrachteten äquidistanten Knotenpunkten, nennt man *Superkonvergenz*.)

Im folgenden wird gezeigt, daß bei den natürlichen Randbedingungen (2) der Fehler der Ritz-Näherung in den Knotenpunkten konstant ist, wenn die Koeffizientenfunktionen $p \equiv 1$ und $q \equiv 0$ sind und der Fredholm-Operator K ausgeartet ist. In diesem Fall ergibt sich dann Superkonvergenz in den Knotenpunkten, die von derselben Ordnung ist wie die Approximation der verallgemeinerten Lösung u_0 durch ihre stückweise lineare Interpolierende $U^h \in S^h$.

Satz 2: *Unter den Voraussetzungen*:

V1: $p \in C_{\text{abs}}[0, 1];\ p' \in L^\infty(0, 1);\ p \geqq \bar{p} > 0;\ q \equiv 0$,

V2: $k(x, y) = g(x)\, g(y)$ *mit* $g \in H$ *und* $g_0 := \int\limits_0^1 g\, dx \neq 0$,

V3: *Für* $d(x) := g(x) - g_0$ *gelte* $\|d\| < \text{Min}\,(|g_0|/2,\ \bar{p}/|g_0|)/2$

gelten die Aussagen 1., 2., 3. *von Satz* 1 *mit* $c = \text{Min}\,(g_0^2/2, \bar{p})$.

Satz 3: *Unter den Voraussetzungen*:

V1: $p \equiv 1,\ q \equiv 0, \quad a_0 = a_1 = 0$,

V2: $k(x, y) = g(x)\, g(y)$ *mit* $g \in H$ *und* $g_0 := \int\limits_0^1 g\, dx \neq 0$,

V3: *Für* $d(x) := g(x) - g_0$ *gelte* $\|d\| < \text{Min}\,(|g_0|/2,\ 1/|g_0|)/2$

gelten die Aussagen 1., 2., 3. *von Satz* 1 *mit* $c = \text{Min}\,(g_0^2/2, 1)$. *Der Fehler der Ritz-Näherung* $e^h := u_0 - u^h$ *ist in den Knotenpunkten* x_i *konstant, und es gilt*:

$$e^h(x_i) = \frac{1}{g_0} \int\limits_0^1 g(x)\, (u_0(x) - U^h(x))\, dx \quad \textit{und} \quad \int\limits_0^1 g e^h\, dx = 0\ .$$

Folgerung: *Da* $u_0 \in W^{2,2}$ *gilt und die* $W^{2,2}$*-Norm und die Energienorm des Operators* $\tilde{A}^2$ ($\tilde{A}$: Friedrichssche Erweiterung von A) *äquivalent sind, gilt also*: $|e^h(x_i)| \leqq Ch^2\|f\|^2$, *wobei* C *nicht von* u_0 *abhängt. Höhere Superkonvergenzordnungen erhält man beispielsweise für* $g \equiv 1$ *mit Hilfe der Euler-Maclaurinschen Formel.*

Literatur

1 von Seggern, R., Die Methode der finiten Elemente bei der numerischen Behandlung linearer Integrodifferentialgleichungen, Dissertation TH Aachen 1979 (Erschienen als Bericht der KFA Jülich — Nr. 1585).

Anschrift: Dr. Rainer von Seggern, KFA, Zentralinstitut für Angewandte Mathematik, Postfach 1913, D-5170 Jülich 1, BRD

ZAMM 61, T 322 – T 324 (1981)

W. WERNER

Iterationsverfahren höherer Ordnung zur Lösung nichtlinearer Gleichungen

Sei $\Omega \subseteq \mathbb{R}^n$ offen, konvex; $F\colon \Omega \to \mathbb{R}^n$ hinreichend glatt. Ausgangspunkt für die Entwicklung von iterativen Verfahren zur Lösung der nichtlinearen Gleichung

$$F(x) = 0$$

soll hier der Ansatz

$$F(x) = F(x_0) + F'(x_0)(x - x_0) + \int_0^1 (1 - t) F''(x_0 + t(x - x_0)) \, dt (x - x_0)^2 \overset{!}{=} 0$$

sein.

Verfahren I

(i) NEWTON-Schritt: $y_0 = x_0 - F'(x_0)^{-1} F(x_0)$.

(ii) Approximation des Terms $\int_0^1 (1 - t) F''(x_0 + t(x - x_0)) \, dt (x - x_0)^2$ durch

$$\int_0^1 (1 - t) F''(x_0 + t(y_0 - x_0)) \, dt (y_0 - x_0)^2 \; (= F(y_0))$$

liefert die neue Näherung:

$$x_1 = x_0 - F'(x_0)^{-1} F(x_0) + F(y_0) = y_0 - F'(x_0)^{-1} F(y_0) .$$

Die wiederholte Anwendung dieser Vorgehensweise liefert ein bekanntes Verfahren 3. Ordnung im Falle einfacher Nullstellen (vgl. ORTEGA, RHEINBOLDT [2], S. 187, TRAUB [4], S. 174).

Verfahren II

(i) NEWTON-Schritt: $y_0 = x_0 - F'(x_0)^{-1} F(x_0)$.

(ii) Approximation des Terms $\int_0^1 (1 - t) F''(x_0 + t(x - x_0)) \, dt (x - x_0)^2$ durch $\frac{1}{2} F''(x_0 + \frac{1}{3}(y_0 - x_0))(y_0 - x_0)^2$ liefert neue Näherungen:

$$z_0 = x_0 - F'(x_0)^{-1} [F(x_0) + \tfrac{1}{2} F''(\tfrac{2}{3} x_0 + \tfrac{1}{3} y_0)(y_0 - x_0)^2] ,$$
$$x_1 = x_0 - F'(x_0)^{-1} [F(x_0) + \tfrac{1}{2} F''(\tfrac{2}{3} x_0 + \tfrac{1}{3} y_0)(z_0 - x_0)^2] .$$

Satz 1: *Für einfache Nullstellen konvergiert das Verfahren* II
gegeben $x_0 \in \Omega$, *berechne* y_i, z_i, x_{i+1} *aus den Gleichungen*

$$0 = F(x_i) + F'(x_i)(y_i - x_i) ,$$
$$0 = F(x_i) + F'(x_i)(z_i - x_i) + \tfrac{1}{2} F''(\tfrac{2}{3} x_i + \tfrac{1}{3} y_i)(y_i - x_i)^2 ,$$
$$0 = F(x_i) + F'(x_i)(x_{i+1} - x_i) + \tfrac{1}{2} F''(\tfrac{2}{3} x_i + \tfrac{1}{3} y_i)(z_i - x_i)^2 \qquad (i = 0, 1, 2, 3, \ldots)$$

lokal mindestens mit Ordnung 4, *falls* $F \in C^4(\Omega)$.

Bemerkung 1: Verfahren II benötigt dieselbe Anzahl von Funktionsauswertungen wie das bekannte EULER-ČEBYŠEV-*Verfahren* (vgl. TRAUB [4], S. 81), welches lokal kubisch konvergiert.

Verfahren III

Schreibt man

$$F(x) = F(x_0) + \left[F'(x_0) + \int_0^1 (1 - t) F''(x_0 + t(x - x_0)) \, dt (x - x_0) \right] (x - x_0)$$

und approximiert den Term $\int_0^1 (1 - t) F''(x_0 + t(x - x_0)) \, dt (x - x_0)$ durch $\frac{1}{2} F''(\frac{2}{3} x_0 + \frac{1}{3} y_0)(y_0 - x_0)$, so führt dies zu einer verbesserten Form des lokal kubisch konvergenten HALLEY-*Verfahrens* (Vgl. TRAUB [4], S. 91):

Satz 2: *Für einfache Nullstellen konvergiert das Verfahren* III
gegeben $x_0 \in \Omega$, *berechne* y_i, z_i, x_{i+1} *aus den Gleichungen*

$$0 = F(x_i) + F'(x_i)(y_i - x_i) ,$$
$$0 = F(x_i) + [F'(x_i) + \tfrac{1}{2} F''(\tfrac{2}{3} x_i + \tfrac{1}{3} y_i)(y_i - x_i)](z_i - x_i) ,$$
$$0 = F(x_i) + [F'(x_i) + \tfrac{1}{2} F''(\tfrac{2}{3} x_i + \tfrac{1}{3} y_i)(z_i - x_i)](x_{i+1} - x_i) \qquad (i = 0, 1, 2, 3, \ldots)$$

lokal mindestens mit Ordnung 4, *falls* $F \in C^4(\Omega)$.

Bemerkung 2:

(a) In ähnlicher Weise läßt sich die Ordnung anderer iterativer Verfahren höherer Ordnung (Vgl. COLLATZ [1], S. 234 ff.) ohne zusätzliche Funktionsauswertungen steigern.

(b) Bei der Berechnung von Polynomnullstellen sind die hier vorgestellten Modifikationen klassischer Verfahren nicht vorteilhaft, da sie die Anwendung eines zwei- und eines dreizeiligen HORNER-Schemas je Schritt erfordern.

Für skalare Gleichungen $F(x) = 0$ ergeben sich Besonderheiten, da quadratische Gleichungen explizit auflösbar sind:

Verfahren IV ($F : \mathbb{R} \to \mathbb{R}$)

(i) NEWTON-Schritt: $y_0 = x_0 - \frac{F(x_0)}{F'(x_0)}$.

(ii) Approximation des Terms $\int_0^1 (1-t) F''(x_0 + t(x - x_0))\, dt$ durch

$$\int_0^1 (1-t) F''(x_0 + t(y_0 - x_0))\, dt = F(y_0)/[(y_0 - x_0)^2] .$$

Bestimmung der nächsten Näherung aus der quadratischen Gleichung

$$0 = F(x_0) + F'(x_0)(X - x_0) + \int_0^1 (1-t) F''\big(x_0 + t(y_0 - x_0)\big)\, dt (X - x_0)^2 \qquad (*)$$

Besitzt (*) keine reelle Lösung, so wähle man $x_1 - x_0$ als Extremwert der in (*) auftretenden quadratischen Parabel.

Diese Vorgehensweise führt zu folgendem Verfahren, welches für einfache Nullstellen lokal mindestens mit Ordnung 4 konvergiert:

gegeben $x_0 \in \Omega$, berechne y_i, x_{i+1} wie folgt:

$$y_i = x_i - F(x_i)/F'(x_i) , \qquad x_{i+1} = x_i - s_i F(x_i)/F'(x_i) ,$$

wobei

$$s_i = \begin{cases} \dfrac{2}{1 + \sqrt{1 - 4F(y_i)/F(x_i)}} & \text{falls } 4F(y_i)/F(x_i) \leq 1 \\ \dfrac{1}{2} F(x_i)/F(y_i) & \text{sonst} . \end{cases}$$

Bemerkung 3:

(a) Im Fall doppelter Nullstellen konvergiert IV mindestens mit Ordnung 1.5.

(b) Bestimmt man die neue Näherung aus (*) mit Hilfe eines NEWTON-Schrittes (vom Startwert y_i aus), so erhält man ein Verfahren, das in anderer Notation von OSTROWSKI [3], Appendix G, vorgeschlagen wurde.

Ähnlich läßt sich Verfahren V motivieren, welches lokal für einfache Nullstellen ebenfalls mindestens mit der Ordnung 4 konvergiert:

gegeben $x_0 \in \Omega$, berechne y_i, x_{i+1} wie folgt:

$$y_i = x_i - F(x_i)/F'(x_i) , \qquad x_{i+1} = x_i - s_i^* F(x_i)/F'(x_i) ,$$

wobei

$$s_i^* = \begin{cases} \dfrac{2}{1 + \sqrt{1 - 2F''(\frac{2}{3}x_i + \frac{1}{3}y_i)\, F(x_i)/F'(x_i)^2}} & \text{falls } \sqrt{\cdot} \text{ reell} \\ \dfrac{F'(x_i)^2}{F''(\frac{2}{3}x_i + \frac{1}{3}y_i)\, F(x_i)} & \text{sonst.} \end{cases}$$

Bemerkung 4: Bezüglich des Aufwandes ist V mit dem NEWTON-RAPHSON-Verfahren 2. Grades (vgl. TRAUB [4], S. 93), welches für einfache Nullstellen lokal kubisch konvergiert, vergleichbar.

Verallgemeinerungen der hier vorgestellten Verfahren, sowie die Beweise der Behauptungen, finden sich in WERNER, [5], [6].

Numerisches Beispiel: Lösung der Gleichung $x \cos(x) = \ln(x)$ mit dem Startwert $x_0 := 2.3$; exakte Lösung: $\bar{x} = 1.347579862\ldots$

Verfahren	$\lvert x_1 - \bar{x}\rvert$	$\lvert x_2 - \bar{x}\rvert$
I (TRAUB)	$3.54_{10} - 2$	$1.77_{10} - 5$
IV	$1.68_{10} - 2$	$3.86_{10} - 10$
ČEBYŠEV	$1.31_{10} - 1$	$9.94_{10} - 4$
II	$9.32_{10} - 2$	$2.54_{10} - 9$
HALLEY	$1.40_{10} - 1$	$5.79_{10} - 4$
III	$5.82_{10} - 3$	$5.34_{10} - 11$
NEWTON-RAPHSON 2. Grades	$1.39_{10} - 1$	$1.06_{10} - 4$
V	$4.04_{10} - 3$	$1.38_{10} - 11$

In der Tabelle sind die Verfahren gleichen Aufwandes jeweils in Zweiergruppen zusammengefaßt.

Literatur

1 COLLATZ, L., Funktionalanalysis und Numerische Mathematik, Springer, Berlin-Göttingen-Heidelberg 1964.
2 ORTEGA, J. M.; RHEINBOLDT, W. C., Iterative Solution of Nonlinear Equations in Several Variables, Academic Press, New York-London 1970.
3 OSTROWSKI, A. M., Solution of Equations in Euclidean and BANACH Spaces, Academic Press, New York-London 1973.
4 TRAUB, J. F., Iterative Methods for the Solution of Equations, Prentice Hall, Englewood Cliffs 1964.
5 WERNER, W., Some efficient algorithms for the solution of a single nonlinear equation, Int. J. Comp. Math. 9 (1981).
6 WERNER, W., On higher order iterative methods for the solution of nonlinear equations, in Vorbereitung.

Anschrift: Dr. WILHELM WERNER, Fachbereich Mathematik der Johannes Gutenberg-Universität, Saarstraße 21, D-6500 Mainz, BRD

ZAMM 61, T 324 – T 326 (1981)

H. WILLMS

Zur numerischen Behandlung des Stefan-Problems mit der Linien-Charakteristiken-Methode

Für ein Zweiphasenproblem soll bei nur geringen Anforderungen an die Koeffizientenfunktionen der Nachweis geführt werden, daß mittels der Linien-Charakteristiken-Methode ein freier Rand bestimmt werden kann.

Wir suchen ein Funktionenpaar $(u(x, t), s(t))$, das den folgenden Gleichungen genügt:

$$Lu := u_{xx}(x, t) + a(x, t)\, u_x(x, t) - b(x, t)\, u(x, t) - c(x, t)\, u_t(x, t) = f(x, t)\,, \quad 0 < x < s(t)\,,\ 0 < t \leqq T; \tag{1}$$

$$u(0, t) = \alpha(t) + \delta(t)\, u_x(0, t) \quad \text{für } 0 \leqq t \leqq T;$$

$$u(x, 0) = u_0(x)\,, \quad 0 \leqq x \leqq X\,, \qquad u(s(t), t) = 0\,, \quad 0 \leqq t \leqq T;$$

$$s(t) = -\gamma(s(t), t)\, u_x(s(t), t) + \mu(s(t), t)\,, \tag{2}$$

wobei

$$a, b, c, f, \gamma, \mu \in C([0, X] \times [0, T])\,, \quad b(x, t) \geqq 1\,, \quad c(x, t) \geqq c > 0\,, \quad \alpha, \delta \in C[0, T]\,, \quad a(t) \geqq 0\,, \quad \delta(t) \geqq 0,$$

$$u_0 \in C[0, X] \qquad \text{mit } u_0(x) = \begin{cases} > 0\,, & 0 \leqq x < s(0) \\ = 0\,, & s(0) \leqq x \leqq X \end{cases}$$

ist.

Die Gleichungen (1) und (2) werden nur in Richtung der Zeitachse diskretisiert (Schrittweite Δt). Mit Hilfe der Charakteristikentheorie (siehe [2], [3], [4]) für lineare partielle Differentialgleichungen erster Ordnung erhält man für jeden Schritt n das Gleichungssystem

$$w_n(0) = \alpha_n\,, \qquad w_n(x) = -\left(\frac{c_n(x)}{\Delta t} + b_n(x)\right) W_n(x)\, w_n(x) + \left(\frac{c_n(x)}{\Delta t}\, u_{n-1}(x) - f_n(x)\right) W_n(x); \tag{3}$$

$$W_n(0) = \delta_n\,, \qquad W_n'(x) = 1 + a_n(x)\, W_n(x) - \left(\frac{c_n(x)}{\Delta t} + b_n(x)\right) W_n^2(x); \tag{4}$$

$$\Phi_n(s) = s - s_{n-1} - \Delta t\left(\mu_n(s) + \gamma_n(s)\, \frac{w_n(s)}{W_n(s)}\right) \overset{!}{=} 0\,, \tag{5}$$

wobei $a_n(x) = a(x, n\,\Delta t)$, $b_n(x) = b(x, n\,\Delta t)$ usw. ist.

Für den Nachweis einer Nullstelle s_n der Gleichung (5) ist es erforderlich, für $w_n(x)$ und $W_n(x)$ Abschätzungen zu finden, die unabhängig von n, $n = 1, \ldots, N$, und N, $N = \left[\dfrac{T}{\Delta t}\right]$, sind. SACHS zeigt in [3], daß im Falle $\delta(t) > \delta > 0$ eine Abschätzung der Form $|\sigma - s^*| = O(\Delta t^p)$, $0 \leqq p < 1/12$, wobei σ ein bereits ermittelter Randpunkt und s^* der gesuchte Randpunkt ist.

Die RICCATIsche Differentialgleichung (4) wird für die weiteren Untersuchungen auf Normalform transformiert (vgl. [2]) und dann mit Hilfe eines elementaren Vergleichssatzes für gewöhnliche Differentialgleichungen abgeschätzt (vgl. [1]).

Untere Schranken für $W_n(x)$ sind gegeben durch

$$W_n(x) \geqq \frac{\delta_n d + (1/K)\,\mathrm{tgh}\,(dx)}{d + (\delta_n K_1 K/\Delta t)\,\mathrm{tgh}\,(dx)} \geqq \frac{\mathrm{tgh}\,(dx)}{K\,\sqrt{K_1/\Delta t}} \geqq$$

$$\geqq \begin{cases} 0\,, & 0 \leqq x \leqq (\mathrm{arth}\ 1/2)\,\sqrt{\Delta t/K_1} \\ \dfrac{0{,}5\,\sqrt{\Delta t}}{K\,\sqrt{K_1}}\,, & \text{sonst.} \end{cases} \qquad (0 < \Delta t \leqq \Delta t_0) \tag{6}$$

Eine *obere Schranke* ist gegeben durch

$$W_n(x) \leqq K \frac{\delta_n \sqrt{c/\Delta t} + \operatorname{tgh}(\sqrt{c/\Delta t}\, x)}{\sqrt{c/\Delta t} + \delta_n (c/\Delta t) \operatorname{tgh} \sqrt{c/\Delta t}\, x} \leqq$$

$$\leqq K \begin{cases} \max \{\|\delta\|_\infty, \sqrt{\Delta t/c}\}, & 0 \leqq x < (\operatorname{arth} 1/2) \sqrt{\dfrac{\Delta t}{c}} \\ 2\sqrt{\dfrac{\Delta t}{c}}, & \text{sonst,} \end{cases} \tag{7}$$

wobei

$$K = \exp(X \|a\|_\infty), \quad K_1 = (\|c\|_\infty + \|b\|_\infty \Delta t_0), \quad d = \sqrt{K_1/\Delta t} \quad (0 < \Delta t \leqq \Delta t_0)$$

ist.

Für die Funktionsfolgen $\{u_n\}_{n=1}^N$, $N = \left[\dfrac{T}{\Delta t}\right]$, folgt aus dem Maximumsprinzip für gewöhnliche Differentialgleichungen 2. Ordnung

$$\|u_n\|_\infty \leqq \|\alpha\|_\infty + \frac{T}{c}\|f\|_\infty + \|u_0\|_\infty := M. \tag{8}$$

Die *Lösung des homogenen Problems* der Gleichung (3) ist gegeben durch

$$w_{nh}(x) = \exp\left(-\int_0^x \left(\frac{c_n(r)}{\Delta t} + b_n(r)\right) W_n(r)\, dr\right).$$

Durch „Variation der Konstanten" erhält man

$$w_n(x) = \left(\alpha_n + \int_0^x \exp\left(\int_0^g \left(\frac{c_n(r)}{\Delta t} + b_n(r)\right) W_n(r)\, dr\right) \times\right.$$

$$\left.\times \left(\frac{c_n(g)}{\Delta t} u_{n-1}(g) - f_n(g)\right) W_n(g)\, dg\right) \exp\left(-\int_0^x \left(\frac{c_n(r)}{\Delta t} + b_n(r)\right) W_n(r)\, dr\right).$$

Abschätzung von $w_n(x)$:

$$|w_n(x)| \leqq \|\alpha_n\|_\infty + \left|\int_0^x \exp\left(-\int_g^x \left(\frac{c_n(r)}{\Delta t} + b_n(r)\right) W_n(r)\, dr\right)\left(\frac{c_n(g)}{\Delta t} u_{n-1}(g) - f_n\right) W_n(g)\, dg\right| \leqq$$

$$\leqq \|\alpha\|_\infty + \int_0^x \exp\left(-\int_g^x \frac{c}{\Delta t} \frac{\operatorname{tgh} \sqrt{K_1/\Delta t}\, r}{\sqrt{K_1/\Delta t}} \frac{1}{K}\, dr\right) \underbrace{\left(\frac{\|c\|_\infty M}{\Delta t} + \|f\|_\infty\right)}_{:= K_3(\Delta t)} W_n(g)\, dg$$

$$= \|\alpha\|_\infty + \int_0^x \frac{\exp\left(\dfrac{c}{K}\sqrt{\dfrac{1}{\Delta t\, K_1}}\, g\right) K_3(\Delta t)\; W_n(g)}{(\cosh \sqrt{K_1/\Delta t}\, x)^{c/KK_1}}\, dg \leqq \quad \left[\text{mit } \varepsilon = (\operatorname{arth} 1/2)\sqrt{\frac{\Delta t}{c}}\right]$$

$$\leqq \|\alpha\|_\infty + K \int_0^\varepsilon \frac{\exp\left(\dfrac{c}{K}\sqrt{\dfrac{1}{\Delta t\, K_1}}\, g\right) K_3(\Delta t)\, \|\delta\|_\infty}{(\cosh \sqrt{K_1/\Delta t}\, x)^{c/KK_1}}\, dg + K \int_0^x \frac{\exp\left(\dfrac{c}{K}\sqrt{\dfrac{1}{\Delta t\, K_1}}\, g\right) K_3(\Delta t) \cdot 2\sqrt{\dfrac{\Delta t}{c}}}{(\cosh \sqrt{K_1/\Delta t}\, x)^{c/KK_1}}\, dg$$

$$= \|\alpha\|_\infty + \frac{K_3(\Delta t)\sqrt{\Delta t\, K_1}\; K^2(I_3\|\delta\|_\infty + I_4 \cdot 2\sqrt{\Delta t}/\|c\|_\infty}{c(\cosh \sqrt{K_1/\Delta t}\, x)^{c/KK_1}}$$

mit

$$I_3 = \exp\left(\frac{\|c\|_\infty}{K}\sqrt{1/\Delta t\, K_1}\,(\operatorname{arth} 1/2)\frac{\Delta t}{c}\right) - 1 < K_4$$

und

$$I_4 = \exp(\sqrt{c/K_1 K^2 \Delta t}\, x) - 1.$$

Damit gewinnen wir für $|w_n(x)|$ die Abschätzung

$$|w_n(x)| \leqq \|\alpha\|_\infty + \frac{(M\|c\|_\infty + \|f\|_\infty \Delta t)\sqrt{\Delta t K_1}\, K^2}{c(\cosh \sqrt{K_1/\Delta t}\, x)^{c/KK_1} \cdot \Delta t}\Big(\|\delta\|_\infty K_4 +$$

$$+ \left(\exp(\sqrt{c/K_1 K^2 \Delta t}\, x) - 1\right) 2\sqrt{\Delta t/c}\Big) \leqq K_5 < \infty \quad (0 < \Delta t \leqq \Delta t_0). \tag{9}$$

Die Abschätzungen (6) und (9) ermöglichen uns nun den Nachweis einer Nullstelle der Funktion $\Phi_n(s)$ aus (5). Wir führen noch einige Bezeichnungen ein:

Sei $\eta \leqq \min \{s(0), X/3\}$ und Δt_1 so, daß

i) $\eta/2 \geqq (\operatorname{arth} 1/2) \sqrt{\Delta t/K_1}\,, \quad 0 < \Delta t \leqq \Delta t_1 \leqq \Delta t_0;$

ii) $\eta/2 \geqq \Delta t\, ||\mu||_\infty + 2\, ||\gamma||_\infty\, K K_5 \sqrt{K_1}\, \sqrt{\Delta t}\,, \quad 0 < \Delta t \leqq \Delta t_1 \leqq \Delta t_0\,.$

Satz 1: *Sei $s(0) > 0$, $s_{n-1} \in [\eta, X - \eta]$ und $0 < \Delta t \leqq \Delta t_1$. Dann besitzt die Funktion $\Phi_n(s)$ eine Nullstelle s_n, $s_n \in [\eta/2, X - \eta/2]$, und es gilt die Abschätzung $|s_n - s_{n-1}| = O(\Delta t^{1/2})$.*

Beweis: $\Phi_n(s) = s - s_{n-1} - \Delta t\left(\mu_n(s) + \gamma_n(s) \dfrac{w_n(s)}{W_n(s)}\right)$. Wegen (6) und (9) gilt im Intervall $[\eta/2, X]$

$$\Phi_n(s) \leqq s - s_{n-1} + \Delta t\left(||\mu||_\infty + 2K \sqrt{K_1}\, K_5\, ||\gamma||_\infty / \sqrt{\Delta t}\right) \quad \text{und somit} \quad \Phi_n(\eta/2) \leqq \eta/2 - \eta + \eta/2 = 0\,.$$

Andererseits ergibt eine Abschätzung nach unten

$$\Phi_n(s) \geqq s - s_{n-1} - \Delta t\, ||\mu||_\infty - 2\, ||\gamma||_\infty\, K \sqrt{K_1}\, K_5 \sqrt{\Delta t}$$

und damit für $s = X - \eta/2$

$$\Phi_n(X - \eta/2) \geqq (x - \eta/2) - (x - \eta) - \eta/2 = 0\,.$$

Da $w_n(s)$ und $W_n(s)$ Lösungen von Differentialgleichungen sind und darüber hinaus $W_n(s) > 0$ für $s > 0$ ist, gehört $\Phi_n(s)$ zur Klasse $C(0, X]$.

Die Funktion $\Phi_n(s)$ besitzt also eine Nullstelle s_n im Intervall $[\eta/2, X - \eta/2]$, und es gilt die Abschätzung

$$|s_n - s_{n-1}| = O(\Delta t^{1/2}) \quad \text{für } 0 < \Delta t \leqq \Delta t_1\,.$$

Für den Fall, daß $s(0) = 0$ zugelassen ist, müssen die Bedingungen an die Koeffizientenfunktionen verschärft werden, wenn eine Nullstelle s_1 existieren soll.

Satz 2: *Sei $s(0) = 0$, $\mu(x, t) \geqq 0$, $\alpha(t) > 0$ und $\gamma(x, t) > 0$, dann besitzt die Funktion $\Phi_1(s)$ eine Nullstelle, und es gilt die Abschätzung $s_1 = O(\Delta t^{1/2})$.*

Der Beweis wird analog zum vorhergehenden geführt.

Läßt man die Voraussetzung $u(x, t) = 0$ für $x \geqq s(t)$ fallen und verlangt statt dessen, daß für $x \geqq s(t)$ nur eine Phase vorliegt $\left(u_1(x, t) \leqq 0,\ s(t) \leqq x \leqq X\right)$, dann kann Satz 1 sowie das zugehörige Beweisverfahren direkt übernommen werden. Voraussetzung ist natürlich, daß die Koeffizientenfunktionen der Differentialgleichung $L_1 u_1 = f_1$, $s(t) \leqq x \leqq X$, den gleichen Bedingungen wie die Funktionen a, b, c, f genügen und eine Randbedingung der Form $u(X, t) = -\alpha_1(t) - \delta_1(t)\, u_x(X, t)$, mit $\alpha_1(t) \geqq 0$, $\delta_1(t) \geqq 0$, vorgegeben ist.

Literatur

1 BIRKHOFF, G.; ROTA, G.-C., Ordinary Differential Equations, John Wiley & Sons, New York/London/Sidney/Toronto 1969, p. 25.

2 MEYER, G. H., On a free interface problem for linear ordinary differential equations and the one-phase STEFAN problem, Numer. Math. **16**, 248–267 (1970).

3 SACHS, A., Zur numerischen Behandlung freier Randwertprobleme parabolischer Differentialgleichungen, Vortrag, gehalten auf der Tagung „Numerische Behandlung von Differentialgleichungen", TU Clausthal, 15. 7.–18. 7. 1973. Erscheint im Birkhäuser Verlag (ISMN) 1973.

4 SACHS, A., Über die Linien-Charakteristiken-Methode zur numerischen Integration freier Randwertprobleme parabolischer Differentialoperatoren, Habilitationsschrift, Universität München 1974.

Anschrift: Dipl.-Ing. Dipl.-Math. HEINRICH WILLMS, RWTH Aachen, Institut für Technische Mechanik, D-5100 Aachen, Templergraben 64, BRD

ZAMM 61, T 326 – T 328 (1981)

E. A. ZARZER

Ordnungsoptimale Extrapolationskurven

1. Einleitung

Wir betrachten die Operatorgleichung

$$A(u) = 0\,, \qquad A : D \subseteq F \to E\,, \quad E, F \text{ BANACH-Räume}. \tag{1}$$

Bei vielen Problemen (partielle Differentialgleichungen etc.) approximiert man Gleichung (1) durch ein endlichdimensionales Problem, indem man mehrere Variable diskretisiert. Häufig ist es ungünstig oder unmöglich, in allen Variablen denselben Diskretisierungsparameter zu verwenden. Ein typisches Beispiel dafür ist die Wärmeleitungsgleichung, diskretisiert durch die explizite Methode, bei der eine Relation zwischen den Diskretisierungsparametern beachtet werden muß, um ein stabiles Verfahren zu erhalten.

Dementsprechend erhalten wir eine *approximierende Gleichung*

$$A_h(u_h) = 0\,, \qquad h := (h_1, \dots, h_n) \in \mathbb{R}^n\,, \tag{2}$$

$A_h := D_h \subseteq F_h \to E_h\,,\quad E_h, F_h$ endlich dimensionale BANACH-Räume.

Unter üblichen Voraussetzungen kann man die Existenz einer asymptotischen Entwicklung für den *globalen Diskretisierungsfehler* $\varepsilon(h)$ zeigen, die wir im folgenden voraussetzen:

$\Delta_h : F \to F_h$ linearer Restriktionsoperator,

$\varepsilon(h) := u_h - \Delta_h u$ $\big(u$ Lösung von (1), u_h Lösung von (2)$\big)$,

$$\varepsilon(h) = \Delta_h \sum_{i_1,\dots,i_n=0}^{N_1,\dots,N_n} e_{i_1,\dots,i_n} h_1^{i_1} \dots h_n^{i_n} + \sum_{i=1}^{n} O(h_i^{N_i+1}) \tag{3}$$

mit $e_{i_1,\dots,i_n}$ unabhängig von h_j $(j = 1, \dots, n)$, und für einen gegebenen Vektor $p := (p_1, \dots, p_n)$, $p_i > 0$

$e_{i_1,\dots,i_n} = 0$ falls $i_k < p_k$, $\quad (k = 1, \dots, n)$.

2. Extrapolationsmethode mit „ordnungsoptimalen" Kurven

Wir definieren eine *parametrisierte Kurve*

$\gamma(t) : \mathbb{R} \to \mathbb{R}^n\,, \qquad \gamma(0) = 0\,.$

Für $L + 1$ Extrapolationspunkte $t_0, \dots, t_L$ berechnen wir

$A_{h_i}(u_{h_i}) = 0$ für $h_i = \big(\gamma_1(t_i), \dots, \gamma_n(t_i)\big) \in \mathbb{R}^n$

und konstruieren ein Extrapolationspolynom für die Stützstellen (t_i, u_{h_i}).

Natürlicherweise stellt sich die Frage nach einer optimalen Wahl der Kurve $\gamma(t)$. Wir definieren sogenannte *ordnungsoptimale Kurven* in 2 Schritten folgendermaßen:

A1) kgV $(p_1, \dots, p_n)$ bezeichne das kleinste gemeinsame Vielfache der Zahlen $p_1, \dots, p_n$

$$\tilde{\gamma}(t) := (t^{a_1}, \dots, t^{a_n}) \quad \text{mit} \bigwedge_{i \in \{1,\dots,n\}} a_i := \frac{\text{kgV}\,(p_1, \dots, p_n)}{p_i}\,.$$

Damit haben wir folgende Darstellung des *globalen Diskretisationsfehlers entlang* $\tilde{\gamma}(t)$:

$$\varepsilon(\tilde{\gamma}(t)) = \Delta_{\tilde{\gamma}(t)} \sum_{i_1 \dots i_n = 0}^{N_1 \dots N_n} e_{i_1 \dots i_n} t^{\sum_{j=1}^{n} i_j a_j} + O\left(t^{\sum_{j=1}^{n} (N_j+1) a_j}\right). \tag{4}$$

A2) $\beta_1 < \beta_2 < \dots < \beta_L$ seien die ersten L Exponenten von t. ggT $(\beta_1, \dots, \beta_L)$ bezeichne den größten gemeinsamen Teiler der Zahlen $\beta_1, \dots, \beta_L$. Für $i = L, L-1, \dots, 1$ sei $q_i :=$ ggT $(\beta_1 \dots \beta_i)$. Für das erste i mit $\beta_i \leqq L q_i$ definieren wir $q := q_i$ und

$$\gamma(t) = (t^{b_1}, \dots, t^{b_n}) \quad \text{mit} \bigwedge_{i \in \{1,\dots,n\}} b_i := \frac{a_i}{q}\,.$$

Satz: *Sei* (3) *eine asymptotische Entwicklung des globalen Diskretisierungsfehlers mit dem Vektor* $p := (p_1, \dots, p_n)$ *und* $\gamma(t)$ *die durch* A1, A2 *definierte Kurve. Dann gilt: Für jedes L werden bei der beschriebenen Extrapolationsmethode die ersten Fehlerterme jedes Diskretisierungsparameters eliminiert, und jede derartige andere Kurve* $\gamma^*(t)$ *läßt mehr Fehlerterme übrig als die ordnungsoptimale Kurve* $\gamma(t)$. *Darüber hinaus ist die asymptotische Entwicklung von* $\varepsilon(h)$ *entlang der ordnungsoptimalen Kurve polynominal in t bis zur Potenz L.* □

Bemerkung: Der Satz rechtfertigt den Namen „ordnungsoptimale Kurve". Der Algorithmus A1, A2 ist zu starten und endet nach endlich vielen Schritten vernünftig. A1 legt die Form der Kurve fest, A2 bestimmt die Art der Parametrisierung. Im Fall eines Diskretisierungsparameters erhält man für entsprechende Fälle die quadratische Extrapolation.

3. Numerische Beispiele

Alle Rechnungen wurden auf einer IBM 360/44 in doppelter Genauigkeit durchgeführt.

a) Numerische Integration: Gegeben ist $f : D \subseteq \mathbb{R}^2 \to \mathbb{R}$

$D = [0, 1] \times [0, 1] \qquad\qquad (x, y) \to y\, e^{xy}\, (1 - x^2 y^2)\,.$

Zu berechnen ist $I(f) = \int\int_D f(x, y)\, dx\, dy = 0{,}56\;34\;36\;34\;31$. Wir approximieren das Funktional durch eine summierte Formel der Gestalt $I_{n,m}(f) = \sum_{i=0}^{m} \sum_{j=0}^{n} a_{ij} f(x_i, y_j)$ mit $m = 1$, $n = 2$ und Rechtecken der Länge h_1 und Breite h_2.

h_1^1 / h_1^2	h_2^1 / h_2^2	extrapolierter Wert	Fehler	Zahl der Funktionsauswertungen
1/4 / 1/8	1/16 / 1/64	0,5634309099 (nicht optimale Kurve)	$5.4 \cdot 10^{-6}$	1326
1/16 / 1/64	1/16 / 1/64	0,563534523 (triviale Kurve; nicht optimal)	$9.8 \cdot 10^{-5}$	8946
1/16 / 1/64	1/4 / 1/8	0,5634363416 (optimale Kurve)	$2.0 \cdot 10^{-9}$	1258

b) Lösung einer Integrodifferentialgleichung

$$\frac{\partial}{\partial t} u(t, x) = \frac{\partial^2}{\partial x^2} u(t, x) - \int_0^x 2 \cos(s)\, e^t\, u(t, s)\, ds + \frac{1}{2}(1 - \cos 2x) ,$$

$$u(0, x) = \sin x , \qquad x \in \left[0, \frac{\pi}{2}\right], \qquad u(t, 0) = 0 , \qquad u\left(t, \frac{\pi}{2}\right) = e^{-t} , \qquad t \in [0, \infty) .$$

Zur Approximation verwenden wir den Vorwärtsdifferenzenquotienten für $\frac{\partial}{\partial t}$, den zentralen Differenzenquotienten für $\frac{\partial^2}{\partial x^2}$ und die Trapezregel für das Integral, und erhalten eine konvergente Methode. $\gamma(t) = (\sqrt{t}, t)$. Zum Vergleich trachten wir etwa dieselben Genauigkeiten für beide Verfahren zu erhalten und vergleichen den Aufwand an notwendigen Divisionen und Multiplikationen.

(1) $\Delta t = \Delta x^2/2$ (ordnungsoptimale Kurve) $t = 0{,}19277$

Parameter	Fehler (in euklidischer Norm)	Aufwand
$\Delta x = 0{,}1964$	$4.4 \cdot 10^{-3}$	10×169
$\Delta x = 0{,}0982$	$1.1 \cdot 10^{-3}$	40×1383
extrapol.	$3.7 \cdot 10^{-5}$	57.010

(2) $\Delta t = \Delta x$ (nicht ordnungsoptimal) $t = 0{,}19635$

Parameter	Fehler (in euklidischer Norm)	Aufwand
$\Delta x = 0{,}0491$	$4.5 \cdot 10^{-3}$	4×11041
$\Delta x = 0{,}0245$	$2.3 \cdot 10^{-3}$	8×87959
extrapol.	$8.8 \cdot 10^{-5}$	747.836

Für (2) haben wir also etwa 13fachen Rechenaufwand.

Anschrift: Dipl.-Ing. Dr. Erich A. Zarzer, Institut für Mathematik, Universität Linz, A-4040 Linz/Auhof, Österreich

Optimierung, Stochastik und mathematische Methoden der Wirtschaftswissenschaften

Optimization, Stochastic Processes, and Mathematical Methods in Economics

ZAMM 61, T 329 – T 330 (1981)

H. Bernau / E. Halmos

Ein Modell zur Bestimmung optimaler Stabwerke

Für ebene Stabwerke wird ein Zerlegungsprinzip vorgestellt, durch welches eine nichtlineare Approximation der Abhängigkeit der Stabkräfte von den Stabquerschnittsflächen beziehungsweise von deren charakteristischen Größen ermöglicht wird. Das hier vorgestellte Modell ist eine Weiterentwicklung eines Modelles von Halmos und Rapzcák [1]. Über die zu bestimmenden Stabwerke wird vorausgesetzt, daß die Stäbe prismatisch sind, daß die äußere Belastung nur in den Knotenpunkten wirkt, daß die Verschiebungen differentiell klein sind und daß ihr Einfluß auf das Kräftegleichgewicht vernachlässigt werden kann. Außerdem wird angenommen, daß die Stäbe elastisch sein sollen, daß die Geometrie des Stabwerkes fest vorgegeben ist und daß das Stabwerk statisch unbestimmt ist.

Unter diesen Voraussetzungen kann das Verhalten des Stabwerkes durch das folgende Gleichungssystem beschrieben werden:

$$R(t)\, y - A^T x = 0\,, \qquad Ay = q\,; \tag{1}$$

dabei sind $R(t)$ die Elastizitätsmatrix in Abhängigkeit von den Stabquerschnittsflächen t, A die Matrix der geometrischen Konstanten, y der Stabkräftevektor, x der Vektor der Knotenpunktverschiebungen, q der Vektor der statischen Belastung.

Da $R(t)$ für $t > 0$ regulär ist, erhält man aus (1) die bekannte Relation des Weggrößenverfahrens

$$y(t) = R^{-1}(t)\, A^T [A R^{-1}(t)\, A^T]^{-1}\, q\,. \tag{2}$$

Obwohl die Matrix $R^{-1}(t)$ explizit angebbar ist, können aus dieser Relation die Stabkräfte y nicht als explizite Funktionen der Stabquerschnitte t angegeben werden, da der Vektor t in der Inversen der Matrix $C = [A R^{-1}(t)\, A^T]$ enthalten ist. Wie im Modell von Halmos und Rapcsák wird jedem beweglichen Knotenpunkt P_γ ein Teilstabwerk γ zugeordnet, das aus diesem Knotenpunkt und den dazu gehörenden Stäben gebildet wird. Wenn auf diese Stabwerke eine kinematische Belastung f_γ und eine statische Belastung q_γ einwirkt, so erhält man die Gleichungssysteme

$$R_\gamma(t)\, y - A_\gamma^T x_\gamma = f_\gamma\,, \qquad A_\gamma y = q_\gamma\,, \qquad \gamma = 1, \dots, N\,, \tag{3}$$

zur Beschreibung des mechanischen Verhaltens dieser Teilstabwerke. Dabei sind $R_\gamma(t)$ und A_γ Teilmatrizen von R und A aus dem Gleichungssystem (1). Aus dem System (3) ergibt sich

$$q_\gamma = A_\gamma R_\gamma^{-1}(t)\, A_\gamma^T x_\gamma + A_\gamma R_\gamma^{-1}(t)\, f_\gamma = C_\gamma(t)\, x_\gamma + A_\gamma R_\gamma^{-1}(t)\, f_\gamma \tag{4}$$

sowie

$$y_\gamma(t) = R_\gamma^{-1}(t)\, A_\gamma^T C_\gamma^{-1}(t) - R_\gamma^{-1}(t)\, A_\gamma^T C_\gamma^{-1}(t)\, A_\gamma R_\gamma^{-1}(t)\, f_\gamma + R_\gamma^{-1}(t)\, f_\gamma\,. \tag{5}$$

Für ebene Stabwerke sind die Matrizen $C_\gamma(t)$ je nach Art der berücksichtigten Belastungen symmetrische Matrizen der Ordnung 2 bis 4, und ihre Inversen können elementar gebildet werden. Damit erhält man durch (5) eine explizite Darstellung der Stabkräfte $y_\gamma(t)$ als Funktionen des Querschnittsflächenvektors t, wenn die Belastungen f_γ und q_γ vorgegeben sind.

Bezeichne $[x(\mathring{t})]_\gamma$ und $[x(\mathring{t})]_{\bar\gamma}$ die Verschiebungen des Knotenpunktes P_γ beziehungsweise aller weiteren Knotenpunkte im Ausgangsstabwerk für $t = \mathring{t}$ (Diese Größen können durch Lösen des in x und y linearen Systems (1) für $t = \mathring{t}$ ermittelt werden). Sei weiterhin $[y(t)]_\gamma$ der Vektor der Stabkräfte im Ausgangsstabwerk für die Stäbe aus dem Teilstabwerk γ. Wählt man nun in (4)

$$x_\gamma = [x(\mathring{t})]_\gamma\,, \qquad f_\gamma = Q_{\bar\gamma}^T [x(\mathring{t})]_{\bar\gamma}\,, \tag{6}$$

wobei sich $Q_{\bar\gamma}^T$ aus der Aufspaltung $[A_\gamma^T, Q_{\bar\gamma}]$ der entsprechenden Zeilen der Matrix A^T ergibt, so gilt

Lemma 1: *Wird q_γ nach* (4) *und* (6) *ermittelt, so gilt*

$$y_\gamma(\mathring{t}) = [y(\mathring{t})]_\gamma\,, \tag{7}$$

das heißt, die Stabkräfte im Teilstabwerk stimmen für $t = \mathring{t}$ mit denen im Ausgangstabwerk überein.

Bemerkung: Durch (6) wird gesichert, daß die Verschiebungen des Knotenpunktes P_γ sowie der freien Stabendpunkte im Teilstabwerk γ für $t = \mathring{t}$ mit den entsprechenden Verschiebungen im Ausgangsstabwerk übereinstimmen, und somit stimmt das mechanische Verhalten der Teilstabwerke mit dem der entsprechenden Stabgruppen im Ausgangsstabwerk für $t = \mathring{t}$ völlig überein.

Für die so gewählte statische Belastung q_γ kann man nachweisen, daß sie für die frei beweglichen Knotenpunkte von der Wahl von $\mathring{t}$ nicht abhängt und mit dem entsprechenden Teilvektor $[q]_\gamma$ der Ausgangsbelastung übereinstimmt. Ist der Knotenpunkt bezüglich einer Richtung fixiert, so enthält q_γ für diese Richtung die sich für $t = \mathring{t}$ ergebende Reaktionskraft.

Für linear elastische Stabwerke gilt für $\alpha > 0$

$$x(\alpha t) = \frac{1}{\alpha} x(t) , \tag{8}$$

$$y(\alpha t) = y(t) . \tag{9}$$

Ausgehend von diesen Relationen werden für die Knotenpunkte die folgenden Bewichtungen eingeführt:

$$s_\beta(t) = \sum_{i \in I\beta} \mathring{t}_i / \sum_{i \in I\beta} t_i ,$$

wobei I_β die Indexmenge der zum Knotenpunkt P_β gehörenden Stäbe ist. Sei $[\hat{x}(t)]_{\bar{\gamma}}$ der mit diesen Bewichtungen gewichtete Vektor $[x(\mathring{t})]_{\bar{\gamma}}$. Wählt man dann in (5) für f_γ

$$\hat{f}_\gamma(t) = Q_{\bar{\gamma}}^T [\hat{x}(t)]_{\bar{\gamma}} , \tag{10}$$

so gilt für die Approximation $y_\gamma(t)$:

Lemma 2. *Wird die statische Belastung q_γ nach (4) und (6) ermittelt, und wählt man in (5) $f_\gamma = \hat{f}_\gamma(t)$, so gilt*

$$y_\gamma(\alpha \mathring{t}) = y_\gamma(\mathring{t}) = [y(\mathring{t})]_\gamma , \tag{11}$$

das heißt, die Approximation ist auf der Skalierungsgeraden $D(\mathring{t}) = \{t \mid t = \alpha \mathring{t}, \alpha > 0\}$ exakt.

Literatur

1 Halmos, E.; Rapcsák, T., Minimum Weight Design of the Statically Indeterminate Trusses, Mathematical Programming Study 9 (1978) 109–119.

Anschriften: Dr. Heinz Bernau, wissenschaftlicher Mitarbeiter, Institut für Rechentechnik und Automatisierung d. Ungarischen Akademie d. Wissenschaften, H-1502 Budapest, Kende u. 13–17, Ungarn / Dr. Emil Halmos, Dozent, Hochschule für Verkehr und Fernmeldewesen Győr, 9026 Győr, Ságvári E. u. 25. Ungarn

ZAMM 61, T 330 – T 332 (1981)

H. G. Bock / P. Krämer-Eis

An Efficient Algorithm for Approximate Computation of Feedback Control Laws in Nonlinear Processes

The necessary conditions characterizing an *optimal open loop control* lead to an associate (multipoint) boundary value problem that can be solved very effectively by *multiple shooting*.

An open loop control $\hat{u}(t)$, however, is often not sufficient in practice, since the *actual state* $x(t)$ in the real process will always deviate from the *nominal state* $\hat{x}(t)$ predicted by the model, and the *actual value p of process parameters* will differ from their *nominal value* $\hat{p}$ assumed in the model.

Therefore, the computation of *feedback laws* $u^*(t, x, p)$ which can adapt the control to such perturbations is very important.

In the following, an algorithm for the computation of *first order approximations* to feedback controls based on multiple shooting is derived which has proven very effective in extensive numerical tests [13].

The algorithm is *always numerically stable* in contrast to "classical" methods based on a Riccati-approach to solve Bellman's equation (cf. Bryson and Ho [8], Dyer and McReynolds [12]). On the other hand it needs considerably less computational effort than other stable methods (cf. Pesch [14], Branca [7]). Especially, the substantial effort to elaborate *on-line computations* of these methods could be *totally avoided* by our approach.

Moreover, in the new algorithm, *no second order derivatives are needed*, which makes it much more convenient for the user and eliminates a source of severe programming errors!

1. Numerical computation of open loop controls

An optimal open loop control $\hat{u} : [t_0, t_f] \to U \subset \mathbb{R}^k$ of the problem

$$G(x(t_f), \hat{p}, t_f) = \min ! \tag{1}$$

$$x(t_0) = \hat{x} , \qquad \dot{x} = f(t, x, u, \hat{p}) , \qquad r(x(t_f), \hat{p}) = 0$$

is characterized by the boundary value problem (b.v.p.)

$$\dot{x} = \partial H/\partial\lambda \,, \qquad \dot{\lambda} = -\partial H/\partial x \tag{2}$$

with initial, boundary and transversality conditions

$$x(t_0) - \hat{x} = 0 \,, \qquad R\big(x(t_f), \lambda(t_f), \hat{p}, t_f\big) = 0 \,. \tag{3}$$

The control is given by the maximum principle

$$\tilde{u}(t, x, \lambda, p) = \arg \max_{u \in U} H(t, x, u, \lambda, p) \tag{4}$$

where $H = \lambda' f(t, x, u, p)$ is the HAMILTONian. Equation (4) can be a very complicated expression (*switching conditions*). In the presence of constraints a *multipoint* b.v.p. rather than a *two point* b.v.p. is obtained ([3], see also [5]).

This problem can now be solved by the method of multiple shooting as described in BULIRSCH [9], BULIRSCH, STOER and DEUFLHARD [10] and [2].

First, a *sufficiently fine grid* on the interval $[t_0, t_f]$ is chosen

$$t_0 = \tau_0 < \tau_1 < \dots < \tau_{m-1} < \tau_m = t_f \tag{5}$$

and then the initial value problems

$$\dot{z} = F(t, z, \hat{p}) \,, \qquad z(\tau_i) = s_i \qquad \big(i = 0(1)\, m - 1\big) \tag{6}$$

are solved on each subinterval $[\tau_i, \tau_{i+1}]$. Here, $F = (\partial/\partial\lambda, -\partial/\partial x)\, H$, $z = (x, \lambda)$ and $s_i = (s_i^1, s_i^2)$, an estimate for the trajectory $\big(x(\tau_i), \lambda(\tau_i)\big)$.

The b.v.p. (2—4) is then equivalent to the *shooting equations*

$$s_0^1 - \hat{x} = 0 \,, \qquad R(s_m, \hat{p}) = 0 \,, \qquad s_{i+1} - z(\tau_{i+1} - ; s_i, \hat{p}) = 0 \qquad \big(i = 0(1)\, m - 1\big) \,. \tag{7}$$

These equations are highly nonlinear and high-dimensional, they are efficiently solved by a generalized GAUSS-NEWTON method (cf. DEUFLHARD [11] and [4]).

We thus obtain a nominal trajectory $\hat{x}(t), \hat{\lambda}(t)$ and a nominal control $\hat{u}(t) = \tilde{u}\big(t, \hat{x}(t), \hat{\lambda}(t), \hat{p}\big)$.

2. Numerical computation of feedback controls

Next we show how a first order approximation of a feedback control can be efficiently computed on the basis of the nominal solution.

Under certain regularity assumptions the open loop control can be embedded into a feedback control $u^*(t, x, p)$ which exists in a neighbourhood of the nominal solution (see [13] for theoretical details)

$$\hat{u}(t) = u^*\big(t, \hat{x}(t), \hat{p}\big) \,. \tag{8}$$

At every grid point, the feedback control $u^*(\tau_j, x, p)$ can be identified with the open loop solution of an appropriate b.v.p. with corresponding values of x and p, leading to the shooting equations

$$s_j^1 - x = 0 \,, \qquad R(s_m, p) = 0 \,, \qquad s_{i+1} - z(\tau_{i+1} - ; s_i, p) = 0 \qquad \big(i = j(1)\, m - 1\big) \,. \tag{9}$$

Therefore, a first order approximation to the feedback control at $(\tau_j, \hat{q}_j)$ $\big($with $\hat{q}_j := (s_j^1, \hat{p}), q := (x, p)\big)$

$$u^*(\tau_j, q) \doteq \hat{u}(\tau_j) + \frac{\mathrm{d}u^*}{\mathrm{d}q} (\tau_j, \hat{q}_j)\, (q - \hat{q}_j) \tag{10}$$

can be computed by linearizing (4) about $(\tau_j, s_j^1, s_j^2, \hat{p})$. The requested derivative (the *feedback matrix*) is therefore given by

$$\frac{\mathrm{d}u^*}{\mathrm{d}q} (\tau_j, \hat{q}_j) = \frac{\mathrm{d}\tilde{u}}{\mathrm{d}q} (\tau_j, s_j^1, s_j^2, \hat{p}) = \frac{\partial\tilde{u}}{\partial s_j^1} \frac{\partial s_j^1}{\partial q} + \frac{\partial\tilde{u}}{\partial s_j^2} \frac{\partial s_j^2}{\partial q} + \frac{\partial\tilde{u}}{\partial q} . \tag{11}$$

In this expression, all terms are explicitly computable along the nominal trajectory except for $\partial s_j^1/\partial q$ and $\partial s_j^2/\partial q$.

In [1] the influence of perturbations on solutions of the shooting equations was investigated, and regularity conditions were derived under which an adequate implicit function theorem (Satz 3.1, 3.2) for multipoint b.v.p. with jumps and switching conditions holds. Under these conditions, the required derivatives exist and are given by the equation

$$\begin{pmatrix} D_j & & & D_m \\ G_j & -I & & 0 \\ & \ddots & \ddots & \\ 0 & & G_{m-1} & -I \end{pmatrix} \begin{pmatrix} \dfrac{\partial s_j}{\partial q} \\ \vdots \\ \dfrac{\partial s_m}{\partial q} \end{pmatrix} = - \begin{pmatrix} -I & 0 \\ 0 & D^p \\ 0 & G_j^p \\ \vdots & \vdots \\ 0 & G_{m-1}^p \end{pmatrix} \tag{12}$$

where

$$D_j = \begin{pmatrix} I & 0 \\ 0 & 0 \end{pmatrix}, \qquad D_m = \begin{pmatrix} 0 \\ \partial R/\partial s_m \end{pmatrix}, \qquad D^p = \partial R/\partial p \,, \qquad G_i = \frac{\partial z(\tau_{i+1} - ; s_i, p)}{\partial s_i} , \qquad G_i^p = \frac{\partial z(\tau_{i+1} - ; s_i, p)}{\partial p} . \tag{13}$$

Because of the special structure of the matrix, equation (12) can be reduced to

$$E\frac{\partial s_j}{\partial q} = -\begin{pmatrix} -I & 0 \\ 0 & P \end{pmatrix}, \quad E := E_j + D_j , \qquad P := D^p + \sum_{i=j+1}^{m} \tilde{E}_i G_{i-1}^p \tag{14}$$

where the matrices $E_i = \begin{pmatrix} 0 \\ \tilde{E}_i \end{pmatrix}$ are computed in the *backward recursion*

$$E_m := D_m , \qquad E_i := E_{i+1} G_i \qquad \big(i = m - 1(-1)\, j\big) . \tag{15}$$

From the structure of $E = \begin{pmatrix} I & 0 \\ \tilde{E}^1 & \tilde{E}^2 \end{pmatrix}$ one easily deduces the required quantities

$$\frac{\partial s_j^1}{\partial x} = I , \qquad \frac{\partial s_j^1}{\partial p} = 0 , \qquad \frac{\partial s_j^2}{\partial x} = -(\tilde{E}^2)^{-1} \tilde{E}^1 , \qquad \frac{\partial s_j^2}{\partial p} = -(E^2)^{-1} P . \tag{16}$$

Notice that equation (12) for $j = 0$ is the same type of equation we have to solve during the open loop computation, except for a different right hand side. Since we perform the matrix decomposition there in the same way as indicated in (14), (15), we already have a good approximation of the E_i explicitly available! In case no feedback w.r.t. parameters is required, the total information is already at hand.

Otherwise, the matrices G_i^p — like the G_i — can be computed very efficiently by *special numerical differentiation schemes* ([4]). Computing the feedback matrices at all grid points then requires essentially just one recursion and m matrix decompositions. (Of course, simplifications are possible for parameters entering the control problem only in the boundary conditions, say).

Alternatively, one might compute the G_i^p (and G_i, resp.) by the variational differential equations. However, analytical derivatives of second order for the control problem would then have to be provided, an effort that does not pay in most cases.

3. Conclusions and extensions

The new algorithm described in this paper yields first order feedback approximations in addition to an optimal open loop control with minimal computational and programming effort.

All computations can be performed a priori, time and storage consuming on-line computations are avoided.

The method is as stable as the underlying multiple shooting method.

The inclusion of process parameters in the formalism allows for the treatment of specific perturbations (of the differential equations, the boundary conditions, etc.), which helps to consider more structure in the nature of the perturbations.

The algorithm is "derivative free", i.e. the user is not requested to provide analytical derivatives other than those for the adjoint equations and the transversality conditions.

The class of problems to which it applies is very wide: the free-endtime case (omitted above for simplicity) can be immediately included by a transformation technique ([13]), generalizations to singular and state constrained control problems based on multipoint b.v.p. will appear in [5]. The method also appears to be a very efficient tool in differential games [6].

Finally we note that although outlined here for multiple shooting, our approach can be used with other boundary value solvers, too [5].

References

1 Bock, H. G., Zur numerischen Behandlung zustandsbeschränkter Steuerungsprobleme mit Mehrzielmethode und Homotopieverfahren, ZAMM 57, T 266—T 268 (1977).
2 Bock, H. G., Numerical solution of nonlinear multipoint boundary value problems with applications to optimal control, ZAMM 58, T 407—T 409 (1978).
3 Bock, H. G., Numerische Berechnung zustandsbeschränkter optimaler Steuerungen, Report der Carl-Cranz-Gesellschaft, Heidelberg 1978.
4 Bock, H. G., Derivative free methods for parameter identification in systems of nonlinear differential equations, Dissertation Bonn 1980.
5 Bock, H. G.; Krämer-Eis, P., Numerical computation of approximate feedback controls for constrained systems, to appear.
6 Bock, H. G.; Koller, E., Computing optimal strategies for differential games, in preparation.
7 Branca, H. W., Konstruktion optimaler Steuerungen für Flugbahnkorrekturen bei Echt-Zeit-Rechnung, Diplomarbeit, Köln 1973.
8 Bryson, A. E.; Ho, Y. C., Applied Optimal Control, Ginn and Company, Waltham 1969.
9 Bulirsch, R., Die Mehrzielmethode zur numerischen Lösung von nichtlinearen Randwertproblemen und Aufgaben der optimalen Steuerung, Report der Carl-Cranz-Gesellschaft, Heidelberg 1971.
10 Bulirsch, R.; Stoer, J.; Deuflhard, P., Numerical solution of nonlinear two point boundary value problems, to be published in Numer. Math.
11 Deuflhard, P., A Relaxation strategy for the modified Newton method, Springer Lecture Notes Math. 477, 59—73 (1975).
12 Dyer, P.; McReynolds, S. R., The Computation and Theory of Optimal Control, Academic Press, New York 1970.
13 Krämer-Eis, P., Numerische Berechnung optimaler Feedback-Steuerungen bei nichtlinearen Prozessen, Diplomarbeit, Bonn 1980.
14 Pesch, H. J., Numerische Berechnung optimaler Flugbahn-Korrekturen in Echt-Zeit-Rechnung, Dissertation, München 1978.

Anschrift: H. G. Bock, P. Krämer-Eis, Institut für Angewandte Mathematik, Universität Bonn, Wegeler Str. 6, D-5300 Bonn, BRD

ZAMM 61, T 333 – T 334 (1981)

K. Crusius

Ein kombiniertes Phase-I—Phase-II—Verfahren für reduzierte Gradienten

Sei $f \in C^2(\mathbb{R}^n, \mathbb{R})$ und $g \in C^2(\mathbb{R}^n, \mathbb{R}^m)$. Das Problem

(P) $\min \{f(x) \mid g(x) \leqq 0\}$

soll gelöst werden, wenn der zulässige Bereich $S_p := \{x \mid g(x) \leqq 0\}$ nicht leer ist. Verschiedene Optimierungsverfahren benötigen einen zulässigen Startpunkt $x_0 \in S_p$, der im allgemeinen für (P) nicht a priori zur Verfügung steht. Daher wird Problem (P) erweitert:

(Q) $\min \{f(x) + z \mid x \in \mathbb{R}^n, z \in \mathbb{R}, z \geqq 0, g(x) \leqq s \cdot z\}$.

Dabei ist $0 < s \in \mathbb{R}^m$ ein konstanter Parametervektor. Zu (Q) kann man leicht einen zulässigen Punkt (z_0, x_0) angeben, nämlich x_0 beliebig und $z_0 = \max \{0, s_i^{-1} \cdot g_i(x_0) \mid i = 1, 2, \ldots, m\}$.

Es soll nun gezeigt werden, daß für jede (lokale) Minimalstelle (z_1, x_1) von (Q) gilt, daß $z_1 = 0$ und x_1 eine (lokale) Minimalstelle von (P) ist. Es seien die Kuhn-Tucker-*constraint-qualifications* erfüllt. Dann gilt in (z_1, x_1), daß $g(x_1) \leqq s \cdot z_1$, und es gibt Multiplikatoren $\mu_i \geqq 0$ mit

$$Df(x_1) + \sum_{i=1}^{m} \mu_i Dg_i(x_1) = 0$$

und

$$1 - \sum_{i=1}^{m} s_i \mu_i - \mu_0 = 0$$

und

$$\mu_i > 0 \Rightarrow g_i(x_1) = s_i z_1 \quad \text{für } i = 1, 2, \ldots \quad \text{und} \quad \mu_0 > 0 \Rightarrow z_1 = 0 \,.$$

Daraus folgt: *ist s so klein, daß $1 - \sum s_i \mu_i > 0$ für alle möglicherweise auftretenden Lagrange-Multiplikatoren μ_i, so ist in einem (lokalen) Minimum von* (Q) $z_1 = 0$. *Daraus folgt sofort, daß x_1 ein (lokales) Minimum von* (P) *ist. Umgekehrt ist zu jeder Lösung x_2 von* (P) *auch* $(0, x_2)$ *eine Lösung von* (Q).

Es soll nun gezeigt werden, wie sich ein reduziertes Gradientenverfahren (oder auch andere reduzierte Verfahren) verhalten, wenn sie auf Problem (Q) angewandt werden.

Zunächst eine allgemeine Beschreibung von reduzierten Verfahren:

Rahmenalgorithmus für das Problem $\min \{f(x) \mid h(x) \leqq 0\}$:

Sei $h(x_0) \leqq 0$.

(1) $k = 0$.

(2) Bestimme $A_k \subseteq \{0, \ldots, m\}$ mit $h_j(x_k) \geqq 0 \Rightarrow j \in A_k$, $m_k = |A_k|$, $\bar{h} = \{h_i \mid i \in A_k\}$.

(3) Berechne $D\bar{h}(x_k)$.

(4) Zerlege $\mathbb{R}^n = \langle U_b \rangle \oplus \langle U_r \rangle$, wobei $U_b \in \mathbb{R}^{n, m_k}$, $U_r \in \mathbb{R}^{n, n-m_k}$, und $D\bar{h}(x_k) \cdot U_b$ regulär.

(5) Bestimme folgende charakteristischen Größen:

$T = U_r - U_b(D\bar{h}U_b)^{-1} U_r$, „Tangentialraum“;

$Df \cdot T$, „reduzierter Gradient“;

$\lambda = -Df \cdot (D\bar{h}U_b)^{-1}$, „Lagrangescher Multiplikator“;

$d = U_b \cdot (D\bar{h}U_b)^{-1} \bar{h}$, „Restauration“.

(6) Falls $Df \cdot T = 0$ und $\lambda \geqq 0$, Stop.

(7) Bestimme mit (5) ein x_{k+1} mit $h(x_{k+1}) \leqq 0$.

$k = k + 1$

Springe nach (2).

Es soll nun angegeben werden, wie sich die charakteristischen Größen für das erweiterte Problem errechnen. Es werden folgende Bezeichnungen eingeführt:

$$\tilde{f}(z, x) = f(x) + z \,, \qquad h_0(z, x) = -z \,, \qquad h_i(z, x) = g_i(x) - s_i \cdot z \,, \qquad i = 1, \ldots, m \,.$$

Die entsprechenden *Ableitungen* sind:

$$D\tilde{f} = (1, Df) \quad \text{und} \quad Dh = \begin{pmatrix} -1 & 0 \\ -s & Dg \end{pmatrix}.$$

Man hat die folgenden zwei Fälle zu unterscheiden:

1. $z \geqq 0$ ist aktiv, d. h. $0 \in A_k$. Dann wählt man zweckmäßig die Zerlegung von $\mathbb{R}^{n+1}$:

$$\tilde{U}_b = \begin{pmatrix} 1 & 0 \\ 0 & U_r \end{pmatrix}, \quad \tilde{U}_r = \begin{pmatrix} 0 \\ U_r \end{pmatrix},$$

wobei U_b, U_r die Zerlegung des $\mathbb{R}^n$ repräsentieren, die den weiteren aktiven Nebenbedingungen entsprechen. Die Komponente h_0 ist in $\bar{h}$ enthalten, daher ist $D\bar{h}\tilde{U}_b = \begin{pmatrix} -1 & 0 \\ -s & D\bar{g}U_b \end{pmatrix}$, also regulär, wenn U_b eine zulässige Zerlegung war. Es ergeben sich folgende Resultate:

$\tilde{T} = \begin{pmatrix} 0 \\ T \end{pmatrix}$, *d. h. durch Bewegungen im Tangentialraum wird z nicht verändert.*

$\tilde{\lambda} = (1 - \lambda s, \lambda)$, *d. h. unter der Zusatzvoraussetzung, daß* $1 - \lambda s > 0$ *für alle möglichen* λ, *gilt* $\tilde{\lambda} \geqq 0 \Leftrightarrow \lambda \geqq 0$.

$D\tilde{f} \cdot \tilde{T} = Df \cdot T$, *d. h. der reduzierte Gradient ist von der Komponente z unabhängig.*

$\tilde{d} = \begin{pmatrix} z \\ d \end{pmatrix}$, *d. h. der Restaurationsschritt erzwingt* $z_{k+1} = 0$.

Zusammenfassend läßt sich sagen: *Wird einmal $z \geqq 0$ aktiv, so bleibt das für die restlichen Iterationen auch so. Die x-Komponenten der Iterationspunkte sind dann die gleichen, die bei der Anwendung des Verfahrens auf* (P) *entstehen würden.*

2. $z \geqq 0$ ist nicht aktiv, d. h. $0 \notin A_k$. Dann ist die folgende Zerlegung angebracht: $\tilde{U}_b = \begin{pmatrix} 0 \\ U_r \end{pmatrix}$, $\tilde{U}_r = \begin{pmatrix} 1 & 0 \\ 0 & U_r \end{pmatrix}$.

Dann ist $D\bar{h}\tilde{U}_b = D\bar{g}U_b$. Es ist zu bemerken, daß die Menge A_k nicht alle Nebenbedingungen zu enthalten braucht, die in dem ursprünglichen Problem (P) verletzt wären. Man erhält die Resultate:

$$\tilde{\lambda} = \lambda .$$

und

$D\tilde{f} \cdot \tilde{T} = (1 - \lambda s, Df \cdot T)$, *d. h. solange $z \geqq 0$ nicht aktiv ist, wird kein stationärer Punkt erreicht, und der Algorithmus stoppt nicht.*

Eine Einschränkung der Anwendbarkeit des Verfahrens liegt darin, daß die Matrizen $D\bar{h}(x_k)$ maximalen Rang haben müssen, damit die verlangte Zerlegung existiert. Das ist mit Sicherheit dann nicht der Fall, wenn der Bereich S_p leer ist, in einem Minimalpunkt von (Q) werden dann nämlich die Zeilen von $D\bar{h}$ linear abhängig.

Literatur

1 Polak, E.; Trahan, R.; Mayne, D. Q., Combined phase-I phase-II methods of feasible directions, Math. Program. 17, 61–73 (1979).

Anschrift: Klaus Crusius, FB Mathematik, Johannes Gutenberg-Universität Mainz, Saarstraße 21, D-6500 Mainz, BRD

ZAMM 61, 334 (1981)

M. S. El Naschie

On the Theory of Economical Systems and Their Dynamical Modelling

Economics is a science dominated by abrupt and sudden changes. It seems, therefore, that the theory of bifurcation is the natural way of describing these vital changes. Considering for instance the dynamics of a stock market, one could distinguish at least four main groups affecting a crash [1]. (1) Buy and Hold Group who tend to thin the market (2). Hour to hour ticker watchers who make the market less thin (3). The speculators who tend to distabilize the market (4). The special cases study group who can make a fortune from "knowing in advance". Simplifying the situation to (a) Chartists and (b) fundamentalists, Zeeman was able to model the market dynamics by a Riemann-Hugonoit catastrophe. Refining this model we obtain the swallow tail and the butterfly catastrophe for 3 and 4 groups respectively. These are all structurally stable models. However, some insight can be gained from modelling in terms of structurally unstable dynamics and then perturbing the model [2].

References

1 Malkiel, B. G., A Random Walk Down Wall Street, Norton, New York 1973.
2 El Naschie, M. S., Stability and catastrophe theory in applied science, Congress of Mechanical Engineering, Campinas, Brazil 1979.

Anschrift: Professor Dr. M. S. El Naschie, University of Riyad and New Mexico State University, U.S.A., University of Riyadh, Faculty of Engineering, P.O.Box 800, Riyadh, Saudi Arabia

ZAMM 61, T 335 – T 337 (1981)

H. Exner

Bemerkungen zur Anwendung der kanonischen Korrelationstheorie auf die Regionalanalyse unter besonderer Berücksichtigung des Redundanzkriteriums

Die Regionen eines Landes sind durch verschiedene geographische, ökonomische und andere Kennziffern charakterisiert. Eine wichtige Aufgabe der *Regionalanalyse* besteht dann darin, den Entwicklungsstand der territorialen Einheiten anhand gewisser Gruppen von zusammengehörigen Variablen in einer möglichst übersichtlichen Form darzustellen und die Beziehungen aufzudecken, die zwischen den verschiedenen Variablengruppen bestehen.

Die Lösung dieser Aufgabe kann auf die Auswertung von bestimmten komplexen Größen zurückgeführt werden, die mit der Regressions- und Faktoranalyse oder auch der kanonischen Korrelationstheorie gebildet werden können. In [2] gingen wir insbesondere auf die letzte Methode ein, wiesen dabei jedoch schon auf gewisse Analogien hin, die sich aus den durch die verschiedenen mathematisch-statistischen Verfahren gewonnenen Ergebnissen ergaben.

So stellten wir u. a. fest, daß die mit den Werten der kanonischen Veränderlichen gewonnene Entwicklungsstruktur in den Fällen mit der mit der Faktoranalyse berechneten Struktur übereinstimmte, bei denen die dazugehörigen Redundanzwerte genügend groß waren. Ebenso konnten bei der Untersuchung der Beziehungen zweier Variablengruppen aus den durch die beiden Methoden erhaltenen Ergebnissen analoge Schlußfolgerungen gezogen werden, wenn die Gesamtredundanzen für die bei der Analyse verwendeten kanonischen Variablen und für die entsprechenden Faktoren nicht wesentlich voneinander abwichen. Auf weitere Ergebnisse, die wir bei der Anwendung der kanonischen Korrelationstheorie auf die Regionalanalyse in Ungarn erhielten, wollen wir hier nicht eingehen (vgl. dazu [2]), dafür jedoch auf einige Sätze, die teilweise den Hintergrund für die oben erwähnten Zusammenhänge bilden.

Seien $\boldsymbol{Y} = (Y_1, Y_2, \dots, Y_p)$, $\boldsymbol{X} = (X_1, X_2, \dots, X_q)$, $p \leqq q$, $m = p + q$, zwei Zufallsvariable mit einer gemeinsamen m-dimensionalen Normalverteilung. Dann bestimmt man mit der kanonischen Korrelationsrechnung sukzessiv Paare

$$U_h = \sum_{i=1}^{p} a_{hi} Y_i', \qquad V_h = \sum_{j=1}^{q} b_{hj} X_j'; \qquad h = 1, 2, \dots, p,$$

von Linearkombinationen der 1. bzw. 2. Variablengruppe (die sogenannten *kanonischen Veränderlichen*), die jeweils maximal korreliert miteinander und orthogonal zu den vorherbestimmten Paaren sind. Dabei sollen die Nebenbedingungen

$$\sum_{i=1}^{p} a_{hi}^2 = 1, \qquad \sum_{j=1}^{q} b_{hj}^2 = 1; \qquad h = 1, 2, \dots, p;$$

gelten, und Y_i', X_j' sind (der Aufgabe entsprechend) identisch mit den Zufallsvariablen Y_i, X_j bzw. den dazugehörigen standardisierten Größen.

Bezeichnen wir jetzt mit $\mathrm{KOR}(X, Y)$ den *Stichprobenkorrelationskoeffizienten* der Zufallsvariablen X und Y und mit $B(X, Y) = [\mathrm{KOR}(X, Y)]^2$ das *Bestimmtheitsmaß*, dann können nach [3] die folgenden Werte definiert werden:

1. *Redundanz von* U_h: $RU_h = B(U_h, V_h) \dfrac{1}{p} \sum_{i=1}^{p} B(U_h, Y_i)$,

2. *Gesamtredundanz von* $\boldsymbol{Y}$ *bzgl.* $\boldsymbol{X}$: $RU = \sum_{h=1}^{p} RU_h$,

3. *Redundanz von* V_h: $RV_h = B(U_h, V_h) \dfrac{1}{q} \sum_{j=1}^{q} B(V_h, X_j)$,

4. *Gesamtredundanz von* $\boldsymbol{X}$ *bzgl.* $\boldsymbol{Y}$: $RV = \sum_{h=1}^{p} RV_h$.

Durch die Redundanzwerte läßt sich der Informationsverlust messen, der entsteht, wenn die Zufallsveränderlichen der einen durch die der anderen Variablengruppe mittels der kanonischen Variablen ersetzt werden. Für 1.—4. können nach dem folgenden Satz einfachere Ausdrücke gegeben werden.

Satz 1: *Für* $h = 1, 2, \dots, p$ *gilt:*

$$RU_h = \frac{1}{p} \sum_{i=1}^{p} B(V_h, Y_i), \qquad RV_h = \frac{1}{q} \sum_{j=1}^{q} B(U_h, X_j). \tag{1), (2}$$

Beweis: (1) und (2) folgen sofort aus den obigen Definitionen, wenn für alle $i, h = 1, \dots, p$ und $j = 1, \dots, q$ gilt:

$$\mathrm{KOR}(U_h, V_h) = \frac{\mathrm{KOR}(V_h, Y_i)}{\mathrm{KOR}(U_h, Y_i)} = \frac{\mathrm{KOR}(U_h, X_j)}{\mathrm{KOR}(V_h, X_j)}.$$

Beschränken wir uns auf den Beweis der 1. Gleichung und nehmen o. B. d. A. an, daß U_h, V_h, Y_i Einheitsvektoren sind, dann sieht man wegen der Gültigkeit von

$$\mathrm{KOR}(U_h, V_h) = \max_U \mathrm{KOR}(U, V_h) \quad \text{mit} \quad U = \sum_{i=1}^{p} c_i Y_i$$

sofort ein, daß sich V_h in der Form $V_h = \mathrm{KOR}(U_h, V_h) \cdot U_h + \varepsilon_h$ darstellen läßt, wobei ε_h orthogonal zu Y_i ist, und damit erhalten wir:

$$\mathrm{KOR}(V_h, Y_i) = \mathrm{KOR}(U_h, V_h) \cdot \mathrm{KOR}(U_h, Y_i), \quad \text{wzbw}.$$

Eine andere, etwas kompliziertere Ableitung von (1) und (2) gibt COOLEY-LOHNES [1].

Einen Zusammenhang zwischen der Faktoranalyse und der kanonischen Korrelationstheorie mittels der Redundanzen erhält man durch den folgenden Satz:

Satz 2: *Seien* $\boldsymbol{Y} = (Y_1, \ldots, Y_p) \in \mathfrak{R}^Y$, $\boldsymbol{X} = (X_1, \ldots, X_q) \in \mathfrak{R}^X$ *zwei p- bzw. q-dimensionale Zufallsvektoren und*

$$F^Y = (F_1^Y, \ldots, F_p^Y), \qquad F^X = (F_1^X, \ldots, F_q^X)$$

orthogonale (durch die Faktoranalyse bestimmte) *Komponenten von* $\mathfrak{R}^Y$ *bzw.* $\mathfrak{R}^X$, *dann ist:*

$$RU = \frac{1}{p} \sum_{i=1}^{p} \sum_{j=1}^{q} B(F_j^X, Y_i), \qquad RV = \frac{1}{q} \sum_{j=1}^{q} \sum_{i=1}^{p} B(F_i^Y, X_j). \tag{3), (4}$$

Beweis: Nach dem Satz 1 genügt es zu zeigen, daß für alle $i = 1, \ldots, p$ und $j = 1, \ldots, q$

$$\sum_{j=1}^{q} B(F_j^X, Y_i) = \sum_{h=1}^{p} B(V_h, Y_i), \qquad \sum_{i=1}^{p} B(F_i^Y, X_j) = \sum_{h=1}^{p} B(U_h, X_j)$$

gilt. Beschränken wir uns aus Analogiegründen wieder auf den Beweis der ersten Beziehung und nehmen an, daß $\mathfrak{R}^V$ der durch die V_h $(h = 1, \ldots, p)$ erzeugte Raum und P_X der auf $\mathfrak{R}^X$ abbildende Operator ist, dann folgt: $P_X U_h = \mathrm{KOR}(U_h, V_h) \cdot V_h$. Da Y_i sich als $\sum_{h=1}^{p} c_{ih} U_h$ darstellen läßt, erhalten wir mit der vorigen Relation:

$$P_X Y_i = P_X\left(\sum_{h=1}^{p} c_{ih} U_h\right) = \sum_{h=1}^{p} c_{ih} \mathrm{KOR}(U_h, V_h) \cdot V_h = \sum_{h=1}^{p} \mathrm{KOR}(V_h, Y_i) \cdot V_h \in \mathfrak{R}^V$$

und damit für die Norm $\|P_X Y_i\|^2 = \sum_{h=1}^{p} B(V_h, Y_i)$. Andererseits gilt $\|P_X Y_i\|^2 = \sum_{j=1}^{q} B(F_j^X, Y_i)$, weil die F_j^X ein orthogonales System für $\mathfrak{R}^X$ bilden, wzbw.

Wenn die Analyse der Beziehungen zweier Variablengruppen mit Hilfe von p' $(\leq p)$ und q' $(\leq q)$ Komponenten F_i^Y bzw. F_j^X durchgeführt wird, dann sollten neben RU und RV auch die Werte RU' und RV' bei der Auswertung berücksichtigt werden, wobei diese analog zu (1) und (2) definiert werden, jetzt aber nur die zu den p' bzw. q' Komponenten gehörigen Bestimmtheitsmaße summiert werden.

Der dritte Satz gibt einfache Formeln für die Berechnung von RU und RV an, die eine Verbindung zur Regressionsrechnung herstellen.

Satz 3: *Seien* y_{ik}, x_{jk} $(i = 1, \ldots, p;\ j = 1, \ldots, q;\ k = 1, \ldots, n)$ *die Beobachtungswerte der Zufallsvariablen* Y_i *bzw.* X_j, $\bar{y}_i$ *bzw.* $\bar{x}_j$ *die Stichprobenmittelwerte und* $\hat{y}_{ik}$, $\hat{x}_{jk}$ *die Schätzwerte der linearen Regressionsfunktionen von* $Y_i = Y_i(X_1, \ldots, X_q)$ *bzw.* $X_j = X_j(Y_1, \ldots, Y_p)$, *so gilt:*

$$RU = \frac{1}{p} \sum_{i=1}^{p} \left\{ \frac{\sum_{k=1}^{n} (\hat{y}_{ik} - \bar{y}_i)^2}{\sum_{k=1}^{n} (y_{ik} - \bar{y}_i)^2} \right\}, \qquad RV = \frac{1}{q} \sum_{j=1}^{q} \left\{ \frac{\sum_{k=1}^{n} (\hat{x}_{jk} - \bar{x}_j)^2}{\sum_{k=1}^{n} (x_{jk} - \bar{x}_j)^2} \right\}. \tag{5), (6}$$

Beweis: Nach dem Satz 2 genügt es zu zeigen, daß die Ausdrücke in den geschweiften Klammern (d. h. die multiplen Bestimmtheitsmaße) gleich sind mit $\sum_{j=1}^{q} B(F_j^X, Y_i)$ bzw. $\sum_{i=1}^{p} B(F_i^Y, X_j)$, wobei F_j^X, F_i^Y orthogonale und normierte Komponenten von $\mathfrak{R}^X$ bzw. $\mathfrak{R}^Y$ sind. Aus Analogiegründen beweisen wir wieder nur die 1. Relation. Sei E der n-dimensionale Vektor mit den Komponenten 1, dann gilt einerseits:

$$\hat{Y}_i = \bar{Y}_i E + \sum_{j=1}^{q} \hat{c}_j F_j^X, \qquad (\hat{y}_{ik} = \hat{c}_0 + \hat{c}_1 f_{1k}^X + \ldots + \hat{c}_q f_{qk}^X),$$

und damit

$$\sum_{k=1}^{n} (\hat{y}_{ik} - \bar{y}_i)^2 = \|\hat{Y}_i - \bar{Y}_i E\|^2 = \left\| \sum_{j=1}^{q} \hat{c}_j F_j^X \right\|^2 = \sum_{j=1}^{q} \hat{c}_j^2.$$

Andererseits ist nach Definition:

$$B(F_j^X, Y_i) = \frac{\left[\sum_{k=1}^{n} (f_{jk}^X - \bar{f}_j^X)(y_{ik} - \bar{y}_i)\right]^2}{\sum_{k=1}^{n} (f_{jk}^X - \bar{f}_j^X)^2 \cdot \sum_{k=1}^{n} (y_{ik} - \bar{y}_i)^2},$$

woraus sich $B(F_j^X, Y_i) \cdot \sum_{k=1}^{n} (y_{ik} - \bar{y}_i)^2 = \hat{c}_j^2$ ergibt. Aus den beiden abgeleiteten Formeln folgt schließlich die Behauptung.

Literatur

1 Cooley, W. W.; Lohnes, P. R., Multivariate Data Analysis, New York etc., John Wiley & Sons 1971, S. 168–200.
2 Lackó, L.; Exner, H., Die kanonische Korrelationsrechnung — eine Methode für die Regionalanalyse, Wien, AMR INFO 2–3, 53–82 (1977).
3 Ranner, A. P., Analysing relations between regions and their surroundings, Regional and Urban Economics 4, 141–162 (1974).

Anschrift: Dr. Helmut Exner, Örs vezér tere 17/9/37, H-1148 Budapest, VR Ungarn

ZAMM 61, T 337 – T 338 (1981)

D. Kalin

Monotone Optimal Strategies for a Sequential Sampling Problem

1. Introduction

We consider the model [3] with the following modifications:

a) If success occurs on experiment E_i the statistician obtains a reward $c_i > 0$, $i = 1, 2$.

b) The information about the foregoing outcomes is given by a tupel $(s, t) \in \mathbb{N}_0^2$, $\mathbb{N}_0 = \{0, 1, 2, \ldots\}$, where s (respectively t) represents the number of successes (respectively failures) during $s + t$ trials concerning experiment E_2. Comparing this with the notation [3] we obtain $r \equiv s$, $n \equiv s + t$.

c) Starting the first experiment with $(s, t) \neq (0, 0)$ means that some experimentation has already taken place providing the statistician with a certain amount of information.

On each trial the statistician is faced with the problem of choosing between E_1 and E_2. He proceeds in such a way as to maximize the expected reward (from the Bayesian point of view) over a finite number, $N \in \mathbb{N} = \{1, 2, \ldots\}$, of trials. For more details of the design of the model see [1], [4].

In section 2 the dynamic program is sketched and in section 3 we derive some monotonic properties of the value functions of the program based on monotonic properties of the posterior success probabilities [1]. A uniform formulation of these properties can be given via a general partial ordering [4]. In section 4 the structure of an optimal strategy is analyzed and more monotonic properties are given. In section 5 some numerical values are presented.

2. Dynamic programming approach

Let F_2 be an arbitrary prior distribution function for the unknown success probability p_2 of experiment E_2 and assume that the posterior success probability given the information (s, t), say $\pi(s, t)$, is well defined. Then

$$\pi(s, t) = \left\{\int_0^1 p_2^{s+1}(1 - p_2)^t \, \mathrm{d}F_2(p_2)\right\} \Bigg/ \left\{\int_0^1 p_2^{s}(1 - p_2)^t \, \mathrm{d}F_2(p_2)\right\} .$$

Further, let $0 < p_1 < 1$ be the known success probability of experiment E_1. Defining a dynamic decision model [2], [5] with finite horizon N such that the described sequential sampling problem is embedded [1], [4] we denote by V^k: $\mathbb{N}_0^2 \to \mathbb{R}$ the *maximal conditional expected reward* over k trials, $1 \leq k \leq N$. Setting $V^0 \equiv 0$ we obtain the system of the optimality equations

$$V^k(s, t) = \max \{ V_1^k(s, t), V_2^k(s, t)\} , \qquad (s, t) \in \mathbb{N}_0^2, \tag{2.1}$$

where

$$V_2^k(s, t) = \pi(s, t) \, [c_2 + V^{k-1}(s + 1, t)] + (1 - \pi(s, t)) \, V^{k-1}(s, t + 1) , \tag{2.2}$$

$$V_1^k(s, t) = k p_1 c_1 , \qquad 1 \leq k \leq N , \tag{2.3}$$

which can be shown by induction. A *strategy of the statistician* is given by a finite sequence $(f_N, \ldots, f_1)$ of decision functions f_m: $\mathbb{N}_0^2 \to \{1, 2\}$, $1 \leq m \leq N$, such that having observed the information $(s, t) \in \mathbb{N}_0^2$ at stage $1 \leq k \leq N$, action $f_{N-k+1}(s, t)$ is chosen, i.e. the next experiment is E_j with $j \equiv f_{N-k+1}(s, t)$. A strategy $(f_N^*, \ldots, f_1^*)$ is called *strongly optimal* if and only if $V^k(s, t) = V^k_{f^*(s,t)}(s, t)$ holds for all $(s, t) \in \mathbb{N}_0^2$ and all $1 \leq k \leq N$. Obviously, such a strategy exists for every $N \in \mathbb{N}$ [5].

3. Monotonic properties of the value function

As a first result we obtain a generalization of [3, Theorem 1]:

Theorem 1: *For every prior distribution function F_2 and $1 \leq k \leq N$ hold*

(a) $V^k(s + 1, t) \geq V^k(s, t)$, $\quad (s, t) \in \mathbb{N}_0^2$,

(b) $V^k(s, t) \geqq V^k(s, t + 1), \quad (s, t) \in \mathbb{N}_0^2$,

(c) $V^k(s + 1, t - 1) \geqq V^k(s, t), \quad (s, t - 1) \in \mathbb{N}_0^2$.

Proof: We proceed by induction and restrict ourselves to (a). Taking into account that $\pi(s + 1, t) \geqq \pi(s, t)$, $(s, t) \in \mathbb{N}_0^2$, [1] we get $V^1(s + 1, t) \geqq V^1(s, t)$ and

$$V_2^{k+1}(s + 1, t) - V_2^{k+1}(s, t) \geqq [\pi(s + 1, t) - \pi(s, t)]\,[c_2 + V^k(s + 1, t) - V^k(s, t + 1)] \geqq 0$$

and thus $V^{k+1}(s + 1, t) \geqq V^{k+1}(s, t)$.

Theorem 2: *For every prior distribution function F_2 and $1 \leqq k \leqq N$ hold*

(a) $V^k(s, t) - V^{k-1}(s, t + 1) \geqq \pi(s, t)\, c_2, \quad (s, t) \in \mathbb{N}_0^2$,

(b) $V^k(s, t) - V^{k-1}(s, t) \geqq p_1c_1, \quad (s, t) \in \mathbb{N}_0^2$.

Proof: We restrict ourselves to (b). The case $k = 1$ follows from (2.1). From Theorem 1 we conclude $V_2^{k+1}(s, t) - V_2^k(s, t) \geqq p_1c_1$ and thus $V^{k+1}(s, t) \geqq V^k(s, t) + p_1c_1$.

Theorem 2 generalizes results of [3, p. 237].

4. Monotone optimal strategies

As an abbreviated notation let $\varepsilon^k\colon \mathbb{N}_0^2 \to \mathbb{R}$ be defined by

$$\varepsilon^k(s, t) = \pi(s, t)\,[V^{k-1}(s + 1, t) - (k - 1)\, p_1c_1] + \big(1 - \pi(s, t)\big)\,[V^{k-1}(s, t + 1) - (k - 1)\, p_1c_1]\,,$$
$$1 \leqq k \leqq N\,.$$

Clearly, as a consequence of section 2, $\varepsilon^k(s, t) \geqq 0$.

Theorem 3: *Let $1 \leqq k \leqq N$, $(s, t) \in \mathbb{N}_0^2$ and*

$$f_k^*(s, t) = \begin{cases} 1 & \text{if} \quad \pi(s, t)\, c_2 < p_1c_1 - \varepsilon^k(s, t)\,, \\ 2 & \text{if} \quad \pi(s, t)\, c_2 \geqq p_1c_1 - \varepsilon^k(s, t) \end{cases}$$

then $(f_N^*, \dots, f_1^*)$ is an optimal strategy.

The proof is a consequence of the following equations:

$$V_2^k(s, t) - kp_1c_1 = \pi(s, t)\, c_2 - p_1c_1 + \varepsilon^k(s, t)\,, \qquad 1 \leqq k \leqq N\,, \qquad \big(\text{cp. } (2.2), (2.3)\big)\,.$$

We want to give now several monotonic properties of the optimal decision functions f_k^*, $1 \leqq k \leqq N$.

Theorem 4: *Let $1 \leqq k \leqq N$, $(s, t) \in \mathbb{N}_0^2$, $(s', t') \in \mathbb{N}_0^2$ then*

(a) *$f_k^*(s, t) = 2$ implies $f_k^*(s', t') = 2$ for all $s' \geqq s$, $t' \leqq t$,*

(b) *$f_k^*(s, t) = 1$ implies $f_k^*(s', t') = 1$ for all $s' \leqq s$, $t' \geqq t$,*

(c) *$f_k^*(s, t) = 1$ implies $f_{k-1}^*(s, t) = 1$ for all $2 \leqq k \leqq N$.*

Proof: From Theorem 1 we conclude

(a) $$\pi(s', t')\, c_2 - p_1c_1 + \varepsilon^k(s', t') = V_2^k(s', t') - kp_1c_1 \geqq V_2^k(s, t) - kp_1c_1 = \pi(s, t)\, c_2 - p_1c_1 + \varepsilon^k(s, t) \geqq 0\,.$$

(b) $$p_1c_1 - \varepsilon^k(s', t') - \pi(s', t')\, c_2 = kp_1c_1 - V_2^k(s', t') \geqq kp_1c_1 - V_2^k(s, t) = p_1c_1 - \varepsilon^k(s, t) - \pi(s, t)\, c_2 > 0\,.$$

(c) From Theorem 2 we conclude $$p_1c_1 - \pi(s, t)\, c_2 - \varepsilon^{k-1}(s, t) \geqq$$
$$\geqq p_1c_1 - \pi(s, t)\, c_2 + \pi(s, t)\,[-V^{k-1}(s + 1, t) + (k - 1)\, p_1c_1] +$$
$$+ \big(1 - \pi(s, t)\big)\,[-V^{k-1}(s, t + 1) + (k - 1)\, p_1c_1 = p_1c_1 - \pi(s, t)\, c_2 - \varepsilon^k(s, t) > 0\,.$$

5. Conclusions

Theorem 4(c) may be interpreted as a stopping rule for experiment E_2. More about this subject can be found in [1], [4]. We want to point out that $\varepsilon^k(s, t)$ may be strictly positive. So, in general, a simple comparison of $\pi(s, t)\, c_2$ and p_1c_1 does not lead to an optimal decision. To see this fact, let F_2 be the uniform distribution over [0, 1], $p_1 = 0.5$, $c_1 = 1.1$ and $c_2 = 1.0$. Then we can compute $\varepsilon^3(0, 0) = 0.125$. According to Theorem 3 we obtain $f_3^*(0, 0) = 2$ but $\pi(0, 0)\, c_2 = 0.5 < 0.55 = p_1c_1$ holds.

References

1 Hengartner, W.; Kalin, D.; Theodorescu, R., Ein dynamisches Entscheidungsmodell für den zweiarmigen Banditen, Preprint Nr. 319 (1980) des SFB 72, Universität Bonn.
2 Hinderer, K., Foundations of Non-Stationary Dynamic Programming with Discrete Time-Parameter, Springer, Berlin 1970.
3 Jones, P. W., On the two-armed bandit with one probability known, Metrika 25 (1978), 235–239.
4 Kalin, D., Zum Problem des zweiarmigen Bernoulli-Banditen mit einer bekannten Erfolgswahrscheinlichkeit und unendlich vielen Spielen, Manuscript 1980, University of Bonn.
5 Schäl, M., Conditions for optimality in dynamic programming and for the limit of n-stage optimal policies to be optimal, Z. Wahrscheinlichkeitstheorie verw. Gebiete 32 (1975), 179–196.

Anschrift: Dr. Dieter Kalin, Institut für Angewandte Mathematik der Universität Bonn, Wegelerstr. 6, D-5300 Bonn, BRD

ZAMM 61, T 339 – T 341 (1981)

W. Kliemann

Stabilität und Wachstum linearer, parametererregter Systeme

In diesem Beitrag untersuchen wir Stabilität und Wachstum des linearen, parametererregten stochastischen Systems

$$\dot{x}_t = A_t x_t , \tag{1}$$

wobei A_t ein $n \times n$-matrixwertiger stochastischer Prozeß ist mit Werten in $Y \subset \mathbb{R}^{n \cdot n}$. Parametererregte Systeme treten immer dann auf, wenn in der Modellierung nicht nur das Rauschen am Ein- und Ausgang berücksichtigt wird, sondern auch die zufälligen Vorgänge im System selbst. Die Stabilität solcher Systeme wurde z. B. untersucht von Weidenhammer, Sagirow, Wedig u. a., die hinreichende Stabilitätsbedingungen angeben.

Wir sind hier an präzisen Wachstumsaussagen der Form

$$|x_t| \sim e^{Rt} \tag{2}$$

interessiert, mit R der Wachstumsordnung (deterministisch: Ljapunov-Zahl) des Systems (1). Das Wachstum R soll dabei unabhängig vom Zufall, d. h. eine Wachstumsaussage für fast alle Trajektorien des Systems, und vom Start x_0 sein, so daß das Stabilitätsverhalten in einem Wachstumsdiagramm im Raum der Parameter des Rauschens dargestellt werden kann:

$R < 0$: exponentielle Stabilität

$R > 0$: exponentielle Instabilität

$R = 0$: weitere Betrachtungen zur Ermittlung der Stabilität erforderlich, vgl. z. B. [2]

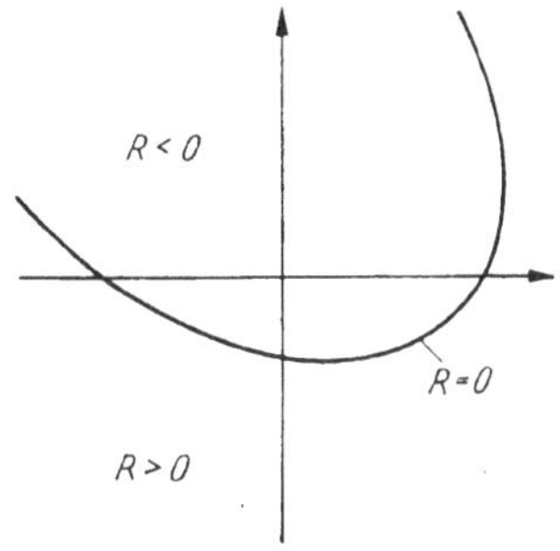

Bild 1. Stabilitätsbereiche eines stochastischen Systems

Die zu erzielenden Ergebnisse hängen wesentlich von den getroffenen Annahmen über den Rauschprozeß A_t ab:

— A_t allgemeiner stochastischer Prozeß: realisierungsweise Theorie, z. B. [3];
— A_t weißes Rauschen: Itô-Gleichungsansatz, z. B. [4];
— A_t stationärer, stetiger Markov-Prozeß: genuin nichtlineare Theorie.

Diese letztere Situation soll hier behandelt werden; sie schließt insbesondere alle Störprozesse ein, die am Ausgang eines linearen Filters mit weißem Rauschen am Eingang anliegen.

Zur Bestimmung des Wachstums des Systems (1) projizieren wir die Gleichung (1) auf die Einheitssphäre S^{n-1} im $\mathbb{R}^n$ und betrachten den Prozeß $w_t = x_t/|x_t|$. Dieser gehorcht der Gleichung

$$\dot{w}_t = \left(A_t - \bar{q}(w_t, A_t)\, I_n\right) w_t = h(w_t, A_t) \tag{3}$$

mit $q(t) = \frac{1}{2}\, w_t'(A_t' + A_t)\, w_t$.

Für den Betrag der Lösungen von (1) kann dann geschrieben werden

$$|x_t| = |x_0| \exp\left(\int_0^t q(w_s, A_s)\, \mathrm{d}s\right). \tag{4}$$

Wir definieren $R_t(\omega) = \dfrac{1}{t}\displaystyle\int_0^t q(w_s, A_s)\, \mathrm{d}s$ und erhalten:

Konvergiert $R_t(\omega) \to R$ für $t \to \infty$, so ist

$$|x_t| = |x_0| \exp\left(t(R + O(1))\right), \tag{5}$$

d. h. R ist eine Wachstumsordnung von (1). *Ist der Paarprozeß (w_t, A_t) ein ergodischer Markov-Prozeß, so folgt aus dem Ergodensatz: $R_t(\omega)$ konvergiert fast sicher gegen eine Konstante R, die dann also eine Wachstumsordnung ist.* Nun hat die Gleichung (3) i. a. mehrere (eventuell sogar überabzählbar viele) stationäre Lösungen, so daß (w_t, A_t) ergodisch ist, von denen jede eine Wachstumsordnung von (1) definiert. Für ein System im $\mathbb{R}^n$ sind jedoch höchstens n verschiedene Wachstumsordnungen möglich [1]. Wir haben daher alle stationären ergodischen Lösungen (w_t, A_t)

von (3) zu bestimmen, um einen vollständigen Überblick über das Wachstumsverhalten von (1) zu bekommen. Da mit A_t auch (w_t, A_t) ein MARKOV-Prozeß ist, kann diese Bestimmung im Zustandsraum $S^{n-1} \times Y \subset \mathbb{R}^n \times \mathbb{R}^{n\cdot n}$ erfolgen.

Wir assoziieren dem stochastischen, nichtlinearen System (3) ein *zugehöriges deterministisches Kontrollsystem*

$$\dot{v}(t) = h(v(t), u(t)) \tag{6}$$

mit $u \in \mathfrak{U} = \{u\colon [t_0, t_1] \to Y \subset \mathbb{R}^{n\cdot n} \text{ stetig}\}$, h aus Gleichung (3), und bestimmen die invarianten ε-Kontrollmengen des Kontrollsystems (6). Dabei heißt die Menge $G \subset X \times Y$ eine *invariante ε-Kontrollmenge* für (6), wenn für alle $(x, y) \in G$ gilt: $O_\varepsilon^+(x, y) = \bar{G}$. Der *positive ε-Orbit* $O_\varepsilon^+(x, y)$ eines Punktes ist dabei definiert durch:

$$O_\varepsilon^+(x, y) = \{(x', y') \in X \times Y;\ \text{für alle } \varepsilon > 0 \text{ gibt es ein } u_\varepsilon \in \mathfrak{U} \text{ mit}$$
$$u_\varepsilon(t_0) = y,\ u_\varepsilon(t_1) = y',\ |v(t_1; x, t_0, \varepsilon) - x'| < \varepsilon\}\,.$$

Für die Bestimmung der invarianten ε-Kontrollmengen eines nichtlinearen Systems findet man Methoden und Ergebnisse in der einschlägigen Kontrolliteratur, vgl. auch die Zusammenstellung in [5].

Unter einer nicht sehr einschränkenden Nichtdegeneriertheitsbedingung an A_t gilt dann der folgende

Satz 1: *A_t sei stationärer, ergodischer Markov-Prozeß. Dann gilt*

(i) *In jeder abgeschlossenen invarianten ε-Kontrollmenge G_t existiert genau ein stationärer, ergodischer Prozeß* (w_t, A_t).

(ii) *Nur in den invarianten ε-Kontrollmengen gibt es stationäre, ergodische Lösungen von* (3).

(iii) *In jedem der G_t gilt ein starkes Gesetz der großen Zahlen, d. h. der Prozeß schwingt bei beliebigem Start gegen die stationäre Lösung ein.*

Aus der Bestimmung der invarianten ε-Kontrollmengen von (6) kann also auf das Ergodenverhalten der Lösung (w_t, A_t) von (3) geschlossen werden. Daraus folgt für das Wachstum des Systems (1):

Satz 2: *A_t sei stationärer, ergodischer Markov-Prozeß. Dann gilt:*

(i) *In jeder abgeschlossenen, invarianten ε-Kontrollmenge G_t von* (6) *gibt es eine fast sicher konstante Wachstumsordnung R_t.*

(ii) *Diese gilt im ganzen Einzugsbereich von G_t bei beliebigem Start.*

(iii) *Es gibt mindestens eine fast sicher konstante Wachstumsordnung.*

Beispiele:

1. A_t sei 2×2-Matrix, d. h. $A_t \in Y \subset \mathbb{R}^{2\cdot 2}$: Abhängig von der Lage von Y im $\mathbb{R}^4$ erhält man eine oder zwei Wachstumsordnungen, vgl. die vollständige Fallunterscheidung in [5].

2. Linearer, ungedämpfter Oszillator: $\ddot{y} + f_t y = 0$:

$$\dot{x}_t = \begin{pmatrix} 0 & 1 \\ -f_t & 0 \end{pmatrix} x_t\,.$$

Die Projektion auf die Einheitssphäre im $\mathbb{R}^2$ ergibt für den Winkel φ die Differentialgleichung $\dot{\varphi}_t = -\sin^2 \varphi_t - f_t \cos^2 \varphi_t$. Das assoziierte Kontrollsystem hat genau zwei invariante ε-Kontrollmengen, in denen dieselbe Wachstumsordnung gilt. Es gibt daher genau eine fast sicher konstante Wachstumsordnung unabhängig vom Start.

Die Wachstumsordnung R kann nur in wenigen Fällen aus der Statistik des Rauschprozesses A_t direkt berechnet werden, i. a. ist Simulation erforderlich, vgl. [6].

3. Linearer, gedämpfter Oszillator: $\ddot{y} + 2\beta\dot{y} + (1 + \sigma f_t)\, y = 0$, wobei f_t (0, 1)-normalverteilt sei, etwa ein ORNSTEIN-UHLENBECK-Prozeß. Für diese Situation gibt es Abschätzungen des Stabilitätsgebietes:

— INFANTE (1967): Stabilität für $\sigma^2 < 4\beta^2$.

— KOZIN (1972): Stabilität für $\sigma^2 < \beta^{3.3}$.

Die per Simulation gewonnene präzise Wachstumskarte klärt die Situation:

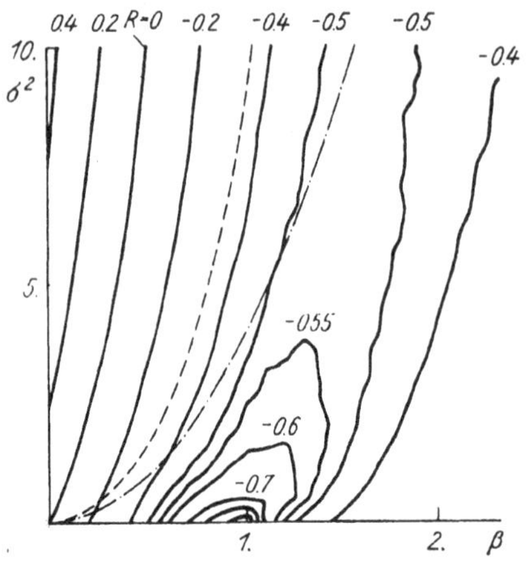

Bild 2. Stabilitätsdiagramm des gedämpften Oszillators. Niveaulinien der Wachstumsordnung R sowie hinreichende Stabilitätsgrenzen nach KOZIN (gestrichelt) und INFANTE (strichpunktiert)

Literatur

1 ARNOLD, L.; WIHSTUTZ, V., On the stability and growth of real noise parameter excited linear systems, in: KALLIANPUR, G.; KÖLZOW, D. (Eds.), Measure Theory, Applications to Stochastic Analysis, Proc. Oberwolfach Conference 1977. Springer Lecture Notes in Mathematics No. 695, 1978, S. 211–227.
2 BÖHME, O., Asymptotisches Verhalten der Lösung linearer, stochastischer Differentialgleichungen 2. Ordnung (russ.), Teor. vero. mat. statist. 20 (1979), 10–21.
3 BUNKE, H., Gewöhnliche Differentialgleichungen mit zufälligen Parametern, Akademie Verlag, Berlin 1972.
4 CHASMINSKII, R. Z., Stabilität von Systemen von Differentialgleichungen bei zufälligen Störungen ihrer Parameter (russ.), Verlag Nauka, Moskau 1969.
5 KLIEMANN, W., Qualitative Theorie nichtlinearer stochastischer Systeme, Dissertation, Universität Bremen 1980.
6 RÜMELIN, W., Simulation von farbigem Rauschen, ZAMM 81 (1981), T 350–T 352.

Anschrift: WOLFGANG KLIEMANN, Universität Bremen, Fachbereiche Mathematik/Informatik und Elektrotechnik/Physik, Forschungsschwerpunkt Dynamische Systeme, Postfach 330440, D-2800 Bremen 33, BRD

ZAMM 61, T 341 – T 343 (1981)

K. MARTI

Über die Berechnung von Abstiegsrichtungen in Stochastischen Linearen Programmen bei Verteilungsinvarianz

1. Einführung

Ein wichtiges Problem in der stochastischen linearen Programmierung ist die Minimierung einer konvexen Erwartungswert-Funktion F der Art

$$F(x) = \mathsf{E}u(A(\omega)\,x - b(\omega))\,, \qquad x \in \mathbb{R}^n\,, \tag{1}$$

bezüglich einer Restriktion $x \in D$. Dabei ist D eine konvexe Teilmenge des $\mathbb{R}^n$, $(A(\omega), b(\omega))$ eine $(m, n+1)$-Zufallsmatrix, und u: $\mathbb{R}^m \to \mathbb{R}$ ist eine konvexe Funktion, so daß $F(x) \in \mathbb{R}$ für alle $x \in \mathbb{R}^n$. Von großer Bedeutung bei der approximativen Lösung von min $F(x)$ bez. $x \in D$ ist dann die Berechnung von Abstiegsrichtungen d von F in einem gegebenen $x \in \mathbb{R}^n$. Da die Berechnung des Gradienten ∇F von F — wenn er überhaupt existiert — sehr zeitaufwendig ist, möchte man bei der Bestimmung von d möglichst ohne ∇F auskommen, siehe z. B. [1]. Die hier vorgestellte neue Methode der Berechnung von Abstiegsrichtungen für F ist möglich, falls die Verteilung $\mu = \mathsf{P}_{(A,b)}$ von $(A(\omega), b(\omega))$ gewisse Invarianzeigenschaften hat.

2. Die Niveauflächen der konvexen Funktion F

Für ein gegebenes $x \in \mathbb{R}^n$ betrachten wir die Menge

$$\Gamma_x = \{y \in \mathbb{R}^n : F(y) = F(x)\}\,,$$

also die Niveaufläche von F durch den Punkt x. Hat man nun irgendein $y \in \Gamma_x$ mit $y \neq x$, so gilt wegen der Konvexität von F offensichtlich das folgende

Lemma 2.1: *Sei $y \in \Gamma_x$ mit $y \neq x$, ferner $\tilde{x} := x + t(y - x)$, $0 < t < 1$. Dann gilt* a) $F(\tilde{x}) \leqq F(x)$ *und* b) $F(\tilde{x}) < F(x)$, *wenn F noch strikt konvex auf der Verbindungsstrecke von x und y ist.*

Bemerkungen:

a) Im Fall (b) ist dann $d = y - x$ eine Abstiegsrichtung von F in x.

b) In vielen stochastischen linearen Programmen ist die Zielfunktion F strikt konvex auf dem ganzen $\mathbb{R}^n$.

Nach diesem Lemma 2.1 stellt sich somit das Problem der Bestimmung von Vektoren $y \neq x$, so daß $F(y) = F(x)$.

3. Integraltransformationen

Zur Vereinfachung betrachten wir zunächst den Fall $m = 1$ (gegeben z. B. in der Portefeuille-Optimierung), wobei die Verteilung μ von $(A, b) = (a(\omega)', b(\omega))$ eine Wahrscheinlichkeitsdichte $f = f(a, b)$ habe. Damit ist dann

$$F(x) = \int u(a'x - b)\, f(a, b)\; da\; db\,.$$

Auf dieses Integral wenden wir jetzt die Integraltransformation

$$(a', b) = ((C\alpha)', \beta)\,, \qquad \alpha \in \mathbb{R}^n, \quad \beta \in \mathbb{R}, \tag{2}$$

an, wobei C eine reguläre (n, n)-Matrix ist. Nach den Transformationsregeln für Bereichsintegrale gilt dann $F(x) = F(y)$, wenn

$$y := C'x$$

und die Dichte $f(a, b)$ von $\mathsf{P}_{(A,b)}$ die Symmetrieeigenschaft

$$f(C\alpha, \beta) \cdot |\det C| = f(\alpha, \beta) \quad \text{f. ü.} \tag{3}$$

aufweist. Somit gilt hier der

Satz 3.1.: *Hat die Wahrscheinlichkeitsdichte f von $\mathsf{P}_{(A,b)}$ die Symmetrie-Eigenschaft* (3), *dann gilt $F(y) = F(x)$ mit $y := C'x$ für jedes $x \in \mathbb{R}^n$ und jedes u: $\mathbb{R}^m \to \mathbb{R}$, so daß $F = F_u$ definiert ist.*

Für eine Lösung x^0 des Ausgangsproblems min $F(x)$ bez. $x \in D$ erhält man aus diesem Ergebnis das folgende notwendige Lösungskriterium:

Korollar 3.1: *Ist F strikt konvex, dann gilt*

a) *$C'x^0 = x^0$, wenn x^0 im algebraisch Innern von D liegt,*

b) *$D \cap \{x^0 + t(C'x^0 - x^0) : 0 < t > 1\} = \emptyset$, wenn $C'x^0 \neq x^0$.*

Bezeichnet $\hat{C}(\mu)$ das Bildmaß der Verteilung $\mu = \mathsf{P}_{(A,b)}$ bezüglich der durch (2) definierten Transformation $\hat{C}$ des $\mathbb{R}^{n+1}$, dann läßt sich die Symmetrieeigenschaft (3) auch folgendermaßen beschreiben:

Lemma 3.1: *Die Symmetrieeigenschaft* (3) *der Dichte f von μ ist äquivalent zur Invarianzeigenschaft $\hat{C}(\mu) = \mu$ der Verteilung μ.*

Die hier an einem einfachen Fall demonstrierte Methode kann nun auch auf kompliziertere Fälle, d. h. $m > 1$ und beliebige affinlineare und nichtlineare Transformationen übertragen werden:

A) Fall $m = 1$ und eine beliebige affin-lineare Transformation

$$\begin{pmatrix} a \\ b \end{pmatrix} = \Delta \begin{pmatrix} \alpha \\ \beta \end{pmatrix} + \begin{pmatrix} d \\ \delta \end{pmatrix} = \begin{pmatrix} C\alpha + \beta c + d \\ \bar{c}'\alpha + \beta\gamma + \delta \end{pmatrix}. \tag{4}$$

Analog zu Satz 3.1 gilt hier

Satz 3.2: *Sei $\mu = \mathsf{P}_{(A,b)}$ invariant unter der Transformation* (4) *des $\mathbb{R}^{n+1}$. Dann gilt $F(x) = F(y)$ mit $y := C'x - \bar{c}$ für alle $x \in \mathbb{R}^n$, so daß $c'x = \gamma - 1$ und $d'x = \delta$.*

B) Im Fall $m > 1$ betrachten wir zunächst affin-lineare Transformationen, die definiert sind durch

$$(A_i, b_i) \to (A_i, b_i)\,\Delta' + (d', \delta)\,, \qquad i = 1, \dots, m\,, \tag{5}$$

d. h. jede Zeile (A_i, b_i) von (A, b) wird mit derselben affin-linearen Transformation wie in (4) transformiert. Es gilt

Satz 3.3: *Ist $\mu = \mathsf{P}_{(A,b)}$ invariant unter der durch* (5) *definierten Transformation T des $\mathbb{R}^{m(n+1)}$, d. h. gilt $T(\mu) = \mu$, wobei $T(\mu)$ das Bildmaß von μ bezüglich T ist, dann gilt $F(y) = F(x)$ mit $y = C'x - \bar{c}$ für alle $x \in \mathbb{R}^n$, so daß $c'x = \gamma - 1$ und $d'x = \delta$.*

C) Sei $m > 1$, und man betrachte die Transformation

$$(A_i, b_i) \to (A_i, b_i)\,\Delta' = (A_i C'_{(i)}, b_i)\,, \qquad i = 1, \dots, m\,, \tag{6}$$

mit verschiedenen Matrizen $C_{(i)}$, $i = 1, \dots, m$, wobei weitere Verallgemeinerungen noch möglich sind.

Satz 3.4: *Ist $\mu = \mathsf{P}_{(A,b)}$ invariant unter der Transformation* (6), *dann gilt $F(x) = F(y)$ für alle $x \in \mathbb{R}^n$ mit*

$$C'_{(1)}x = C'_{(2)}x = \dots = C'_{(m)}x =: y\,.$$

D) Sei $m > 1$ und $u(z) = \sum_{i=1}^{m} u_i(z_i)$ mit Funktionen $u_i: \mathbb{R} \to \mathbb{R}$, $i = 1, \dots, m$. Ferner sei $F_i(x) = \mathsf{E}u_i(A_i(\omega)\,x - b_i(\omega))$, $x \in \mathbb{R}^n$, $i = 1, \dots, m$. Auf den Fall $m = 1$ zurückgeführt wird man, wenn eine Funktion F_j, $1 \leq j \leq m$, existiert, so daß

$$F_i(w) \leq F_i(x) \quad \text{für alle} \quad 1 \leq i \leq m\,, \quad \text{wenn} \quad F_j(w) < F_j(x)\,.$$

4. Invariante Verteilungen $\mu = \mathsf{P}_{(A,b)}$ bzw. $\mu = \mathsf{P}_A$

Im folgenden sei $\Omega \subset \mathbb{R}^{m(n+1)}$ bzw. $\Omega \subset \mathbb{R}^{mn}$ der Träger von μ und T: $\Omega \to \Omega$ sei eine Transformation von Ω, ferner bezeichne T^n das n-fache Produkt von T.

4.1. Konstruktion T-invarianter Verteilungen μ

Sei λ irgend ein Wahrscheinlichkeitsmaß auf Ω.

a) Hat T eine endliche Ordnung N, d. h. gilt $T^N = \text{id}$ (identische Abbildung), dann ist

$$\mu := \frac{1}{N} \sum_{n=0}^{N-1} T^n(\lambda) \qquad (T^n(\lambda) = \text{Bildmass von } \lambda \text{ bez. } T^n)$$

eine T-invariante Verteilung, d. h. es gilt $T(\mu) = \mu$.

Über lineare Transformationen $T(\omega) = \Delta\omega$ endlicher Ordnung hat man das folgende

Lemma 4.1:

a) *Ist $\Delta^N = I$, dann gilt* $\det \Delta = \pm 1$ *je nachdem N gerade oder ungerade ist.*

b) *Ist $\Delta^N = I$, dann ist auch $\Delta^M = I$ für alle $M = kN$, $k = 1, 2, \dots$*

c) *Ist $\Delta^N = I$ und S eine beliebige, reguläre Matrix, dann folgt $(S\Delta S^{-1})^N = I$.*

Beispiele linearer Transformationen mit einer endlichen Ordnung sind: Drehungen im $\mathbb{R}^s$ mit Drehwinkel $\varphi = \frac{2\pi}{N}$ sowie Spiegelungen im $\mathbb{R}^s$. Matrizen, die ähnlich sind zu einer solchen Matrix, haben dann offenbar nach Lemma 4.1 dieselbe Ordnung.

b) Hat T keine endliche Ordnung, existiert aber der Grenzwert $\lim_{N\to\infty} \frac{1}{N} \sum_{n=0}^{N-1} T^n(\lambda)(B)$ für alle BOREL-Mengen $B \subset \Omega$, dann ist die Verteilung $\mu := \lim_{N\to\infty} \frac{1}{N} \sum_{n=0}^{N-1} T^n(\lambda)$ T-invariant.

4.2. Existenz invarianter Verteilungen μ

Angaben über die Existenz invarianter Verteilungen μ auf einem beschränkten Träger Ω macht der folgende

Satz 4.1.: *Sei Ω ein beschränkter, meßbarer Bereich des $\mathbb{R}^{m(n+1)}$ bzw. des $\mathbb{R}^{mn}$ und T: $\Omega \to \Omega$ eine meßbare Transformation von Ω mit*

$$1 \geqq \beta^2 = \operatorname{ess.\,sup.}_{\omega\in\Omega} \left(\frac{\partial T}{\partial\omega}\left(T^{-1}(\omega)\right)\right)^2 \cdot \left|\frac{\partial T^{-1}}{\partial\omega}(\omega)\right|,$$

wobei $\partial T/\partial\omega$ die Funktionaldeterminante der invertierbaren Transformation T bezeichnet, dann existiert in jeder Kugel K_R mit Radius R von $L_2(\Omega)$ eine Dichte f_R^T, so daß

$$f_R^T(\omega) = f_R^T(T(\omega)) \cdot \left|\frac{\partial T}{\partial\omega}(\omega)\right| \quad \text{f. ü.},$$

d. h. die Verteilung $\mu(\mathrm{d}\omega) := f_R^T(\omega)\mathrm{d}\omega$ mit der Dichte f_R^T ist T-invariant.

Spezialfall: $T(\omega) = U\omega + v$ sei affin-linear mit $\det U \neq 0$. Dann ist $\beta^2 = |\det U|$, und die Bedingung im obigen Satz lautet demnach $0 < |\det U| \leqq 1$.

4.3. Spezielle Klassen invarianter Verteilungen

Der Einfachheit halber sei wieder $m = 1$, $A = \left(a'(\omega), b(\omega)\right)$ seien unabhängige Zufallsvariablen, ferner habe P_A die Wahrscheinlichkeitsdichte $g = g(a)$, und wir betrachten die Transformationsklasse $T(a) = Ca$ mit einer (n, n)-Matrix C.

4.3.1. Klasse $g(a) = q(\|Ba\|_E)$, $a \in \mathbb{R}^n$, wie z. B. n-dimensionale Normal-, STUDENT-t, CAUCHY- und Gleich-Verteilungen mit Lage-(Orts-)Parameter $= 0$. Die Bedingung für C lautet dann

$$C'(B'B)\,C = B'B\,.$$

4.3.2. Klasse $g(a) = \int \prod_{k=1}^{n} p_\lambda(a_k)\, W(\mathrm{d}\lambda)$, wobei W ein beliebiges Wahrscheinlichkeitsmaß auf dem Variationsbereich Λ von λ ist. Hierzu gehört z. B. der Fall unabhängiger und identisch verteilter Komponenten $a_k(\omega)$ von $a(\omega)$. Die Matrix C ist dann gegeben durch

$$C = (c_{ij})\,, \qquad c_{ij} = e^j_{\pi(i)}\,, \qquad e^j - j\text{-ter Einheitsvektor des } \mathbb{R}^n,\ j = 1, \dots, n\,,$$

wobei π irgend eine Permutation von $\{1, 2, \dots, n\}$ ist.

Literatur

1 MARTI, K., Approximationen stochastischer Optimierungsprobleme, Königstein/Ts., Hain 1979.

Anschrift: Prof. Dr. K. MARTI, Hochschule der Bundeswehr München, FB LRT, Werner-Heisenberg-Weg 39, D-8014 Neubiberg/München BRD

ZAMM 61, T 343 – T 346 (1981)

F. NOŽIČKA

Über metrische und affine Konvexität in gekrümmten konvexen Räumen

Seien E_n, $n \geqq 2$, ein mit den kartesischen Koordinaten x^α, $\alpha = 1, \dots, n$, versehener euklidischer Raum und $F(x)$ eine über E_n definierte Funktion mit den Eigenschaften

1° Es existieren stetige partielle Ableitungen

$$F_{\alpha\beta} := \frac{\partial^2 F}{\partial x^\alpha\, \partial x^\beta}\,, \qquad \alpha, \beta = 1, \dots, n\,, \qquad x \in E_n\,.$$

2° Die HESSEsche Matrix $(F_{\alpha\beta})_{n\times n}$ ist positiv definit in allen Punkten $\boldsymbol{x} \in E_n \setminus A$, wobei (unter Anwendung der Einsteinschen Summationskonvention) $A := \{\boldsymbol{x} \in E_n \mid \delta^{\alpha\beta} F_\alpha F_\beta = 0\}$, $F_\alpha := \dfrac{\partial F}{\partial x^\alpha}$. Dann ist die Menge A entweder leer oder einelementig. Definiert man ferner

$$\underset{0}{\mu} := \inf_{\boldsymbol{x}\in E_n} \{F(\boldsymbol{x})\}\,, \tag{1}$$

so stellt jede der Mengen

$$V_\mu := \{\boldsymbol{x} \in E_n \mid F(\boldsymbol{x}) = \mu\}\,, \qquad \mu > \underset{0}{\mu}\,, \tag{2}$$

eine glatte Hyperfläche in E_n dar, wobei noch $V_{\underset{1}{\mu}} \cap V_{\underset{2}{\mu}} = \emptyset$ für $\underset{1}{\mu} \neq \underset{2}{\mu}$, $\underset{i}{\mu} > \underset{0}{\mu}$, $i = 1, 2$ gilt.

Unter den angeführten Voraussetzungen wollen wir die Hyperflächen V_μ der Hyperflächenschar (2) kurz *streng konvexe Hyperflächen in E_n* nennen.

Die geometrische Vorstellung im E_3 läßt vermuten, daß man den Begriff einer bezüglich einer streng konvexen Fläche $V_\mu \subset E_3$ konvexen Menge $S \subset V_\mu$ so einführen kann, daß man ihn mit Hilfe

a) der kürzesten in der Fläche V_μ liegenden Verbindungskurve zweier Punkte $\underset{i}{\boldsymbol{x}} \in V_\mu$, $i = 1, 2$, $\underset{1}{\boldsymbol{x}} \neq \underset{2}{\boldsymbol{x}}$, oder

b) der Verbindungskurve zweier Punkte $\underset{i}{\boldsymbol{x}} \in V_\mu$, $i = 1, 2$, $\underset{1}{\boldsymbol{x}} \neq \underset{2}{\boldsymbol{x}}$, die einen Bogen einer sogenannten Schattenkurve darstellt, aufbaut (vgl. Bild. 1).

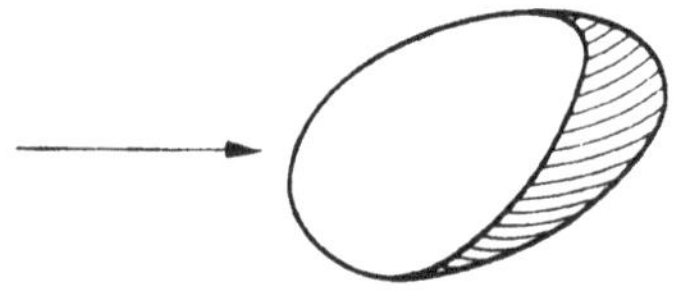

Bild 1

Für eine Kugeloberfläche fallen diese beiden Wege zusammen. Bei Ellipsoiden ist das jedoch nicht mehr der Fall.

Im Fall a) führt das Problem der Kürzesten zurück auf die Berechnung der geodätischen Kurven der Mannigfaltigkeit V_μ. Diese ergeben sich als Lösung des Differentialgleichungssystems

$$\frac{\mathrm{d}^2 x^\gamma}{\mathrm{d}s^2} + \frac{1}{\delta^{\mu\nu} F_\mu F_\nu} [\delta^{\gamma\varrho} F_\varrho F_{\alpha\beta} - \delta^{\gamma\varrho} F_{\varrho\alpha} F_\beta] \frac{\mathrm{d}x^\alpha}{\mathrm{d}s} \frac{\mathrm{d}x^\beta}{\mathrm{d}s} = 0\,, \qquad \alpha, \beta = 1, \ldots, n\,, \tag{3a}$$

unter den Anfangsbedingungen

$$x^\alpha(\underset{0}{s}) = \underset{0}{x^\alpha}\,, \qquad \frac{\mathrm{d}x^\alpha}{\mathrm{d}s}(\underset{0}{s}) = \underset{0}{v^\alpha}\,, \qquad \alpha = 1, \ldots, n\,, \tag{3b}$$

für die zu bestimmende Lösungskurve

$$\mathcal{L} := \{\boldsymbol{x} \in E_n \mid x^\alpha = x^\alpha(s), \alpha = 1, \ldots, n, s \in I\}\,, \tag{3c}$$

wobei $\underset{0}{\boldsymbol{x}} \in V_\mu$ und $\underset{0}{\boldsymbol{v}}$ mit $\|\underset{0}{\boldsymbol{v}}\| = 1$, $F_\alpha(\underset{0}{\boldsymbol{x}})\, \underset{0}{v^\alpha} = 0$ gegebene Daten sind. Dabei bedeutet s den Bogen der Kurve $\mathcal{L}$. Setzt man die Existenz stetiger Ableitungen mindestens dritter Ordnung für $F(\boldsymbol{x})$ im gesamten Raum E_n voraus, so ist die lokale Existenz und die Eindeutigkeit der Lösung von (3a) unter beliebigen Anfangsbedingungen $\underset{0}{\boldsymbol{x}} \in E_n$, $\underset{0}{\boldsymbol{v}}$, $\|\underset{0}{\boldsymbol{v}}\| = 1$ gesichert.

Satz 1: *Seien V_μ eine Hyperfläche der Hyperflächenschar* (2), *$\underset{0}{\boldsymbol{x}} \in V_\mu$ und $\boldsymbol{v} \neq \boldsymbol{0}$ mit $F_\alpha(\underset{0}{\boldsymbol{x}})\, v^\alpha = 0$ beliebig. Dann gilt:*

1° *Die Menge*

$$R_{n-1} := \{\boldsymbol{x} \in E_n \mid F_\alpha(\boldsymbol{x})\, v^\alpha = 0\} \tag{4}$$

stellt eine glatte Hyperfläche in E_n dar, die E_n in zwei unbeschränkte Gebiete einteilt.

2° *Die Menge*

$$R_{n-2} := V_\mu \cap R_{n-1} = \{\boldsymbol{x} \in E_n \mid F(\boldsymbol{x}) = \mu, F_\alpha(\boldsymbol{x})\, v^\alpha = 0\}$$

ist eine glatte, $(n-2)$-dimensionale Mannigfaltigkeit in E_n mit $R_{n-2} \subset V_\mu$, die die Hyperfläche V_μ in zwei zusammenhängende Mengen $H^+ := \{\boldsymbol{x} \in V_\mu \mid F_\alpha(\boldsymbol{x})\, v^\alpha < 0\}$ und $H^- := \{\boldsymbol{x} \in V_\mu \mid F_\alpha(\boldsymbol{x})\, v^\alpha < 0\}$ einteilt.

3° *Sind $\underset{i}{\boldsymbol{x}} \in H^+$ (bzw. $\underset{i}{\boldsymbol{x}} \in H^-$), $i = 1, 2$, mit $\underset{1}{\boldsymbol{x}} \neq \underset{2}{\boldsymbol{x}}$ beliebig, so gibt es eine geodätische Kurve $\mathcal{L}$ der Hyperfläche V_μ mit der Eigenschaft $\underset{i}{\boldsymbol{x}} \in \mathcal{L}$, $i = 1, 2$.*

4° *Sind $\underset{1}{s} < \underset{2}{s}$ Zahlen mit der Eigenschaft $\underset{i}{x^\alpha} = x^\alpha(\underset{i}{s})$ für $\alpha = 1, \ldots, n$ und $i = 1, 2$, so ist der geodätische Bogen*

$$\mathcal{L}(\underset{1}{\boldsymbol{x}}, \underset{2}{\boldsymbol{x}}) := \{\boldsymbol{x} \in E_n \mid x^\alpha = x^\alpha(s), \alpha = 1, \ldots, n; s \in \langle \underset{1}{s}, \underset{2}{s} \rangle\}$$

der kürzeste in der Hyperfläche V_μ liegende Verbindungsbogen der Punkte $\underset{1}{\boldsymbol{x}}$ und $\underset{2}{\boldsymbol{x}}$.

Satz 2: *Sei V_μ wie in Satz 1, $\underset{0}{\boldsymbol{x}} \in V_\mu$ beliebig und seien $\underset{i}{\boldsymbol{v}}$, $i = 1, \ldots, n-2$, ein beliebiges System (konstanter) linear unabhängiger Vektoren mit $F_\alpha(\underset{0}{\boldsymbol{x}})\, \underset{i}{v^\alpha} = 0$, so gilt:*

1* *Die Menge*

$$\mathcal{L}^* := \{\boldsymbol{x} \in E_n \mid F(\boldsymbol{x}) = \mu,\ F_\alpha(\boldsymbol{x})\, \underset{i}{v^\alpha} = 0,\ i = 1, \ldots, n-2\}$$

ist eine in der Hyperfläche V_μ liegende, einfache, glatte Kurve, die für $A \neq \emptyset$ geschlossen und für $A = \emptyset$ unbeschränkt ist.

2* *Ist $\underset{0}{\boldsymbol{v}}$ mit $\|\underset{0}{\boldsymbol{v}}\| = 1$, $F_\alpha(\underset{0}{\boldsymbol{x}})\, \underset{0}{v^\alpha} = 0$ beliebig und $\underset{i}{\boldsymbol{v}}$, $i = 1, \ldots, n-2$, ein beliebiges Vektorsystem mit*

$$(\underset{i}{\boldsymbol{v}}, \underset{0}{\boldsymbol{v}}) = 0\,, \qquad (\underset{i}{\boldsymbol{v}}, \underset{k}{\boldsymbol{v}}) = \delta_{ik}\,, \qquad i, k = 1, \ldots, n-2\,,$$

so geht die Kurve $\mathcal{L}^*$ durch den Punkt $\underset{0}{\boldsymbol{x}}$ in Richtung $\underset{0}{\boldsymbol{v}}$ hindurch.

3* *Seien H^+ und H^- die in Satz 1 eingeführten Mengen, sei $\boldsymbol{v} \neq \boldsymbol{0}$ fixiert und sei $\underset{i}{\boldsymbol{x}} \in H^+$ (bzw. $\underset{i}{\boldsymbol{x}} \in H^-$), $\underset{1}{\boldsymbol{x}} \neq \underset{2}{\boldsymbol{x}}$, ein beliebiges Punktepaar, so existieren linear unabhängige Vektoren $\underset{i}{\boldsymbol{v}}$, $i = 1, \ldots, n-2$, derart, daß die Kurve $\mathcal{L}^*$ folgende Eigenschaften hat:*

i) $\underset{i}{\boldsymbol{x}} \in \mathcal{L}^*$ *für* $i = 1, 2$;

ii) *die Punkte $\underset{i}{\boldsymbol{x}}$, $i = 1, 2$, sind Randpunkte eines Kurvenbogens $\mathcal{L}^*(\underset{1}{\boldsymbol{x}}, \underset{2}{\boldsymbol{x}}) \subset \mathcal{L}^*$, für den $\mathcal{L}^*(\underset{1}{\boldsymbol{x}}, \underset{2}{\boldsymbol{x}}) \subset H^+$ (bzw. $\mathcal{L}^*(\underset{1}{\boldsymbol{x}}, \underset{2}{\boldsymbol{x}}) \subset H^-$) gilt.*

Definition 1: Die im Satz 2 eingeführte Kurve $\mathcal{L}^*$ heißt die *affin-geodätische Kurve der Hyperfläche V_μ* und ihr Bogen $\mathcal{L}^*(\underset{1}{\boldsymbol{x}}, \underset{2}{\boldsymbol{x}})$ der *affin-geodätische Bogen von $\mathcal{L}^*$* (im Gegensatz zur metrisch-geodätischen Kurve $\mathcal{L}$ und ihrem geodätischen Bogen $\mathcal{L}(\underset{1}{\boldsymbol{x}}, \underset{2}{\boldsymbol{x}})$ aus Satz 1).

Definition 2: Eine Menge $S \subset V_\mu$, $\mu > \underset{0}{\mu}$, heißt *konvex von erster* (bzw. *zweiter*) *Art bezüglich V_μ*, falls

i) ein $\boldsymbol{v} \neq \boldsymbol{0}$ existiert, so daß $S \subset H^+$ (bzw. $S \subset H^-$) gilt;
ii) für beliebige $\underset{i}{\boldsymbol{x}} \in S$, $i = 1.2$, $\mathcal{L}(\underset{1}{\boldsymbol{x}}, \underset{2}{\boldsymbol{x}}) \subset S$ (bzw. $\mathcal{L}^*(\underset{1}{\boldsymbol{x}}, \underset{2}{\boldsymbol{x}}) \subset S$) gilt.

Definition 3: Sei $S \subset V_\mu$, $\mu > \underset{0}{\mu}$, eine bezüglich V_μ von erster (bzw. zweiter Art) konvexe Menge und

$$\mathcal{L}(\underset{1}{\boldsymbol{x}}, \underset{2}{\boldsymbol{x}}) = \left\{\boldsymbol{x} \in E_n \mid x^\alpha = x^\alpha(s),\ \underset{i}{x^\alpha} = x^\alpha(\underset{i}{s}),\ \alpha = 1, \ldots, n,\ i = 1, 2,\ s \in \langle \underset{1}{s}, \underset{2}{s} \rangle\right\}$$

$$\left(\text{bzw. } \mathcal{L}^*(\underset{1}{\boldsymbol{x}}, \underset{2}{\boldsymbol{x}}) = \left\{\boldsymbol{x} \in E_n \mid x^\alpha = {}^*x^\alpha(s),\ \underset{i}{x^\alpha} = {}^*x^\alpha(\underset{i}{s}),\ \alpha = 1, \ldots, n,\ i = 1, 2,\ s \in \langle \underset{1}{s}, \underset{2}{s} \rangle\right\}\right)$$

die parametrische Beschreibung des geodätischen (bzw. affin-geodätischen) Bogens in V_μ mit den Randpunkten $\underset{1}{\boldsymbol{x}}$ und $\underset{2}{\boldsymbol{x}}$. Dann heißt eine über der Menge S definierte Funktion $F(\boldsymbol{x})$ *konvex von erster* (bzw. *zweiter*) *Art bezüglich der Hyperfläche V_μ*, falls entlang des Bogens $\mathcal{L}(\underset{1}{\boldsymbol{x}}, \underset{2}{\boldsymbol{x}})$ $\big($bzw. $\mathcal{L}^*(\underset{1}{\boldsymbol{x}}, \underset{2}{\boldsymbol{x}})\big)$ die Ungleichung

$$F(\boldsymbol{x}(\underset{1}{\lambda}\underset{1}{s} + \underset{2}{\lambda}\underset{2}{s}) \leqq \underset{1}{\lambda} F(\underset{1}{\boldsymbol{x}}) + \underset{2}{\lambda} F(\underset{2}{\boldsymbol{x}})\,, \qquad \underset{i}{\lambda} \geqq 0\,, \qquad i = 1, 2\,, \qquad \underset{1}{\lambda} + \underset{2}{\lambda} = 1 \text{ beliebig,}$$

für alle Punktepaare $\underset{i}{\boldsymbol{x}} \in S$, $i = 1, 2$, erfüllt ist.

Um eine Vorstellung über eine bezüglich V_μ, $\mu > \underset{0}{\mu}$, von erster (bzw. zweiter) Art konvexe Menge S zu erhalten, kann man auf ein mechanisches Modell in E_3 zurückgreifen. Sei nämlich $S \subset V_\mu$ eine bezüglich einer glatten, streng konvexen Fläche $V_\mu \subset E_3$ von erster (bzw. zweiter) Art konvexe Menge. Dann kann die Fläche V_μ als die Oberfläche eines konvexen Körpers angesehen werden. Das Flächenstück $S \subset V_\mu$ werde mit Farbe angefeuchtet und ein beliebiger Punkt $\underset{0}{\boldsymbol{x}} \in S$ fixiert. Man betrachtet die Ebene E_2 (bzw. die Oberfläche Q einer Kugel mit genügend großem Durchmesser), die die Fläche V_μ im Punkt $\underset{0}{\boldsymbol{x}}$ berührt (vgl. Abb. 2a bzw. 2b). Man bewegt nun die

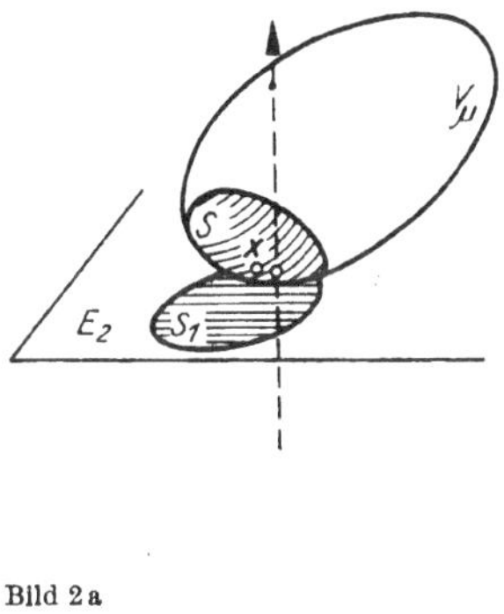

Bild 2a

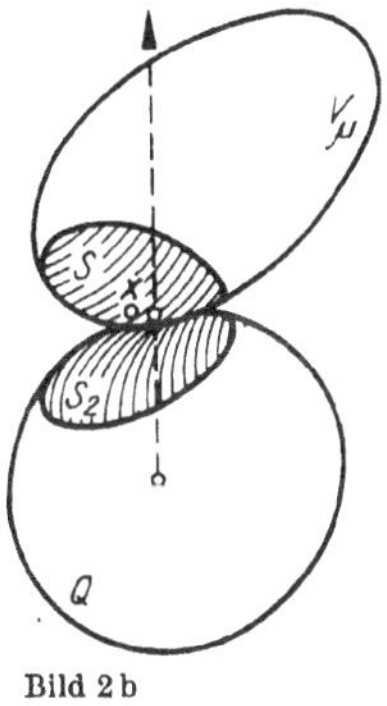

Bild 2b

Ebene E_2 bzw. die Kugeloberfläche Q so, daß dabei keine Verschiebung entsteht und S sich vollkommen auf E_2 bzw. Q unter Beibehaltung der Berührung beider Flächen abbildet. Dann ist das in E_2 bzw. Q als Abdruck entstandene Bild S_1 bzw. S_2 von S eine in E_2 konvexe Menge bzw. eine sphärisch konvexe Menge auf der Kugeloberfläche Q, d. h. S_2 ist Durchschnitt von Q mit einem vom Mittelpunkt der Kugel ausgehenden spitzen konvexen Kegel.

Anschrift: Professor Dr. FRANTIŠEK NOŽIČKA, Karls-Universität Prag, Math.-phys. Fakultät, Malostranské nám. 25, ČS-1000 Praha 1, ČSSR

ZAMM 61, T 346 – T 347 (1981)

H. J. POETHKE

Ein einfaches Markov-Modell zur Berechnung des Verkehrsflusses auf Autobahnen

1. Das physikalische Modell

Bei genügend vereinfachter Betrachtungsweise läßt sich der Verkehrsfluß auf einer zweispurigen Autobahn als eine Strömung strukturell ähnlicher Teilchen mit folgendem Verhalten betrachten:

Jedem Teilchen eigen ist eine bestimmte Wunschgeschwindigkeit (w) [3]. Solange das Fahrzeug nicht an der Realisation dieser Geschwindigkeit gehindert wird, bleibt es in der rechten Fahrspur. Trifft es dort auf ein langsameres Fahrzeug der Geschwindigkeit $v < w$, nimmt es spontan die Geschwindigkeit dieses Fahrzeugs an (es kondensiert). Kondensierte Fahrzeuge [1] versuchen in die Überholspur zu wechseln. Gelingt der Spurwechsel, so werden sie dort so lange bleiben, bis sie ihre Wunschgeschwindigkeit realisiert haben und sie auch nach einem Wechsel in die rechte Spur noch eine bestimmte Zeit beibehalten können.

2. Das Markov-Modell

Für diskrete Geschwindigkeitsstufen N_v, N_w

$$N_v = \frac{v}{\Delta v}\,; \qquad N_w = \frac{w}{\Delta v} \tag{1}$$

läßt sich der *augenblickliche Zustand* eines Fahrzeugs (Fz.) durch die drei Parameter:

$\varepsilon_1 = 1, 2 \mathrel{\hat{=}}$ Spur, in der sich das Fz. aufhält;
$\varepsilon_2 = 1, 2, \ldots, \varepsilon_3 \mathrel{\hat{=}}$ Geschwindigkeit des Fz.;
$\varepsilon_3 = 1, 2, \ldots, N_{v\,\max} \mathrel{\hat{=}}$ Wunschgeschwindigkeit des Fz.

beschreiben. Sie geben den Punkt $(\varepsilon)^{N_t} = (\varepsilon_1, \varepsilon_2, \varepsilon_3)$ im endlichen, diskreten Zustandsraum an, der zum Zeitpunkt t

$$t = t_0 + N_t \cdot \Delta t \tag{2}$$

vom betrachteten Fahrzeug eingenommen wird. Weiterhin sei:

$$p_{I,J,K} = \mathsf{P}\{\varepsilon_1 = I;\, \varepsilon_2 = J;\, \varepsilon_3 = K\} \tag{3}$$

mit

$$\sum_I \sum_J \sum_K p_{I,J,K} = 1 \tag{4}$$

die *Aufenthaltswahrscheinlichkeit eines einzelnen Fahrzeugs im Punkt* $(\varepsilon) = (I, J, K)$ des Zustandsraums. Damit ist $(p)^{(N_t)}$ die Wahrscheinlichkeitsverteilung eines Fahrzeugs zur Zeit t auf die möglichen Verkehrszustände (ε).

Die Veränderung von $(p)^{(N_t)}$ während eines Zeitschritts Δt sei beschrieben durch:

$$(p)^{(N_t+1)} = (p)^{(N_t)} \cdot (U) \tag{5}$$

mit:

$$p^{(N_t+1)}_{L,M,N} = \sum_I \sum_J \sum_K p^{(N_t)}_{I,J,K} \cdot U_{I,J,K;L,M,N}. \tag{6}$$

und

$$\sum_L \sum_M \sum_N U_{I,J,K;L,M,N} = 1\,. \tag{7}$$

Das 6-dimensionale Zahlenschema (U) mit

$$U_{I,J,K;L,M,N} = \mathsf{P}\{(\varepsilon)^{N_t} = (I, J, K);\, (\varepsilon)^{N_t+1} = (L, M, N)\}$$

sei im folgenden *Übergangsmatrix* genannt [5].

Gleichung (6) läßt sich mit Hilfe von (7) umformen zur Master-Gleichung:

$$\Delta p_{L,M,N} = \sum_I \sum_J \sum_K p^{(N-1)}_{I,J,K} \cdot U_{I,J,K;L,M,N} - \sum_I \sum_J \sum_K p^{(N-1)}_{L,M,N} \cdot U_{L,M,N;I,J,K}\,. \tag{8}$$

Für homogene, stationäre Verkehrsströmungen:

$$\Delta p_{L,M,N} = 0$$

läßt sich daraus eine *Bestimmungsgleichung für* $p_{L,M,N}$ ableiten:

$$p_{L,M,N} = \frac{\sum_I \sum_J \sum_K p_{I,J,K} U_{I,J,K;L,M,N}}{\sum_I \sum_J \sum_K U_{L,M,N;I,J,K}} \; ; \qquad L \neq 1 \quad \text{oder} \quad J \neq M \, . \tag{9}$$

3. Die Übergangswahrscheinlichkeiten

Mit dem in Kapitel 1 formulierten Modell liegt ein vereinfachtes Wechselwirkungsmodell — ähnlich dem Billardkugelmodell [4] in der Gasdynamik — vor, das die explizite Herleitung der Übergangswahrscheinlichkeiten (U) ermöglicht.

Entsprechend Bild 1 ergeben sich zwischen den 4 charakteristischen Fahrzeuggruppen insgesamt 4 unterschiedliche Übergangsfunktionen (α — δ), auf deren Herleitung an dieser Stelle nicht eingegangen werden kann [1].

Für Verkehrsstärken bis zu 2000 Fz/h zeigt die numerische Lösung von Gleichung (9) gute Übereinstimmung mit empirischen Daten. Erst bei höheren Verkehrsdichten wird das innere Verhalten von Fahrzeugschlangen [2] prozeßbestimmend.

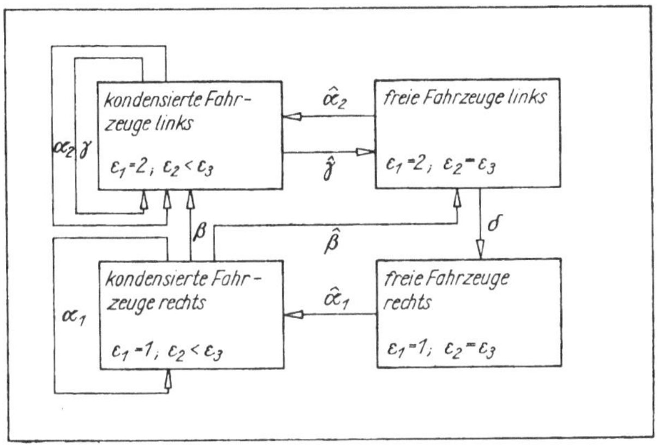

Bild 1

Literatur

1 Beylich, A. E.; Poethke, H. J., Verkehrsfluß auf Richtungsfahrbahnen, (Abschlußbericht für BAST V 1-1) Bundesanstalt f. Straßenwesen, Köln 1978.
2 Herman, R., Propagation of disturbances in vehicular platoons, in Vehicular Science; Proc. 3rd. Int. Symp. on the Theory of Traffic Flow New York 1965.
3 Prigogine, I., Kinetic Theory of Vehicular Traffic, American Elsevier Publ. Comp. Inc., New York 1971.
4 Vincenti, W. G.; Krüger, C. H., Introduction to Physical Gas Dynamics; John Wiley Sons Inc. New York 1965.
5 Takacz, L., Stochastic Processes, Methuens Monographs on Appl. Prob. a. Statistics Methuens & Co. Ltd. New York 1979.

Anschrift: Dipl.-Ing. H.-J. Poethke, RWTH Aachen, Stoßwellenlabor, D-5100 Aachen, BRD

ZAMM 61, T 347 – T 350 (1981)

G. Rieder

Steuerklassen, Realsplitting und andere Merkwürdigkeiten aus mathematischer Sicht

Sei $S(x)$ die vom zu versteuernden Jahreseinkommen x zu zahlende Steuer und $g(x) = S'(x)$ der Grenzsteuersatz. In Fig. 1 sind diese Funktionen für den gegenwärtigen Grundtarif A und zwei weitere Tarife B und C aufgezeichnet. Das *einfache Familienvollsplitting* ergibt für eine n-köpfige Alleinverdienerfamilie die Steuer $S_n(x) = nS(x/n) \leqq S(x)$ wegen der Konvexität von $S(x)$. Für den Steuervorteil bei Tarif A sind in Fig. 4 einige Beispiele aufgezeichnet. Fig. 5 ist eine Höhenliniendarstellung des Steuervorteils im Sonderfall des Ehegattensplittings ($S_2(x, y) = 2S((x + y)/2)$; x und y sind das zu versteuernde Jahreseinkommen von Mann und Frau). Die Benachteiligung alleinstehender Eltern bei diesem in der Bundesrepublik Deutschland gültigen Steuersystem ist unter Berücksichtigung der Freibeträge in Fig. 2 aufgezeichnet. Die bei einer Abschaffung des Splittings freiwerdenden etwa 30 Milliarden würden ausreichen, den Grundtarif auf die Tarife B oder C (Fig. 1) zu senken. Damit könnte man nicht nur die Alleinstehenden, sondern — bis auf ein kleines Ausnahmegebiet bei sehr kleinen Einkommen — alle Ehepaare entlasten, bei denen die Frau mehr als ein Viertel zum Familieneinkommen beiträgt (Fig. 6, 7 für B, Fig. 6, 8 für C), vgl. [1].

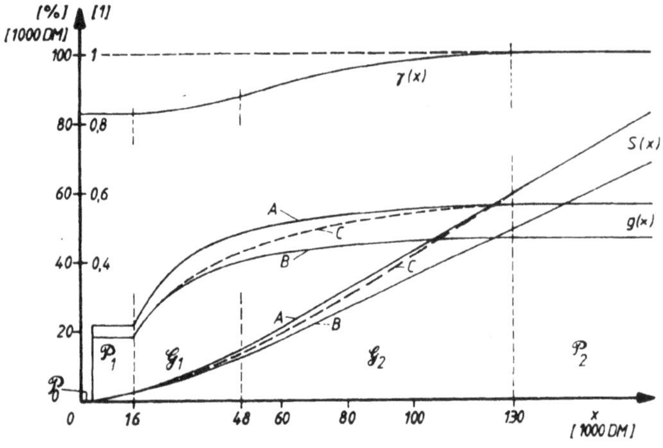

Fig. 1

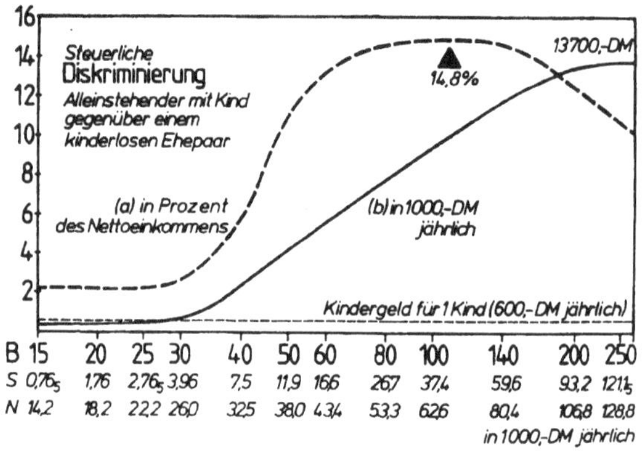

Fig. 2

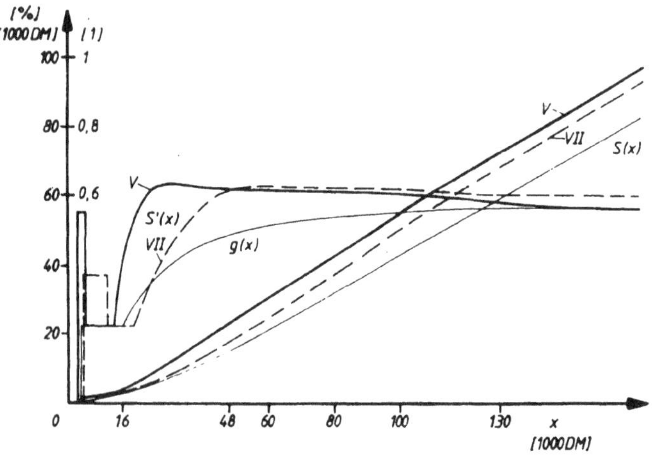

Fig. 3

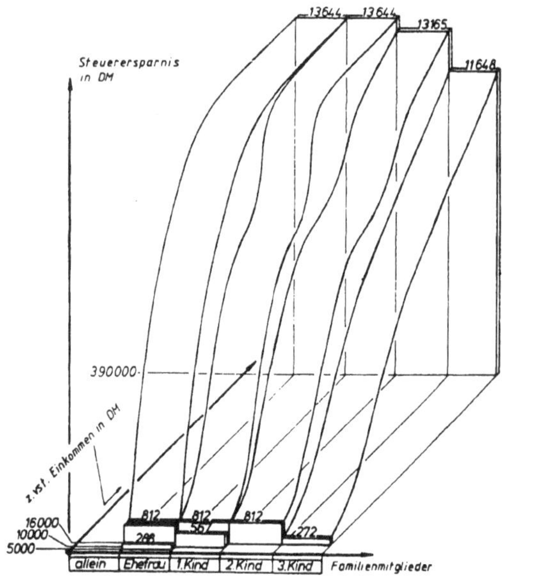

Fig. 4

Die Steuerklassenkombination III/V wird für den Lohnsteuervorabzug bei Doppelverdienern abgeleitet aus der Annahme, daß Mann und Frau im Verhältnis 3:2 zum zu versteuernden Familieneinkommen beitragen, das nach dem Splittingverfahren besteuert wird. Dem Mann wird Steuerklasse III gewährt („Splittingtarif", entsprechend dem Splittingverfahren in der Alleinverdienerehe), also eine geringere Steuer als seinem Anteil am Familieneinkommen entspricht. Dafür wird die Frau wesentlich stärker besteuert als nach dem für unverheiratete Arbeitnehmer gültigen Grundtarif (Fig. 3). Auch bei einer (steuertechnisch durchaus möglichen) Steuerklassenkombination X/I, bei der die Frau wie eine Ledige besteuert würde, käme immer noch dem Mann der ganze Splittingvorteil zugute, entgegen dem Grundsatz der Halbteilung, die nach Buob [2] das Wesen des Splittings ausmacht.

Realsplitting bei geschiedenen Eheleuten bedeutet, daß der Unterhaltsverpflichtete seine Unterhaltszahlungen nicht wie bisher zu versteuern braucht, während der Unterhaltsberechtigte die bisher steuerfreie Zahlung nun versteuern muß. Es ist in der Bundesrepublik Deutschland auf 9000 DM begrenzt und an die Zustimmung des Unterhaltsberechtigten gebunden. Der höchste mögliche Gesamtvorteil ergibt sich dann, wenn die Unterhaltszahlung zum Einkommensausgleich oder wenigstens in dieselbe Proportionalzone führt, falls keiner wiederverheiratet ist. Dies entspricht der Wiederherstellung des Splittingvorteils. Bei Wiederverheiratung kommt man auf noch höhere Steuervorteile durch Einbeziehung der früheren Ehepartner in eine Art von Familiensplitting, wenn dem die Grenze von 9000 DM nicht entgegensteht. Nach der Rechtsauffassung des Bundesfinanzministeriums hat der Unterhaltsberechtigte nur Anspruch auf einen Ersatz seines Steueranteils, nicht aber auf eine hälftige Teilung des Gesamtvorteils, obwohl dies dem Wesen des Splittings entsprechen würde [2]. Eine solche Halbteilung läßt sich immer über den Mechanismus des Realsplitting erreichen, wenn man den in das Realsplitting einbezogenen Anteil der Unterhaltszahlung geeignet wählt.

Ein Manuskript mit Beweisen und weiteren Einzelheiten kann beim Verfasser angefordert werden.

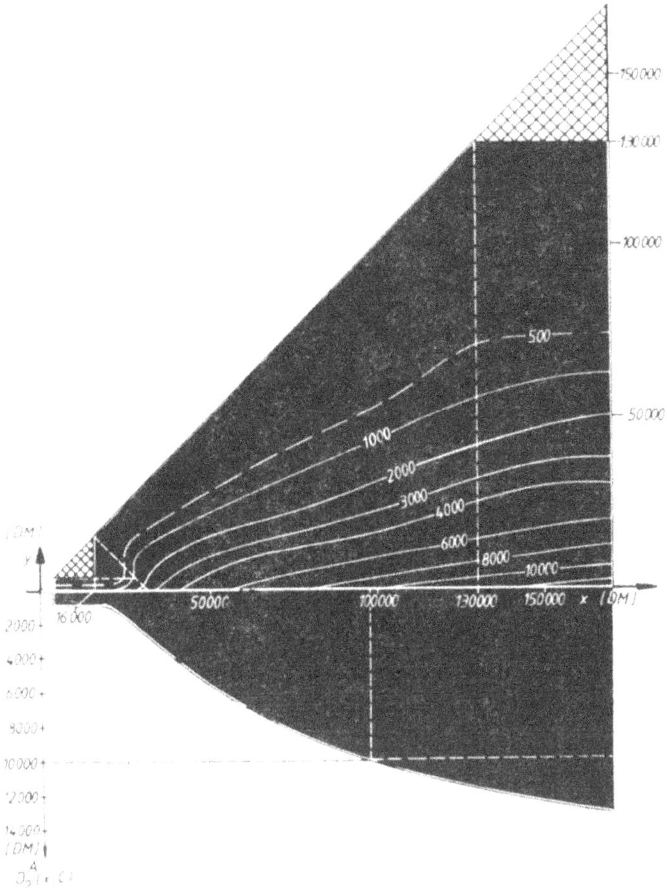

Fig. 5

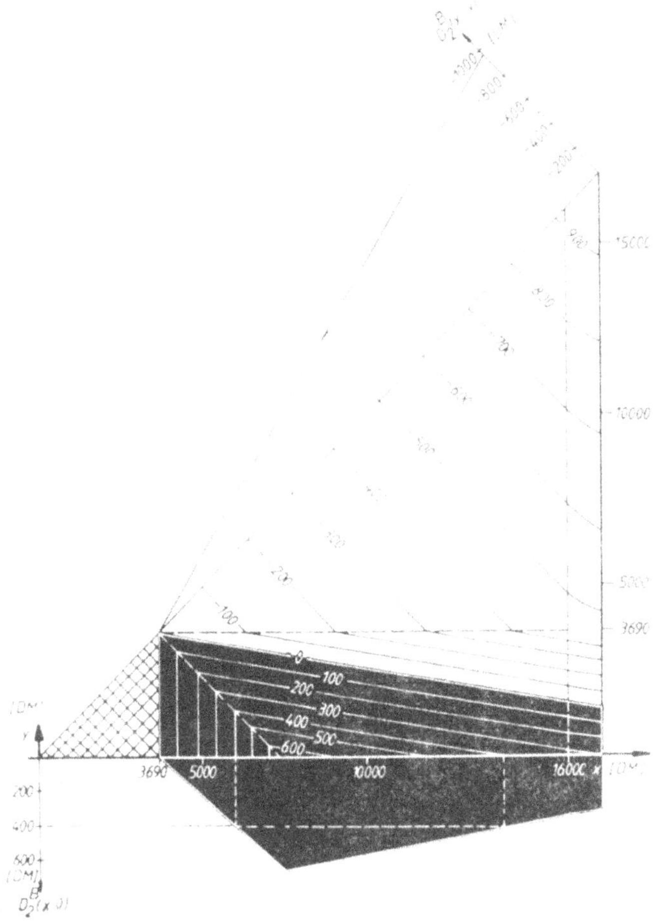

Fig. 6 ▶

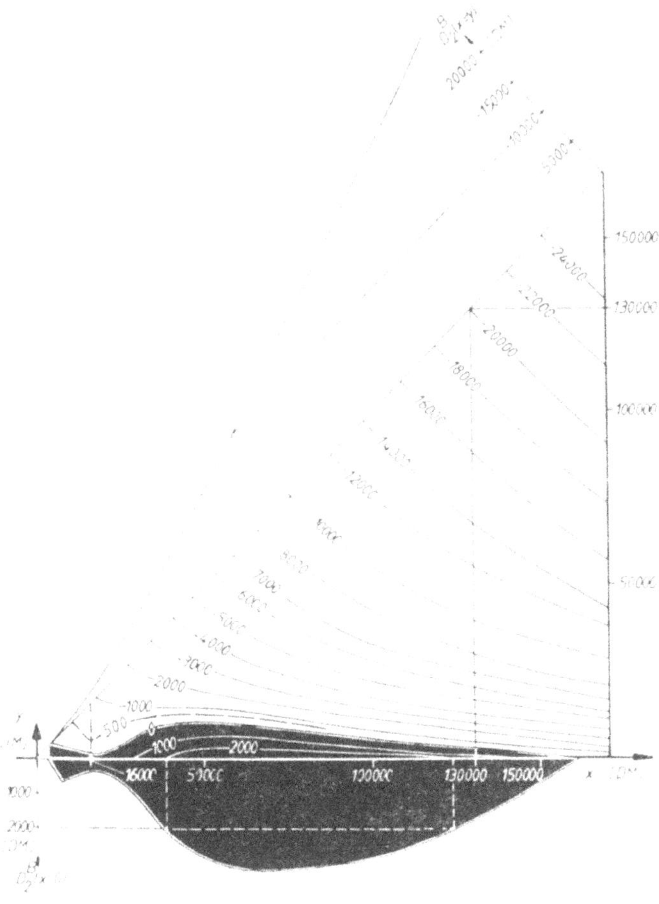

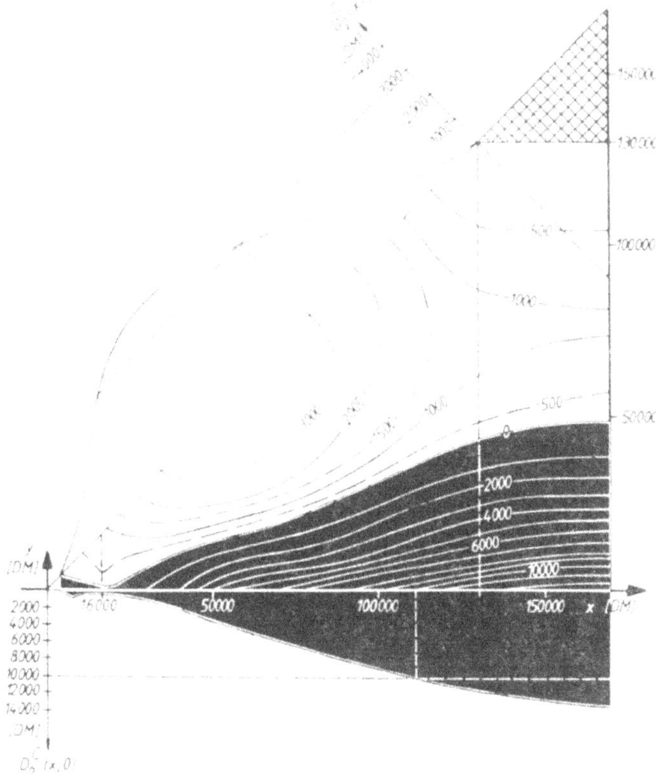

Fig. 8

◀ Fig. 7

Literatur

1 Rieder, G., Zur sozialpolitischen Wirkung des Ehegattensplittings, Vortrag auf der Tagung „Anwendungsorientierter Mathematikunterricht", Kaiserslautern 1979, Band 32 der Reihe „Studienmaterialien" des Staatlichen Instituts für Lehrerfort- und Weiterbildung des Landes Rheinland-Pfalz (SIL), Speyer 1980. Erscheint im Schöningh-Verlag.
2 Buob, H., Anmerkungen und Berechnungen zum Realsplitting, DStR — Deutsches Steuerrecht, 17: 21 (1979), 31—41.

Anschrift: Prof. Dr. rer. nat. Georg Rieder, Institut für Technische Mechanik der Technischen Hochschule Aachen, D-5100 Aachen, Templergraben 64, BRD

ZAMM 61, T 350 – T 351 (1981)

W. Rümelin

Simulation von farbigem Rauschen

Die Modellierung von Störungen durch *weißes Rauschen* ist oft unrealistisch, zum Beispiel wenn die Störung aus physikalischen Gründen nur positive Werte annehmen kann oder nur Frequenzen aus einem schmalen Bandbereich umfaßt. Durch Filterung des weißen Rauschens ξ mittels

$$\dot{x}(t) = a\big(t, x(t)\big) + \sigma\big(t, x(t)\big)\, \xi \tag{1}$$

lassen sich solche Störprozesse erzeugen, die wir *farbiges Rauschen* $x(t)$ nennen. Mathematisch behandelt man Gleichung (1) mit Hilfe der Theorie stochastischer Differentialgleichungen [1]. Die Simulation von farbigem Rauschen gründet sich damit auf die numerische Approximation von Lösungen stochastischer Differentialgleichungen.

1. Approximation stochastischer Differentialgleichungen

Gleichung (1) lautet als stochastische Differentialgleichung

$$\mathrm{d}x(t) = a\big(t, x(t)\big)\, \mathrm{d}t + \sigma\big(t, x(t)\big)\, \mathrm{d}w(t)\,. \tag{2}$$

Genaugenommen betrachten wir (2) in integrierter Form

$$x(t) = x(t_0) + \int_{t_0}^{t} a\big(s, x(s)\big)\, \mathrm{d}s + \int_{t_0}^{t} \sigma\big(s, x(s)\big)\, \mathrm{d}w(s)\,, \tag{3}$$

wobei das stochastische Integral $\int \sigma\big(s, x(s)\big)\, \mathrm{d}w(s)$ bezüglich des Wiener-Prozesses $w(t)$ im Sinne von Itô definiert sei. Falls die ursprüngliche stochastische Differentialgleichung im Sinne von Stratonovich verstanden werden soll, sei sie durch die bekannte Korrektur des Driftterms in obige Gestalt gebracht worden. Wir interessieren uns für trajektorienweise Lösungen von (3) über dem Zeitintervall $[t_0, T]$.

Um die Lösung von (3) numerisch approximieren zu können, diskretisieren wir in der Zeit, $t_0 < t_1 < \ldots < t_n = T$, und erhalten für einen Integrationsschritt

$$x(t_{i+1}) = x(t_i) + \int_{t_i}^{t_{i+1}} a\big(s, x(s)\big)\, \mathrm{d}s + \int_{t_i}^{t_{i+1}} \sigma\big(s, x(s)\big)\, \mathrm{d}w(s)\,. \tag{4}$$

Folgen wir der Definition des stochastischen Integrals nach Itô, die — grob gesprochen — die Auswertung des Integranden zu Beginn des Integrationsschrittes fordert, so approximieren wir $\int_{t_i}^{t_{i+1}} \sigma\big(s, x(s)\big)\, \mathrm{d}w(s)$ durch $\sigma\big(t_i, x(t_i)\big)\, \Delta w_i$, wobei $\Delta w_i = w(t_{i+1}) - w(t_i)$ den Zuwachs des Wiener-Prozesses im entsprechenden Intervall bezeichnet. Das gewöhnliche Integral $\int_{t_i}^{t_{i+1}} a\big(s, x(s)\big)\, \mathrm{d}s$ nähern wir durch $a\big(t_i, x(t_i)\big)\, h$ an mit dem Zeitinkrement $h = t_{i+1} - t_i$. Damit können wir für die Approximation $\bar{x}(t_{i+1})$ von $x(t_{i+1})$ ein einfaches rekursives Verfahren definieren,

$$\bar{x}(t_{i+1}) = \bar{x}(t_i) + a\big(t_i, \bar{x}(t_i)\big)\, h + \sigma\big(t_i, \bar{x}(t_i)\big)\, \Delta w_i\,. \tag{5}$$

Schema (5) stellt das stochastische Analogon zum bekannten Euler-*Verfahren* dar. Die Zuwächse Δw_i sind normal verteilt mit Mittelwert 0 und Varianz h und können mit Hilfe eines Zufallszahlengenerators erzeugt werden. Der Wert der Approximation $\bar{x}(t)$ an den Zwischenpunkten $t_i < t < t_{i+1}$ wird durch lineare Interpolation zwischen $\bar{x}(t_i)$ und $\bar{x}(t_{i+1})$ gewonnen. Eine approximierende Trajektorie stellt also einen Polygonzug dar (Fig. 1).

Nun ist das Euler-Schema (5) das einfachste denkbare Approximationsverfahren. Bei gewöhnlichen Differentialgleichungen liefern mehrstufige Runge-Kutta-Verfahren höhere Konvergenzordnungen.

Das Heun-*Verfahren* für (3) erhält folgende Form:

$$\bar{x}(t_{i+1}) = \bar{x}(t_i) + \tfrac{1}{2}\left[a\big(t_i, \bar{x}(t_i)\big) + a\big(t_{i+1}, \tilde{x}(t_{i+1})\big)\right] h + \tfrac{1}{2}\left[\sigma\big(t_i, \bar{x}(t_i)\big) + \sigma\big(t_{i+1}, \tilde{x}(t_{i+1})\big)\right] \Delta w_i \tag{6}$$

mit dem Euler-Prädiktor

$$\tilde{x}(t_{i+1}) = \bar{x}(t_i) + a\big(t_i, \bar{x}(t_i)\big)\, h + \sigma\big(t_i, \bar{x}(t_i)\big)\, \Delta w_i\,.$$

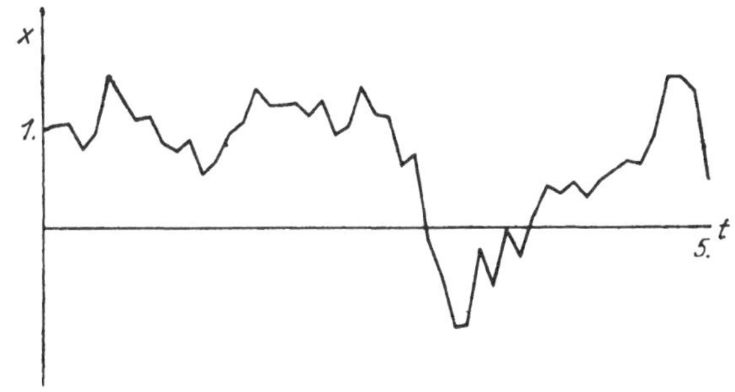

Fig. 1. ORNSTEIN-UHLENBECK-Prozeß mit $\alpha = 0.5$, $\sigma = 1.0$, $h = 0.1$

Bei der Verwendung mehrstufiger RUNGE-KUTTA-Verfahren treten nun zwei Phänomene auf. Einmal erfordern diese Verfahren wegen der von der Integraldefinition abweichenden Auswertung des Integranden (nämlich auch zu Zeiten $\tau \neq t_i$ im Intervall $[t_i, t_{i+1}]$) eine Korrektur des Driftterms (siehe dazu [2]).

Das HEUN-Verfahren (6) konvergiert zum Beispiel gegen die Lösung von (3) nur, wenn in (6) die Drift $a(t, x)$ durch $a(t, x) - \frac{1}{2} \frac{\partial \sigma}{\partial x} \sigma(t, x)$ ersetzt wird. Zum anderen zeigt sich, daß auf Grund der Nichtdifferenzierbarkeit der Lösungen von stochastischen Differentialgleichungen keine große Verbesserung der Konvergenzordnung möglich ist.

Nehmen wir als Maß für die Genauigkeit der Approximation den Quadratmittelfehler in einem Schritt $E_{t,x}(\bar{x}(t+h) - x(t+h))^2$, den wir erhalten, wenn die exakte Lösung $x(t)$ und deren Approximation $\bar{x}(t)$ zur Zeit t im Punkt x starten und dann die Quadratmitteldifferenz beider Prozesse zur Zeit $t + h$ betrachtet wird. In [2] wurde dazu der folgende Satz bewiesen:

Satz 1: *Jedes (numerisch realisierbare) Approximationsverfahren für die stochastische Differentialgleichung* (3) *liefert im allgemeinen für den Quadratmittelfehler in einem Schritt höchstens die Ordnung* $O(h^3)$. *Diese Ordnung* $O(h^3)$ *wird vom korrigierten Heun-Verfahren* (6) *erreicht.*

Bemerkungen:

(i) Das EULER-Verfahren (5) besitzt die Ordnung $O(h^2)$.

(ii) Man erhält die Ordnung $O(h^4)$ nur, wenn für die Koeffizienten von (2) gilt:

$$\sigma \frac{\partial a}{\partial x} - \frac{\partial \sigma}{\partial t} - a \frac{\partial \sigma}{\partial x} - \frac{1}{2} \sigma^2 \frac{\partial^2 \sigma}{\partial x^2} \equiv 0 \,. \tag{7}$$

Noch schlechter sieht die Lage bei mehrdimensionalen stochastischen Differentialgleichungen aus,

$$dx(t) = a(t, x(t))\, dt + \sum_{i=1}^{m} \sigma_i(t, x(t))\, dw_i(t) \,, \tag{8}$$

wobei $x(t)$, a und σ_i n-dimensionale Vektoren und $w_i(t)$ m unabhängige WIENER-Prozesse bezeichnen.

Satz 2 (siehe [2]):

(i) *Im allgemeinen hat der Quadratmittelfehler in einem Schritt für die stochastische Differentialgleichung* (8) *die Ordnung* $O(h^2)$. *Diese Fehlerordnung wird schon vom Euler-Verfahren erreicht.*

(ii) *Die Ordnung* $O(h^3)$ *erhält man genau dann, wenn* $(\nabla_x \sigma_i)\, \sigma_j = (\nabla_x \sigma_j)\, \sigma_i$ *für alle* i *und* j *gilt, wobei* $(\nabla_x \sigma_i)$ *die Jacobi-Matrix von* σ_i *bedeutet.*

2. Beispiele

1. Der ORNSTEIN-UHLENBECK-*Prozeß* ist Lösung der skalaren stochastischen Differentialgleichung

$$dx(t) = -\alpha x\, dt + \sigma\, dw(t) \tag{9}$$

mit konstanten und positiven α und σ.

Die Koeffizienten von (9) erfüllen nicht die Bedingungen (7), Gleichung (9) kann also höchstens mit der Ordnung $O(h^3)$ approximiert werden. Wegen $\sigma = \text{const}$ genügt schon das EULER-Verfahren zur optimalen Integration (Fig. 1).

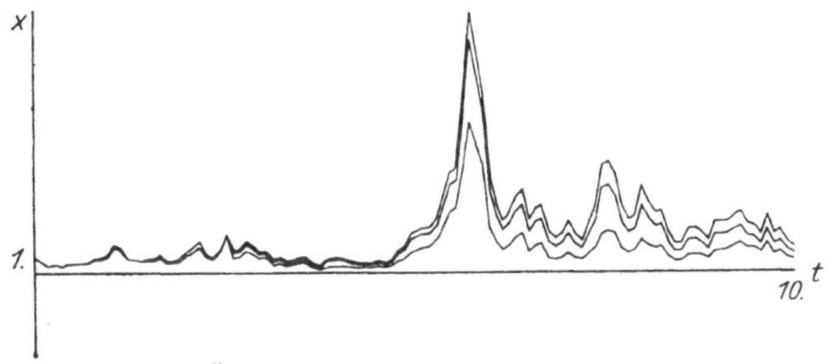

Fig. 2. Lineare Gleichung mit $\alpha = 0.5$, $\beta = 1.0$, $h = 0.1$

2. Für die *lineare stochastische Differentialgleichung*

$$dx(t) = \alpha x \, dt + \beta x \, dw(t) \tag{10}$$

läßt sich die Lösung explizit angeben:

$$x(t) = x_0 \exp \left((\alpha - \beta^2/2) \, t + \beta w(t) \right) . \tag{11}$$

Dies erlaubt den Vergleich von verschiedenen Approximationsverfahren mit der exakten Lösung. Die Koeffizienten von (10) genügen der Gleichung (7), die Ordnung $O(h^4)$ ist erreichbar. Das stochastische Analogon zum 4-stufigen Standard-RUNGE-KUTTA-Verfahren besitzt für (10) sogar die Ordnung $O(h^5)$. Fig. 2 zeigt nun die Approximation mit dem HEUN-, RUNGE-KUTTA- und EULER-Verfahren (von oben nach unten). Die exakte Lösung ist ebenfalls eingezeichnet. Sie ist optisch nicht zu unterscheiden von der RUNGE-KUTTA-Lösung.

Diese Arbeit ist Teil eines von der Stiftung Volkswagenwerk unterstützten Forschungsprojektes.

Literatur

1 ARNOLD, L., Stochastische Differentialgleichungen, Oldenbourg Verlag, München-Wien 1973.
2 RÜMELIN, W., Numerical treatment of stochastic differential equations, Forschungsschwerpunkt Dynamische Systeme, Universität Bremen, Report Nr. 12, 1980.

Anschrift: Dr. rer. nat. Dipl.-Ing. WERNER RÜMELIN, Forschungsschwerpunkt Dynamische Systeme, Universität Bremen, Fachbereich Mathematik, D-2800 Bremen 33, BRD

ZAMM 61, T 352 – T 353 (1981)

M. SCHÄL

Stochastic Non-stationary Two Person Zero Sum Games

Stochastic dynamic zero sum games are direct generalizations of stochastic dynamic programming models. The purpose of this paper is to show how the approach of SCHÄL [4, 5, 6] can be used for proving the existence of an optimal policy for one player (player II say). This approach was developed for dynamic programming problems and extended to statistical dynamic decision models.

The asymmetric approach of this paper which focusses attention only on one player was already used by RIEDER [3]. RIEDER, however, utilizes the more familiar operator-theoretic method of proof and a selection theorem where a minimax theorem is employed at any stage of the model. The method of proof of the present paper is a functional analytic one where one looks on dynamic games as one stage or dummy games and employs a minimax theorem only once. The set (B) of assumptions used by RIEDER is essentially the same as in the present paper. RIEDER needs some additional regularity assumptions about the state space and the dependence of the data on the actions of player I whereas we will need the existence of densities for the law of motion.

One can assemble the appropriate analytical apparatus for a stochastic dynamic game by analogy with the dynamic programming case. In the present paper, we will treat a *non-stationary* and even *non-Markovian* version of a MARKOV game specified by the following objects.

(i) S_n stands for the *state space* at time n, endowed with some σ-algebra.

(ii) A_n and B_n are the *spaces of actions* available at time n for player I and II, resp. A_n is a BOREL (subset of a Polish) space. B_n is a compact metric space endowed with the BOREL σ-algebra.

We write $H_n = \times_1^n S_i \times A_i \times B_i$, $1 \leqq n \leqq \infty$. The *law of motion* is a sequence (q_n) where q_1 is a p. measure on S_1 and q_n, $n > 1$, is a transition probability from H_{n-1} to S_n. In order to define a policy for the players, one has to specify the information available for the players at time n. We will consider so-called *feedback controls* where the players may base their decision at time n on the whole history $(s_1, s_2, \dots, s_n)$ of the system and on their own previous actions. Hence, a (*randomized*) *policy* π *for player* I is a sequence (π_n) of transition probabilities π_n from $(\times_1^{n-1} S_i \times A_i) \times S_n$ to A_n. A *policy* $\delta = (\delta_n)$ *for player* II is defined by symmetry. We write Π and Δ for the set of all policies for players I and II, respectively. $\mathsf{P}_{\pi,\delta}$ denotes the p. measure on H_∞ given through π, δ and (q_n) according to the theorem of IONESCU TULCEA.

We shall assume that the transition law q_n is dominated by some σ-finite measure and hence (without loss of generality) by some p. measure λ_n.

(iii) λ_n supplies the *dominating p. measure* on S_n.

(iv) l_n is the respective *density function*, a non-negative measurable function on $H_{n-1} \times S_n$ such that (q_n) is given through $q_1(ds_1) = l_1(s_1) \, \lambda_1(ds_1)$, and for $n > 1$, $q_n(h, ds_n) = l_n(h, s_n) \, \lambda(ds_n)$, $h \in H_{n-1}$, $s_n \in S_n$. l_n is assumed to depend continuously on the actions $(b_1, \dots, b_{n-1})$ of player II.

(v) u is an extended real valued function on H_∞, the *utility function*. It is assumed that there exists a sequence of bounded measurable functions u_n on H_n depending continuously on the actions $(b_1, \dots, b_n)$ of player II such that $u_n \uparrow u$.

The latter condition is discussed in SCHÄL [6] and is shown to include the usual utility functions of discounted and positive MARKOV games. As *objective function* we will choose

$$v(\pi, \delta) = \int u \, \mathrm{dP}_{\pi,\delta} .$$

The following relation enables us to reduce the game situation to a dynamic programming situation:

$$\int u_n \, \mathrm{dP}_{\pi,\delta} = \int \tilde{u}_{n,\pi} \, \mathrm{dP}_\delta^\lambda$$

where $\mathrm{P}_\delta^\lambda = \lambda_1 \otimes \delta_1 \otimes \lambda_2 \otimes \delta_2 \otimes \ldots$ is a p. measure on $\mathsf{X}_1^\infty S_t \times B_t$ and

$$\tilde{u}_{n,\pi}(s_1, b_1, \ldots, s_n, b_n) = \int \pi_1(s_1, \mathrm{d}a_1) \ldots \int \pi_n(s_1, a_1, \ldots, s_n; \mathrm{d}a_n) \, u_n(\ldots, s_n, a_n, b_n)$$

is a bounded measurable function continuous in $(b_1, b_2, \ldots, b_n)$. One obtains an analogous relation (without the continuity property) by replacing π by δ. Set $\mathbb{P}_\Delta = \{\mathrm{P}_\delta^\lambda, \delta \in \Delta\}$, $\mathbb{P}_\Pi = \{\mathrm{P}_\pi^\lambda, \pi \in \Pi\}$. Then we know from the theory of dynamic programming (cf. SCHÄL [5], 7.4): that $\mathbb{P}_\Delta$ and $\mathbb{P}_\Pi$ are convex.

We endow $\mathbb{P}_\Delta$ with the coarsest topology such that $\mathrm{P} \to \int w \, \mathrm{dP}$ is continuous for any bounded measurable function w on $\mathsf{X}_1^\infty S_t \times B_t$ depending on finitely many coordinates only and depending continuously on the actions $(b_1, b_2, \ldots)$. Then $\int \tilde{u}_{n,\pi} \, \mathrm{dP}_\delta^\lambda$ depends continuously on $\mathrm{P}_\delta^\lambda$. Hence $v(\pi, \delta) = \lim_n \int u_{n,\pi} \, \mathrm{dP}_\delta^\lambda$ depends lower semi-continuously on $\mathrm{P}_\delta^\lambda$. Further (cf. SCHÄL [4] 6.6, [6] 6.2), we know that $\mathbb{P}_\Delta$ is compact. Thus we obtain our result by a semi-continuity argument and by the minimax theorem of SION (1958, 4.2').

Theorem:

(a) *The stochastic dynamic zero sum game has a value, i.e..*

$$\min_{\delta \in \Delta} \sup_{\pi \in \Pi} v(\pi, \delta) = \sup_{\pi \in \Pi} \min_{\delta \in \Delta} v(\pi, \delta) .$$

(b) *Player* II *has an optimal policy* δ^*, *i.e.,*

$$\sup_{\pi \in \Delta} v(\pi, \delta^*) = \min_{\delta \in \Delta} \sup_{\pi \in \Pi} v(\pi, \delta) .$$

By symmetry, the Theorem also yields a result for player I. However, compactness and continuity assumptions are not sufficient. There are positive MARKOV games with finite state and action spaces and finite expected utility where player I has no optimal policy (see example 1 of EVERETT [1]). (This example contradicts Theorem 4.1 of PARTHASARATHY [2]). I am grateful to my student R. VAN DAWEN for drawing my attention to this fact.

References

1 EVERETT, H., Recursive games, Ann. Math. Studies No. 39, 47–78 (1957).
2 PARTHASARATHY, T., Discounted, positive and non-cooperative stochastic games, Internat. J. Game Theory 2, 25–37 (1973).
3 RIEDER, U., On semi-continuous dynamic games, to be published.
4 SCHÄL, M., On dynamic programming: compactness of the space of policies, Stochastic Processes Appl. 3, 345–364 (1975).
5 SCHÄL, M., On dynamic programming and statistical decision theory, Ann. Statist. 7, 432–445 (1979).
6 SCHÄL, M., Existence of optimal policies in stochastic dynamic programming, Univ. Bonn, SFB 72 preprint no. 315. To appear in: The Proceedings of the 6th Conference on Probability Theory, Brasov/Romania 1979.
7 SION, M., On general minimax theorems. Pacific J. Math. VIII, 171–176.

Anschrift: Professor Dr. MANFRED SCHÄL, Universität Bonn, Institut für Angewandte Mathematik, Wegelerstraße 6, D-5300 Bonn, BRD

ZAMM 61, T 353 – T 355 (1981)

U. SOMMER

Die Wachstumszahlen drei-dimensionaler linearer, parametererregter Systeme

Wir betrachten das lineare, stochastische System

$$\dot{x}_t = A_t x_t , \qquad x_t(\omega) \in \mathbb{R}^n , \tag{1}$$

mit $A : \mathbb{R}^+ \times \Omega \to Y \subset M^n$ (M^n sei die Menge der $n \times n$-Matrizen) und A ist ein stationärer, ergodischer, nichtdegenerierter Diffusionsprozeß. Ziel dieser Arbeit sind Aussagen über die Anzahl der Wachstumszahlen $R(\omega)$ der Lösungen $x_t(\omega)$ von (1),

$$R(\omega) = \lim_{t \to \infty} \frac{1}{t} \ln |x_t(\omega)| , \tag{2}$$

für den Fall $n = 3$. Für $n = 2$ ist dieses Problem vollständig gelöst worden ([1]), mit einer Methode, die wir für den vorliegenden Fall benutzen werden.

Die Trajektorien des Systems (1) werden auf die Einheitskugel S^2 im $\mathbb{R}^3$ projeziert. Der Winkel $w = \dfrac{x}{|x|}$ genügt der (nichtlinearen) Differentialgleichung

$$\dot{w}_t = h(w_t, A_t) , \tag{3S}$$

mit $h(w, A) = \left(A - w' \frac{A' + A}{2} wI\right) w$ (' bezeichnet die Transposition). Interpretiert man die Realisierungen $A.(\omega)$ von A_t als Kontrollen, so kann man zu dem stochastischen System (3S) ein ***deterministisches Kontrollsystem*** assoziieren:

$$\dot{w} = h(w, A(\cdot)), \tag{3C}$$

mit $X = S^2$ als Zustandsraum und der Menge $\mathscr{C}(\mathbb{R}^+, Y)$ der stetigen Funktionen $A(\cdot) : \mathbb{R}^+ \to Y$ als zulässige Kontrollen. Den Schlüssel zu Aussagen über die Wachstumszahlen von (1) liefern die *ε-Kontrollmengen* $H \subset X \times Y$ von (3C) (Definition und Eigenschaften siehe [1]). Im folgenden sollen diese ε-Kontrollmengen bestimmt werden; das Ergebnis wird von der linearen Struktur der Matrizen in Y abhängen.

Für zeitkonstante Kontrollen $A(\cdot)$, $A(t) \equiv A_1$, können wir das qualitative Verhalten der Lösungen von (3C) vollständig charakterisieren durch die Eigenwerte und Eigenräume von A_1 ([2]). So existiert ein Grenzzykel Γ genau dann, wenn A_1 einen komplexen Eigenwert $\lambda_{\mathbb{C}}$ besitzt. Die Ruhelagen sind die Schnittpunkte der Eigenräume der reellen Eigenwerte mit S^2 und ein auftretender Grenzzykel der Schnitt der Eigenebene (zu dem komplexen Eigenwert) mit S^2. Notwendig und hinreichend für die asymptotische Stabilität (Instabilität) von Γ ist die Bedingung $\operatorname{Re}\lambda_{\mathbb{C}} > \lambda_{\mathbb{R}}$ ($\operatorname{Re}\lambda_{\mathbb{C}} < \lambda_{\mathbb{R}}$), wobei $\operatorname{Re}\lambda_{\mathbb{C}}$ den Realteil von $\lambda_{\mathbb{C}}$ und $\lambda_{\mathbb{R}}$ den reellen Eigenwert bezeichnet. Mit der genauen Kenntnis des Verhaltens des zeitkonstanten Systems (3C) liegt es nahe, in einem ersten Schritt zur Untersuchung des zeitvariablen Systems zweiwertige Kontrollen $A(\cdot)$, $A(t) \in \{A_1, A_2\}$, zu betrachten, und die möglichen Flüsse dieses (Poly-)Systems auf S^2 zu studieren. Dazu erweitern wir die Definition der ε-Kontrollmengen H (die bisher nur bezüglich stetiger Kontrollen definiert sind) und schreiben in die Definition (siehe [1]) anstelle der stetigen Funktionen $\mathscr{C}(\mathbb{R}^+, Y)$ eine beliebige Menge $\mathscr{U}$ von zulässigen Kontrollen $A(\cdot) : \mathbb{R}^+ \to Y$. Weitere *zulässige Kontrollen* können sein:

(i) die Menge $\mathscr{K}$ der stückweise konstanten Funktionen mit höchstens abzählbar vielen Unstetigkeitsstellen;

(ii) die Menge $\mathscr{D}(A_1, \dots, A_k)$, $A_i \in Y$, der k-wertigen Funktionen $A(\cdot) : \mathbb{R}^+ \to \{A_1, \dots, A_k\}$ mit $k = n$ oder $k = \aleph_0$.

Für $\mathscr{U} = \mathscr{K}$ und $\mathscr{U} = \mathscr{D}(A_1, \dots, A_k)$ gilt wie für $\mathscr{U} = \mathscr{C}(\mathbb{R}^+, Y)$, daß eine ε-Kontrollmenge $H(\mathscr{U})$ bezüglich $\mathscr{U}$ von Rechteckgestalt in $X \times Y$ ist.

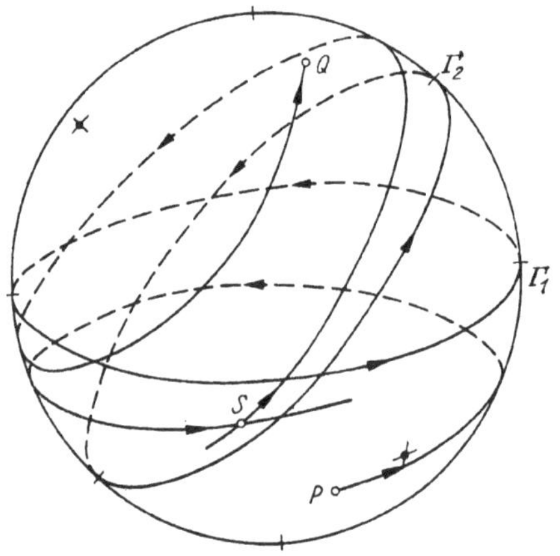

Abb. 1

Wir wollen nun die ε-Kontrollmengen $H(\mathscr{D}(A_1, A_2))$ bestimmen und betrachten den folgenden Fall: Es gibt $A_1, A_2 \in Y$ mit komplexen Eigenwerten mit den Eigenschaften: $\operatorname{Re}\lambda_{\mathbb{C}}(A_1) > \lambda_{\mathbb{R}}(A_1)$, $\operatorname{Re}\lambda_{\mathbb{C}}(A_2) < \lambda_{\mathbb{R}}(A_2)$, und die Eigenebenen und Eigenrichtungen schneiden sich paarweise. Aus dem Bild (Abb. 1) ist zu ersehen, daß es zu zwei gegebenen Punkten P und Q auf S^2 eine Kontrolle $A(\cdot) \in \mathscr{D}(A_1, A_2)$ gibt, die P in Q überführt. Der positive Orbit von P in dem System $\dot{w} = h(w, A_1)$ schneidet den negativen Orbit von Q in dem System $\dot{w} = h(w, A_2)$ in einem Punkt S; in S schaltet die Kontrolle von A_1 um auf A_2. Damit ist $H(\mathscr{D}(A_1, A_2)) = S^2 \times \{A_1, A_2\}$ und daher $H(\mathscr{C}(\mathbb{R}^+, Y)) = S^2 \times Y$.

Das Ergebnis hängt wesentlich ab von der geometrischen Lage der Eigenräume von A_1 und A_2; hier wurden sie als sich paarweise schneidend (transversal) vorausgesetzt. Die Bestimmung der ε-Kontrollmengen $H(\mathscr{D}(A_1, A_2))$ kann man je nach der linearen Struktur der beiden Matrizen (Eigenwertkonstellation und Lage der Eigenräume zueinander) in ähnlicher Art wie der gerade beschriebenen durchführen. Für eine komplette Übersicht über alle möglichen Matrizenkombinationen ergibt sich eine zu große Anzahl von Fallunterscheidungen ($\gg 100$). Als „typisch" oder „generisch" erweisen sich jedoch folgende Fälle (wir notieren hier nur die X-Komponente von $H = H(\mathscr{D}(A_1, A_2))$):

1) $H = S^2$;
2) $H \subset S^2$, mit: Ist $x \in H$, dann $-x \in H$;
3) $H_1, H_2 \subset S^2$, wobei $H_2 = -H_1$.

Präzisieren wir nun, was wir unter „generisch" verstehen. Wir identifizieren $M^n \times M^n$ mit R^{2n^2}.

Definition: Eine Teilmenge von $M^n \times M^n$ heißt *generisch*, falls sie eine offene und dichte Teilmenge enthält, die volles Lebesgue-Maß trägt (d. h. das Komplement hat Lebesgue-Maß Null).

Sei $M \subset R^n$, $\langle M \rangle$ der von M erzeugte lineare Unterraum und E_p^i Eigenraum von A_i.

Definition: $A_1, A_2 \in M^n$ heißen *transversal*, und wir notieren $A \pitchfork A_2$, falls gilt: Für $r, p_j^i \in \{1, \dots, n-1\}$, $i \in \{1, 2\}$ ist

$$\langle E_{p_1^1}^1 + \dots + E_{p_r^1}^1 \rangle \neq \langle E_{p_1^2}^2 + \dots + E_{p_r^2}^2 \rangle$$

(d. h. diese Räume sind transversal).

Sei $\mathcal{V} \subset M^n$ die Menge der Matrizen mit n verschiedenen Eigenwerten, $\mathcal{T}$ wie folgt definiert:

$$\mathcal{T} = \{(A_1, A_2 \in M^n \times M^n \mid A_1 \pitchfork A_2;\, A_1, A_2 \in \mathcal{V}\} .$$

Lemma: *Die Menge $\mathcal{T}$ ist generisch.*

Für die ε-Kontrollmengen ergeben sich in der generischen Situation wichtige Folgerungen (im folgenden ist wieder $n = 3$):

Lemma: *Für $(A_1, A_2) \in \mathcal{T}$ sind die Mengen $H_i(\mathcal{D}(A_1, A_2))$ abgeschlossen.*

Lemma: *Es gibt höchstens zwei Mengen $H_i(\mathcal{D}(A_1, A_2))$, wobei $H_2 = -H_1$, wenn $(A_1, A_2) \in \mathcal{T}$.*

Läßt man weitere Kontrollwerte $A_3, A_4, \dots, A_n$ zu, so gilt $H(\mathcal{D}(A_1, A_2)) \subset H(\mathcal{D}(A_1, \dots, A_n))$ im allgemeinen nur für $(A_1, A_2) \in \mathcal{T}$. Ferner gilt ein Umordnungssatz:

$$\lim_{n \to \infty} H(\mathcal{D}(A_1, \dots, A_n)) = H(\mathcal{D}(A_n)_{n \in \mathbb{N}}) .$$

Mit der generischen Eigenschaft von $\mathcal{T}$ und der Beziehung $H(\mathcal{K}) = H(\mathcal{C}(\mathbb{R}^+, Y))$ erhält man schließlich eine Approximation der ε-Kontrollmengen $H(\mathcal{C}(\mathrm{R}^+, Y))$ (siehe [2]):

Lemma: *Ist Y offen in M^3, so gibt es in Y eine Folge $(A_n)_{n \in \mathbb{N}}$ mit $(A_i, A_j) \in \mathcal{T}$ $(i \neq j)$ mit:*

$$\lim_{n \to \infty} H(\mathcal{D}(A_1, \dots, A_n)) = H(\mathcal{C}(\mathbb{R}^+, Y)) .$$

Fassen wir das Ergebnis zusammen in dem

Satz: *Sei $\mathcal{U} = \mathcal{C}(\mathbb{R}^+, Y)$, mit $Y \subset M^3$ offen. Dann hat das Kontrollsystem* (3C) *höchstens zwei ε-Kontrollmengen H_1, H_2, mit $H_2 = -H_1$.*

Für das Ausgangsproblem folgt unmittelbar (siehe [1]) das

Korollar: *Die Lösungen des linearen, drei-dimensionalen stochastischen Systems* (3S) *besitzen unter der Voraussetzung Y offen in M^3 alle dieselbe Wachstumszahl R, die vom Start x_0 und vom Zufall ω nicht abhängt.*

Literatur

1 Kliemann, W., Stabilität und Wachstum linearer, parametererregter Systeme, ZAMM 81 (1981), T 339—T 341.
2 Sommer, U., Dissertation, Universität Bremen 1980.

Anschrift: Dipl.-Math. Ulrich Sommer, Forschungsschwerpunkt Dynamische Systeme, Universität Bremen, Fachbereich Mathematik, Postfach 330440, D-2800 Bremen 33, BRD

ZAMM 61, T 355 – T 356 (1981)

H.-J. Werner

On Bose's Estimability Concept

We consider the *general linear model*

$$E(y) = A\beta , \tag{1}$$

where y is an $n \times 1$ random observation vector, A is a given $n \times k$ matrix (the design matrix) and β is a $k \times 1$ vector of unrestricted unknown parameters. Throughout this note we will assume only that

$$0 < \operatorname{rank} A < n . \tag{2}$$

In this model, the parametric function $B\beta$ (B is a given $m \times k$ matrix) is called estimable [3] if it has an unbiased linear estimate, in other words, if there exists a matrix of constant coefficients K such that $E(Ky) = B\beta$, identically in β.

Several characterizations of that concept have been obtained in the literature (cf. [1—2, 4—5]). These characterizations involve generalized inverses, rank equalities, Schur complements and partitioned matrices. So it has been shown, for example, by Scheffé [5], that if $B\beta$ is estimable then $B\hat{\beta}$ is invariant to the choice of solution $\hat{\beta}$ to the normal equations. Equivalently, BA_l^- is invariant to the choice of least-squares inverse A_l^-. Alalouf and Styan [1] established that this condition also implies estimability. The principal aim of this paper is to demonstrate that this result remains true whenever the class of least-squares inverses is replaced by a suitable other class of generalized inverses. But before we state these results, it is first necessary to recall here the concept of generalized inversion.

Generalized inversion

Given the $n \times k$ matrix A, the symbols A^{T}, $N(A)$ and $R(A)$ denote its transpose, null space and range space, respectively. We write $M \in N_c(A)$ whenever M is a complementary subspace of $N(A)$, and analogously $S \in R_c(A)$ whenever S is a complementary subspace of $R(A)$. Now let $M \in N_c(A)$ and $S \in R_c(A)$ be arbitrarily chosen. Consider the matrix equations

$$\begin{aligned} &(\mathrm{G}1) \quad AXA = A\,,\\ &(\mathrm{G}2) \quad XAX = X\,,\\ &(\mathrm{G}M) \quad XA = P_{M,N(A)}\,,\\ &(\mathrm{G}S) \quad AX = P_{R(A),S}\,, \end{aligned}$$

where, for example, $P_{M,N(A)}$ denotes the projector onto M along $N(A)$. Since this system is uniquely solvable, the following notions make sense. Let η be a nonempty subset of $\{1, 2, M, S\}$. Then a matrix X is called an *η-inverse* of A if it satisfies equation (Gj) for each $j \in \eta$. It is easily seen that every $\{M\}$-inverse and similarly every $\{S\}$-inverse is also a $\{1\}$-inverse of A. And conversely, it is well known that for every $\{1\}$-inverse there exist unique elements $M_0 \in N_c(A)$, $S_0 \in R_c(A)$ such that X is also an $\{M_0, S_0\}$-inverse of A. $\{1\}$-inverses are often called *generalized inverses*; $\{N(A^{\mathsf{T}})\}$-inverses are usually known as *least-squares inverses*. For an extensive discussion on generalized inversion we refer to chapter 1 in [6].

Main results

Let M, S be arbitrary but fixed elements of $N_c(A)$ and $R_c(A)$, respectively. Then we get:

Theorem 1: *The function $B\beta$ is estimable (with respect to (1)) if and only if any of the following conditions holds:*

(a) $B = KA$ *for some matrix K.*

(b) $N(A) \subset N(B)$.

(c) $BA^{(S)}$ *is invariant for every $\{S\}$-inverse $A^{(S)}$.*

(d) $BA^{(2,S)}$ *is invariant for every $\{2, S\}$-inverse $A^{(2,S)}$.*

(e) $BA^{(M,S)}$ *is invariant for every $\{M, S\}$-inverse $A^{(M,S)}$.*

Conditions (a) and (b) are well known, while conditions (c), (d) and (e) appear to be entirely new. The new characterizations of estimability are easy consequences of the following lemma and the known condition (b).

Lemma 2:

(a) *The general $\{S\}$-inverse of A is given by*

$$G + P_{N(A),M}Z\,, \tag{3}$$

where Z is arbitrary and G is an arbitrary but fixed $\{S\}$-inverse of A.

(b) *The general $\{M, S\}$-inverse of A is given by*

$$G + P_{N(A),M}ZP_{S,R(A)}\,, \tag{4}$$

where Z is arbitrary and G is an arbitrary but fixed $\{M, S\}$-inverse of A.

(c) *The general $\{2, S\}$-inverse of A is given by*

$$G + P_{N(A),M}ZP_{R(A),S}\,, \tag{5}$$

where Z is arbitrary and G is an arbitrary but fixed $\{2, S\}$-inverse of A.

Proof: We only verify (a), the other assertions follow similarly. It is obvious that every matrix of the form (3) satisfies (GS). Conversely, let X be any $\{S\}$-inverse and let G be a particular $\{S\}$-inverse of A. Then it follows from (GS) that $R(X - G) \subset N(A)$ and hence we get the representation

$$X = G + P_{N(A),M}(X - G)\,,$$

which is of the form (3).

We conclude this note with some further characterizations of estimability which are stated here without proof.

Theorem 3: *The function $B\beta$ is estimable (with respect to (1)) if and only if any of the following two conditions holds:*

(a) $B(M)$ *is invariant for every $M \in N_c(A)$.*

(b) $B(M) = R(B)$ *for every $M \in N_c(A)$.*

This work has been supported by the Sonderforschungsbereiche 21 and 72 at the University of Bonn.

Literatur

1 Alalouf, I. S.; Styan, G. P. H., Characterizations of estimability in the general linear model, Ann. Statist. 7 (1979), 194—200.
2 Baksalary, J. K.; Kala, R., Extensions of Milliken's estimability criterion, Ann. Statist. 4 (1976), 639—641.
3 Bose, R. C., The fundamental theorem in linear estimation, Proc. 31st Indian Sci. Congress 1944, pp. 2—3 (abstract).
4 Milliken, G. A., New criteria for estimability for linear models, Ann. Math. Statist. 42 (1971), 1588—1594.
5 Scheffé, H., The Analysis of Variance, Wiley, New York 1959.
6 Werner, H.-J., G-Inverse und monotone Matrizen, Dissertation, Bonn 1977.

Anschrift: Dr. Hans-Joachim Werner, Institute for Econometrics and Operations Research, University of Bonn, Econometrics Unit, Adenauerallee 24—42, D-5300 Bonn 1, BRD

ZAMM 61, T 357 – T 358 (1981)

H.-W. WARBRUCK

Anwendungen des Kellogg-Li-Yorke-Algorithmus in der konvexen Optimierung

Der wahrscheinlich berühmteste Fixpunktsatz besagt, daß jede stetige Funktion, die eine kompakte und konvexe Teilmenge des $\mathbb{R}^n$ in sich abbildet, einen Fixpunkt besitzt. BROUWER hat ihn 1912 mit Mitteln der kombinatorischen Topologie bewiesen. Es soll hier eine Methode beschrieben werden, mit der man für differenzierbare Funktionen einen Fixpunkt berechnen kann. Auf dieser Grundlage wird ein lokal quadratisch konvergentes Verfahren hergeleitet, das für eine konvexe und stetig differenzierbare Funktion einen Minimalpunkt liefert.

1. Der Fixpunktalgorithmus von Kellogg, Li und Yorke

Sei $D \subset \mathbb{R}^n$ eine kompakte und konvexe Menge, $F : D \to D$ eine zweimal stetig differenzierbare Abbildung. Ein Beweis des BROUWERschen Fixpunktsatzes beruht auf einem Lemma von HIRSCH, das besagt, daß es keine stetige Retraktion von D auf den Rand von D gibt. Unter der Annahme, daß F keine Fixpunkte besitzt, kann man eine Retraktion definieren, und man erhält einen Widerspruch. Dabei wird die folgende *Retraktion* benutzt: Sei $S(x)$ der Strahl, der in $F(x)$ beginnt und durch x läuft. Dann ist $R(x)$ der Schnittpunkt des Strahls mit dem Rand von D. KELLOGG, LI und YORKE [1] haben 1976 diesen Existenzbeweis so modifiziert, daß damit die Konstruktion eines Fixpunktes möglich wurde.

Sei $C = \{x \in D \mid F(x) = x\}$ die Fixpunktmenge von F, und der Rand von D bestehe aus einer endlichen Vereinigung von glatten Hyperebenen. Dann existiert auf dem Komplement $D \setminus C$ die Retraktion, und sie ist in den Punkten x differenzierbar, für die $R(x)$ in einem differenzierbaren Teil des Randes liegt. Das Haupttheorem, auf dem der Algorithmus beruht, lautet nun

Theorem 1: *Für fast alle $x^0 \in \partial D$ gibt es eine offene Menge $U \supset R^{-1}(x^0)$, so daß $R'(x)$ den Rang $n-1$ für alle $x \in U$ besitzt. Ferner läßt sich die Komponente $K \subset R^{-1}(x^0)$ mit $x^0 \in K$ als eine differenzierbare Kurve $x(t)$, $0 < t < T \leqq \infty$, beschreiben, für die gilt:*

Für alle $\varepsilon > 0$ gibt es ein $t(\varepsilon)$, so daß der Abstand von $x(t)$ zu C für alle $t \in (t(\varepsilon), T)$ kleiner als ε wird.

Diese Kurve nennt man *Continuation-Kurve*, und sie genügt den Gleichungen

$$R(x(t)) = x^0\,, \qquad x(0) = x^0\,. \tag{1}$$

Einen Algorithmus zur Berechnung eines Fixpunktes erhält man nun, indem man das Anfangswertproblem

$$R'(x(t))\,\dot{x}(t) = 0\,, \qquad x(0) = x^0\,, \qquad (\dot{x}(t), \dot{x}(t)) = 1 \tag{2}$$

löst und Approximationen eines singulären Punktes von (2) erhält.

2. Konvexe Optimierung ohne Nebenbedingungen

Wir betrachten nun das Problem, eine konvexe und stetig differenzierbare Funktion $g : \mathbb{R}^n \to \mathbb{R}$ zu minimieren. Da $\bar{x} \in \mathbb{R}^n$ genau dann ein Optimalpunkt von g ist, wenn $g'(\bar{x}) = 0$ ist, liegt es nahe, einen Fixpunkt der Abbildung $f(x) := x - g'(x)$ zu berechnen. Zunächst benötigt man eine kompakte und konvexe Menge; dazu definiert man für einen Punkt $x^0 \in \mathbb{R}^n$ die Levelmenge $D = \{x \in \mathbb{R}^n \mid g(x) \leqq g(x^0)\}$. D ist konvex und abgeschlossen, und man kann voraussetzen, daß D auch beschränkt ist. Weiter kann man annehmen, daß $g'(x^0)$ ungleich Null ist, weil sonst bereits x^0 ein optimaler Punkt wäre. Dann ist das Innere von D nicht leer, und es gibt eine positive Zahl c, so daß $x - cg'(x)$ für alle $x \in D$ wieder in D liegt. Damit sind für die Funktion $F : D \to D$, die durch $F(x) = x - cg'(x)$ definiert ist, die Voraussetzungen des BROUWERschen Fixpunktsatzes erfüllt, und man kann auf dem Komplement der optimalen Punkte $C = \{x \in D \mid g'(x) = 0\}$ die Retraktion definieren. Da der Rand von D aus einer differenzierbaren Hyperebene besteht, ist sie differenzierbar, und die Voraussetzungen von Theorem 1 sind erfüllt. Um das Anfangswertproblem herzuleiten, benutzt man die spezielle Gestalt der Retraktion. Es ist

$$R(x) = (1 - y(x))\,x + y(x)\,F(x) = x - cy(x)\,g'(x)\,, \tag{3}$$

wobei $y(x)$ die negative Nullstelle der Funktion $z(t) := g(x - tcg'(x)) - g(x^0)$ ist. Für die Ableitung von R gilt

$$R'(x)\,v = [I - cy(x)\,g''(x)]\,v - c(y'(x), v)\,g'(x)\,. \tag{4}$$

Setzt man $A(x) := I - cy(x)\,g''(x)$, so sieht man, daß $R'(x)$ aus einer Störung von $A(x)$ durch eine Matrix vom Rang 1 entsteht. Da außerdem $A(x)$ regulär ist, besitzt $R'(x)$ den Rang $n - 1$, und $v = A(x)^{-1}\,g'(x)$ ist ein Nullvektor von $R'(x)$. Daher gilt

Theorem 2: *Die Continuation-Kurve kann in jedem Punkt x^0 gestartet werden, und sie läuft gegen einen optimalen Punkt von g.*

Liegt $x = x(t)$ im Innern von D, so liefert ein anderer Nullvektor von $R'(x)$ das gesuchte Anfangswertproblem

$$\dot{x} = -[g''(x)' - (cy(x))^{-1}\,I]^{-1}\,g'(x)\,, \qquad x(0) = x^0\,. \tag{5}$$

Benutzt man zur Lösung das EULER-Verfahren, so erhält man das Iterationsverfahren

$$x^{n+1} = x^n - s_n[g''(x^n) - (cy(x^n))^{-1}\,I]^{-1}\,g'(x^n)\,. \tag{6}$$

Indem man die Schrittweite $s_n > 0$ klein genug wählt, kann man mit (6) ein Abstiegsverfahren erreichen. Nähert sich andererseits $x(t)$ einem Optimalpunkt, so konvergiert $(cy(x(t)))^{-1}$ gegen Null, und man erhält mit Schrittweite 1 quadratische Konvergenz, falls die zweite Ableitung im Optimalpunkt positiv definit ist. Weiter ist leicht einzusehen, daß man die Konstante c, die für die Formulierung des Fixpunktproblems benötigt wurde, im weiteren Verlauf der Rechnung nicht zu kennen braucht. Denn ist $g'(x) \neq 0$, so haben die Strahlen

$$S_1 = \{x - tcg'(x) \mid t < 0\} \quad \text{und} \quad S_2 = \{x - sg'(x) \mid s < 0\}$$

mit dem Rand von D denselben Schnittpunkt. Die Iteration (6) ist mit dem MARQUARDT-LEVENBERG-Verfahren verwandt, bei dem im Gegensatz zu hier ein Parameter $c > 0$ so gewählt wird, daß gilt

$$g(x - [g''(x) + cI]^{-1} g'(x)) < g(x) .$$

3. Numerische Ergebnisse

Obwohl die Theorie nur Konvergenzaussagen für konvexe Funktionen zuläßt, wurden auch nichtkonvexe Probleme behandelt, da mir im konvexen Fall keine vergleichbaren Ergebnisse anderer Optimierungsverfahren vorlagen. Es wurden u. a. die folgenden Testfunktionen herangezogen:

I. $g(x) = 100(x_2 - x_1^2)^2 + (1 - x_1)^2$;

II. $g(x) = 100(x_2 - x_1^3)^2 + (1 - x_1)^2$;

III. $g(x) = \sum_{i=1}^{n} \left[E_i - \sum_{j=1}^{n} (A_{ij} \sin(x_j) + B_{ij} \cos(x_j)) \right]^2 .$

Die Beschreibung der Testbeispiele findet man in [2], die hier aus Platzgründen fortgelassen wurde. Die folgende Tabelle zeigt die Ergebnisse, die mit der Iteration (6) erzielt wurden:

Funktion	Anzahl der Iterationen	Auswertungen von g	Auswertungen des Gradienten	Äquivalente Auswertungen	$g(\bar{x})$
I	29	30	86	202	4×10^{-25}
II	14	15	41	97	2×10^{-25}
III $n = 5$	18	25	104	545	1×10^{-12}
III $n = 10$	9	17	90	917	2×10^{-12}
III $n = 20$	12	21	233	4681	5×10^{-20}

Unter einer *äquivalenten Auswertung* verstehen wir die Summe von einer Auswertung von g und n Auswertungen von g', wobei n die Anzahl der Variablen ist. Es hat sich gezeigt, daß sich diese Ergebnisse mit denen anderer Optimierungsverfahren durchaus vergleichen lassen.

Literatur

1 KELLOGG, R. B.; LI, T. Y.; YORKE, J. A., A constructive proof of the BROUWER fixed point theorem and computational results, SIAM J. Numer. Analysis **13** (1976), 473–483.

2 HIMMELBLAU, D. M., Applied Nonlinear Programming, McGraw-Hill, New York 1972.

Anschrift: Dipl.-Math. HEINZ-WILHELM WARBRUCK, Universität Bonn, Institut für Angewandte Mathematik, Wegelerstr. 6, D-5300 Bonn, BRD

ZAMM 61, T 358 – T 360 (1981)

E.-W. ZACHOW

Aspekte bei der Auswahl von Gleichgewichtspunkten

Bei einem *nichtkooperativen, endlichen n-Personenspiel* $\Gamma = ((X_1, \dots, X_n), (a_1, \dots, a_n))$ in Normalform kann es vorkommen, daß in der *gemischten Erweiterung* $\Gamma_m = ((P_1, \dots, P_n), (A_1, \dots, A_n))$, wo die *Strategienmengen* P_i und die *Auszahlungsfunktionen* A_i die übliche Bedeutung haben, mehrere Gleichgewichtspunkte existieren, die weder vertauschbar noch äquivalent sind. Das vielleicht bekannteste Beispiel dieser Art ist das Bimatrixspiel "battle of sexes", welches durch die beiden Auszahlungsmatrizen

$$\mathcal{A} = \begin{pmatrix} 2 & -1 \\ -1 & 1 \end{pmatrix} \quad \text{und} \quad \mathcal{B} = \begin{pmatrix} 1 & -1 \\ -1 & 2 \end{pmatrix}$$

definiert ist. Man rechnet leicht nach, daß die gemischte Erweiterung genau zwei Gleichgewichtspunkte in reinen Strategien und einen Gleichgewichtspunkt in gemischten Strategien besitzt. Der Spieler 1 wird am liebsten den Gleichgewichtspunkt mit dem Auszahlungsvektor (2, 1) realisieren wollen, während Spieler 2 die Realisierung der

Gleichgewichtsauszahlung (1, 2) anstrebt. Handeln beide entsprechend diesen Zielvorstellungen, so erhalten sie die geringstmögliche Auszahlung, nämlich -1. Für derartige Konfliktsituationen hat bereits HARSANYI mit der Spurprozedur ein Lösungskonzept vorgeschlagen, das unter anderem den Nachteil hat, häufig, wie z. B. auch bei dem vorliegenden "battle of sexes", ineffiziente Gleichgewichtspunkte als Lösung auszusondern, d. h. Gleichgewichtspunkte, deren Auszahlungsvektor von mindestens einem anderen Gleichgewichtspunkt übertroffen wird.

Es soll im folgenden ein alternatives Lösungskonzept vorgestellt werden. Dazu bezeichne EQUIP(Γ_m) die nach dem Satz von NASH stets nicht leere *Menge aller Gleichgewichtspunkte* von Γ_m und

$$\text{EQUIS}(\Gamma_m, i) := \{p_i \in P_i; \forall j \neq i: \exists p_j \in P_j: (p_1, \dots, p_n) \in \text{EQUIP}(\Gamma_m)\}, \qquad 1 \leqq i \leqq n,$$

die *Menge aller Gleichgewichtsstrategien* des Spielers i in Γ_m. Jeder Spieler wird einen solchen Gleichgewichtspunkt realisieren wollen, der ihm selbst die *größtmögliche Auszahlung*

$$a_i^*(\Gamma_m) := \max\{A_i(p_1, \dots, p_n); (p_1, \dots, p_n) \in \text{EQUIP}(\Gamma_m)\}, \qquad 1 \leqq i \leqq n,$$

unter allen Gleichgewichtspunkten einbringt. Da andererseits aber Gleichgewichtsstrategientupel i. a. keine Gleichgewichtspunkte mehr sind, muß jeder Spieler auch die Interessen seiner Gegner mitberücksichtigen. Dies kann auf folgende Weise geschehen: Man geht zunächst von der fiktiven Vorstellung aus, daß die Spieler darüber verhandeln können, welcher Gleichgewichtspunkt tatsächlich realisiert werden soll. Dann können die unterschiedlich starken Verhandlungspositionen der einzelnen Spieler durch die *Garantiebeträge*

$$g_i(\Gamma_m) := \max\{\min\{A_i(p_1, \dots, p_n); p_j \in \text{EQUIS}(\Gamma_m, j), j \neq i\}; p_i \in \text{EQUIS}(\Gamma_m, i)\}, \qquad 1 \leqq i \leqq n,$$

repräsentiert werden, und als *Menge der kooperativ erreichbaren Auszahlungspunkte* kommt die konvexe Hülle

$$A(\Gamma_m) := \text{ch}\big(\{(A_1(p_1, \dots, p_n), \dots, A_n(p_1, \dots, p_n)); (p_1, \dots, p_n) \in \text{EQUIP}(\Gamma_m)\} \cup \\ \cup \{g(\Gamma_m) := (g_1(\Gamma_m), \dots, g_n(\Gamma_m))\}\big)$$

der Gleichgewichtsauszahlungen und des Garantievektors in Betracht. Es ist dann

$$\big(g(\Gamma_m), A(\Gamma_m)\big) \in \mathcal{A}^n := \{(g, A); g \in \mathbb{R}^n, A \subset \mathbb{R}^n \text{ konvex, kompakt}; \forall a \in A: g \leqq a\}$$

eine *n-Personen-Verhandlungssituation.* Für eine *Verhandlungslösung*, d. h. eine Funktion $\varphi: \mathcal{A}^n \to \mathbb{R}^n$ mit $\varphi(g, A) \in A$ für alle $(g, A) \in \mathcal{A}^n$ wäre $\varphi\big(g(\Gamma_m), A(\Gamma_m)\big)$ die *kooperative Lösung der Konfliktsituation.* Wenn die Spieler nichtkooperativ handeln müssen, werden sie einen Gleichgewichtspunkt als Lösung akzeptieren können, welcher der kooperativen Lösung $\varphi\big(g(\Gamma_m), A(\Gamma_m)\big)$ möglichst nahe kommt. Bevor das Lösungskonzept im folgenden mathematisch formalisiert wird, sei noch darauf hingewiesen, daß die Auszahlungsfunktionen der Spieler i. a. nur bis auf positive lineare Transformationen eindeutig bestimmt sind, so daß es i. a. keine Einschränkung der Allgemeinheit bedeutet, wenn man die Normierungen $g_i(\Gamma_m) = 0$ und $a_i^*(\Gamma_m) = 1$, $1 \leqq i \leqq n$, vornimmt. Im folgenden werden nur noch derartig normierte Spiele betrachtet. Unter Anlehnung an SCHMEIDLERS Definition des Nucleolus wird definiert:

Definition: Es sei Γ_m die gemischte Erweiterung eines nichtkooperativen, endlichen n-Personenspiels mit $g_i(\Gamma_m) = 0$ und $a_i^*(\Gamma_m) = 1$ für alle $1 \leqq i \leqq n$ sowie $\varphi: \mathcal{A}^n \to \mathbb{R}^n$ eine Verhandlungslösung. Sei ferner $n^* := := |\{\varphi_i(0, A(\Gamma_m)); 1 \leqq i \leqq n\}|$ die Anzahl der verschiedenen Verhandlungsauszahlungen und $S_1, \dots, S_{n^*}$ die durch diese Verhandlungsauszahlungen wie folgt induzierte Zerlegung der Spielermenge:

$$S_0 := \emptyset, \qquad S_{k+1} := \left\{i \in \bigcap_{j=1}^{k} S_j^c; \varphi_i\big(0, A(\Gamma_m)\big) \geqq \varphi_l\big(0, A(\Gamma_m)\big) \quad \text{für alle} \quad l \in \bigcap_{j=1}^{k} S_j^c\right\}, \qquad 0 \leqq k < n^*.$$

Schließlich seien

$$\mathcal{S} := \{\pi: \{1, \dots, n\} \to \{1, \dots, n\}; \pi \text{ Permutation}, \quad \pi(\{|S_k| + 1, \dots, |S_k| + |S_{k+1}|\}) = S_{k+1} \\ \text{für alle} \quad 0 \leqq k < n^*\}$$

die Menge aller Permutationen π, welche zuerst die Spieler in S_1, dann die Spieler in S_2 usw. aufzählen und $(p_1, \dots, p_n) \in \in P_1 \times \dots \times P_n$ ein vorgegebenes Strategientupel.

a) Dann heißt der Vektor $e(p_1, \dots, p_n, \varphi) = \big(e_1(p_1, \dots, p_n, \varphi), \dots, e_n(p_1, \dots, p_n, \varphi)\big)$, dessen Komponenten die ihrer Größe nach absteigend geordneten Zahlen $\varphi_i\big(0, A(\Gamma_m)\big) - A_i(p_1, \dots, p_n)$ sind, der *φ-Exzeß* von $(p_1, \dots, p_n)$. Die Menge

$$\text{PEP}(\Gamma_m, \varphi) := \\ := \{(p_1^*, \dots, p_n^*) \in \text{EQUIP}(\Gamma_m); e(p_1^*, \dots, p_n^*, \varphi) \leqq_L e(p_1, \dots, p_n, \varphi) \text{ für alle } (p_1, \dots, p_n) \in \text{EQUIP}(\Gamma_m)\}^{1)}$$

heißt die *Menge der pränuklearen Gleichgewichtspunkte von Γ_m bezüglich φ.*

b) Sei $\pi \in \mathcal{S}$ eine Permutation mit

$$\varphi_{\pi(i)}\big(0, A(\Gamma_m)\big) - A_{\pi(i)}(p_1, \dots, p_n) \geqq \varphi_{\pi(j)}\big(0, A(\Gamma_m)\big) - A_{\pi(j)}(p_1, \dots, p_n)$$

für alle $i \leqq j$ mit $\pi(i), \pi(j) \in S_k$, $0 \leqq k < n^*$. Dann heißt der durch

$$e_i^*(p_1, \dots, p_n, \varphi) := \varphi_{\pi(i)}\big(0, A(\Gamma_m)\big) - A_{\pi(i)}(p_1, \dots, p_n)$$

definierte Vektor $e^*(p_1, \dots, p_n, \varphi) = (e_1^*(p_1, \dots, p_n, \varphi), \dots, e_n^*(p_1, \dots, p_n, \varphi))$ der *hierarchisch geordnete φ-Exzeß von* $(p_1, \dots, p_n)$. Die Menge

$$\text{NEP}(\Gamma_m, \varphi) := \\ := \{(p_1^*, \dots, p_n^*) \in \text{PEP}(\Gamma_m, \varphi); e^*(p_1^*, \dots, p_n^*, \varphi) \leqq_L e^*(p_1, \dots, p_n, \varphi) \text{ für alle } (p_1, \dots, p_n) \in \text{PEP}(\Gamma_m, \varphi)$$

heißt die *Menge der nuklearen Gleichgewichtspunkte von Γ_m bezüglich φ.*[1])

[1]) Es bezeichne $\leqq_L$ die lexikographische Ordnung.

Ein pränuklearer Gleichgewichtspunkt besitzt also neben seiner Gleichgewichtseigenschaft noch die weitere Stabilitätseigenschaft, daß die Gefahr, daß sich wenigstens ein Spieler der Realisierung widersetzen könnte, nicht größer ist als bei jedem anderen Gleichgewichtspunkt. Unter den so in einem ersten Auswahlverfahren gewonnenen pränuklearen Gleichgewichtspunkten werden dann in einem zweiten Schritt diejenigen als nukleare Gleichgewichtspunkte ausgewählt, bei denen starke Spieler, d. h. Spieler mit hohen Verhandlungsauszahlungen, eine möglichst hohe Gleichgewichtsauszahlung erhalten. Ein Beispiel dafür, daß pränukleare Gleichgewichtspunkte allein noch keinen zufriedenstellenden Lösungsbegriff liefern, muß hier aus Platzgründen entfallen. Neben der bereits angesprochenen zusätzlichen Stabilitätseigenschaft gegenüber „normalen" Gleichgewichtspunkten besitzen nukleare Gleichgewichtspunkte einige weitere interessante Eigenschaften:

Satz: *Es sei Γ_m die gemischte Erweiterung eines nichtkooperativen, endlichen n-Personenspiels mit $g_i(\Gamma_m) = 0$ und $a_i^*(\Gamma_m) = 1$ für alle $1 \leqq i \leqq n$ sowie $\varphi\colon \mathcal{A}^n \to \mathbb{R}^n$ eine Verhandlungslösung. Dann gilt:*

a) $\mathrm{NEP}(\Gamma_m, \varphi) \neq \emptyset$.

b) *Falls die Komponenten $\varphi_i(0, A(\Gamma_m))$, $1 \leqq i \leqq n$, paarweise verschieden sind, gibt es genau eine nukleare Gleichgewichtsauszahlung.*

c) *Zu je zwei nuklearen Gleichgewichtspunkten $(p_1, \ldots, p_n)$, $(q_1, \ldots, q_n)$ gibt es stets eine Permutation π mit $A_i(p_1, \ldots, p_n) = A_{\pi(i)}(q_1, \ldots, q_n)$, $1 \leqq i \leqq n$.*

d) *Jeder nukleare Gleichgewichtspunkt ist effizient, d. h. zu $(p_1, \ldots, p_n) \in \mathrm{NEP}(\Gamma_m, \varphi)$ gibt es keinen Gleichgewichtspunkt $(q_1, \ldots, q_n)$ mit $A_i(p_1, \ldots, p_n) \leqq A_i(q_1, \ldots, q_n)$ für alle $1 \leqq i \leqq n$ und $A_j(p_1, \ldots, p_n) < A_j(q_1, \ldots, q_n)$ für mindestens ein $j \in \{1, \ldots, n\}$.*

Gegenüber dem Konzept der Spurprozedur weist das Konzept der nuklearen Gleichgewichtspunkte unter anderem folgende Vorteile auf:

1. Es ist praktisch durchführbar, da „nur" die Gesamtheit der Gleichgewichtspunkte sowie der kooperative Lösungspunkt $\varphi(0, A(\Gamma_m))$ bestimmt werden müssen .

2. Es kommen, im Gegensatz zum Harsanyi-Konzept, nur effiziente Gleichgewichtspunkte als Lösungen in Betracht.

3. Nukleare Gleichgewichtsauszahlungen sind bis auf eine Permutation der Komponenten stets eindeutig bestimmt, d. h. höchstens in gewissen „symmetrischen" Situationen gibt es verschiedene nukleare Gleichgewichtsauszahlungen. In solchen Situationen läßt sich jedoch allein aufgrund rationaler Überlegungen ohnehin keine eindeutige Auswahl vornehmen.

Schließlich sei noch erwähnt, welche nuklearen Gleichgewichtspunkte sich bei „battle of sexes" Spielen ergeben.

Satz: *Es sei Γ_m die gemischte Erweiterung eines „battle of sexes" Spiels mit den Auszahlungsmatrizen*

$$\mathcal{A} = \begin{pmatrix} 1 & 0 \\ 0 & a \end{pmatrix} \quad \text{und} \quad \mathcal{B} = \begin{pmatrix} b & 0 \\ 0 & 1 \end{pmatrix}, \qquad 0 < a, b < 1 .$$

$\varphi\colon \mathcal{A}^2 \to \mathbb{R}^2$ sei eine Verhandlungslösung, welche die Eigenschaft der Pareto-Optimalität besitzt. Dann gilt:

a) $\mathrm{NEP}(\Gamma_m, \varphi) \subset \mathrm{EQUIP}(\Gamma)$;

b) $|\mathrm{NEP}(\Gamma_m, \varphi)| = 1 \Leftrightarrow a \neq b$.

Literatur

1 Harsanyi, J., The tracing procedure: A Bayesian approach to defining a solution for n-person noncooperative games, Internat. J. Game Theory **4** (1975), 61–94.

2 Rauhut, B.; Schmitz, N.; Zachow, E.-W., Spieltheorie, Verlag B. G. Teubner, Stuttgart 1979.

3 Schmeidler, D., The nucleolus of a characteristic function game, SIAM J. Appl. Math. 17 (1969), 1163–1170.

Anschrift: Dr. Ernst-Wilhelm Zachow, Institut für Mathematische Statistik, Roxeler Straße 64, D-4400 Münster, BRD

Wir bitten, **Manuskriptsendungen** zweifach (Original und eine Kopie, sprachlich einwandfrei, Formeln mit Maschine oder in Druckschrift geschrieben) an folgende Anschrift zu richten:

Zeitschrift für Angewandte Mathematik und Mechanik,
Institut für Mechanik der Akademie der Wissenschaften der DDR
DDR-1199 Berlin, Rudower Chaussee 5.

Zu den Arbeiten, die als Hauptaufsätze bestimmt sind, ist auf gesondertem Blatt eine Zusammenfassung von 5 bis 10 Zeilen in englischer und (möglichst) deutscher und russischer Sprache beizufügen. Ausführliche Hinweise für die Autoren, um deren strikte Berücksichtigung gebeten wird, finden sich im Anschluß an das Inhaltsverzeichnis des Jahrganges **60** (1980).

Die Autoren erhalten von den Hauptaufsätzen 75, von den Kleinen Mitteilungen 25 Sonderdrucke ohne Berechnung, darüber hinaus weitere Sonderdrucke gegen Berechnung.

Der Verlag behält sich für alle Beiträge das Recht der Vervielfältigung und Übersetzung vor.

Bestellungen sind zu richten

- **in der DDR** an den Postzeitungsvertrieb unter Angabe der Kundennummer des Bestellenden oder an den AKADEMIE-VERLAG, DDR-1080 Berlin, Leipziger Straße 3—4
- **im sozialistischen Ausland** an eine Buchhandlung für fremdsprachige Literatur oder an den zuständigen Postzeitungsvertrieb
- **in der BRD und Berlin(West)** an eine Buchhandlung oder an die Auslieferungsstelle KUNST UND WISSEN, Erich Bieber OHG, D-7000 Stuttgart 1, Wilhelmstraße 4—6
- **in den übrigen westeuropäischen Ländern** an eine Buchhandlung oder an die Auslieferungsstelle KUNST UND WISSEN, Erich Bieber GmbH, Ch-8008 Zürich/Schweiz, Dufourstraße 51
- **im übrigen Ausland** an den Internationalen Buch- und Zeitschriftenhandel; den Buchexport, Volkseigener Außenhandelsbetrieb der Deutschen Demokratischen Republik, DDR-7010 Leipzig, Postfach 160; oder an den AKADEMIE-VERLAG, DDR-1080 Berlin, Leipziger Straße 3—4

ZEITSCHRIFT FÜR ANGEWANDTE MATHEMATIK UND MECHANIK
Herausgeber und Chefredakteur: Prof. Dr. Günter Schmidt. Redaktion: Dr. Winfried Heinrich, Dr. Horst Weinert, Dipl.-Math. Friedhild Dudel, Helga Rühl, Institut für Mechanik der Akademie der Wissenschaften der DDR. Verlag: Akademie-Verlag, DDR-1080 Berlin, Leipziger Straße 3—4; Fernruf: 2236221 oder 2236229; Telex-Nr.: 114420; Bank: Staatsbank der DDR, Berlin, Kto.-Nr.: 6836-26-20712. Anschrift der Redaktion: Institut für Mechanik der Akademie der Wissenschaften, DDR-1199 Berlin, Rudower Chaussee 5; Fernruf: 6 70 28 41/36 39 und 36 43.

Veröffentlicht unter der Lizenznummer 1282 des Presseamtes beim Vorsitzenden des Ministerrates der Deutschen Demokratischen Republik. Gesamtherstellung: VEB Druckerei „Thomas Müntzer", 5820 Bad Langensalza. Erscheinungsweise: Die Zeitschrift für Angewandte Mathematik und Mechanik erscheint monatlich. Die 12 Hefte eines Jahres einschließlich Tagungsheft bilden einen Band. Bezugspreis je Band 360,— M zuzüglich Versandspesen (Preis für die DDR 216,— M). Bezugspreis je Heft 30,— M (Preis für die DDR 18,— M). Bestellnummer dieses Heftes: 1009/61/5.

AN (EDV) 35937